从零开始学造价
——建筑工程

第 2 版

踪万振　编著

东南大学出版社

·南京·

内 容 提 要

本书根据《建设工程工程量清单计价规范》(GB 50500—2013)和地方最新基础定额、综合预算定额等编写，系统地介绍了建筑工程工程量清单计价及定额计价的基本知识和方法。主要内容包括：绪论，建筑工程施工图识图，房屋构造基本知识，建筑工程定额及定额计价，建设工程工程量清单计价规范，建筑工程清单项目工程量计算，建筑工程工程量清单编制与计价，建筑工程造价的审查与管理，综合实例。

本书具有依据明确、内容翔实、通俗易懂、实例具体、技巧灵活、可操作性强等特点。

本书可作为普通高等院校建筑工程类专业工程造价类课程实训教材，也可作为成教、高职、电大、职大、函大、自考及培训班教学用书，同时也可供相关从业考试人员参考之用。

图书在版编目(CIP)数据

从零开始学造价:建筑工程 / 踪万振编著. —2 版.
—南京：东南大学出版社，2018.4
(从零开始学造价系列丛书)
ISBN 978-7-5641-7719-5

Ⅰ. ①从… Ⅱ. ①踪… Ⅲ. ①建筑造价管理—基本
知识 Ⅳ. ①TU723.3

中国版本图书馆 CIP 数据核字(2018)第 078176 号

从零开始学造价——建筑工程

出版发行	东南大学出版社
社　　址	南京市玄武区四牌楼 2 号　210096
网　　址	http://www.seupress.com
出 版 人	江建中
经　　销	全国各地新华书店
印　　刷	丹阳兴华印刷厂

开　　本	787 mm×1092 mm　1/16
印　　张	24
字　　数	584 千
版 印 次	2013 年 6 月第 1 版　2018 年 4 月第 2 版第 1 次印刷
书　　号	ISBN 978-7-5641-7719-5
印　　数	1—3 000
定　　价	56.00 元

本社图书若有印装质量问题，请直接与营销部联系。电话(传真)：025-83791830。

第 2 版前言

建筑工程造价是建设工程造价的组成部分。随着我国建设工程造价计价模式改革的不断深化,国家对事关公共利益的建设工程造价专业人员实行了准入制度——持执业资格证上岗。

为了满足我国建设工程造价人员培训教学和热爱工程造价从业人员自学工程造价基础知识的需要,本书以国家标准《建设工程工程量清单计价规范》(GB 50500—2013)、《江苏省建筑与装饰工程计价定额》(2014 版)和最新《江苏地区预算价格》及国家颁布的有关工程造价的最新规章、政策文件等为依据编写,以供建筑工程造价专业教学和工程造价从业者自学时参考。

与同类书籍相比较,本书具有以下几方面特点:

(1) 理论性与知识性相结合,以使读者达到知晓"是什么"和"为什么"的目的。

(2) 依据明确,内容新颖,本书的内容和论点都符合国家现行工程造价有关管理制度的规定。

(3) 深入浅出,通俗易懂,本书叙述语言大众化,以满足初中以上文化程度读者和农民工培训、自学的需要。

(4) 技巧灵活,可操作性强,本书以透彻的论理方式,介绍了工程造价确定的依据、步骤、方法和程序,使读者不仅"知其然"而且"知其所以然"。

(5) 图文并茂,示例多样,为使读者加深对某些内容的理解,结合有关内容绘制了示意性图样,以达到以图代言的目的。同时,书中从不同方面列举了多个计算示例,以帮助初学者掌握有关问题的计算方法。

本书由踪万振(编写第 4、5、6、10、11 章,参编第 3、7、8 章)、顾荣华(编写第 7、8 章,参编第 6、10、11 章)、季林飞(编写第 1、2、3、9 章,参编第 4、5、6 章)编写。全书由张劲松主审,踪万振统稿。

本书在编写过程中参考了大量的文献资料,在此向文献资料的作者表示衷心的感谢,也特别感谢顾荣华副教授在编写过程中提出的宝贵意见和建议。由于编者水平有限,书中难免存在不足之处,敬请各位同行和广大读者批评指正。

编　者

2013 年 3 月

目　　录

1 绪　论

1.1　造价师概述

1.1.1　基本概念

造价工程师是指由国家授予资格并准予注册后执业,专门接受某个部门或某个单位的指定、委托或聘请,负责并协助其进行工程造价的计价、定价及管理业务,以维护其合法权益的工程经济专业人员。国家在工程造价领域实施造价工程师执业资格制度。凡从事工程建设活动的建设、设计、施工、工程造价咨询、工程造价管理等单位和部门,必须在计价、评估、审查(核)、控制及管理等岗位配备有造价工程师执业资格的专业技术人员。

1996 年,依据人事部、建设部《关于印发〈造价工程师执业资格制度暂行规定〉的通知》(人发〔1996〕77 号),国家开始实施造价工程师执业资格制度。1998 年 1 月,人事部、建设部下发了《人事部、建设部关于实施造价工程师执业资格考试有关问题的通知》(人发〔1998〕8号),并于当年在全国首次实施了造价工程师执业资格考试。考试工作由人事部、建设部共同负责,日常工作由建设部标准定额司承担,具体考务工作委托人事部人事考试中心组织实施。

1.1.2　造价师的发展前景

造价工程师执业覆盖面非常广。从投资估算、设计概算、工程招投标、工程施工、竣工结算,凡涉及的建设单位、施工单位都需要造价工程师,需要造价工程师把握造价内容,做好造价工作。因此造价工程师的需求量非常大,就业市场对造价工程师的认可度也比较高。

同时,国家也有明文规定,造价工程师只能接受一个单位的聘请,只能在一个单位中为本单位或委托方提供工程造价专业服务。这也成为造价工程师极度缺乏的一个重要因素。

国家有政策,招标代理必须要有造价工程师,从政策的上面来说,从事建设活动的单位有没有在册的造价工程师是能否从事相关业务的关键。今后国家还会有新政策来规范企业资质的审核,可能会有人员配备数量、资质的进一步要求。所以说从现在和将来一段时间来看,造价工程师的需求量将是十分庞大的。中国造价工程师处于紧缺状态,由于考试要求严格,资质审核严密,迄今已取得住房和城乡建设部颁发的注册造价工程师资格证者,全国只有十万余人,而预计需求则在一百万人以上。

众多从事建设工程领域中介服务的公司,争相以高薪酬、高福利争夺"注册造价工程师"这一高级人才。造价工程师的身价一路攀升,众多企业开出的造价工程师年薪达到 20 万元以上。由于注册造价工程师等专业技术人员难以寻觅,成为建筑、工程施工等企业对其竞相追逐的对象,不少企业被迫选择猎头公司。在所有房地产、建筑行业人才需求中,注册造价工程师是最抢手的"香饽饽",造价工程师也被建筑行业誉为"精英人才"。

1.1.3　造价师享有的权利和义务

1. 注册造价工程师享有的权利
(1) 使用注册造价工程师名称;
(2) 依法独立执行工程造价业务;
(3) 在本人执业活动中形成的工程造价成果文件上签字并加盖执业印章;
(4) 发起设立工程造价咨询企业;
(5) 保管和使用本人的注册证书和执业印章;
(6) 参加继续教育。
2. 注册造价工程师应当履行下列义务
(1) 遵守法律、法规、有关管理规定,恪守职业道德;
(2) 保证执业活动成果的质量;
(3) 接受继续教育,提高执业水平;
(4) 执行工程造价计价标准和计价方法;
(5) 与当事人有利害关系的,应当主动回避;
(6) 保守在执业中知悉的国家秘密和他人的商业、技术秘密。

1.1.4　造价师业务范围

根据人事部、建设部1996年下发的《关于印发〈造价工程师执业资格制度暂行规定〉的通知》及建设部第75号令《造价工程师注册管理办法》第二十、二十一条规定:

国家在工程造价领域实施造价工程师执业资格制度,凡从事工程建设活动的建设、设计、施工、工程造价咨询、工程造价管理等单位和部门,必须在计价、评估、审核、审查、控制及管理等岗位配备有造价工程师执业资格的专业人员。造价工程师执业范围包括:建设项目投资估算的编制、审核及项目经济评价;工程概算、预算、结(决)算、标底价、投标报价的编制和审核;工程变更及合同价款的调整和索赔费用的计算;建设项目各阶段工程造价控制;工程经济纠纷的鉴定;工程造价计价依据的编制和审核;与工程造价业务有关的其他事项。

造价工程师应履行以下义务:

1. 必须熟悉并严格执行国家有关工程造价的法律法规和规定。
2. 恪守职业道德和行为规范,遵纪守法,秉公办事。对经办的工程造价文件质量负有经济的和法律的责任。
3. 及时掌握国内外新技术、新材料、新工艺的发展应用,为工程造价管理部门制定、修订工程定额提供依据。
4. 自觉接受继续教育,更新知识,积极参加职业培训,不断提高业务技术水平。
5. 不得参与与经办工程有关的其他单位事关本项工程的经营活动。
6. 严格保守执业中得知的技术和经济秘密。

1.2 造价师职业资格考试简介

1.2.1 报考条件

(1) 凡中华人民共和国公民,遵纪守法并具备以下条件之一者,均可申请造价工程师执业资格考试:

① 工程造价专业大专毕业,从事工程造价业务工作满5年;工程或工程经济类大专毕业,从事工程造价业务工作满6年。

② 工程造价专业本科毕业,从事工程造价业务工作满4年;工程或工程经济类本科毕业,从事工程造价业务工作满5年。

③ 获上述专业第二学士学位或研究生班毕业和获硕士学位,从事工程造价业务工作满3年。

④ 获上述专业博士学位,从事工程造价业务工作满2年。

(2) 上述报名条件中有关学历或学位的要求是指经教育部承认的正规学历或学位,从事相关工作年限要求是指取得规定学历前、后从事该相关工作时间的总和,其截止日期为考试报名当年年底。

(3) 凡符合造价工程师考试报考条件的,且在《造价工程师执业资格制度暂行规定》下发之日(1996年8月26日)前已受聘担任高级专业技术职务并具备下列条件之一者,可免试《建设工程造价管理》和《建设工程技术与计量》两个科目,只参加《建设工程计价》和《建设工程造价案例分析》两个科目的考试。

① 1970年(含1970年,下同)以前工程或工程经济类本科毕业,从事工程造价业务满15年。

② 1970年以前工程或工程经济类大专毕业,从事工程造价业务满20年。

③ 1970年以前工程或工程经济类中专毕业,从事工程造价业务满25年。

(4) 根据人事部《关于做好香港、澳门居民参加内地统一举行的专业技术人员资格考试有关问题的通知》(国人部发〔2005〕9号)文件精神,自2005年度起,凡符合造价工程师执业资格考试有关规定的香港、澳门居民,均可按照规定的程序和要求,报名参加相应专业考试。香港、澳门居民在报名时应向报名点提交本人身份证明、国务院教育行政部门认可的相应专业学历或学位证书,以及相应专业机构从事相关专业工作年限的证明。

1.2.2 考试科目及合格标准

全国造价工程师执业资格考试由国家建设部与国家人事部共同组织,考试每年举行一次,造价工程师执业资格考试实行全国统一大纲、统一命题、统一组织的办法。原则上每年举行一次,原则上只在省会城市设立考点。考试采用滚动管理,共设《建设工程造价管理》《建设工程计价》《建设工程造价案例分析》《建设工程技术与计量》4个科目,其中《建设工程技术与计量》分土木建筑工程、安装工程两个方向,单科滚动周期为2年,具体要求见表1.1。

表 1.1　各科目考核方式及合格标准

科目名称	考试时间	题型题量	满分	合格标准
建设工程造价管理	2.5 小时	单选题:60 道,多选题:20 道	100 分	60 分
建设工程计价	3 小时	单选题:72 道,多选题:24 道	120 分	72 分
建设工程技术与计量(土建)	2.5 小时	单选题:60 道,多选题:20 道	100 分	60 分
建设工程技术与计量(安装)	2.5 小时	单选题:40 道,多选题:20 道,选做题:20 道	100 分	60 分
建设工程造价案例分析	4 小时	案例题:6 道	140 分	84 分

1.3　课程的任务及学习要求

本课程主要从建筑识图与房屋构造的一些基础理论知识入手,从了解房屋的基本组成构件,到建筑施工图、结构施工图的识读,进而掌握建筑工程工程量的计算,最后能够运用计价表套用价格,做出一整套的工程预算书。这也是土建类各专业的必修的课程,是一门技术性、专业性、实践性、综合性和政策性很强的应用学科,不仅涉及土木工程技术、施工工艺、施工手段及方法,而且与社会性质、国家的方针政策、分配制度有着密切的关系,在研究的对象中,既有生产力方面的课题,也有生产关系方面的课题;既有实际问题,又有方针政策问题。其任务是研究建筑产品生产成果与生产消耗之间的定量关系,从完成一定量建筑产品消耗数量的规律着手,正确地确定单位建筑产品的消耗数量标准和计划价格,力求用最少的人力、物力和财力消耗,生产出更好、更多的建筑产品,要求掌握建筑工程定额与工程量清单计价的基本概念与基本理论,具有编制单位工程量清单的初步能力。

2 建筑施工图

施工图是工程技术的通用语言。也可以说,建筑工程施工图是指导建筑工人进行施工操作的行动准则。

建造师按照施工图进行放线和指导施工;建筑工人按照施工图进行操作营造;监理工程师按照施工图进行监理;造价师按照施工图编制工程量清单或施工图预算书,核算工程造价。建筑工程预算造价(投资)的确定程序可用程序式表示为:视图—计算分部分项工程量—编制工程量清单与计价或选套定额单价—计算预算造价。

2.1 概述

2.1.1 图的原理及施工图的概念

1. 建筑工程图的原理

图形,即图的形状或形象。因此可以说,采用一定的图形图例、符号、代号和粗细虚实不同的线型以及数字、文字说明等绘制出空间物体形状的图样称为"图形"。而"图形"是根据什么原则或方法绘制出来的呢?工程上的图样,与我们日常生活中所看到的影视广告、画报、照片上的图样有何不同呢?对于这个问题,在这里我们可以简单地说,影视广告、画报、照片上的图样虽然容易看懂,但因为它没有准确的外形和尺寸,所以按照它去施工却是不可能的。而工程图样,尽管它是按照一定的比例缩小了,但它的图形还是很准确的。因此,我们可以说,凡能够供施工用的准确图样的产生,是按照制图学中一种叫作"正投影"的原理来绘制的。

2. 施工图的基本概念

建筑设计人员按照国家的建筑方针政策、设计规范、设计标准,结合有关资料(如建设地点的水文、地质、气象、资源、交通运输条件等)以及建设项目委托人提出的具体要求,在经过批准的初步(或扩大初步)设计的基础上,运用制图学原理,采用国家统一规定的图例、符号、线型等来表示拟建建筑物、构筑物以及建筑设备各部位之间空间关系及其实际形状尺寸的图样,并用于拟建项目施工和编制工程量清单计价文件或施工图预算的一整套图纸,就称为施工图。

2.1.2 施工图的种类

房屋设计过程一般分为方案设计、初步设计、技术设计、施工图设计等阶段。施工图设计阶段所出的图样称为施工图,是最终用于房屋建造施工的依据。

施工图按照其内容、作用的不同,可分为建筑施工图、结构施工图、设备施工图等几种,如图 2.1 所示。

图 2.1　施工图的分类

1. 建筑施工图

建筑施工图简称建施图,主要反映建筑物的规划位置、形状与内外装修,构造及施工要求等。建筑施工图包括首页(图纸目录、设计总说明等)、总平面图、平面图、立面图、剖面图和详图。

2. 结构施工图

结构施工图简称结施图,主要反映建筑物承重结构位置、构件类型、材料、尺寸和构造做法等。结构施工图包括结构设计说明、基础图、结构布置平面图和各种结构构件详图。

3. 设备施工图

设备施工图简称设施图,主要反映建筑物的给水、排水、采暖、通风、电气等各种设备的布置和施工要求等。设备施工图包括设备的平面布置图、系统图和详图。

每个专业的施工图,根据作用的不同,又可分为基本图和详图两部分。表明建筑安装工程全局性内容的施工图为基本图,如建筑平面图、立面图、剖面图和总平面图;表明某一局部或某一构(配)件详细构造材料、尺寸和做法的图样为详图。

2.1.3　建筑施工图的有关规定

房屋建筑施工图除了要符合投影及剖切等基本图示方法与要求外,为了保证制图质量,提高制图效率,做到图面清晰、简明,符合设计、施工、存档的要求,在绘图时应严格遵守国家颁布的《房屋建筑制图统一标准》(GB/T 50001—2010)、《总图制图标准》(GB/T 50103—2010)、《建筑制图标准》(GB/T 50104—2010)等制图标准中的有关规定。

1. 定位轴线与编号

(1)定位轴线是房屋中的承重构件的平面定位线,用细单点长画线绘制,承重墙或柱等承重构件均应画出它们的轴线。

(2)定位轴线一般应编号,编号应注写在轴线端部的圆圈内。圆圈应用细实线绘制,直径为 8～10 mm。定位轴线圆圈的圆心,应在定位轴线的延长线上或延长线的折线上。

(3)平面图上定位轴线的编号,宜标注在图样的下方与左侧。横向编号应用阿拉伯数字,从左至右顺序编写,竖向编号应用大写拉丁字母,从下至上顺序编写,如图 2.2 所示。

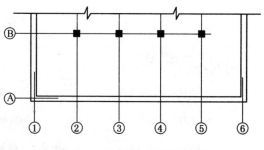

图 2.2　定位轴线的编号顺序

（4）拉丁字母的 I、O、Z 不得用作轴线编号。如字母数量不够使用,可增用双字母或单字母加数字注脚,如 AA,BA … 或 A_1, B_1 … Y_1。

（5）组合较复杂的平面图中定位轴线也可采用分区编号。

（6）附加定位轴线的编号,应以分数形式表示。

① 两根轴线间的附加轴线,应以分母表示前一轴线的编号,分子表示附加轴线的编号,编号宜用阿拉伯数字顺序编号。

② 1 号轴线或 A 号轴线之前的附加轴线的分母以 01 或 0A 表示,如图 2.3 所示。

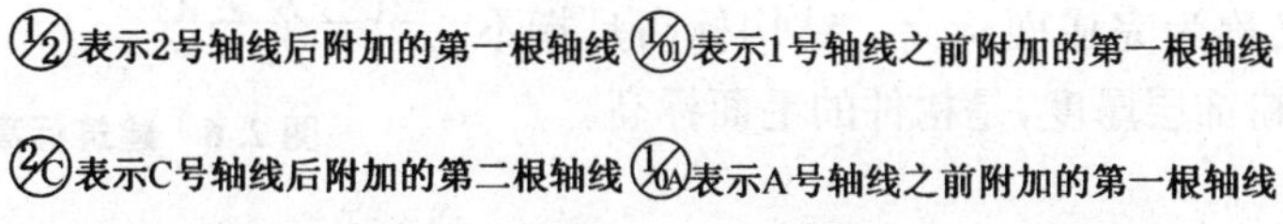

图 2.3　附加轴线

（7）一个详图适用于几根轴线时,可同时注明各有关轴线的编号,如图 2.4 所示为通用轴线。通常详图中的定位轴线,只画轴线圆圈,不注轴线编号。

（a）用于两根轴线时　（b）用于3根或3根以上轴线时　（c）用于3根以上连续编号轴线时　（d）用于详图的轴线编号

图 2.4　通用轴线

2. 标高及标高符号

（1）标高符号

标高符号是用直角等腰三角形表示,按照如图 2.5(a)所示的画出。

标高符号的尖端要指至被标注高度的位置,尖端一般向下,也可向上,如图 2.5(b)所示。

总平面图室外地坪标高符号,用涂黑的三角形表示,如图 2.5(c)所示。

标高数字以"m"为单位,注写到小数后第 3 位,总平面图中可注写到小数点后两位,零点标高注写成±0.000;正数标高不注"+"号,负数标高应注"－"号。

（2）标高

标高是指以某点为基准的相对高度。建筑物各部分的高度用标高表示时有以下两种。

① 绝对标高:根据规定,凡标高的基准面是以我国山东省青岛市的黄海平均海平面为标高零点,由此而引出的标高均称为绝对标高。

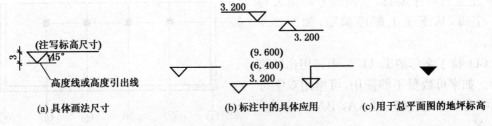

图 2.5 标高符号的画法

② 相对标高:凡标高的基准面是根据工程需要而自行选定的,这类标高称为相对标高。在图纸中除总平面图外一般都用相对标高,即把房屋底层室内地面定为相对标高的零点(±0.000)。

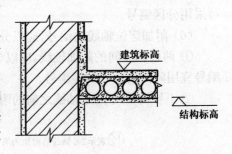

房屋的标高还有建筑标高和结构标高的区别。如图 2.6 所示,建筑标高是指构件包括粉饰在内的、装修完成后的标高,又称为完成面标高。结构标高是指不包括构件表面的粉饰层厚度,是构件的毛面标高。

图 2.6 建筑标高和结构标高

3. 剖切符号

剖切符号由剖切位置线及剖视方向线组成。剖切线有两种画法:一种是用两根粗实线画在视图中需要剖切的部位,并用阿拉伯数字(但也有用罗马数字)编号,按顺序由左至右、由上至下连续编排,注写在剖视方向线的端部,如图 2.7(a)所示。采用这种标注方法,剖切后画出来的图样,称作剖面图。另一种画法是用两根剖切位置线(粗实线)并采用阿拉伯数字编号注写在粗线的一侧,编号所在的一侧,表示剖视方向,如图 2.7(b)所示。采用这种剖注方法绘制出来的图样,称作断面图或剖面图。

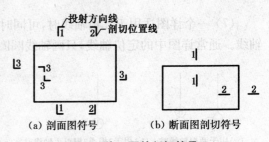

图 2.7 施工图的剖切符号

4. 索引符号与详图符号

(1) 索引符号

图样中的某一局部或构件,如需另见详图,应以索引符号索引,如图 2.8(a)所示。索引符号是由直径为 10 mm 的圆和水平直径组成,圆及水平直径均应以细实线绘制。索引符号应按下列规定编写:

① 索引出的详图,如与被索引的详图同在一张图纸内,应在索引符号的上半圆中用阿拉伯数字注明该详图的编号,并在下半圆中间画一段水平细实线,如图 2.8(b)所示。

② 索引出的详图,如与被索引的详图不在同一张图纸内,应在索引符号的上半圆中用阿拉伯数字注明该详图的编号,在索引符号的下半圆中用阿拉伯数字注明该详图所在图纸的编号,如图 2.8(c)所示。数字较多时,可加文字标注。

③ 索引出的详图,如采用标准图,应在索引符号水平直径的延长线上加注该标准图册的编号,如图 2.8(d)所示。

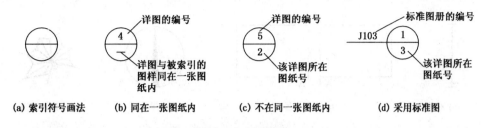

图 2.8　索引符号

（2）剖面详图的索引符号

索引符号如用于索引剖面详图,应在被剖切的部位绘制剖切位置线,并以引出线引出索引符号,引出线所在的一侧应为投射方向,如图 2.9 所示。

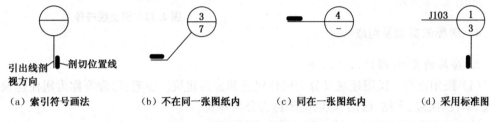

图 2.9　剖面详图的索引符号

（3）详图符号

详图的位置和编号,应以详图符号表示。详图符号的圆应以直径为 14 mm 的粗实线绘制。详图应按下列规定编号:

① 详图与被索引的图样同在一张图纸内时,应在详图符号内用阿拉伯数字注明详图的编号,如图 2.10(a)所示。

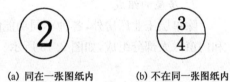

图 2.10　详图符号

② 详图与被索引的图样不在同一张图纸内,应用细实线在详图符号内画一水平直径,在上半圆中注明详图编号,在下半圆中注明被索引的图纸的编号,如图 2.10(b)所示。

5. 其他符号

（1）对称符号。对称符号由对称线和两端的两对平行线组成。对称线用细点画线绘制;平行线用细实线绘制,其长度宜为 6～10 mm,每对的间距宜为 2～3 mm;对称线垂直平分两对平行线,两端超出平行线宜为 2～3 mm,如图 2.11(a)所示。

（2）连接符号。连接符号应以折断线表示需要连接的部位。两部位相距过远时,折断线两端靠图样一侧应标注大写拉丁字母表示连接编号。两个被连接的图样必须用相同的字母编号,如图 2.11(b)所示。

（3）指北针的形状如图 2.11(c)所示,其圆的直径宜为 24 mm,用细实线绘制,指针尾部的宽度宜为 3 mm,指针头部应注"北"或"N"字。须用较大直径绘制指北针时,指针尾部宽度宜为直径的 1/8。在总图中用的风玫瑰图,如图 2.11(d)。

（4）引出线

建筑工程施工图中某一部位由于空间的关系而无法标注较多的文字或数字时,一般都

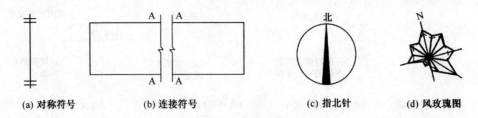

(a) 对称符号　　　　(b) 连接符号　　　　(c) 指北针　　　　(d) 风玫瑰图

图 2.11　其他符号

采用一根细实线从需要标注文字或数字的位置绘至图纸中空隙较大的位置，而绘出的这条细实线就称作引出线。如图 2.12 所示。

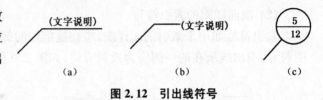

图 2.12　引出线符号

2.1.4　房屋的类型及组成

1. **房屋的类型**（按使用功能分）

（1）民用建筑。民用建筑又分为居住建筑和公共建筑。住宅、宿舍等称为居住建筑；办公楼、学校、医院、车站、旅馆、影剧院等称为公共建筑。

（2）工业建筑。例如工业厂房、仓库、动力站等。

（3）农业建筑。例如畜禽饲养场、水产养殖场和农产品仓库等。

2. **房屋的组成**

除单层工业厂房外，各种不同功能的房屋一般都由基础、墙（柱）、楼（地）面、屋面、楼梯和门窗六大部分组成，如图 2.13 所示。

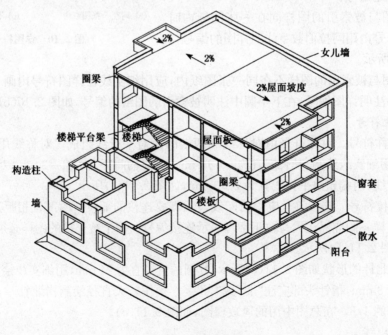

图 2.13　房屋的组成

(1) 基础。基础位于墙或柱的下部,属于承重构件,起承重作用,并将全部荷载传递给地基。

(2) 墙或柱。墙和柱都是将荷载传递给基础的承重构件。墙还起围成房屋空间和内部水平分隔的作用。墙按受力情况可分为承重墙和非承重墙,按位置可分为内墙和外墙,按方向可分为纵墙和横墙,两端的横墙通常称为山墙。

(3) 楼地面。楼面又叫楼板层,是划分房屋内部空间的水平构件,具有承重、竖向分隔和水平支撑的作用,并将楼板层上的荷载传递给墙(梁)或柱。

(4) 屋面。一般指屋顶部分。屋面是建筑物顶部承重构件,主要作用是承重、保温隔热和防水排水。它承受着房屋顶部包括自重在内的全部荷载,并将这些荷载传递给墙(梁)或柱。

(5) 楼梯。楼梯是各楼层之间的垂直交通设施,为上下楼层共用。

(6) 门窗。门和窗均为非承重的建筑配件。门的主要功能是交通和分隔房间,窗的主要功能则是通风和采光,同时还具有分隔和围护的作用。

一般民用建筑常采用砖砌筑墙体、钢筋混凝土梁和楼板的结构形式,这类结构形式习惯上叫作混合结构或砖混结构。厂房和高层建筑常采用钢筋混凝土结构。除以上六大组成部分外,根据使用功能不同还设有阳台、雨篷、勒脚、散水、明沟等。

2.1.5　房屋建筑施工图的特点

(1) 施工图中的各种图样,除了水暖施工图中水暖管道系统图是用斜投影法绘制的之外,其余的图样都是用正投影法绘制的。有些是采用"国标"规定的画法。

(2) 由于房屋的形体庞大而图纸幅面有限,所以施工图一般是用缩小比例绘制的。

(3) 由于房屋是用多种构、配件和材料建造的,所以在施工图中,多用各种图例符号来表示这些构、配件和材料。在阅读图纸的过程中,必须熟悉常用的图例符号。

(4) 房屋设计中有许多建筑构、配件已有标准定型设计,并有标准设计图集可供使用。为了节省大量的设计与制图工作,凡采用标准定型设计之处,只标出标准图集的编号、页数、图号就可以了。

2.1.6　识读房屋建筑施工图的方法

房屋建筑施工图是用投影原理的各种图示方法和规定画法综合应用绘制的,所以识读房屋建筑施工图,必须具备一定的投影知识,掌握形体的各种图示方法和建筑制图标准的有关规定,要熟记建筑图中常用的图例、符号、线型、尺寸和比例的意义,要了解房屋的组成和构造的知识。

一般识读房屋建筑施工图的方法步骤是:

(1) 看图纸目录和设计技术说明。通过图纸目录看各专业施工图纸有多少张,图纸是否齐全;看设计技术说明,对工程在设计和施工要求方面有一概括了解。

(2) 依照图纸顺序通读一遍。对整套图纸按先后顺序通读一遍,使整个工程在头脑中形成概念,如工程的建设地点和关键部位情况,做到心中有数。

(3) 分专业对照阅读,按专业次序深入仔细地阅读。首先读基本图,再读详图。读图时,要把有关图纸联系起来对照着读,从中了解它们之间的关系,建立起完整准确的工程概念;再把各专业图纸(如建筑施工图与结构施工图)联系在一起对照着读,看它们在图形上和尺寸上是否衔接、构造要求是否一致。发现问题要做好读图记录,以便会同设计单位提出修改意见。

读图是工程技术人员深入了解施工项目的过程,也是检查复核图纸的过程,所以读图时必须认真、细致,不可粗心大意。

2.1.7 图例

1. 构造及配件图例(如表 2.1 所示)

表 2.1　构造及配件

名称	图例	说明	名称	图例	说明
楼梯	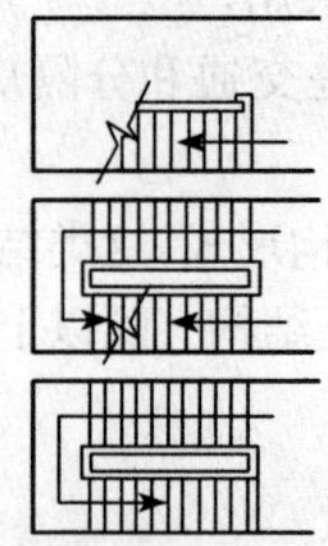	1.上图为底层楼梯平面,中图为中间层楼梯平面,下图为顶层楼梯平面 2.楼梯的形式及步数应按实际情况绘制	双扇双面弹簧门		
烟道			单层固定窗		
通风道			单层外开上悬窗		1.窗的名称代号用C表示 2.立面图中的斜线表示窗的开关方向,实线为外开,虚线为内开;开启方向线交角的一侧为安装合页的一侧,一般设计图中可不表示 3.平、剖面图上的虚线仅说明开关方式,在设计图中不需表示
空门洞			单层外开平开窗		
单扇门(包括平开式单面弹簧)	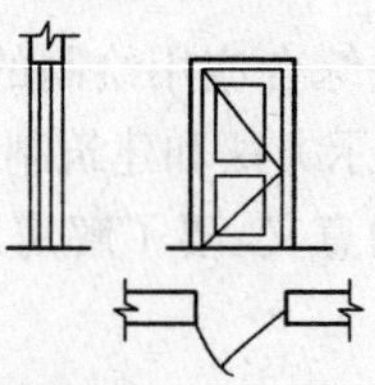	1.门的名称代号用M表示 2.剖面图上左为外,右为内,平面图中下为外,上为内 3.立面图上开启方向线交角的一侧为安装合页的一侧,实线为外开,虚线为内开 4.平面图上的开启弧线及立面图上的开启方向线在一般设计图上不需表示	单层内开平开窗	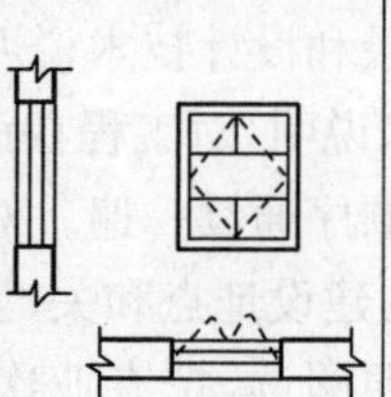	
双扇门					

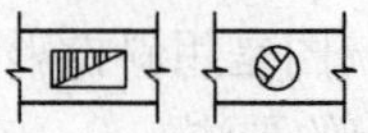

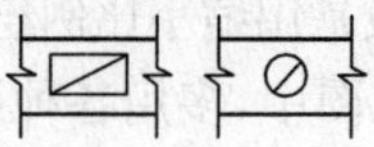

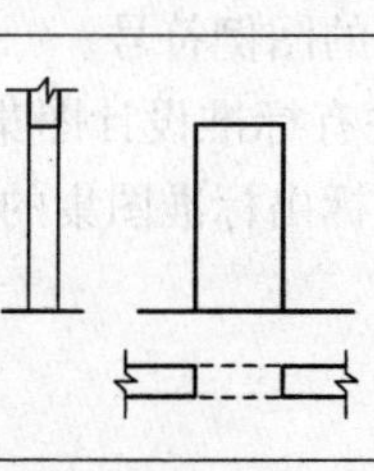

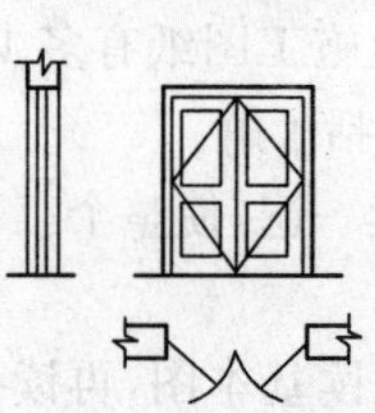

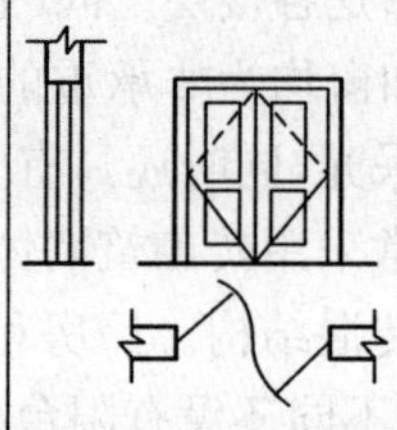

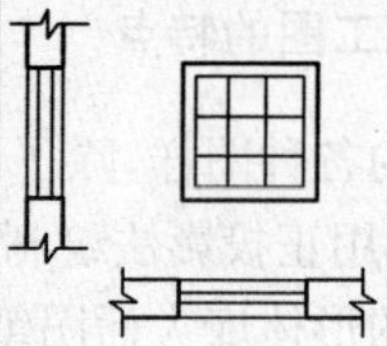

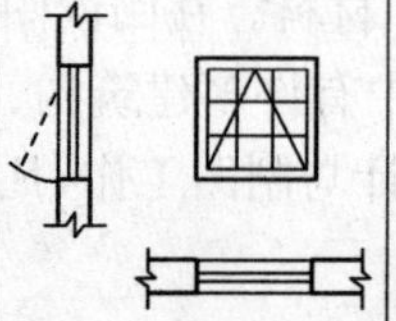

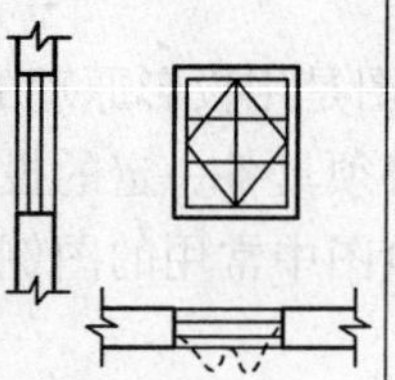

2.总平面图图例(如表2.2所示)

表2.2　总平面图常用图例

名称	图例	说明	名称	图例	说明
新建的建筑物	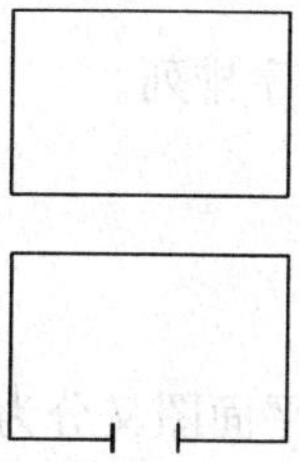	1. 上图为不画出入口图例,下图为画出入口图例 2. 需要时,可在图形内右上角以点数(高层宜用数字)表示层数	分水脊线		
			合水脊线		
			雨水井		
			消火栓井		
原有的建筑物		应注明拟利用者用细实线表示	室内标高	151.00	
计划扩建的预留地或建筑物		用中虚线表示	室外标高	151.00	
拆除的建筑物		用细实线表示	新建的道路	0.6 72.00 R9 150.00	
新建的地下建筑物或构筑物			原有的道路		
散状材料露天堆场		可注明材料名称	计划扩建的道路		用细虚线表示
			阔叶乔木		
烟囱		实线为烟囱下部直径,虚线为基础,可注写高度及上下口直径	针叶灌木		
围墙及大门		如仅表示围墙时不画大门	针叶乔木		
挡土墙		被挡土在"虚线"的一侧	阔叶灌木		
坐标	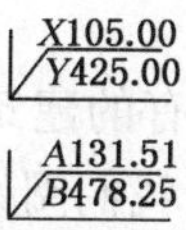 X105.00 Y425.00 A131.51 B478.25	上图表示测量坐标,下图表示建筑坐标	修剪的树篱		
			草地		
方格网交叉点标高	-0.50 77.85 77.35	"77.35"为原地面标高,"77.85"为设计标高,"-0.50"为施工高度,"+"表示挖方,"-"表示填方	填挖边坡		边坡较长时,可在一端或两端局部表示
			护坡	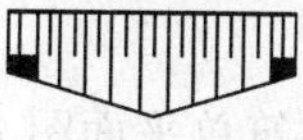	

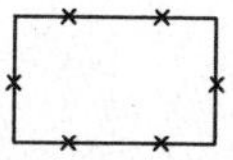

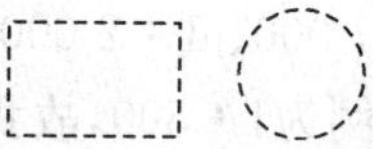

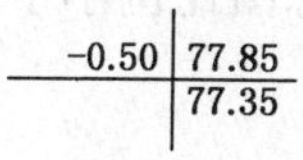

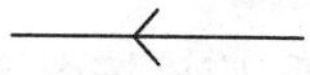

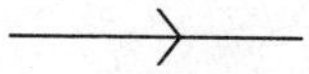

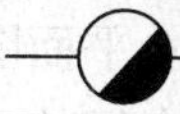

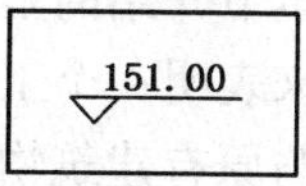

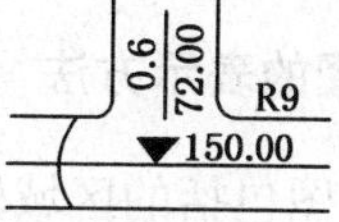

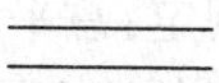

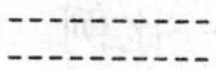

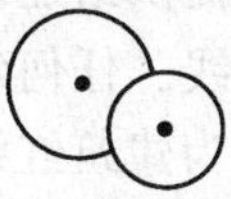

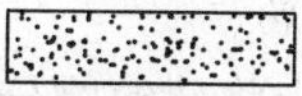

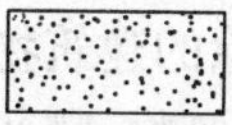

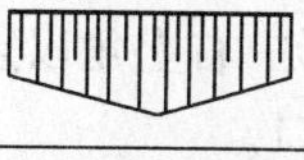

2.1.8 图纸编排顺序

(1) 工程图纸应按专业顺序编排。一般应为图纸目录、总图、建筑图、结构图、给水排水图、暖通空调图、电气图等。

(2) 各专业的图纸,应该按图纸内容的主次关系、逻辑关系,有序排列。

2.2 建筑总平面图

建筑总平面图有土建总平面图和水电总平面图之分。土建总平面图又分为设计总平面图和施工总平面图。本节介绍的是土建总平面图中的设计总平面图,简称总平面图。

建筑总平面图用来表明一个工程所在位置的总体布置,包括建筑红线,新建建筑物的位置、朝向,新建建筑物与原有建筑物的关系以及新建筑区域的道路、绿化、地形、地貌、标高等方面的内容。

建筑总平面图是新建房屋与其他相关设施定位的依据,是土石方施工以及给排水、电气照明等管线总平面布置图和施工总平面布置图的依据。

2.2.1 建筑总平面图的表示方法

由于建筑总平面图包括的区域较大,在国家标准《总图制图标准》(GB50103—2010)(以下简称"总图标准")中规定:总平面图的比例一般用1:500、1:1 000、1:2 000的比例绘制。在实际工作中,由于各地方国土管理局所提供的地形图的比例为1:500,故我们常接触的总平面图中多采用这一比例。

由于建筑总平面图采用的比例较小,各种有关物体均不能按照投影关系如实地反映出来,只能用图例的形式进行绘制。如表2.2所示的建筑总平面图常用图例所列内容摘自总图标准(规定的图形画法叫作图例)。

2.2.2 建筑总平面图的主要内容

建筑总平面图主要包括以下几方面的内容。

1. 建筑红线

各地方国土管理局提供给建设单位的地形图为蓝图,在蓝图上用红色笔划定的土地使用范围的线称为建筑红线。任何建筑物在设计和施工中均不能超过此线。如图2.14所示,总平面图中粗点划线即为建筑红线。

2. 区分新旧建筑物

在建筑总平面图上将建筑物分成五种情况,即新建的建筑物、原有的建筑物、计划扩建的预留地或建筑物、拆除的建筑物和新建的地下建筑物或构筑物。当我们阅读总平面图时,要区分哪些是新建的建筑物、哪些是原有的建筑物。在设计中,为了清楚地表示建筑物的总体情况,一般还在图形中右上角以点数或数字表示楼房层数。当总图比例小于1:500时,可不画建筑物的出入口。

3. 道路

由于比例较小,建筑总平面图上只能表示出道路与建筑物的关系,不能作为道路施工的依据。一般是标注出道路中心控制点,表明道路的标高及平面位置即可。如图 2.14 所示,为某住宅小区建筑总平面图的道路中心控制点,各数值含义是:224.00 为此点的标高,$X=98\,120$、$Y=51\,982$ 为平面位置。

4. 风向频率

风由外面吹过建设区域中心的方向称为风向。风向频率是在一定的时间内某一方向出现风向的次数占总观察次数的百分比;风向频率是用风向频率玫瑰图表示的。如图 2.14 所示建筑总平面图的右下角为风向频率玫瑰图,风玫瑰图中实线表示全年的风向频率,虚线表示夏季(6、7、8 月)的风向频率。

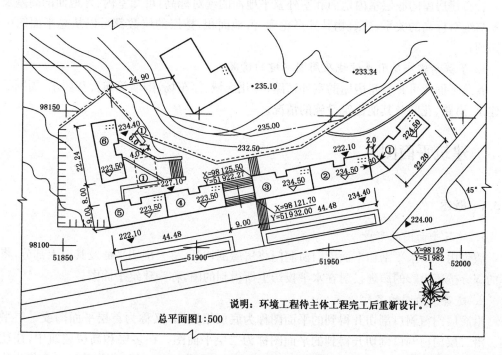

图 2.14 某住宅小区总平面图

5. 其他

建筑总平面图除了表示以上的内容外,一般还有挡土墙、围墙、绿化等与工程有关的内容,读图时可结合表 2.2 阅读。

2.2.3 建筑总平面图的阅读

1. 看图名、比例及有关文字说明了解工程名称

新建筑物的工程名称注写在标题栏内。由于总平面所表示的范围较大,所以绘制时常采用较小的比例,如 1:500、1:1 000、1:2 000 等。读图时,必须熟知"国标"中规定的一些常用的总平面图图例符号及其意义,如未采用"国标"规定的图例,须在图中附加说明。另外,除了用图形表达的内容外,还有其他一些内容须说明,如工程规模、投资、主要技术经济指标等,应以文字附加说明,列入图样中。如图 2.14 所示,该图中的图例可结合表 2.2 阅读。

2．了解新建房屋的位置和朝向

房屋的位置可用平面定位尺寸或坐标确定。坐标网有测量坐标网和施工坐标网之分，用坐标确定位置时，宜注明房屋 3 个角的坐标。如房屋与坐标轴平行时，可只注明其对角坐标。房屋的朝向是从图上所画的风向频率玫瑰图或指北针来确定的。如图 2.14 所示，该区域前面是一条公路，后面是坡地，建筑物建造在道路与坡地之间，建成后底层地面分别位于224.50 m、223.50 m 两个标高面上。该建筑群的定位依据注写于入口处右边，即第 3 栋建筑的两个墙角，其他各栋以此栋为准，确定位置和朝向。

3．了解新建房屋的标高、面积和层数

看新建房屋的底层室内地面和室外整平地面的绝对标高，可知室内、外地面的高差及正负零与绝对标高的关系，建筑物其外形轮廓、占地面积，楼层的层数都可以从总平面图中直接得到。

4．了解新建房屋附属设施及周围环境的情况

看总平面图可知新建房屋的室外道路、绿化区域、停车场、围墙等布置和要求，周围的原有建筑、道路、花园及其他建筑设施的情况。

2.3　建筑平面图

2.3.1　概述

1．建筑平面图的形成

假想用一个水平剖切平面沿门窗洞门将房屋剖切开，移去剖切平面及其以上部分，将余下的部分按正投影的原理投射在水平投影上所得到的图，称为建筑平面图。

2．建筑平面图的名称

沿底层门窗洞口剖切得到的平面图称为底层平面图，又称为首层平面图或一层平面图。沿二层门窗洞口剖切开得到的平面图称为二层平面图。在多层和高层建筑中，往往中间几层剖开后的图形是一样的，这就只需画一个平面图作为代表层，我们将这一个作为代表层的平面图称为标准层平面图。沿最上一层的门窗洞口剖切开得到的平面图称为顶层平面图。将房屋直接从上向下进行投射得到的平面图称为屋顶平面图。

综上所述，在多层和高层建筑中一般有底层平面图、标准层平面图、顶层平面图和屋顶平面图四个。此外，有的建筑还有地下层（±0.000 以下）平面图。

2.3.2　底层平面图

底层平面图是房屋建筑施工图中最重要的图纸之一。下面分别介绍底层平面图的用途及其主要内容。

1．用途

建筑平面图在施工过程中是放线、砌墙、安装门窗及编制概预算的依据，施工备料、施工组织都要用到平面图。

2．主要内容

下面以图 2.15 所示的底层平面图为例，介绍底层平面图的主要内容。

（1）建筑物朝向。建筑物的朝向在底层平面图中用指北针表示。建筑物主要入口在哪面墙上，就称建筑物朝哪个方向。如图 2.15 所示的底层平面图的，指北针朝上，建筑物的出入口在 F 轴线上，说明该建筑朝北，也就是人们常说的坐南朝北。

（2）平面布置。平面布置是平面图的主要内容，着重表达各种用途的房间与走道、楼梯、卫生间的关系。房间用墙体分隔。如图 2.15 所示，可以看出该房屋是两室两厅一厨一卫的住宅户型。

（3）定位轴线。在建筑工程施工图中用轴线来确定房间的大小、走廊的宽窄和墙的位置，凡是主要的墙、柱、梁的位置都要用轴线来定位。

（4）标高。在房屋建筑工程中，各部位的高度都用标高来表示。除建筑总平面图外，施工图中所标注的标高均为相对标高。在平面图中，因为各房间的用途不同，房间的高度不都在同一个水平面上，如图 2.15 所示的底层平面图中，±0.000 表示底层房间地面的标高，−1.200 表示室外地面的标高。

（5）墙厚（柱的断面）。建筑物中墙、柱是承受建筑物垂直荷载的重要结构，墙体又起着分隔房间的作用，为此其平面位置、尺寸大小都非常重要。如果图中有柱，必须标注出柱的断面尺寸及与轴线的关系。

（6）门和窗。在平面图中，只能反映出门、窗的平面位置，洞口宽度及与轴线的关系。门窗应按常用建筑配件图例进行绘制。在施工图中，门用代号"M"表示，窗用代号"C"表示，例如"M3"表示编号为 3 的门，而"C2"则表示编号为 2 的窗。门窗的高度尺寸在立面图、剖面图或门窗表中查找。门窗的制作安装需查找相应的详图。

在平面图中，窗洞位置处若画成虚线，则表示此窗为高窗（高窗是指窗洞下口高度高于 1 500 mm，一般为 1 700 mm 以上的窗）。按剖切位置和平面图的形成原理，高窗在剖切平面上方，并不能够投射到本层平面图上，但为了施工时阅读方便，国标规定把高窗画在所在楼层并用虚线表示。

（7）楼梯。建筑平面图比例较小，楼梯在平面图中只能示意楼梯的投影情况，楼梯的制作、安装详图见楼梯详图。在平面图中，表示的是楼梯设在建筑中的平面位置、开间和进深大小、楼梯的上下方向及上一层楼的步数。

（8）附属设施。除以上内容外，根据不同的使用要求，在建筑物的内部还设有壁柜、吊柜、厨房设备等；在建筑物外部还设有花池、散水、台阶、雨水管等附属设施。附属设施只能在平面图中表示出平面位置，具体做法应查阅相应的详图或标准图集。

（9）各种符号。标注在平面图上的符号有剖切符号和索引符号等。剖切符号按国标规定标注在底层平面图上，表示出剖面图的剖切位置和投射方向及编号，如图 2.15 中所示的编号为 1-1、2-2 的剖面图。在平面图中，凡需要另画详图的部位用索引符号表示，索引符号的画法如图 2.8 所示。

（10）平面尺寸。平面图中标注的尺寸分内部尺寸和外部尺寸两种，主要反映建筑物中房间的开间、进深的大小、门窗的平面位置及墙厚等。

① 内部尺寸。一般用一道尺寸线表示，如图 2.15 所示的内部尺寸就表示出墙厚、墙与轴线的关系，房间的净长、净宽以及内墙门窗与轴线的关系等细部尺寸。

② 外部尺寸。一般标注三道尺寸。最里面一道尺寸表示外墙门窗的大小及与轴线的平面关系；中间一道尺寸表示轴线尺寸，即房间的开间与进深尺寸；最外面一道尺寸表示建

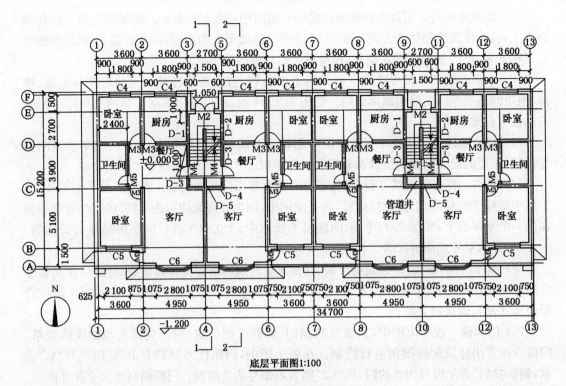

底层平面图1:100

图 2.15　建筑平面图

筑物的总长、总宽,即从一端外墙皮到另一端外墙皮的尺寸。

2.3.3　其他各层平面图和屋顶平面图

除底层平面图外,在多层或高层建筑中一般还有标准层平面图、顶层平面图和屋顶平面图。标准层平面图和顶层平面图所表示的内容与底层平面图大同小异,屋顶平面图主要表示屋顶面上的情况和排水情况。下面以标准层平面图和屋顶平面图为例进行介绍。

1. **标准层平面图**

标准层平面图与底层平面图的区别主要体现在以下几个方面,如图 2.16 所示:

(1)房间布置。标准层平面图的房间布置与底层平面图的房间布置不同,必须表示清楚。

(2)墙体的厚度(柱的断面)。由于建筑材料强度或建筑物的使用功能不同,建筑物墙体厚度往往不一样,墙厚变化的高度位置一般在楼板的下皮。

(3)建筑材料。建筑材料的强度要求、材料的质量好坏在图中表示不出来,但是在相应的说明中必须叙述清楚。

(4)门与窗。标准层平面图中门与窗的设置与底层平面图往往不完全一样,在底层建筑物的入口处为大门,而在标准层平面图中相同的平面位置处一般情况下都改成了窗。

2. **屋顶平面图**

屋顶平面图主要表示三个方面的内容,如图 2.17 所示。

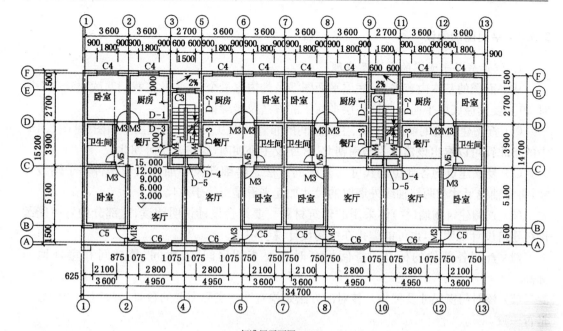

标准层平面图1:100

图 2.16 建筑平面图

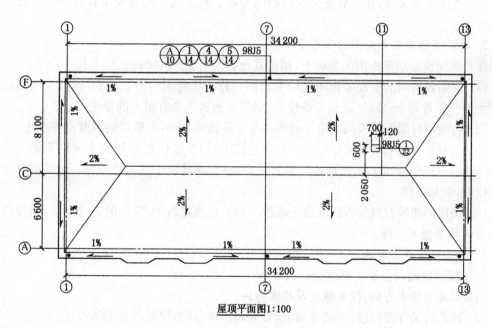

屋顶平面图1:100

图 2.17 建筑平面图

（1）屋面排水情况。如排水分区、天沟、屋面坡度、雨水口的位置等。

（2）突出屋面的物体。如电梯机房、楼梯间、水箱、天窗、烟囱、检查孔、屋面变形缝等的位置。

（3）细部做法。屋面的细部做法除图中已注明的做法用详图表示以外，屋面的细部做法还包括高出屋面墙体的泛水、天沟、变形缝、雨水口等。

2.3.4 平面图的阅读

1. 阅读底层平面图的方法及步骤

从平面图的基本内容来看,底层平面图涉及的内容最全面,为此在我们阅读建筑平面图时,首先要读懂底层平面图。读底层平面图的方法及步骤如下:

(1) 查阅建筑物的朝向、形状、主要房间的布置及相互关系。从底层平面图(见图2.15)中的指北针可以看出该建筑为坐南朝北,客厅及主卧朝南,厨房及次卧朝北。

(2) 复核建筑物各部位的尺寸。复核的方法是将细部尺寸加起来看是否等于轴线尺寸,再将轴线尺寸和两端轴线外墙厚的尺寸加起来看是否等于总尺寸。

(3) 查阅建筑物墙(柱)体采用的建筑材料。要结合设计说明阅读,这部分内容可能编排在建筑设计说明中,也可能编排在结构设计说明中。

(4) 查阅各部位的标高。查阅标高时主要查阅房间、卫生间、楼梯间和室外地面标高。

(5) 核对门窗尺寸及樘数。核对的方法是检查图中实际需要的数量与门窗表中的数量是否一致。

(6) 查阅附属设施的平面位置。例如卫生间中的洗涤槽、厕所间的蹲位和小便槽的平面位置等。

(7) 阅读文字说明,查阅对施工及材料的要求。对于这个问题要结合建筑设计说明进行阅读。

2. 阅读其他各层平面图的注意事项

在熟练阅读底层平面图的基础上,阅读其他各层平面图时要注意以下几点:

(1) 查明各房间的布置是否同底层平面图一样。该建筑因为是住宅,标准层和底层平面图大部分布置完全一样。若是沿街建筑,房间的布置将会有很大的变化。

(2) 查明墙身厚度是否同底层平面图一样。在该建筑中,纵横墙的厚度没有变化。

(3) 门窗是否同底层平面图一样。在该建筑中,门窗变化是E轴线上底层平面图中的门M2在标准层平面图中改变为C3。除此之外,在民用建筑中底层外墙窗一般还需要增设安全措施,例如窗栅。

(4) 采用的建筑材料是否同底层平面图一样。在该建筑中,房屋的高度不同,对建筑材料的质量要求也不一样。

3. 阅读屋顶平面图的要点

阅读屋顶平面图主要注意两点:

(1) 屋面的排水方向、排水坡度及排水分区。

(2) 结合有关详图阅读,弄清分格缝、女儿墙泛水、高出屋面部分的防水、泛水做法。

2.4 建筑立面图

2.4.1 概述

一般建筑物都有前后左右四个面。表示建筑物外墙面特征的正投影图称为立面图,其中,表示建筑物正立面特征的正投影图称为正立面图;表示建筑物背立面特征的正投影图称为背立面图;表示建筑物侧立面特征的正投影图称为侧立面图,侧立面图又分左侧立面图和右侧立面图。

在建筑施工图中一般都设有定位轴线,建筑立面图的名称也可以根据两端定位轴线编号来确定,如图 2.18 所示的①~⑦立面图为南立面图。

建筑立面图的名称还可以根据地理方位来划分,如东立面、南立面、西立面、北立面等。

立面图是设计工程师表达立面设计效果的重要图纸,在施工中是外墙面造型、外墙面装修、工程概预算、备料等的依据。

下面,以图 2.19 所示的南立面图为例,介绍立面图的主要内容、阅读方法。

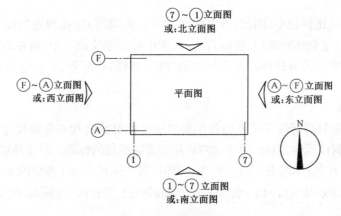

图 2.18　立面图的分类

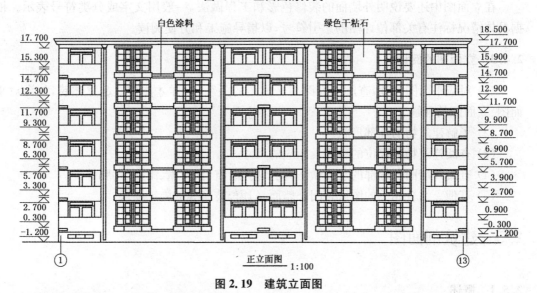

图 2.19　建筑立面图

2.4.2　立面图图示内容和有关规定

1. 投影关系与比例

建筑立面图应将立面上所有投影可见的轮廓线全部绘出,如室外地面线、房屋的勒脚、台阶、花池、门、窗、雨篷、阳台、檐口、女儿墙、墙面分格线、雨水管、屋顶上可见的排烟口、水箱间、室外楼梯等。

立面图的比例一般应与平面图所选用的比例一致。

2. 线型使用和定位轴线

在立面图中为了突出建筑物外形的艺术效果,使之层次分明,在绘制立面图时通常选用不同粗细的图线。房屋的主体外轮廓(不包括室外附属设施,如花池、台阶等)用粗实线;勒脚、门窗洞口、窗台、阳台、雨篷、檐口、柱、台阶、花池等轮廓用中实线;门窗扇分格、栏杆、雨水管、墙面分格线、文字说明引出线等用细实线;室外地面线用特粗实线(约 1.4*b*)。在立面图中一般只要求绘出房屋外墙两端的定位轴线及编号,以便与平面图对照来了解某立面图的朝向。

3. 图例

由于立面图的比例较小,因此,许多细部(如门、窗扇等)应按规定的图例绘制。为了简化作图,对于类型完全相同的门、窗扇,在立面图中可详细绘出一个(或在每层绘制一个),其余的只需绘制简图。另有详图和文字说明的细部(如檐口、屋顶、栏杆等),在立面图中也可简化绘出。

4. 尺寸标注

立面图上一般只需标注房屋外墙各主要结构的相对标高和必要的尺寸,如室外地面、台阶、窗台、门(窗)洞口顶端、阳台、雨篷、檐口、屋顶等完成面的标高。对于外墙预留洞口除标注标高外,还应标注其定形和定位尺寸。标注标高时,需要从其被标注部位的表面绘制一引出线,标高符号指向引出线,指向可向上,也可向下。标高符号宜画在同一铅垂线方向,排列整齐。

5. 其他内容

在立面图中还要说明外墙面的装修色彩和工程做法,一般用文字或分类符号表示。根据具体情况标注有关部位详图的索引符号,以指导施工和方便阅读。

2.4.3 立面图的阅读

(1) 对应平面图阅读,查阅立面图与平面图的关系,这样才能建立起立体感,加深对平面图、立面图的理解。

(2) 了解建筑物的外部形状。

(3) 查阅建筑物各部位的标高及相应的尺寸。

(4) 查阅外墙面各细部的装修做法,例如门廊、窗台、窗檐、雨篷、勒脚等。

(5) 其他。结合相关的图纸查阅外墙面、门窗、玻璃等的施工要求。

2.5 建筑剖面图

2.5.1 概述

剖面图是指房屋的垂直剖面图。假想用一个正立投影面或侧立投影面的平行面将房屋剖切开,移去剖切平面与观察者之间的部分,将剩下部分按正投影的原理投射到与剖切平面平行的投影面上,得到的图称为剖面图。用侧立投影面的平行面进行剖切,得到的剖面图称为横剖面图;用正立投影面的平行面进行剖切,得到的剖面图称为纵剖面图。

剖面图同平面图、立面图一样,是建筑施工图中最重要的图纸之一,表示建筑物的整体情况。剖面图用来表达建筑物的结构形式、分层情况、层高及各部位的相互关系,是施工、概预算及备料的重要依据。

下面以图 2.20 所示的 1—1 剖面图为例,介绍剖面图的主要内容、阅读方法。

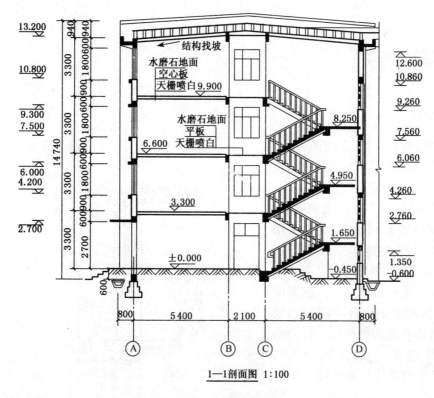

1—1剖面图 1:100

图 2.20　建筑剖面图

2.5.2　剖面图的主要内容

(1) 表示房屋内部的分层、分隔情况。该建筑高度方向共分四层。

(2) 反映屋顶及屋面保温隔热情况。在建筑中屋顶有平屋顶、坡屋顶之分。屋面坡度在 10% 以内的屋顶称为平屋顶;屋面坡度大于 10% 的屋顶称为坡屋顶。从图中可以看出该建筑物为平屋顶,结构找坡,防水层上面设有架空隔热层。具体做法在相应的详图中表示。

(3) 表示房屋高度方向的尺寸及标高。图中有每层楼地面的标高及外墙门窗洞口的标高等。剖面图中高度方向的尺寸和标注方法同立面图一样也有三道尺寸线。必要时还应标注出内部门窗洞口的尺寸。

(4) 其他。在剖面图中还有台阶、排水沟、散水、雨篷等。凡是剖切到的或用直接正投影法能看到的都应表示清楚。

(5) 索引符号。剖面图中不能详细表示清楚的部位应引出索引符号,另用详图表示。

2.5.3　剖面图的阅读

(1) 结合底层平面图阅读,对应剖面图与平面图的相互关系建立起房屋内部的空间概念。

（2）结合建筑设计说明阅读，查阅地面、楼面、墙面、顶棚的装修做法。

（3）查阅各部位的高度。

（4）结合屋顶平面图阅读了解屋面坡度、屋面防水、女儿墙泛水、屋面保温、隔热等的做法。

2.6 建筑详图

2.6.1 概述

房屋建筑平面图、立面图、剖面图是全局性的图纸，因为建筑物体积较大，所以常采用缩小比例绘制。一般性建筑常用 1∶100 的比例绘制；对于体积特别大的建筑，也可采用 1∶200 的比例，用这样的比例在平、立、剖面图中无法将细部做法表示清楚，因而，凡是在建筑平、立、剖面图中无法表示清楚的内容，都需要另绘详图或选用合适的标准图。详图的比例常采用 1∶1、1∶2、1∶5、1∶10、1∶20 及 1∶50 几种。

2.6.2 外墙身详图

外墙身详图的剖切位置一般设在门窗洞口部位，它实际上是建筑剖面图的局部放大图样，一般按 1∶20 的比例绘制。外墙身详图主要表示地面、楼面、屋面与墙体的关系，同时也表示排水沟、散水、勒脚、窗台、窗檐、女儿墙、天沟、排水口、雨水管的位置及构造做法，如图 2.21 所示。

1. 用途

外墙身详图与平、立、剖面图配合使用，是施工中砌墙、室内外装修、门窗立口及概算、预算的依据。

2. 外墙身详图的基本内容

（1）表明墙厚及墙与轴线的关系。从图 2.21 可以看到，墙体为砖

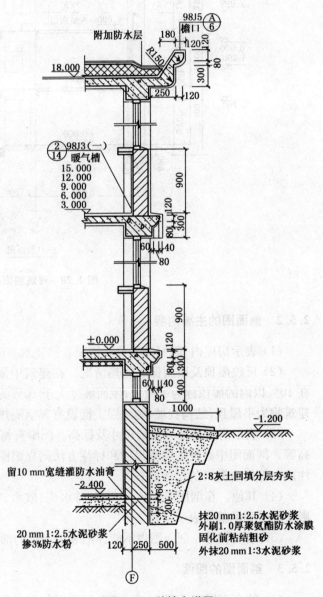

图 2.21 外墙身详图

墙,墙厚为 370 mm,墙的中心线与轴线不重合。

（2）表明各层楼中梁、板的位置及与墙身的关系,从图 2.21 中可以看出该建筑的楼板、屋面板采用的是钢筋混凝土现浇板。

（3）表明各层地面、楼面、屋面的构造做法。该部分内容一般要与建筑设计说明和材料做法表共同表示。

（4）表明各主要部位的标高。在建筑施工图中标注的标高称为建筑标高,标注的高度位置是建筑物某部位装修完成后的上表面或下表面的高度。

（5）表明门窗立口与墙身的关系。在建筑工程中,门窗框的立口有三种方式,即平内墙面、居墙中、平外墙面。如图 2.21 所示的门窗立口采用的是居墙中的方法。

表明各部位的细部装修及防水防潮做法。例如排水沟、散水、防潮层、窗台、窗檐、天沟等的细部做法。

3. 读图方法及步骤

（1）了解墙身详图的图名,了解墙身剖面图的剖切符号,明确该详图是表示哪面墙或哪几面墙体的构造,是从何处剖切的,根据详图的轴线编号及图名去查阅有关图纸。

（2）了解外墙厚度与轴线的关系,明确轴线是在墙中还是偏向一侧。

（3）了解细部构造、尺寸、做法,并应与材料做法表相对应。

（4）明确墙体与楼板、檐口、圈梁、过梁、雨篷等构件的关系。

（5）了解墙体的防潮防水及排水的做法。

4. 注意事项

（1）在±0.000 或防潮层以下的墙称为基础墙,施工做法应以基础图为准。在±0.000 或防潮层以上的墙,其施工做法以建筑施工图为准,并注意连接关系及防潮层的做法。

（2）地面、楼面、屋面、散水、勒脚、女儿墙、天沟等的细部做法应结合建筑设计说明或材料做法表阅读。

（3）注意建筑标高与结构标高的区别。

2.6.3 楼梯详图

1. 概述

（1）楼梯的组成。楼梯一般由楼梯段、平台、栏杆（栏板）和扶手三部分组成,如图 2.22 所示。

① 楼梯段。指两平台之间的倾斜构件。它由斜梁或板及若干踏步组成,踏步分踏面和踢面。

② 平台。是指两楼梯段之间的水平构件。根据位置不同又有楼层平台和中间平台之分,中间平台又称为休息平台。

③ 栏杆（栏板）和扶手。栏杆扶手设在楼梯段及平台悬空的一侧,起安全防护作用。栏杆一般用金属材料做成,扶手一般由金属材料、硬杂木或塑料等做成。

（2）楼梯详图的主要内容。要将楼梯在施工图中表示清楚一般要有三个部分的内容,即楼梯平面图、楼梯剖面图和踏步、栏杆、扶手详图等。

下面以图 2.23 所示的楼梯详图为例,介绍楼梯详图的阅读。

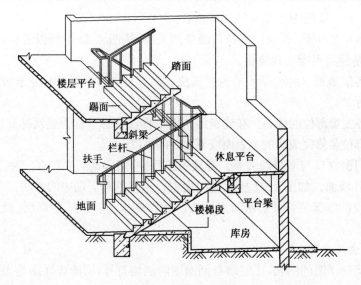

图 2.22　楼梯的组成

2. 楼梯平面图

楼梯平面图的形成同建筑平面图一样,假设用一水平剖切平面在该层往上行的第一个楼梯段中剖切开,移去剖切平面及以上部分,将余下的部分按正投影的原理投射在水平投影面上所得到的图,称为楼梯平面图。因此,楼梯平面图是房屋平面图中楼梯间部分的局部放大。如图 2.23 所示为楼梯平面图。

楼梯平面图一般分层绘制,底层平面图是剖在上行的第一跑上,因此除表示第一跑的平面外,还能表明楼梯间一层休息平台下面小房间的平面形状。中间相同的几层楼梯同建筑平面图一样可用一个图来表示,这个图称为标准层平面图。最上面一层平面图称为顶层平面图。所以,楼梯平面图一般有底层平面图、标准层平面图和顶层平面图三个。

需要说明的是,按假设的剖切面将楼梯剖切开,折断线本应该为平行于踏步的折断线,为了与踏步的投影区别开,《建筑制图标准》(GB/T 50104—2010)规定画为斜线。

楼梯平面图用轴线编号表明楼梯间在建筑平面图中的位置,注明楼梯间的长宽尺寸、楼梯跑(段)数、每跑的宽度、踏步步数、每一步的宽度、休息平台的平面尺寸及标高等。

3. 楼梯剖面图

假想用一铅垂剖切平面,通过各层的一个楼梯段将楼梯剖切开,向另一未剖切到的楼梯段方向进行投射,所绘制的剖面图称为楼梯剖面图,如图 2.23 的 1—1 剖面图所示。

楼梯剖面图的作用是完整、清楚地表明各层梯段及休息平台的标高、楼梯的踏步步数、踏面的宽度及踢面的高度、各种构件的搭接方法、楼梯栏杆(板)的形式及高度以及楼梯间各层门窗洞口的标高及尺寸。

4. 踏步、栏杆(板)及扶手详图

踏步、栏杆、扶手这部分内容同楼梯平面图、剖面图相比,所采用的比例要大一些,其目的是表明楼梯各部位的细部做法。

(1) 踏步

如图 2.23 所示楼梯详图,踏面的宽为 300 mm,在楼梯平面图中表示;踢面的高为

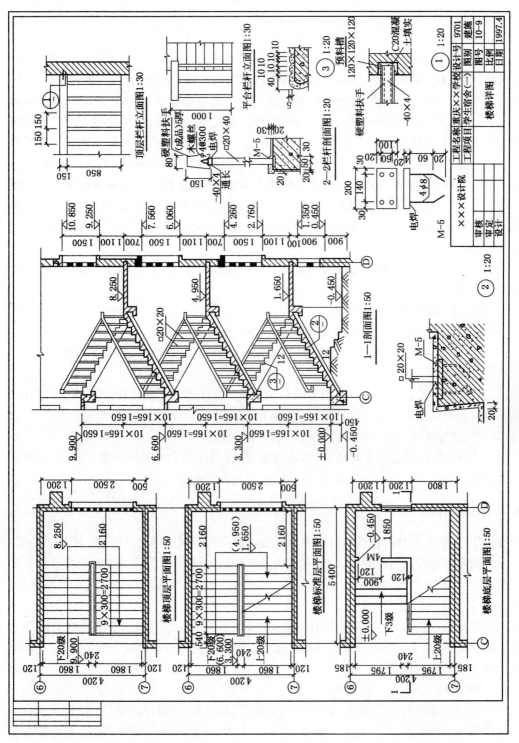

图 2.23 楼梯详图

165 mm,在楼梯剖面图中表示。楼梯间踏步的装修若无特别说明,一般都是与地面的做法相同。如图 2.23 所示的详图③是表示踏步的具体做法。在公共场所,楼梯踏面要设置防滑条,本例做的是防滑槽。

(2) 栏杆、扶手

如图 2.23 所示的详图②和 2—2 栏杆剖面图共同表示栏杆、扶手的做法。"□20×20"的意思是:"□"为方钢的图例,表示该楼梯的栏杆材料用方钢;"20×20"为方钢的断面尺寸。详图②中"M—5"的为预埋铁件的代号,取的是"埋"字的汉语拼音第一个字母;5 则为预埋件的编号。"电焊"表示楼梯栏杆立柱与踏步的固定采用的是焊接,即"□20×20"的方钢焊接在"M—5"这个预埋件上。2—2 栏杆剖面图从另一个方向表示栏杆与踏步的连接和栏杆与扶手的连接。栏杆与踏步的连接同详图②,不再赘述。栏杆为方钢,扶手为硬塑料,其连接方法是在栏杆立柱的顶端沿栏杆扶手方向焊上扁钢,再用木螺丝与硬塑料扶手固定。图中"—40×4"的含义是:"—"为扁钢的图例、"40"为扁钢的宽度、"4"为扁钢的厚度。木螺丝"φ4@300"的含义是:"φ4"为木螺丝的直径、"@"为相等距离的符号、"300"为两木螺丝之间的中心距(300 mm)。

除以上内容外,楼梯详图一般还包括顶层栏杆立面图、平台栏杆立面图和顶层栏杆楼层平台段与墙体的连接。

5. 阅读楼梯详图的方法与步骤

(1) 查明轴线编号,了解楼梯在建筑中的平面位置和上下方向。

(2) 查明楼梯各部位的尺寸。包括楼梯间的大小、楼梯段的大小、踏面的宽度、休息平台的平面尺寸等。

(3) 按照平面图上标注的剖切位置及投射方向,结合剖面图阅读楼梯各部位的高度。包括地面、休息平台、楼面的标高及踢面、楼梯间门窗洞门、栏杆、扶手的高度等。

(4) 弄清栏杆(板)、扶手所用的建筑材料及连接做法。

(5) 结合建筑设计说明查明踏步(楼梯间地面)、栏杆、扶手的装修方法,内容包括踏步的具体做法、栏杆、扶手(金属、木材等)及其油漆颜色和涂刷工艺等。

2.6.4 木门窗详图

在民用建筑中,制作门窗的材料有木材、铝合金(简称铝材)、钢材、UPVC(硬聚氯乙烯)等。从国内基本建设的情况看,木门窗在民用建筑中运用较为广泛,但逐渐被铝合金和铝塑等材料的门窗所取代。钢门窗则由于重量大、易腐蚀等缺点,目前仅局限于一些特殊场合,例如在工业厂房中使用。

门窗的技术发展趋势是设计定型化、制作与安装专业化。铝合金、铝塑、塑钢是定型材料专业制作安装,在施工图中一般不绘制。木门窗一般需要施工单位制作安装,所以我们仍以木门窗为例介绍门窗详图。

1. 门窗的组成

门窗由框和扇两大部分组成。门窗的单位称樘,其各部位的名称如图 2.24 所示。

由于门和窗的基本内容、表示方法大同小异,因此,下面以图 2.25 所示的木窗详图为例,介绍木门窗的基本内容和阅读方法。

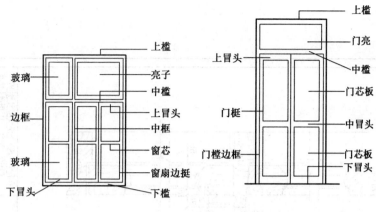

图 2.24 门窗的组成

2. 基本内容

木窗详图的基本内容包括立面图、节点详图、五金表及文字说明四大部分。

(1) 立面图

立面图表示窗框、窗扇的大小及组成形式;窗扇的开启方向和节点详图的剖切位置。如图 2.25 中 C1 立面图所示。

立面图中一般标有三道尺寸线,最外面一道尺寸线上的数字表示洞口的大小、中间一道尺寸线上的数字表示窗框的外包尺寸和灰缝尺寸、最里面一道尺寸线上的数字为窗扇的尺寸。

窗扇的开启方向由《建筑制图标准》(GB/T 50104—2010)规定:"立面图中的斜线表示窗的开启方向,实线为外开,虚线为内开;开启方向线交角的一侧为安装铰链的一侧。"根据这一规定,C1 窗中除亮窗 1 110×568 这一扇为上悬窗外,其余一律为外开平开窗。

(2) 节点详图

节点详图表示窗框与窗扇的相互关系、成型后各部位的断面尺寸及形状、玻璃的安装部位及固定方法。下面以节点详图①为例,介绍节点详图的内容。

节点详图①中,剖切到两块木料,其断面为 95×42 和 75×40(55×40)。断面 95×42 这块木料为窗边框,边框与墙连接。由于木材是由原木加工而成,先由原木按需要尺寸加工成木方,称为毛料,然后再将毛料进行刨光后(称为净料)才能刷油漆。为此,要制作成断面为 95×42(净料)的窗框,实际需要断面为 100×45(毛料)的木方。所以如图 2.26(a)所示,图上标注的 95×42 为净料尺寸。

75×40(55×40)是一个图表示两个断面的木料。75×40 为下窗扇边梃净料尺寸,55×40 为窗亮窗扇的边梃净料尺寸,如图 2.26(b)所示。

其他节点类同,不再赘述。

(3) 五金表

该五金表是摘自某标准图集中的五金表,它适用于各种类型的窗户。在五金表中表明每一樘窗户中所需要的各种配件的名称、规格及数量。在查阅五金表时,还要注意各种五金配件的单位。例如,如图 2.25 所示的 C1 窗是三扇窗扇、两扇亮窗,则需要如下配件:铰链 75—3,"75"表示铰链的规格为 75 mm,数量为 3,即 3 付(对);风钩 150—3,"150"表示风钩

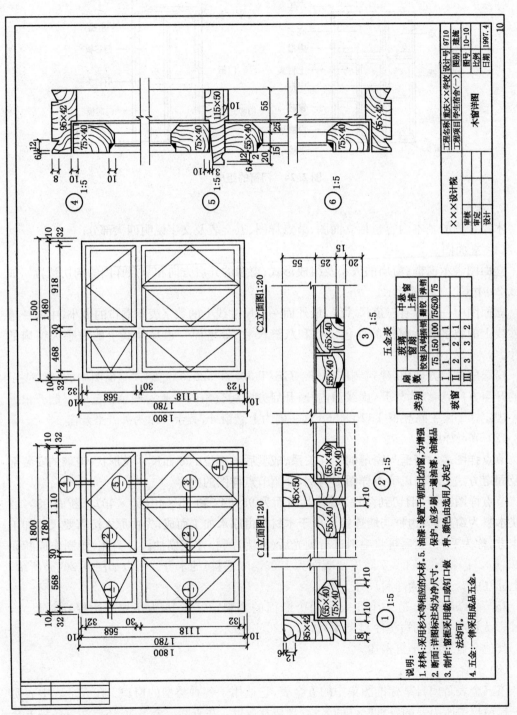

图 2.25 木窗详图

的规格为 150 mm,数量为 3,表示 3 个。其他类同。

（4）文字说明

我们知道,图只能表示物体的形状,尺寸表示物体的大小,物体的质量好坏需要用文字说明进行阐述,说明的内容主要是材料质量、施工方法、油漆颜色及涂刷工艺等。如图 2.25 所示的说明共有 5 条,分别从木材的材质、断面、制作、五金及油漆五个方面进行阐述。

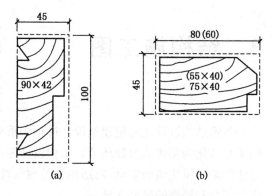

图 2.26 木材的断面

3. 阅读木门窗详图的方法与步骤

（1）从立面图中查明门窗各部位的尺寸、门窗扇的组成形式。

（2）从立面图中查明门窗扇的开启方向,是外开还是内开、是平开还是旋转窗等。

（3）在节点详图中查明各材料的断面尺寸、形状、玻璃的固定方法等。

（4）在五金表中查明不同规格门窗所需要的金属配件的名称、规格及数量。

（5）从文字说明中明确门窗制作、安装要求和油漆的颜色、工艺等。

3 结构施工图

建筑结构设计是房屋建筑设计过程中重要的组成部分,它是将建筑施工图所表达的空间关系转化为实体的过渡环节。结构设计考虑的是房屋的安全、骨架承载等,它以最经济的方法保障房屋建筑的安全性、适用性及耐久性,是建筑设计的保证,为建筑设计描绘的功能提供安全和经济的足够保证。

3.1 概述

与建筑施工图一样,结构施工图也是作为工程施工的具体指导文件,必须具备完整、翔实、清晰的图纸和文字说明。所以,结构施工图应包含从地下(地基处理、基础设计)到地上(主体结构板、梁、柱等)的所有结构和构件的布置图和详图,在成套图纸中其具体内容和排列顺序是:结构设计说明、基础施工图、各层结构布置平面图、结构详图、其他结构详图。

3.1.1 结构设计说明

根据工程的复杂程度,结构设计说明的内容有多有少,但一般都包括以下 4 个方面:
(1) 主要设计依据,应阐明上级机关(政府)的批文,国家有关的标准、规范,选用的标准图集等(小型工程可将说明分别写在各图纸上)。
(2) 自然条件及使用说明,即地质勘探资料,地基情况,地震设防裂度,风、雪荷载以及从使用方面对结构的特殊要求。
(3) 施工要求,施工注意事项。
(4) 对材料的质量要求,如选用结构材料的类型、规格、强度等级。

3.1.2 结构布置平面图

结构平面图同建筑平面图一样,属于全局性的图纸,主要内容包括:
(1) 基础平面图、基础详图及节点详图。
(2) 楼层结构布置平面图。
(3) 屋面结构平面图及节点详图,包括屋面板、天沟板、屋架、天窗架及支撑系统布置等。

3.1.3 构件详图

构件详图属于局部性的图纸,表示构件的形状、大小、所用材料的强度等级和制作安装等。其主要内容包括:
(1) 梁、板、柱及基础结构详图;
(2) 楼梯结构详图;

（3）屋架结构详图；

（4）其他详图，如支撑详图等。

结构施工图是结构设计的最终成果图，也是结构施工的指导性文件。它是进行构件制作、结构安装、编制预算和安排施工进度的依据。

3.2 建筑结构制图有关规定

建筑结构图的绘制既要满足《房屋建筑制图统一标准》（GB/T 50001—2010）的规定，还应遵照《建筑结构制图标准》（GB/T 50105—2010）的相关要求。

《建筑结构制图标准》是针对建筑结构设计的具体专业制图标准，包含五个章节的内容，分别是总则、基本规定、混凝土结构、钢结构和木结构。

为了正确识读和绘制结构施工图，现对《房屋建筑制图统一标准》和《建筑结构制图标准》中的一般规定和混凝土结构部分的内容做一个详细的介绍。

3.2.1 建筑结构制图一般规定

绘制建筑结构施工图必须遵循一定的规则，否则不同的设计师绘制的图纸，其表达方法差异很大，会影响施工人员的读图。为了将最基本的图纸表达方式统一起来，就必须制定一系列规定。这些规定一般为强制性规定，需遵照执行。

1. 图线

建筑结构制图中所用图线的线型和线宽，按照如表 3.1 所示的规定执行。

表 3.1 图线（GB/T 50105—2010）

名　称	线　宽	一　般　用　途
粗实线	b	平、剖面图中被剖切的主要建筑构造（包括构配件）的轮廓线，建筑立面图或室内立面图的外轮廓线，建筑构造详图中被剖切的主要部分的轮廓线，建筑构配件详图中的外轮廓线，平、立、剖面的剖切符号
中粗实线	$0.7b$	平、剖面图中被剖切的次要建筑构造（包括构配件）的轮廓线，建筑平、立、剖面图中建筑构配件的轮廓线，建筑构造详图及建筑构配件详图中的一般轮廓线
中实线	$0.5b$	小于 $0.7b$ 的图形线，尺寸线、尺寸界限、索引符号、标高符号、详图材料做法引出线、粉刷线、保温层线、地面、墙面的高差分界线等
细实线	$0.25b$	图例填充线、家具线、纹样线等
中粗虚线	$0.7b$	建筑构造详图及建筑构配件不可见的轮廓线，平面图中的梁式起重机（吊车）轮廓线，拟建、扩建建筑物轮廓线
中虚线	$0.5b$	投影线、小于 $0.5b$ 的不可见轮廓线
细虚线	$0.25b$	图例填充线、家具线等
粗单点长画线	b	起重机（吊车）轨道线
细单点长画线	$0.25b$	中心线、对称线、定位轴线
粗双点长画线	b	预应力钢筋线
细双点长画线	$0.25b$	原有结构轮廓线
折断线	$0.25b$	部分省略表示时的断开界线
波浪线	$0.25b$	部分省略表示时的断开界线，曲线形构件的断开界限，构造层次的断开界限

2. 比例

建筑结构制图中应根据绘制部分的用途及其复杂程度,选用如表 3.2 所示的常用比例,特殊情况下也可选择绘图比例。当构件的纵横向断面尺寸相差悬殊时,纵横向可采用不同的比例绘制,轴线尺寸和构件尺寸也可选用不同的比例绘制。

目前在很多结构设计师中流行的是:绘图时根据绘图习惯选择绘图比例,但在图纸中并不标明比例的大小,只是所有的尺寸严格按实体标注。由此可以看出结构施工图主要是通过尺寸标注表达空间关系,对比例要求没有建筑施工图那么高。

表 3.2　建筑结构制图比例

图　名	比　例
建筑物或构筑物的平面图、立面图、剖面图	1∶50、1∶100、1∶150、1∶200、1∶300
建筑物或构筑物的局部放大图	1∶10、1∶20、1∶25、1∶30、1∶50
配件及构造详图	1∶1、1∶2、1∶5、1∶10、1∶15、1∶20、1∶25、1∶30、1∶50

3. 图样画法

(1)结构施工图应采用正投影法绘制,特殊情况下也可采用仰视或其他投影绘制。

(2)结构平面布置图中,构件采用轮廓线表示,能单线表示清楚的可用单线表示;定位轴线应与建筑平面图或总平面图一致,不同平面高度处需要标注结构标高。

(3)结构平面布置图中若干部分相同时,可只绘制其中的一部分,其余部分用分类符号表示或用构件代号表示。分类符号用直径 8 mm 或 10 mm 的细实线圆圈,里面标注大写拉丁字母表示。构件代号表示方法:例如,绘制某一层楼的板,这一层楼的板可以分为若干块,当其中几块板的配筋相同时,可以只对其中一块板绘制钢筋,其他板块采用与这块板同样的板号即可。详见图例。

(4)构件的名称采用代号表示,代号后面采用阿拉伯数字标注构件的型号或编号,也可为顺序号,顺序号为不带角标的连续数字,如 L1、L2……而不是 L_1、L_2……常用的构件代号如表 3.3 所示。

(5)桁架式结构的几何尺寸图可采用单线图表示。杆件的轴线长度尺寸应标注在杆件的上方。

当杆件的布置和受力对称时,可在单线图的左半部分标注杆件的几何轴线尺寸,右半部分标注杆的内力值或反力值(根据个人的绘图习惯);非对称结构中,可在单线图中杆件的上方标注杆件的几何轴线尺寸,杆件的下方标注杆件的内力值或反力值;竖杆则在左侧标注几何轴线尺寸,右侧标注内力值或反力值。

(6)结构平面图中的剖面图、断面详图的编号顺序宜按下列顺序编排。

① 外墙按顺时针方向从左下角开始编号。

② 内横墙从左至右,从上至下编号。

③ 内纵墙从上至下,从左至右编号。

(7)构件详图中,当纵向较长(或纵、横向都较长)、重复较多时,可用折断线断开,绘制保留部分,适当省去重复部分以使图纸简化。

表 3.3　常用构件代号(GB/T 50105—2010)

序号	名称	代号	序号	名称	代号	序号	名称	代号
1	板	B	19	圈梁	QL	37	承台	CT
2	屋面板	WB	20	过梁	GL	38	设备基础	SJ
3	空心板	KB	21	连系梁	LL	39	桩	ZH
4	槽形板	CB	22	基础梁	JL	40	挡土墙	DQ
5	折板	ZB	23	楼梯梁	TL	41	地沟	DG
6	密肋板	MB	24	框架梁	KL	42	柱间支撑	ZC
7	楼梯板	TB	25	框支梁	KZL	43	垂直支撑	CC
8	盖板或沟盖板	GB	26	屋面框架梁	WKL	44	水平支撑	SC
9	挡雨板或檐口板	YB	27	檩条	LT	45	梯	T
10	吊车安全走道板	DB	28	屋架	WJ	46	雨篷	YP
11	墙板	QB	29	托架	TJ	47	阳台	YT
12	天沟板	TGB	30	天窗架	CJ	48	梁垫	LD
13	梁	L	31	框架	KJ	49	预埋件	M
14	屋面梁	WL	32	刚架	GJ	50	天窗端壁	TD
15	吊车梁	DL	33	支架	ZJ	51	钢筋网	W
16	单轨吊车梁	DDL	34	柱	Z	52	钢筋骨架	G
17	轨道连接	DGL	35	框架柱	KZ	53	基础	J
18	车挡	CD	36	构造柱	GZ	54	暗柱	AZ

3.2.2　混凝土结构制图的有关规定

1. 钢筋混凝土结构简介

(1) 混凝土

混凝土是水泥、砂、石子和水,按一定的比例混合搅拌,然后注入定型模板内,再经振捣密实和养护凝固后,形成坚硬如石的混凝土构件。混凝土构件的抗压强度较高。混凝土的强度等级分为 C15、C20、C25、C30、C35、C40、C45、C50、C55、C60、C65、C70、C75 及 C80 十四个等级,数字越大,表示混凝土抗压强度越高。

(2) 钢筋混凝土

混凝土虽然抗压强度很高,但抗拉强度较低,在受拉状态下容易发生断裂。为了提高混凝土的抗拉能力,常在混凝土构件的受拉区域内配置一定数量的钢筋。由混凝土和钢筋这两种材料构成整体的构件,称为钢筋混凝土构件。

钢筋混凝土构件可以在施工现场浇制,称为现浇钢筋混凝土构件,也可以在工厂预先制好,称为预制钢筋混凝土构件。

2. 钢筋的分类和作用

在钢筋混凝土结构中,配置的钢筋按其作用不同,可以分以下几种:

(1) 受力筋。它是构件中主要的受力钢筋。如图 3.1(a)所示的钢筋混凝土梁底部的 $2\Phi 20$ 钢筋;如图 3.1(b)所示的单元入口雨篷板靠近顶面的 $\phi 10@140$ 等钢筋,均为受力筋。

（2）箍筋（钢箍）。它是构件中承受剪力和扭力的钢筋，同时用来固定纵向钢筋的位置，多用于梁和柱内。如图 3.1(a)所示的钢筋混凝土梁中的 φ8@200 便是箍筋。

（3）架立筋。一般用于梁内，固定箍筋位置，并与受力筋一起构成钢筋骨架，如图 3.1(a)所示的钢筋混凝土梁中的 2φ10 便是架立筋。

（4）分布筋。一般用于板类构件中，并与受力筋垂直布置，将承受的荷载均匀地传给受力筋一起构成钢筋骨架。如图 3.1(b)所示的单元入口雨篷的 φ6@200 便是分布筋。

（5）构造筋。包括架立筋、分布筋以及由于构造要求和施工安装需要而配置的钢筋，统称为构造筋，如腰筋、吊环、预埋锚固筋等。

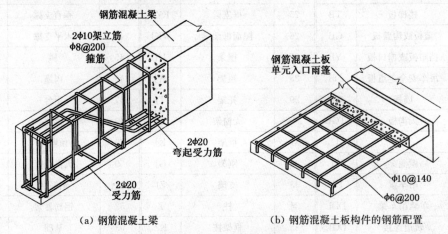

(a) 钢筋混凝土梁   (b) 钢筋混凝土板构件的钢筋配置

图 3.1　构件的钢筋配置

3. 钢筋的弯钩

为了增强钢筋在混凝土构件中的锚固能力，可以使用带有人字纹或螺纹的受力筋。如果受力筋为光圆钢筋，则在钢筋的两端要做成弯钩的形状。弯钩的形状一般有半圆弯钩、直弯钩，如表 3.4 所示，其他钢筋图样表示方法如表 3.5～表 3.8 所示。

表 3.4　普通钢筋图样表示方法

序号	图名	图例	序号	图名	图例
1	带半圆弯钩的钢筋搭接		6	钢筋横断面	●
2	带半圆形弯钩的钢筋端部		7	花篮螺丝钢筋接头	
3	带丝扣的钢筋端部		8	机械连接的钢筋接头	
4	带直钩的钢筋搭接		9	无弯钩的钢筋搭接	
5	带直钩的钢筋端部		10	无弯钩的钢筋端部	

表 3.5　预应力钢筋图样表示方法

序号	图名	图例	序号	图名	图例
1	固定端锚具		2	锚具的端视图	

序号	图名	图例	序号	图名	图例
3	固定连接件	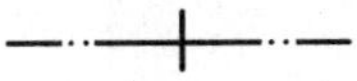	6	可动连接件	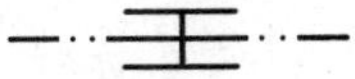
4	后张法预应力钢筋断面		7	预应力钢筋或钢绞线	
5	预应力钢筋断面		8	张拉端锚具	

表 3.6　钢筋网片图样表示方法

序号	图名	图例	序号	图名	图例
1	一片钢筋网平面图	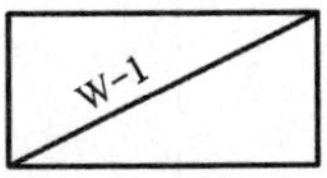 W-1	2	一行相同的钢筋网平面图	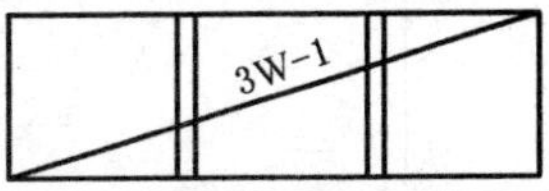 3W-1

表 3.7　钢筋的焊接接头图样表示

序号	名称	接头形式	标注方法
1	单面焊接的钢筋接头	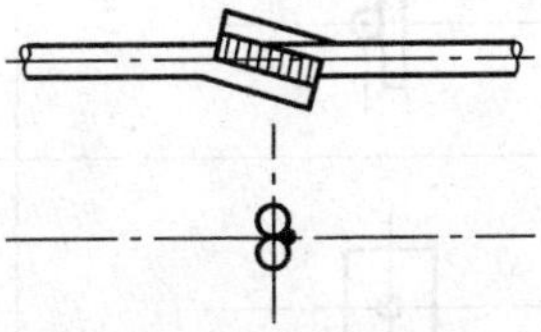	
2	双面焊接的钢筋接头	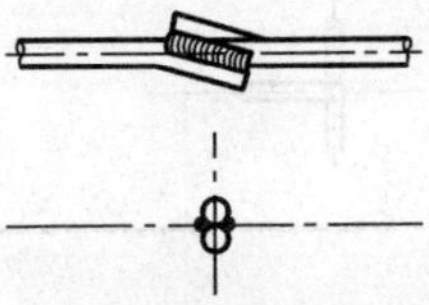	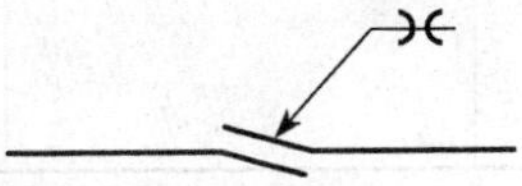
3	用帮条单面焊接的钢筋接头	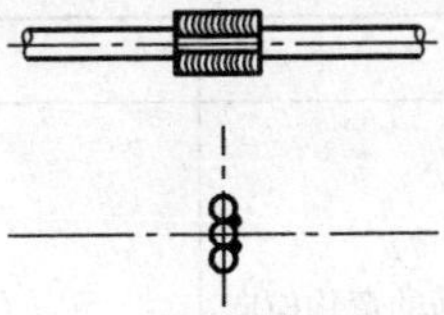	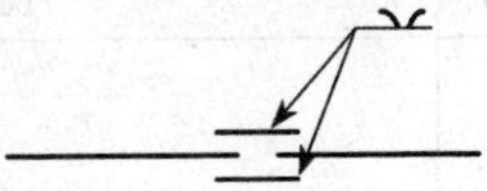
4	用帮条双面焊接的钢筋接头	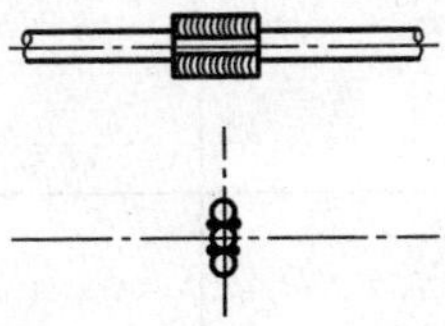	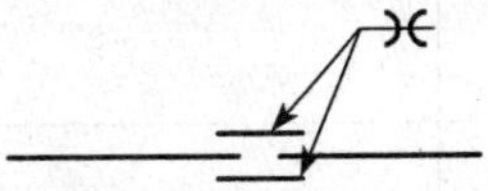
5	接触对焊的钢筋接头		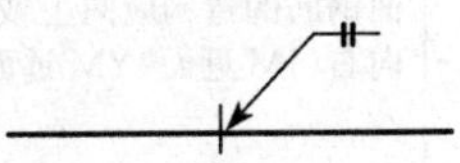

续　表

序　号	名　称	接头形式	标注方法
6	坡口平焊的钢筋接头	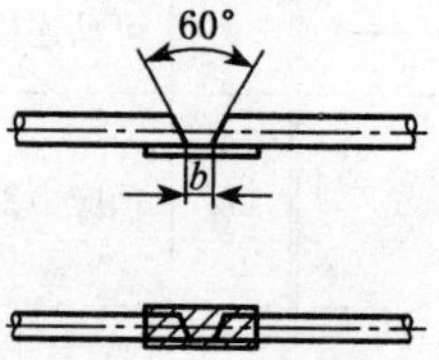	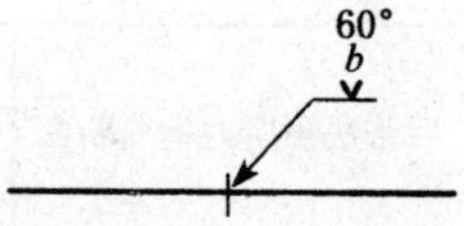
7	坡口立焊的钢筋接头	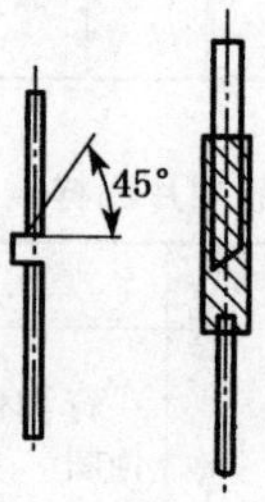	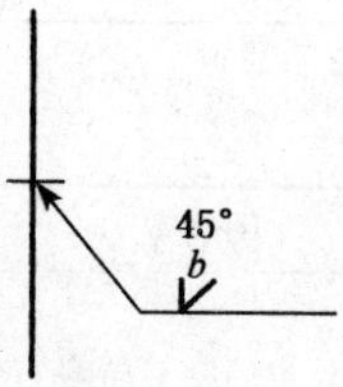
8	用角钢或扁钢做连接板焊接的钢筋接头	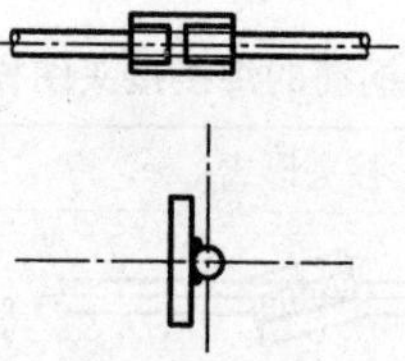	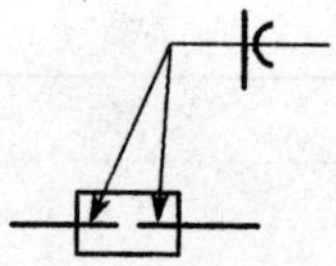
9	钢筋或螺(锚)栓与钢板穿孔塞焊的接头	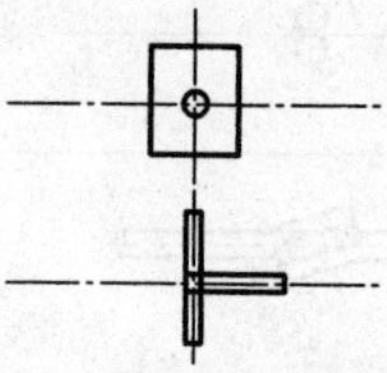	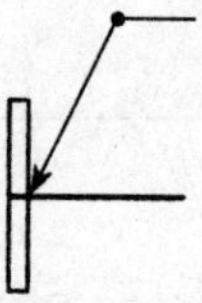

表 3.8　钢筋的构造画法

序号	说　明	图　例
1	在结构楼板中配置双层钢筋时，底层钢筋的弯钩应向上或向左，顶层的钢筋的弯钩应向下或向右	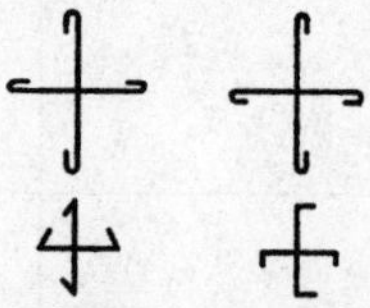 (底层)　(顶层)
2	钢筋混凝土墙体配双层钢筋时，在钢筋立面图中，远面钢筋的弯钩应向上或向左而近面的钢筋应向下或向右(JM 近面，YM 远面)	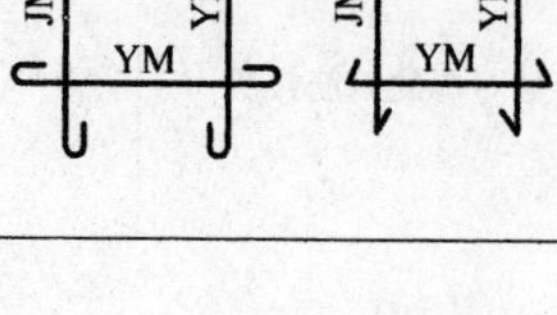

序号	说　明	图　例
3	若在断面图中不能表达清楚的钢筋布置,应在断面图外增加钢筋大样图(如钢筋混凝土墙、楼梯等)	
4	图中所表示的钢筋、环筋等若布置复杂时,可加画钢筋大样及说明	
5	每组相同的钢筋、箍筋或环筋,可用一根粗实线表示,同时用一两端带斜短划线横穿细线,表示其钢筋及起止范围	

4. 保护层

为保证构件中钢筋与混凝土黏结牢固和保护钢筋不被锈蚀,钢筋的外缘到构件表面应留有一定的厚度作为保护层。具体保护层厚度查阅工程图纸。

5. 钢筋的标注

钢筋在平、立、剖面图中的表示方法如图 3.2～图 3.4 所示。

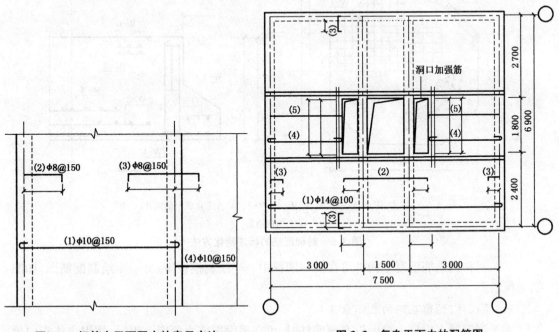

图 3.2　钢筋在平面图中的表示方法　　　图 3.3　复杂平面内的配筋图

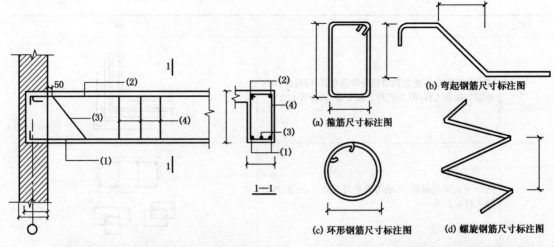

图 3.4　梁的纵断面和横断面配筋图　　　　图 3.5　箍筋和弯起钢筋的标注方法

6. 箍筋和弯起钢筋的标注如图 3.5 所示

7. 钢筋的简化表示方法

（1）当构件对称时，钢筋网片可用一半或 1/4 表示，如图 3.6 所示。

（2）配筋简单的钢筋混凝土结构可按下列规定绘制配筋平面图：独立基础在平面模板图的左下角绘制样条曲线，只画出曲线以外部分的钢筋，标注直径和间距，如图 3.7（a）所示；其他构件则在某一部分画出钢筋，标注直径和间距，如图 3.7（b）所示。

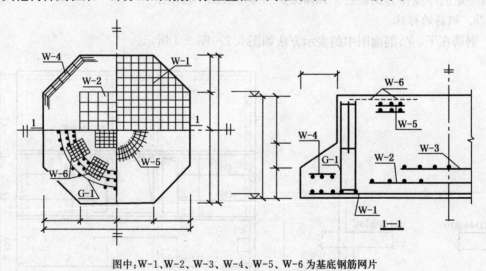

图中：W-1、W-2、W-3、W-4、W-5、W-6 为基底钢筋网片

G-1 为构造筋

图 3.6　对称配筋的标注简化方法

（3）对称的钢筋混凝土构件可在同一图样中一半绘制模板图，另一半绘制配筋图，如图 3.8 所示。

8. 预埋件、预留孔洞的表示方法

（1）当混凝土构件上单面设有预埋件时，可在平面图或立面图上表示，用引出线指向预埋件，并标注预埋件的代号，如图 3.9 所示。

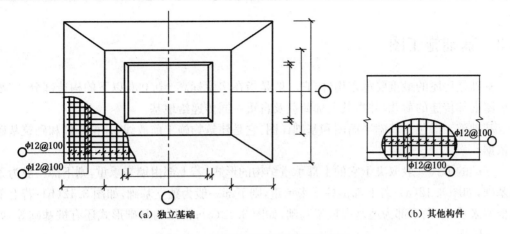

（a）独立基础　　　　　　　　（b）其他构件

图 3.7　配筋简单的结构配筋简化图

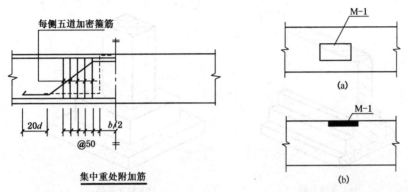

图 3.8　对称结构配筋简化图　　　**图 3.9　单面设有预埋件的表示方法**

（2）当混凝土构件的正反两面在同一位置均设有预埋件时，引出线为一条实线和一条虚线，同时指向预埋件。预埋件相同时，引出横线上标注正面预埋件代号，如图 3.10（a）所示；预埋件不同时，引出横线上方标注正面预埋件代号，下方标注反面预埋件代号，如图 3.10（b）所示。

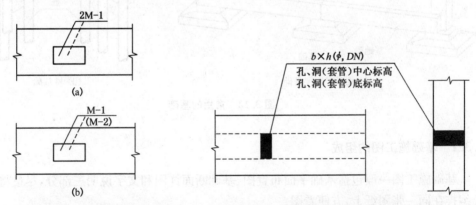

图 3.10　正反两面设有预埋件的表示方法　　**图 3.11　预留孔、洞及预埋套管的表示方法**

（3）当构件上设有预留孔、洞或预埋套管时，可在平面图或断面图中表示。用引出线指向预留（埋）位置，引出横线的上方标注留孔、洞的尺寸或预埋套管的外径；引出横线的下方标注孔、洞、套管的中心标高和底标高，如图 3.11 所示。

3.3　基础施工图

基础是房屋的最重要承重构件,它一般是指在房屋标高±0.000以下的构造部分,它承受房屋上部传递的荷载,并将其上部荷载及自重一同传递给地基。

基础施工图包括基础平面图和基础详图,它是建筑物施工前放线、开挖基槽和砌筑基础的依据。

基础的形式一般取决于它的上部承重结构的形式,若上部由墙来承重,则下部一般为条形基础,如图3.12(a);若上部由柱子来承重,则下部一般为独立基础,如图3.12(b);若上部由框架来承重,则下部为地基梁框架基础,如图3.12(c);常见的基础形式还有桩基础等,如图3.12(d)。

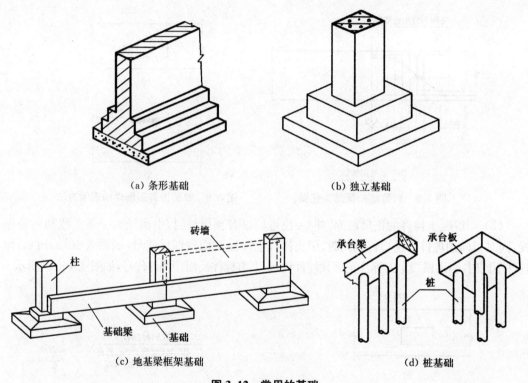

（a）条形基础　　　　　　　　　　（b）独立基础

（c）地基梁框架基础　　　　　　　　（d）桩基础

图3.12　常用的基础

3.3.1　基础施工图的组成

基础施工图一般包括基础平面布置图、基础断面详图和文字说明三部分,尽量将这三部分编排在同一张图纸上,方便看图。

3.3.2　基础平面布置图

1.基础平面布置图的形成和作用

基础平面布置图是用一个假想的水平面在室内地面以下的位置将房屋全部切开,并将房屋的上部移去,对该平面以下的建筑结构部分向下作正投影而形成的水平剖面图。在结构施工图中,我们只绘制承载构件,因此投影时将回填土看成是透明体,忽略不画。被剖切到的柱子涂黑,基础的全部轮廓为可见线,应采用中实线表示。垫层省略不画,在文字中说明,基础的外围轮廓线是基础的宽度边线,不是垫层的边线。

基础平面图主要表示基础、基础梁的平面尺寸、编号、布置和配筋(平法)情况,也反映了基础、基础梁与墙(柱)和定位轴线的位置关系。基础平面图是基础施工放线和配筋的主要依据。

2. 基础平面图的图示内容

如图 3.13 所示,是某建筑的基础平面图,从图中可以看出,基础平面图包括了以下内容:

(1) 图名和比例。本结构图用标注尺寸表示建筑实际尺寸,省略了比例。

(2) 定位轴线及编号。应与建筑平面图一致。

(3) 尺寸和标高。基础平面图中的尺寸标注比较简单,在平面图的外围,通常只标注轴线间的尺寸;在内部,应详细标注基础的长度和宽度(或圆形基础的直径)及定位尺寸,尤其是异形基础和局部不同的基础。如果基础规整而简单,基础的尺寸可直接根据断面编号在详图中查找。本图中基础平面图的基底标高没有变化,所以没有单独标注,各部分的标高详见基础设计说明或基础详图。

(4) 基础、柱、构造柱的水平投影与柱、构造柱、基础梁的编号。柱、构造柱必须与底层平面图一致,因为这些主要竖向承重结构不能悬在空中或仅在基础中设置。柱、构造柱(本图中没有构造柱)必须涂黑,且按照一定的顺序统一编号(如有单独的柱网布置图,在基础图中可以省略柱及构造柱编号)。构造柱不单独承重,主要起提高墙体整体性的作用。如果是框架结构,墙体主要起围护作用,则在结构施工图中一般不必绘制;如果是砌体结构,墙体起承重作用,则在结构施工图中需要绘制。

基础的投影通常只画出基础底面的轮廓线、基础侧面的交线,其他的细部轮廓线,例如基础侧面与顶面的交线可以不画。

门洞下面由于墙体断开,影响了基础的整体性,通常用基础梁予以加固。基础梁还在多种情况下使用,例如条形基础(图 3.13),又如伸缩缝两侧的基础,由于没有空间扩大基础,只能将一侧的基础内缩,这时就要在内缩一侧的基础上做悬挑梁,悬挑梁上再做简支梁支承墙体;单层工业厂房的外墙通过由搁置在基础上的基础梁来支承。

(5) 基础构件配筋。

(6) 基础详图(断面)的剖切符号及编号。如图 3.13 所示的 1—1。

(7) 预留孔洞、预埋件等。某些地下管道(如排污管)可能需要穿过基础墙体,应在基础平面图中用虚线表示并标明预留孔洞的位置和标高;某些地下设施(例如电施图中的避雷网或接地保护)可能与基础中的钢筋相连或穿越基础,应在基础平面图中详细标明其位置和标高。

(8) 有关说明。即将图形无法表现或表现啰嗦的部分用文字表达。较小工程的结构施工说明通常放在基础平面图上,某些施工总说明中没有的内容也可放在基础平面图上单独说明;较大工程的结构施工说明则需单独编制。

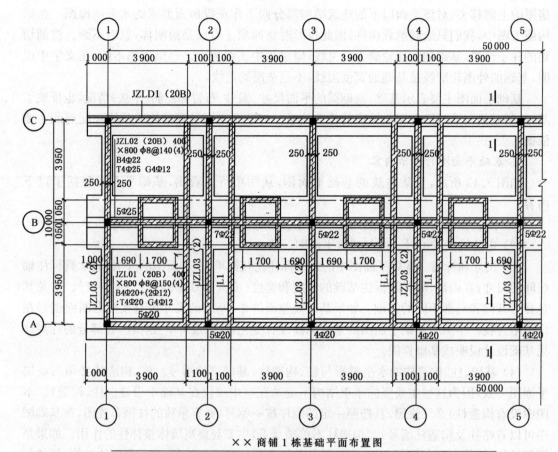

××商铺1栋基础平面布置图

说明：结构基础梁预留排水管孔洞做法详见大样，定位详见给排水施工图。

图 3.13　某建筑基础平面布置图

3. 基础断面详图

基础平面布置图只表示了建筑基础的整体布局、构件搭设关系和整体配筋，要想弄清楚基础的细部构造和具体尺寸，必须进一步阅读基础断面详图。

基础断面详图，是对基础平面布置图中剖切到的基础断面按顺序逐一绘出的详图，结构相同的只需画一个，结构不同的应分别编号绘制。对柱下条形基础，也可采用只画一个的简略画法。在这个通用的基础断面上，各部分的标注如尺寸、配筋等用通用符号表示，旁边列表说明各断面的具体标注。如果断面少（2～3个），也可在不同部分的标注中用括号加以区别，并在相应的图名中标注同样的括号。

基础详图的主要图示内容如下：

（1）图名和比例。结构图中也可以省略比例，按实际尺寸标注。

（2）定位轴线及编号。

（3）基础的断面形状、尺寸、材料图例、配筋等。

（4）尺寸和标高。

（5）防潮层的位置、做法。现改在建筑施工图中做。

（6）施工说明。

图 3.14 是图 3.13 所示基础的 1—1 断面图,其具体的剖面位置可以在图 3.13 中找到。

从图中可以看到,基础底面标高为 −1.250 m,减去室内外高差即为基础埋深;基础底面设有 50 mm 厚的 C10 素混凝土垫层;基础梁的高度及配筋在图 3.13 中已用平法标出;基础底板高度在基础说明中指出是 100 mm;基础底板受力筋是 $\phi10$@140,分布筋是 $\phi8$@250;1—1 断面的基础宽度是 750 mm。

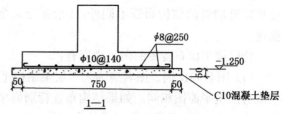

图 3.14 某建筑基础断面图

图 3.15 是基础开洞洞口详图,其具体的位置也可以在基础平面布置图中表示。基础上开洞的原因是因为有些地下管道需要通过。基础梁在洞口处由于内力比较复杂,所以需要单独设计。

洞口设计没有明确的计算理论,主要是凭借经验。在洞口四周要加设钢筋,如图 3.15 所示,每边加设 4 根 $\phi10$ 钢筋,钢筋要满足一定的锚固长度,并用箍筋嵌固。

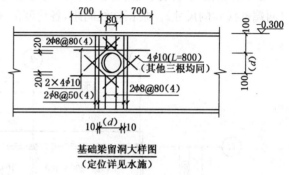

基础梁留洞大样图
(定位详见水施)

图 3.15 某建筑基础开洞详图

3.4 结构平面布置图

结构平面布置图是表示建筑各层承重结构布置的图样,由结构平面布置、节点详图以及构件统计表和必要的文字说明等组成。节点详图应尽可能绘制在结构平面布置的周围,以便读图者阅读,如果数量较多,也可单独布置。

多层民用建筑的结构平面布置图分为楼层结构平面布置图和屋面层结构平面布置图。当各楼层的结构构件或其布置相同时,绘图时只需绘制一层,称为标准层,其他楼层与同此;当各楼层的结构构件或其布置不同时,应分楼层绘制。钢筋混凝土楼板按照不同的施工方法有装配式、现浇式和现浇整体式三种。其中,预制装配虽然施工速度快,但整体性和抗震性能较差,应用较少;现浇式虽然施工速度慢,但整体性好,也更节省材料,应用较多。装配式和现浇式在绘制的施工图中表示方法是不同的。屋顶有平屋顶和坡屋顶之分,平屋顶的结构布置基本相同,与楼层板的布置方法相同,只不过在建筑中更多考虑保温和防水。现以前述的某建筑为例介绍结构平面图的阅读。

3.4.1 楼层结构平面布置图

1. 楼层结构平面布置图

楼层结构平面布置图是假想用剖切平面沿楼板面水平切开所得的水平剖面图,用直接正投影法绘制,它表示该层的梁、板及下一层的门窗过梁、圈梁等构件的布置情况。在绘制结构施工图时,通常将楼层梁和楼层板分开绘制。

图 3.16 是某建筑标准层梁布置平面图,由于中间楼层(除架空层和屋面层)除了标高和楼梯间外墙处的结构布置不同外,其余部分完全相同,所以中间层的结构可以用此标准层描述。

楼层梁平面布置图的图示内容有:

(1) 图名和比例。图名应为××层梁结构平面布置图,接后用小一号字标注比例,比例一般与建筑平面图相同。如果结构布置特别简单,房间又大,可采用 1:200 的比例。本结构图中略去比例,用尺寸表示实体空间关系。

(2) 定位轴线和尺寸标注。为了确定梁等构件的安装位置,应画出与建筑平面图完全一致的定位轴线,并标注轴线编号和轴线间距的尺寸,在平面图的左侧和下方标注总尺寸(两端轴线间的尺寸)。根据轴线间距,各房间的大小一目了然。

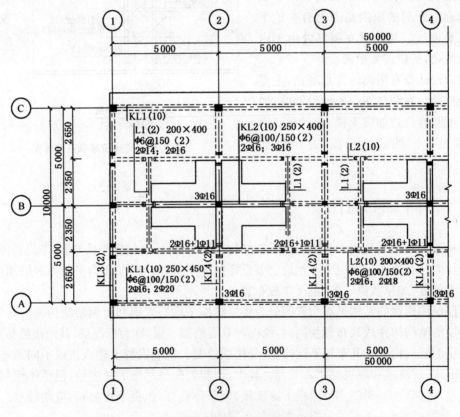

××商铺1栋二层梁平面布置图

说明:梁面标高未注明的均为2.970。

图 3.16 某建筑标准层梁平面布置图

(3) 承重墙和柱子(包括构造柱)。在结构平面布置图中,为了反应承重墙、柱与梁、板等构件的关系,仍应画出承重墙、柱的平面轮廓图,其中未被梁构件挡住的部分用中实线画出,而被楼面构件挡住的部分则用中虚线画出。所有的混凝土柱子(包括构造柱)应涂黑表示。

（4）梁的定位、截面尺寸及配筋。梁的定位采用梁的外轮廓线向下正投影的方法。梁的截面尺寸和配筋可以采用平法标注。次梁搭接在主梁上，在主梁支点的两侧需要增加配置箍筋，这些平法标注未包括的钢筋可以在平面图原位画出。

（5）节点详图索引。楼层结构平面布置图中还应标明节点详图索引。

（6）垫梁。当梁搁置在砖墙或砖柱上时，为了避免砌体被局部压坏，往往在梁搁置点的下面设置梁垫（素混凝土或钢筋混凝土），以缓解局部压力。在结构平面布置图中，应示意性地画出梁垫平面轮廓线，并标上代号 LD。

（7）门窗过梁。过梁是位于门窗洞口上方的支托本层上部墙重的构件，它将门窗洞口上部墙体的重量以及传至该处的梁、板荷载转移到洞口两侧的墙上。过梁可以是木梁、石梁、预制或现浇钢筋混凝土梁，也有直接在砌体底部的灰浆中加设钢筋做成钢筋砖过梁的。过梁具体的截面尺寸和构造应根据实际荷载的大小，通过计算来确定。

在结构平面布置图中，通常用粗单点长画线表示下一楼层的门窗过梁，单点长画线的位置和长度应与洞口的位置和宽度一致；也可以用梁的轮廓线表示，即在洞口的边缘用虚线画出洞口的投影。过梁的标注方法是在门窗洞口的一侧标注过梁代号及编号，其编号与预制板类似，例如 GL15240，"GL"是过梁代号，"15"表示过梁的跨度为 1.5 m，"24"表示过梁的宽度为 240 mm，与墙厚相同，"0"为荷载等级，0 级荷载为过梁自重加 1/3 净跨高度范围的墙体重量。

（8）圈梁。砌体承重结构的房屋由于承重墙是由分散的砌体砌成，整体刚度较差，为了提高建筑的整体刚度，增强整体的抗震性能，通常在楼板部位的平面上，沿全部或部分墙体设置封闭圈梁，在墙体交接处适当设置上下贯通至基础的钢筋混凝土构造柱，圈梁和构造柱的具体设置应符合《砌体结构设计规范》（GB 50003—2011）及《建筑抗震设计规范》（GB 50011—2010）的有关规定。绘制圈梁时，首先在平面布置图中用圈梁的外轮廓线向下投影确定圈梁的平面位置，并用文字标明是圈梁；然后绘制圈梁的剖面详图以确定圈梁的形状、尺寸、配筋和梁底标高。图 3.17 为某建筑圈梁的绘制方法。

（9）详图索引。

图 3.18 是某建筑标准层板平面布置图，由于中间楼层（除架空层和屋面层）除了标高不同外其余部分完全相同，所以中间层的结构可以用标准层描述。

楼层板平面布置图的图示内容有：

（1）图名和比例。图名应为××层板结构布置平面图，接后用小一号字标注比例，比例一般与建筑平面图相同。如果结构布置特别简单，房间又大，可采用 1∶200 的比例。本结构图中略去比例，用尺寸表示实体空间关系。

（2）定位轴线和尺寸标注。为了便于确定板等构件的安装位置，应画出与建筑平面图完全一致的定位轴线，并标注轴线编号和轴线间距的尺寸，在平面图的左侧和下方标注总尺寸（两端轴线间的尺寸）。根据轴线间距，各房间的大小一目了然。

（3）承重墙、柱子（包括构造柱）和梁。在结构平面图中，为了反应承重墙、柱、梁与板等构件的关系，仍应画出承重墙、柱和梁的平面轮廓图。其中未被楼面板挡住的部分用中实线画出，而被楼面板挡住的部分则用中虚线画出。所有的混凝土柱子（包括构造柱）应涂黑表示。

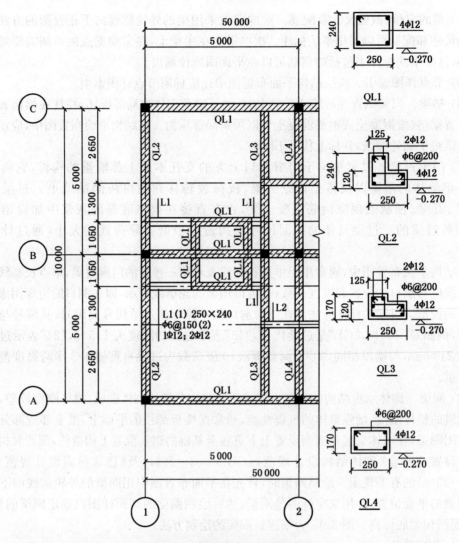

图 3.17　某建筑架空层圈梁表示

(4) 现浇板。某些房间如厨房、卫生间等,由于管道较多,在预制板上开洞不便,又可能凿断板中钢筋影响板的强度,采用现浇板不仅可以避免上述问题,容易留设孔洞,还能有效解决管道与楼板交接处的渗漏问题。

现浇板在结构布置图中的表示方法有两种,第一种是在板格内画对角线,注写板的编号,例如 B1、B2……其具体尺寸和配筋另有详图或图表;第二种是在结构布置图中现浇板的投影上直接画出板中的钢筋并加以标注,这种方法就是我们所说的平法表示,相同尺寸、厚度、配筋的板只标注一次,如图 3.18 所示。

(5) 楼梯洞口。建筑中的楼梯另有详图,但在板面上楼梯开洞处应以对角阴影表示。

(6) 预制板。预制板有平板、空心板和槽板三种,应根据不同的情况分别选用。平板的上下表面平整,适用于荷载不大、跨度较小(例如走道、楼梯平台等处)的地方;槽板的板、肋分开,受力合理,自重较轻,板面开洞较自由,但不能形成平整的顶棚,常用于卫生间、厨房等处;空心板不仅上下板面平整,而且构件刚度大,应用范围最为广泛。预制板又分为预应力

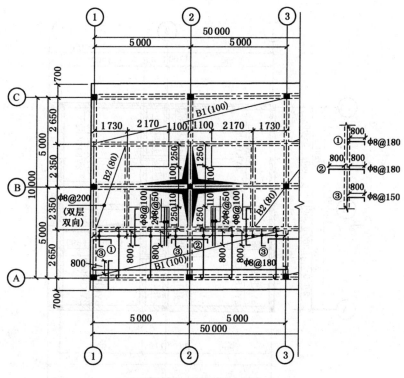

××商铺1栋二层板平面布置图

说明：
1. 图中梁定位尺寸未注明的均逢轴线中或平柱边。
2. 图中未注明的钢筋均为 φ8@150，未表示的分布钢筋为 φ6@200。
3. 板面标高未注明的均为 2.970。
4. 结构板预留水落管孔尺寸及位置详见水施，钢筋绕过洞口。

图 3.18 某建筑标准层板平面布置图

板和非预应力板两种，预应力板挠度小、抗裂性能好，而非预应力板很少使用。目前，我国大部分省、市都编有平板、空心板和槽板的通用构件图集，图集中对构件代号和编号的规定各有不同，但所代表的内容基本相同，例如构件的跨度、宽度及所承受的荷载级别等。如图3.19所示，采用预制板布置的图示方法是用细实线和半箭头表示要标注的板，然后在引出线上写明板的数量、代号和型号。当板铺的距离较长时，每个区域可以只画一个，标出数量即可。对铺板完全相同的房间，选择其中一个注写所铺板的数量和型号，再写上代号，如A、B……其余相同的房间直接注写代号。

2. 节点详图

节点详图是对平面布置图还不能表达细致的地方单独用详图表示，对于平面布置图已表达清楚的地方无须绘制详图。

例如，在钢筋混凝土装配式楼层中，预制板搁置在梁或墙上时，只要保证有一定的搁置长度并通过灌缝或坐浆就能满足要求了，一般不需另画构件的安装节点大样图，采用文字说明或参看相应的图集即可；但当房屋处于地基条件较差或地震区时，为了增强房屋的整体刚度，应在板与板、板与墙（梁）连接处设置锚固钢筋，在平面布置图中无法表示，这时应画出安装节点大样图。

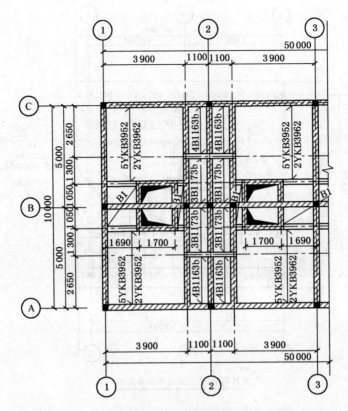

××商铺1栋架空层板平面布置图

说明：
1. 图中梁定位尺寸未注明的均逢轴线中或平墙边。
2. B1 为 80 厚、配筋均为 φ8@200（双层双向）。
3. 板面标高未注明的均为−0.030。
4. 梯柱编号未注明的均为 TZ2，定位未注明的梯柱中或边均逢轴线。

图 3.19 某建筑架空层预制板平面布置图

3. 构件统计表

在结构平面布置图中，应将各层所用构件进行统计，对不同类型、规格的构件统计其数量，并注明构件所在的图号或通用图集的代号及页码。

3.4.2 屋顶结构平面布置图

屋顶结构平面图与楼层结构平面图大体相同，其图示方法完全相同，但实际结构构件的形式、布置、配筋通常不同，所以屋顶结构平面图应单独绘制。

1. 屋顶结构平面图与楼层结构平面图的主要区别

（1）楼板的形式和位置。过去对大部分平屋顶建筑来说，屋顶通常全部采用预制板，而楼层通常采用预制板和现浇板相结合；对坡屋顶建筑来说，屋顶和楼层显然不同，坡屋顶结构通常采用屋架、屋面梁或各种现浇钢筋混凝土构架。

（2）梁的布置和截面高度。如果楼层的墙体在顶层缺省，即顶层的房间为几个小房间合并成的大房间,则屋顶在楼层墙体处必须加设梁,而屋顶荷载与楼层荷载通常不同,因而与楼层梁相同位置的屋顶梁,其截面和配筋并不相同;屋顶圈梁与楼层圈梁通常也不一样,通常情况下,屋顶圈梁的数量、截面尺寸(主要是高度)和配筋比楼层要大;屋顶圈梁通常有外挑的天沟板或雨篷板,而楼层显然没有;屋顶上有时有水箱、葡萄架等高出屋面的结构,需要专门的梁或框架来支承,或者直接支承在屋面梁上,但其截面或配筋显然要有所增加。

(3)构件。屋顶有而楼面没有的构件主要有天沟板、雨篷板、水箱、葡萄架等。

(4)标高、图名等。屋顶的标高显然与楼层不同,图名也有所不同。

2. 屋顶结构平面图实例

图 3.20 是某建筑的屋面板布置平面图,对照图 3.18 可以发现,屋面层板由于要考虑昼夜温差问题,为防止混凝土热胀冷缩拉裂,故需要通长配置钢筋。女儿墙是连续墙体,如果仅用砖砌筑整体性会很差,故在女儿墙中要设置构造柱,构造柱的详图可以列在本张图中。在屋面板上有时需要开洞上人,在洞口周围应设置加密钢筋。

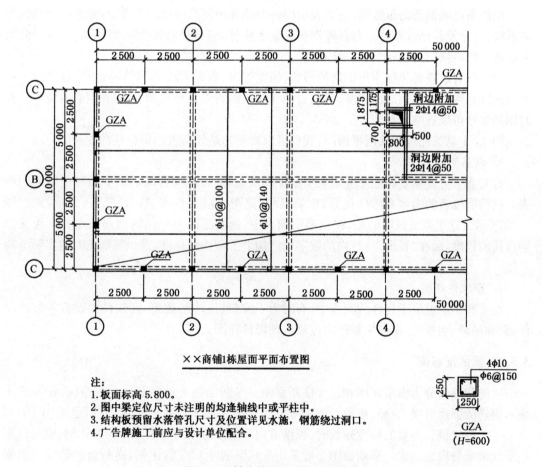

××商铺1栋屋面平面布置图

注:
1. 板面标高 5.800。
2. 图中梁定位尺寸未注明的均逢轴中或平柱中。
3. 结构板预留水落管孔尺寸及位置详见水施,钢筋绕过洞口。
4. 广告牌施工前应与设计单位配合。

GZA
(H=600)

图 3.20 某建筑顶层板平面布置图

3.5 结构构件详图

本节以钢筋混凝土构件为例,详细讲述结构构件详图的识读。钢结构构件在此省略。

3.5.1 钢筋混凝土构件的图示方法

钢筋混凝土构件详图由模板图(外轮廓线的投影图)、配筋图、钢筋明细表和预埋件详图等组成,它是钢筋加工、构件制作、用料统计的重要依据。

1. 模板图

模板图实际上就是构件的外轮廓线投影图,主要用来表示构件的形状、外形尺寸、预埋件和预留孔洞的位置和尺寸。当构件的外形比较简单时,模板图可以省略不画,一般情况只要在配筋图中标注出有关尺寸即可。但对于比较复杂的构件,为了便于施工中模板的制作安装,必须单独画出模板图。模板图通常用中粗实线或细实线绘制。

2. 配筋图

配筋图也叫钢筋的布置图,主要表示构件内部各种钢筋的强度等级、直径大小、根数、弯截形状、尺寸及其排放布置。对各种钢筋混凝土构件,应直接将构件剖切开来,并假定混凝土是透明的,将所有钢筋绘出并加以标注。

对于所有纵筋必须标注出钢筋的根数、强度等级、直径大小和钢筋的编号,箍筋和板中的钢筋网必须标注出钢筋的强度等级、直径、间距(钢筋中心到钢筋中心)和钢筋的编号。有时钢筋编号可以省略。

图3.21是某建筑的柱网平面图,我们可以看看它是如何表达每根柱的配筋的。

3. 钢筋明细表

有时为了方便钢筋的加工安装和编制工程预算,通常在构件配筋图旁边列出钢筋明细表。钢筋明细表的内容有构件代号、钢筋编号、简图、规格、长度、数量、总长、总重等,如图3.38所示。这里需要说明的是,在钢筋明细表中,钢筋简图上标注的钢筋长度并不包含钢筋弯钩的长度,而在"长度"一栏内的数字则已加上了弯钩的长度,是钢筋加工时的实际下料长度。

4. 预埋件详图

在某些钢筋混凝土构件的制作中,有时为了安装、运输的需要,在构件中设有各种预埋件,例如吊环、钢板等,应在模板图附近画出预埋件详图。

3.5.2 梁的配筋图

梁的配筋图分为纵断面图和若干横断面图。纵断面图表示钢筋的弯截情况,横断面图表示钢筋的强度等级、直径、根数。梁的配筋图一般采用1∶50的比例,有时也采用1∶30或1∶40的比例。当梁的跨度较长时,长度方向和高度方向可以采用不同的比例,也可以用剖断线剖断分段绘制梁。横断面图一般采用1∶20或1∶25的比例,横断面的数量应根据构件及配筋的变化程度确定,并依次编号。纵、横断面图上的钢筋标注必须一致。

图3.22是某梯梁的纵断面配筋图。横断面配筋如图3.33所示。

梯梁的跨度可以在楼梯的平面图中表示,梯梁两端支承在梯柱上,支承采用现浇。梁的

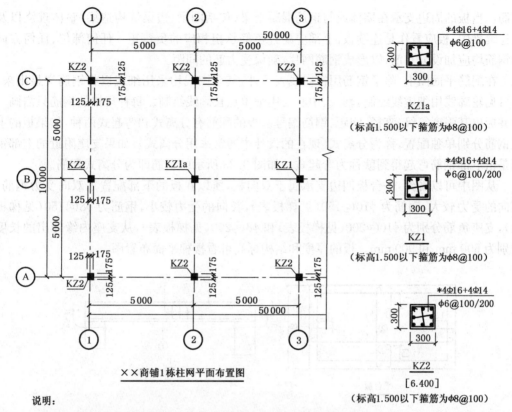

图 3.21 某建筑柱网平面布置图

纵、横断面均采用 1∶25 的比例绘制。梁中钢筋共有九种编号,具体配筋方法见梯梁表。在梯梁转折处,上梁段和下梁段的钢筋都需要伸入对方梁段以便锚固,锚固长度见梁的纵断面图标注。梁上部钢筋和下部钢筋采用箍筋绑扎成骨架,箍筋同时起到抗剪切的作用。

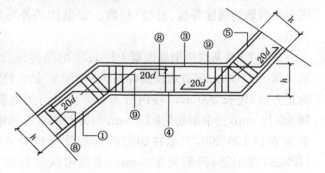

图 3.22 某建筑梯梁配筋图

3.5.3 板的配筋图

钢筋混凝土现浇板的结构详图通常采用配筋平面图表示,有时也可补充断面图。配筋平面图一般采用 1∶50 或更大的比例。

板中钢筋的布置与板的周边支承情况及板的长短边长度之比有关。如果板的两个对边自由或板的长短边长度之比大于 2,可以把板看作是一对边支撑,按单向板计算配筋,板的下部受力筋只在一个方向配置,即为弯曲方向;否则应按双向板考虑,在两个方向配置受力钢筋。当板的周边支承在墙体或与钢筋混凝土梁(包括圈梁、边梁等构造梁)整体现浇以及在连续梁中,板应看作是连续板,上部应配置负筋承担相应的负弯矩。任何部位、任何方向的钢筋均应加设分布筋,以形成钢筋网片,确保受力筋的间距。

在配筋平面图上,除了钢筋用粗实线表示外,其余图线均采用细线以将钢筋突显出来,不可见轮廓线用细虚线绘制,轴线、中心线用细单点长画线绘制。每种规格的钢筋只需画一根并标出其强度等级、直径、间距、钢筋编号。板的配筋有分离式和弯起式两种,如果板的上下钢筋分别单独配置,称为分离式(现在的设计中通常采用分离式);如果支座附近的上部钢筋是由下部钢筋弯起得到就称为弯起式。如图 3.23 所示的钢筋即为分离式配筋。

从图中可以看到,平台板四边支承属于双向板,所以在板的下部配置了双向受力钢筋,短向的受力较大,钢筋为 φ10@150(见梯板表),长向的受力较小,钢筋为 φ8@150(见梯板表),支座负筋分别为 φ10@200(见梯板表)和 φ8@200(见梯板表),从支座内缘伸出的长度分别为 600 mm 和 900 mm。板的厚度和结构标高可看楼梯平面布置图。

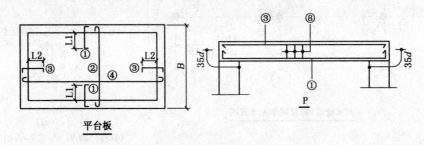

平台板

图 3.23 平台板配筋图

3.5.4 柱结构详图

钢筋混凝土柱构造详图主要包括立面图和断面图,立面图表示钢筋的弯截情况,横断面图表示钢筋的强度等级、直径、根数。如果柱的外形变化复杂或有预埋件,则还应增画模板图。

图 3.24 是某现浇钢筋混凝土柱 KZ2 的结构详图。该柱从标高-0.030 m 起直通顶层标高为 6.400 m 处。柱的断面为正方形,边长 300 mm,柱内分布有 8 根纵向受力筋,其角筋为 ⊈16 mm,边中钢筋为 ⊈14 mm,均为 HRB335 级钢筋;箍筋为 φ6@100/200,表示柱加密区箍筋是直径为 6 mm 的 HPB235 级钢筋,间距为 100 mm,非加密区箍筋是直径为 6 mm 的 HPB235 级钢筋,间距为 200 mm;1.5m 以下柱箍筋为 8 mm 的 HPB235 级钢筋,间距为 100 mm。

*4⊈16+4⊈14
φ6@100/200

KZ2
[6.400]
(标高1.500以下箍筋为φ8@100)

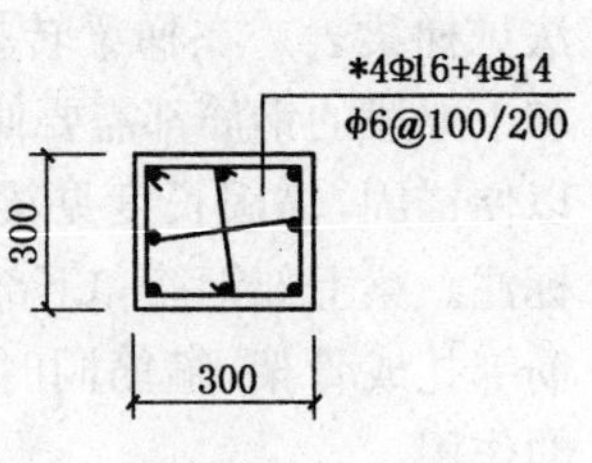

图 3.24 柱配筋详图

图 3.25 是某二层工业厂房预制钢筋混凝土柱 Z1 的配筋图,左边为纵断面,右边为六个横断面。对照纵横断面图可以看出,Z1 的配筋是分段布置的,纵向钢筋可以通过焊接或绑扎进行连接,每段的配筋量可查看右边的横断面图,箍筋的间距详见纵断面图中的标注。

牛腿内由于集中力较大,单独增设纵筋和箍筋加密。在牛腿处钢筋需要截断的,需满足搭接长度和构造要求。

柱地下埋深 1.5 m,柱的模板图可参看本配筋图,如果表示不详时可单独绘制模板图。

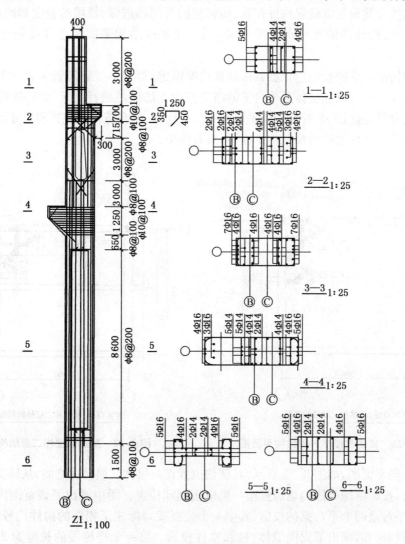

图 3.25　厂房柱配筋详图

3.5.5　楼梯结构详图

楼梯的结构比较复杂,是结构图绘制中最考验基本功的部分,必须单独绘制。如果楼梯比较简单,也可将建筑详图和结构详图合并绘制,通常省略建筑图。

楼梯的结构形式很多,但最常用的都是钢筋混凝土双跑楼梯,且多为现浇板式楼梯。板式楼梯由梯板、平台板和平台梁组成。带踏步的梯板,两端支承在平台梁上,平台板的一端支承在平台梁上,另一端支承在楼梯间周围的墙体或梁上,所以梯板属于简支板,梯梁属于简支梁。板式楼梯受力明确,结构合理,采用现浇整体式,其抗震性能更加优越。梁式楼梯由梯板、梯梁、平台板、平台梁组成,在此暂不介绍。

楼梯结构详图由楼梯结构平面图、剖面图、梯段详图、平台详图和梯梁详图组成。

1. 楼梯结构平面图

楼梯结构平面图主要反映梯段、梯梁及平台等构件的平面位置,要在图中标出楼梯间四周的定位轴线及其编号以确定构件位置、楼梯间的开间和进深、梯段的长度和跨度、平台板的长度和宽度、楼梯井的宽度等主要尺寸,同时在楼梯结构平面图上直接标注各构件的代号。

楼梯结构平面图的数量应根据具体结构情况确定,对于多层建筑通常为三个,即底层、标准层和顶层。但有时底层休息平台下的净空高度无法满足通行要求,此时应将休息平台提高若干级台阶,这就需要补充一个平面图来反映梯段、平台等构件位置和尺寸的变化。图 3.26、图 3.27 是某住宅的楼梯结构平面图,共有两个。

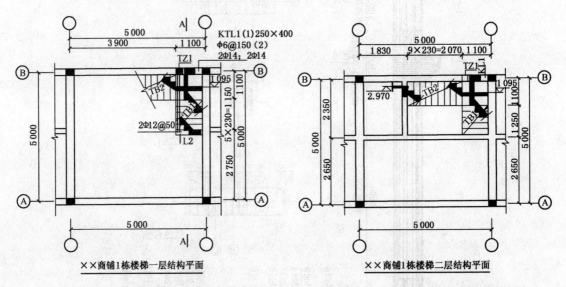

图 3.26　某建筑楼梯一层结构平面图　　　　图 3.27　某建筑楼梯二层结构平面

先看一层平面图,如图 3.26 所示,其剖切位置在一层和二层楼面之间,从转折后的第二跑楼梯剖切,投影范围为该剖切位置至一层楼面相同位置。图中画出了该范围内的两个楼梯段、一个平台及两个平台梁的投影(其中一个是框梁),标注了相应的构件代号、尺寸及平台顶面的结构标高,画出了周围墙体、柱和梯柱投影。第一个楼梯段的长度为 230 mm×5＝1 150 mm,宽度为 1 100 mm。两个梯段板的代号分别是 TB1 和 TB2。第一个平台的尺寸为 1 100 mm×1 100 mm,其配筋和板厚直接见相应的详图和平台板表。由于该平台只有两个对边支承在平台梁上,另外两个边是自由边(对 TB1 没有设置平台梁),属于单向板,所以只在短方向配置了受力筋和分布筋,为 φ6@200,板面负筋同样为 φ6@200,从梁边伸出的长度为 250 mm。

图 3.27 是二层平面图,与一层平面图基本相同,其剖切位置在二层楼面之上。

从图中可以看出,第二段梯段的长度为 230 mm×9＝2 070 mm。

2. 楼梯结构剖面图

从一层平面图 A—A 剖面的标注可以看出,剖面图的剖切位置在第一个上行梯段上,从该处将楼梯间全部切开,向另一梯段方向投影,即得到如图 3.28 所示的楼梯结构剖面图。楼梯剖面图只用来反映楼梯结构的垂直分布,楼梯以外部分用折断线断开,顶层平台以上的部分也用折断线断开。

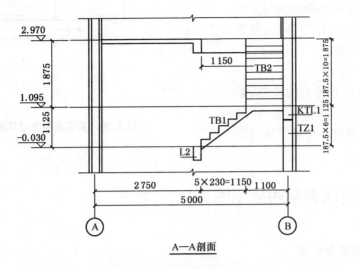

A—A剖面

图 3.28　某建筑楼梯剖面图

　　楼梯结构剖面图画出了所有梯段板、平台板、平台梁以及楼梯间两侧墙体及墙体上的梁和门窗的投影，并且进行了标注。阅读楼梯平面图时，应该与剖面图反复对照，以确认各构件的具体位置（水平方向和垂直方向）。在楼梯结构剖面图的一侧，应将每个梯段的高度和标高加以标注，梯段高度的标注方法与平面图相同，例如，第一个梯段 TB1 的标注为"187.5×6＝1 125"，这里的"1 125"指 TB1 的高度为 1 125 mm，而"187.5"是每个踏步的近似高度，是用"1 125"除以 6 得到的，是近似值。楼梯结构剖面图和楼梯结构平面图上的标高全部为结构标高，需用建筑标高减去抹灰厚度。

　　此外，楼梯结构剖面图上还画出了最外面的两条定位轴及其编号，并标注了两条定位轴线间的距离。

3. 梯段详图

　　梯段详图主要用来反映梯段配筋的具体情况，如图 3.29 所示。由于梯段板是倾斜的，板又薄，配筋较密集，因而梯段详图多采用较大比例，一般为 1：20～1：30。对楼梯结构平面图或剖面图上标注出的所有不同编号的梯段板，均应单独绘制配筋详图。

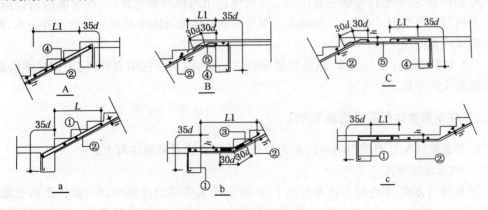

图 3.29　某建筑梯段详图

4. 平台梁详图

楼梯平台梁的结构详图与普通梁基本相同。如图 3.30 所示,是某建筑平台梁断面图。

5. 梯梁详图

对于某些承载较大的楼梯,采用板式楼梯时板的厚度较大,这时可以采用梁式楼梯。楼梯梁详图如图 3.22 所示。

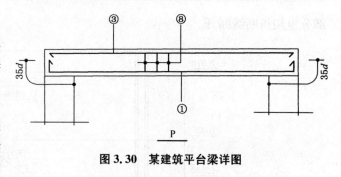

图 3.30 某建筑平台梁详图

3.6 平面整体表示法施工图

3.6.1 平面整体表示法

将结构构件的尺寸和配筋等按照平面整体表示方法制图规则,整体、直接地表达在各类构件的结构平面布置图上,再与标准构造详图相配合,构成一套新型完整的结构施工图,这种方法称为"建筑结构施工图平面整体设计方法",简称"平法"或"平面表示法"。它改变了传统的那种将构件从结构平面布置图中索引出来,再逐一绘制配筋详图的烦琐方法。其制图规则如下:

(1) 平法施工图由构件平面整体配筋图和标准构造详图(现行标准图集代号为03G101—1)两大部分构成。对于复杂的工业和民用建筑,需另补充模板图、开洞及预埋件的平面图(或立面图)及详图。它适用于各种现浇钢筋混凝土结构的基础、柱、剪力墙、梁、板、楼梯等构件的施工图平法设计。

(2) 平面整体配筋是安装各类构件的制图规则,在结构平面布置图上直接表示各构件的尺寸、配筋和所选用的标准构件详图的图样。

(3) 在平面图上表示各构件尺寸和配筋的方式,分为平面注写方式、列表注写方式和截面注写方式三种,可根据具体情况选择使用。

(4) 按平法设计绘制平面整体配筋图时,应将图中所有构件进行编号。编号中含有类型代号和序号等,类型代号的主要作用是指明所选用的标准构造详图;在标准构造详图上,应按其所属构件类型注有代号,明确该详图与平面整体配筋图中相同构件的互补关系,两者合并构成完整的施工图。

(5) 对混凝土保护层厚度、钢筋搭接和锚固长度,除图中注明者外,均须按标准构造详图中的有关构造规定执行。

3.6.2 柱平面整体配筋图的表示方法

柱平面整体配筋图采用的表达方式为列表注写方式或截面注写方式。

1. 列表注写方式

列表注写方式,是在柱平面布置图上(一般只需采用适当比例绘制一张柱平面布置图,包括框架柱、框支柱、梁上柱和剪力墙柱),分别在同一编号的柱中各选择一个(有时需要选择几个)截面标注几何参数代号,在柱表中注写柱号、柱段起止标高、几何尺寸(含柱截面对轴线的偏心情况),并配以各种柱截面形状及其箍筋类型图的方式,来表达柱平面整体配筋图。

如图 3.31 为柱平面整体配筋图列表注写方式示例,阅读时应注意柱表内容包括以下六项。例如编号为"KZ5"的柱,即序号为 5 号的框架柱。

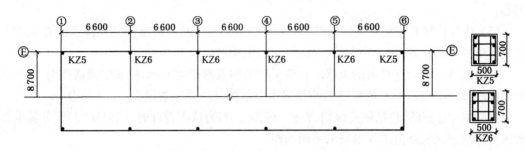

柱号	标高	$b \times h$	b_1	b_2	h_1	h_2	全部纵筋	角筋	b 边中一侧	h 边中一侧	箍筋类型	箍筋
KZ5	−3.180~6.570	500×700	120	380	580	120	10Φ25, 6Φ20	4Φ25	3Φ25	3Φ20	1(4×4)	Φ8@100
KZ6	−3.180~6.570	500×700	250	250	580	120	10Φ25, 6Φ25	4Φ25	3Φ25	3Φ25	1(4×4)	Φ8@100/200

图 3.31 柱的列表注写方式示意

(1) 柱编号由类型代号和序号组成,如表 3.9 所示。

表 3.9 柱编号表

柱类型	代号	序号	柱类型	代号	序号
框架柱	KZ	××	梁上柱	LZ	××
框支柱	KZZ	××	剪力墙上柱	QZ	××
芯柱	XZ	××			

(2) 注写各段柱的起止标高,自柱根部往上以变截面位置或截面未变但配筋改变处为界分段注写。注意:框架柱和框支柱的根部标高是指基础顶面标高;芯柱的根部标高是指根据结构实际需要而定的起始位置标高;梁上柱的根部标高是指梁顶面标高;剪力墙上柱的根部标高分两种,当柱纵筋锚固在墙顶部时,其根部标高为墙顶面标高,当柱与剪力墙重叠一层时,其根部标高为墙顶下面一层的楼层结构标高。

(3) 对于矩形柱,注写柱截面尺寸 $b \times h$ 及与轴线关系 b_1、b_2 和 h_1、h_2 的具体数值,须对应于各段柱分别注写。其中 $b = b_1 + b_2$,$h = h_1 + h_2$。当截面的某一边收缩变化至与轴线重合或偏到轴线另一侧时,b_1、b_2、h_1、h_2 中的某项为 0 或是负值。

如图 3.31 所示,柱表中的"b_1",两柱分别为"120""250"。

对于圆柱,表中尺寸改用圆柱直径前加 d 表示。

对于芯柱,根据结构需要可以在某些框架柱的一定高度范围内,在其内部的中心位置设置(分别引注其柱编号)。芯柱截面尺寸按构造确定,并按标准构造详图施工,设计不注;当设计者采用与本构造详图不同的做法时,应另行注明。

(4) 注写柱纵筋。柱纵筋分角筋、截面 b 边中部筋和 h 边中部筋三项(对称截面对称边可省略),当为圆柱时,表中角筋一栏注写圆柱的全部纵筋。如图 3.31 所示的柱表中 KZ5,配筋情况是角筋为 4 根直径 25 mm 的 HRB335 级钢筋,截面的 b 边一侧中部筋为 3 根直径 25 mm 的 HRB335 钢筋,截面 h 边一侧中部筋为 3 根直径 20 mm 的 HRB335 钢筋。

(5) 注写柱箍筋类型号及箍筋肢数,具体工程所设计的各种箍筋类型图需画在表的上部或图中的合适位置,编上类型号,并标注与表中相对应的 b、h 边。

如图 3.31 所示,在柱表的上部画有该工程的搁置箍筋类型图,柱表中箍筋类型一栏,表明该柱的箍筋类型采用的是类型 1,小括号中表示的是箍筋肢数组合,4×4 组合。

(6) 注写柱箍筋,包括钢筋级别、直径与间距。当为抗震设计时,用斜线"/"区分箍筋加密区与非加密区长度范围内箍筋的不同间距。

如图 3.31 所示柱表的箍筋,KZ5 为"$\phi 8@100$",表示箍筋为 HPB235 级钢筋,直径 8 mm,KZ6 为"$\phi 8@100/200$",表示箍筋为 HPB235 级钢筋,加密区间距 100 mm,非加密区间距为 200 mm。

2. 截面注写方式

截面注写方式,是在标准层绘制的柱平面布置图上,分别在不同编号的柱中各选择一个截面注写截面尺寸和配筋具体数值,来表达柱平面整体配筋图。

图 3.21 为柱平面整体配筋图截面注写方式示例,阅读时应注意以下规则:

(1) 对所有柱截面按规定进行编号,从相同编号的柱中选择一个截面,在柱平面布置图下绘制详图。如图 3.21 所示的三种不同编号的柱截面,即 KZ1、KZ1a、KZ2,应分别对其放大比例绘制截面配筋图,并进行注写。

(2) 注写内容包括:截面尺寸 $b×h$ 全部纵筋(当角筋直径与其他纵筋直径不同时,角筋和其他纵筋要分开注写,角筋前要打 * 号)以及箍筋的具体数值(箍筋的注写方式同列表注写方式)。

(3) 在柱平面布置图上注写柱截面与轴线关系 b_1、b_2、h_1、h_2 的具体数值。

(4) 当柱的总高、分段截面尺寸和配筋均相同,仅分段截面与轴线的关系不同时,可将其编为同一柱号,但应在未画配筋的柱截面上注写该柱的截面与轴线关系。

(5) 在柱截面详图下标注柱的总高。

3.6.3 梁平面整体配筋图的表示方法

梁平面整体配筋图采用的表达方式为平面注写方式或截面注写方式。

1. 平面注写方式

平面注写方式,是在梁平面布置图上,分别在不同编号的梁中各选择一根梁,在其上直接注写梁的几何尺寸和配筋具体数值,来表达梁平面整体配筋图。

阅读梁平面整体配筋图平面注写方式时须注意以下规则:

(1) 梁的编号由梁类型代号、序号、跨数及有无悬挑代号几项组成,具体如表 3.10 所示。

表3.10　梁的编号

梁类型	代号	序号	跨数及是否带有悬挑
楼层框架梁	KL	××	(××)或(××A)或(××B)
屋面框架梁	WKL	××	(××)或(××A)或(××B)
框支梁	KZL	××	(××)或(××A)或(××B)
非框支梁	L	××	(××)或(××A)或(××B)
悬挑梁	XL	××	
井字梁	JZL	××	(××)或(××A)或(××B)

其中,(××A)表示其中有一端为悬挑,(××B)表示有两端有悬挑。例如,KL7(5A)表示第7号框架梁,5跨,有一端为悬挑。

(2)平面注写包括集中标注与原位标注。集中标注表达梁的通用数值(可从梁的任意一跨引出),原位标注表达梁的特殊数值;当集中标注中的某项数值不适用于梁的某部位时,则将该项数值原位标注;施工时,原位标注取值优先,如图3.32所示。

(3)梁集中注写的内容,有四项必注值及一项选注值,即梁编号、梁截面尺寸、梁箍筋、梁上部贯通筋或架立筋根数、梁顶面标高高差(选注值)。

① 梁编号,如表3.10所示,该项为必注项。

② 梁截面尺寸,该项为必注项。当为等截面梁时,用 $b×h$ 表示;当为加腋梁时,用 $b×h$ $Yc_1×c_2$ 表示,c_1 表示腋长,c_2 表示腋高;当有悬挑梁且根部和端部的高度不同时,用斜线分隔根部和端部的高度值,即为 $b×h_1/h_2$。

③ 梁箍筋,包括钢筋级别、直径、加密区与非加密区间距及肢数,该项为必注项。箍筋加密区与非加密区的不同间距及肢数需用斜线分隔;当梁箍筋为同一种间距和肢数时,则不需用斜线;当加密区和非加密区的箍筋肢数相同时,则将肢数注写一次;箍筋肢数应写在括号内。

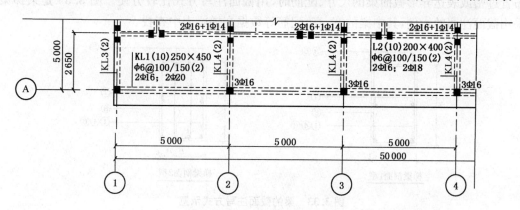

图3.32　梁的平面注写方式示意

例如,Φ10@100/200(4),表示箍筋为 HPB235 级钢筋,四肢箍,加密区间距为 100 mm,非加密区为 200 mm。

④ 梁上部通长筋或架立筋,该项为必注项。当同排纵筋中既有通长筋又有架立筋时,应用"+"号将通长筋和架立筋相连,并将架立筋写在括号内;上下排纵筋间用";"号隔开。

例如,3Φ22;3Φ20表示梁的上部配置3根直径为22 mm的HRB335级钢筋,下部配置 3 根直径为 20 的 HRB335 级钢筋。

⑤ 梁侧面纵向构造钢筋或受扭钢筋配置，该项为必注项。当梁的腹板高度大于 450 mm 时，需配置纵向构造钢筋，此项用 G 打头，接续注写两个侧面的总配筋值，且对称配筋。当梁的侧面需要配置受扭钢筋时，此项用 N 打头，接续注写同纵向构造钢筋。

例如，G4Φ12 表示梁的两个侧面共配置 4 根直径为 12 mm 的纵向构造钢筋，每边各配置 2 根；N4Φ12 表示梁的两个侧面共配置 4 根直径为 12 mm 的纵向受扭钢筋，每边各配置 2 根。

⑥ 梁顶面标高高差必须写在括号内，无高差时不注。

（4）梁原位标注的内容包括梁支座上部纵筋、梁下部纵筋、侧面纵向构造钢筋或侧面抗扭纵筋、附加箍筋或吊筋。当梁在某处的配筋在集中标注中已经标注，原位可以不必再标注；当梁在某处的配筋与集中标注不同时，则原位需要标注，原位标注值优先。如图 3.32 所示，集中标注表示了沿 A 轴梁的上部纵筋为 2 根直径 16 mm 的 HRB335 级钢筋，但在连续梁支座端却原位标注了 3 根直径为 16 mm 的 HRB335 级钢筋，表明在连续梁的上部配置了 2 根直径为 16 mm 的 HRB335 级通长钢筋，在支座处增设 1 根钢筋以增大梁端承受负弯矩的能力。

在集中标注和原位标注时需注意，梁的上部纵筋主要是承受支座处的负弯矩，故通常在连续梁中配置通长钢筋，钢筋长度不够时采用焊接等方法；梁的下部纵筋主要承受跨中的正弯矩，故通常只需将钢筋伸入支座达到一定的锚固长度即可。

2. 截面注写方式

截面注写方式是在梁平面布置图上，分别在不同编号的梁中各选择一根梁，再用剖面符号引出的截面配筋图上注写截面尺寸与配筋具体数值，来表达梁平面整体配筋图。截面注写方式既可以单独使用，也可与平面注写结合使用。当梁平面整体配筋图中局部区域的梁布置过密或表达异形截面梁的尺寸、配筋时，用截面注写方式比较方便。图 3.33 是某梯梁采用截面注写的示例，其中梁的宽、高、配筋等数据在梯梁表中查找。

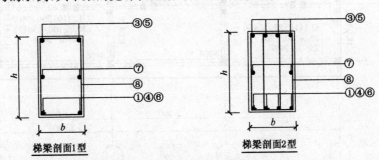

图 3.33　梁的截面注写方式示意

3.6.4　板的平面整体配筋图的表示方法

1. 板带集中标注

（1）集中标注应在板带贯通纵筋配置相同的第一跨注写，相同编号的板带可择其一做集中标注，其他仅注写板带编号。板带集中标注的具体内容为板带编号、板带厚及板带宽、贯通配筋，如图 3.34 所示。

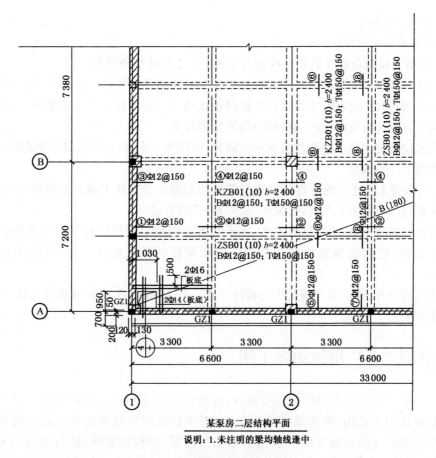

某泵房二层结构平面
说明：1.未注明的梁均轴线逢中

图 3.34 板的平法标注示意

板带编号如表 3.11 所示。

表 3.11 板的编号

板类型	代号	序号	跨数及是否带有悬挑
柱上板带	ZSB	××	(××)或(××A)或(××B)
跨中板带	KSB	××	(××)或(××A)或(××B)

跨数按柱网轴线计算，两相邻柱轴线之间为一跨；(××A)为一端有悬挑，(××B)为两端有悬挑。

(2) 板带厚注写 $h=×××$，板带宽注写 $b=×××$。当无梁楼盖整体厚度和板带宽度已在图中注明时，此项可不注。

贯通钢筋按板带下部和板带上部分别注写，并以 B 代表下部，用 T 代表上部，B&T 代表上部和下部。

例如，ZSB2(5A)　$h=100$　$b=3\,000$

B Φ12@100，T Φ12@100

表示 2 号柱上板带，有 5 跨且有一端悬挑，板带厚 100 mm，宽 3 000 mm，板的上部配置直径为 12 mm 的 HPB235 级钢筋，间距 100 mm。板的下部配置直径为 12 mm 的 HPB235

级钢筋,间距 100 mm。

2. 板带支座原位标注

(1) 板带支座原位标注的具体内容为板带支座上部非贯通纵筋。

以一段与板带同向的中粗实线代表板带支座上部非贯通纵筋;对柱上板带:实线段贯穿柱上区域绘制;对跨中板带:实线段横贯柱网轴线绘制。在线段上注写钢筋编号、配筋值及在线段的下方注写自支座中线向两侧跨内的延伸长度。

不同部位板带支座上部非贯通纵筋相同者,可仅在一个部位注写,其余则在代表非贯通纵筋的线段上注写编号。

(2) 当板带上部已经配有贯通钢筋但需增加配置板带支座上部非贯通纵筋时,应结合已配同向贯通纵筋的直径和间距,采用"隔一布一"的方式。

板的平法标注还可以按照图 3.20 所示的所有钢筋采用原位标注。先将板内钢筋绘制在板平面内,然后在钢筋处标注数值。相同配筋的板只标注一次,其他用相同板号代替。

本节只简单介绍柱、梁及板的平法标注方式。对于基础、剪力墙、楼梯等未做介绍,具体可参看本章附图。

3.7 单层工业厂房结构施工图

单层工业厂房是由预制构件连接而成,除基础外均采用的是预制构件。其中绝大部分通过标准图集来选用,因而图样数量较少;对于标准图集没有的特殊部位需要单独绘制。单层工业厂房结构施工图一般包括基础结构图、结构布置图、屋面结构图和节点构造详图等。

3.7.1 基础结构图

和民用建筑一样,单层工业厂房基础结构图包括基础平面图和基础详图。

基础平面图反映基础和基础梁的平面布置、编号和尺寸等;基础详图则具体反映基础的形状、尺寸、配筋以及基础之间或基础与其他构件之间的连接情况。

图 3.35 为某厂房的基础平面布置图,图中画出了 A 轴线上的基础梁和柱下独立基础的投影。图 3.36 为该基础的详图。

3.7.2 结构布置图

图 3.37、图 3.38 分别是某厂房的平面结构布置图和立面结构布置图。

厂房的平面结构布置图可以反映板的配筋、平面结构体系及局部构造;立面结构布置图可以反映支撑厂房的骨架的形状尺寸和配筋情况。

3.7.3 屋面配筋图

屋面结构主要表明屋架、屋盖支撑系统、屋面板、天窗结构构件等的平面布置情况。其中屋面配筋图是最重要的。图 3.39 为某厂房的屋面配筋图。

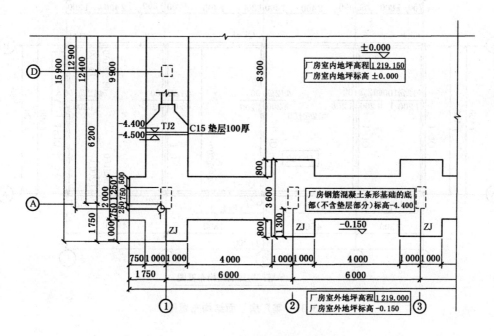

主厂房房屋基础平面图

图 3.35　某厂房的基础平面布置图

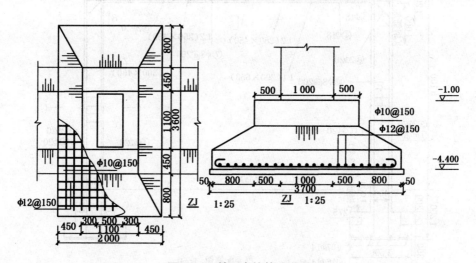

图 3.36　某厂房的基础详图

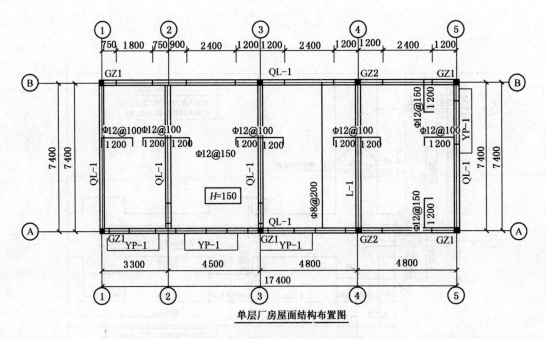

单层厂房屋面结构布置图

图3.37 某厂房平面结构布置图

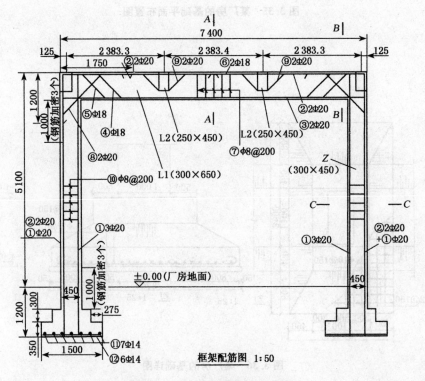

框架配筋图 1:50

图3.38 某厂房立面结构布置图

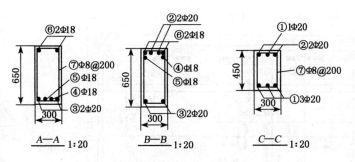

钢 筋 表

钢筋	型号	直径(mm)	型式与尺寸	长度(mm)	条数	总长(m)	重量(kg)
①	Φ	20	6 220 ⌐200	6 420	8	51.36	126.9
②	Φ	20	1 720 ⌐ 6 220 ⌐200	8 140	4	32.56	80.4
③	Φ	20	150 ⌐ 7 350 ⌐150	7 650	2	15.3	37.8
④	Φ	18	150 470 763 5 320 763 470 150	8 086	1	8.086	21.9
⑤	Φ	18	150 870 763 4 520 763 870 150	8 086	1	8.086	21.9
⑥	Φ	18	7 350 / 1 200 1 200	9 750	2	19.5	39
⑦	Φ	8	260 50 610 610 260	1 840	43	79.12	31.65
⑧	Φ	20	400 1 336 400	2 136	4	8.544	21.09
⑨	Φ	20	150 400 564 350 564 400 150	2 578	4	10.31	25.47
⑩	Φ	8	260 50 410 410 260	1 440	64	92.16	36.86
⑪	Φ	14	1 040	1 040	7	7.28	8.74
⑫	Φ	14	1 440	1 440	6	8.64	10.37

图 3.38 某厂房结构立面布置图(续)

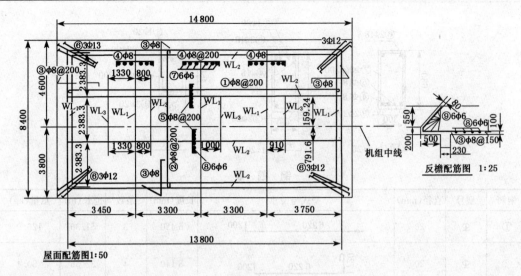

屋面配筋图1:50

钢 筋 表

编号	型号	直径(mm)	型号和尺寸	长度(mm)	条数	总长(m)	重量(kg)
①	Φ	8	50 13 750 50	13 850	33	457.05	182.8
②	Φ	8	50 7 350 50	7 450	61	454.45	181.8
③	Φ	8	700 701 600 80	2 500	306	765	306
④	Φ	8	80 1 800 80	1 960	99	194.04	77.6
⑤	Φ	8	80 1 320 80	1 480	99	146.52	58.6
⑥	Φ	12	80 2 000 80	2 160	12	25.92	23.3
⑦	Φ	6	40 7 350 40	7 430	24	178.32	39.6
⑧	Φ	6	50 13 750 50	13 850	18	249.3	55.3
⑨	Φ	6	8 350~7 350 14 750~13 750 8 350~7 350 14 750~13 750	46 280 42 280	8	354.24	78.6

图 3.39 某厂房的屋面配筋图

4 房屋构造基本知识

4.1 概述

4.1.1 民用建筑的分类及等级划分

1. 建筑的含义

"建筑"是建筑物和构筑物的通称。建筑物是人造的、相对于地面固定的、有一定存在时间的、且是人们要么为了其形象、要么为了其空间使用的物体,供人们生活、学习、工作、居住以及从事生产和各种文化活动等的房屋或场所。如住房、宫殿、寺庙、教堂、城堡、坟墓等。如图 4.1 所示。

而如桥梁、水坝、埃菲尔铁塔等人们一般不直接在内进行生产或生活的建筑称之为构筑物,如图 4.2 所示。

图 4.1　巴黎圣母院　　　　　　图 4.2　埃菲尔铁塔

因此,建筑是人们为了满足社会的需要,利用所掌握的物质技术手段,在科学规律与美学法则的支配下,通过对空间的限定、组织而创造的人为的社会生活环境。

2. 建筑物的分类

建筑物按用途可分为民用建筑、工业建筑和农业建筑。

① 民用建筑:指的是供人们工作、学习、生活、居住等类型的建筑,如住宅、学校、办公楼等。

② 工业建筑:指的是各类生产用房和为生产服务的附属用房,如单层工业厂房,产品仓库等。

③ 农业建筑:指各类供农业生产使用的房屋,如粮仓、养猪场,农业上用来储存种子的用房等。

(1) 按使用功能分类

① 居住建筑:主要是指提供家庭和集体生活起居用的建筑物,如住宅、宿舍、公寓等。

② 公共建筑:主要是指提供人们进行各种社会活动的建筑物,如行政办公建筑、文教建筑、托幼建筑、医疗建筑、商业建筑、观演建筑、体育建筑、展览建筑、旅馆建筑、交通建筑、通信建筑、园林建筑、纪念建筑、娱乐建筑等。

(2) 按建筑规模和数量分类

① 大量性建筑:主要指单体规模不大,但数量多,分布面广的建筑物,如住宅、学校、办公楼、商店等。

② 大型性建筑:主要指单体规模大,数量少的公共性建筑,如大城市火车站、机场候机厅、大型体育馆场、大型影剧场、大型展览馆等建筑。

(3) 按建筑的层数或总高度分类

① 住宅建筑,一至三层为低层;四至六层为多层;七至九层为中高层;十层及以上为高层。

② 公共建筑及综合性建筑,总高度超过 24 m 者为高层(不包括高度超过 24 m 的单层主体建筑)。

③ 建筑物超过 100 m 时,不论住宅还是公共建筑均为超高层建筑。

(4) 按结构类型分类

结构类型是以主要承重构件所选用的材料不同而划分的。

① 木结构建筑。建筑物的主要承重构件均采用木材制作,如一些古建筑和旅游性建筑。

② 混合结构建筑。建筑物的主要承重构件由两种或两种以上不同材料组成,如砖墙和木楼板的砖木结构,砖墙和钢筋混凝土楼板的砖混结构等。该结构主要适用于 6 层以下建筑物。

③ 钢筋混凝土结构建筑。建筑物的主要承重构件均由钢筋混凝土材料组成。建筑物超过 6 层时一般都采用该结构。

④ 钢结构建筑。建筑物的主要承重构件均是由钢材制作的结构,一般用于大跨度、大空间的公共建筑和高层建筑中。

⑤ 其他结构建筑,如生土建筑、充气建筑、塑料建筑等。

(5) 按施工方法分类

① 现浇、现砌式建筑。这种建筑物的主要承重构件均是在施工现场浇筑和砌筑而成。

② 预制、装配式建筑。这种建筑物的主要承重构件均是在加工厂制成预制构件,在施工现场进行装配而成。

③ 部分现浇现砌、部分装配式建筑。这种建筑物的一部分构件(如墙体)是在施工现场浇筑或砌筑而成,一部分构件(如楼板、楼梯)是采用在加工厂制成的预制构件。

3. 民用建筑的分级

（1）耐久等级

民用建筑的耐久等级的指标是使用年限。

以主体结构确定的建筑耐久年限分为四级，如表 4.1 所示。

表 4.1　设计使用年限分类

类别	设计使用年限	示　例
一级建筑	100 年	特别重要的建筑和纪念性建筑
二级建筑	50 年	一般性建筑
三级建筑	25 年	易于替换结构构件的建筑
四级建筑	5 年	临时建筑

（2）耐火等级

耐火等级是依据房屋主要构件的燃烧性能和耐火极限确定的。按材料的燃烧性能把材料分为燃烧体（如木材、纤维板、胶合板等）、难燃烧体（如板条抹灰、石棉板、沥青混凝土等）和非燃烧体（如石材、钢筋混凝土、砖等）。耐火极限指的是按规定的火灾升温曲线，对建筑构件进行耐火试验，从受到火的作用时起，到失掉支持能力或发生穿透裂缝或背火一面温度升高到 220℃ 时为止的时间，用小时表示。现行《建筑设计防火规范》（GBJ 16—97）把建筑物的耐火等级划分成四级。一级的耐火性能最好，四级最差，如表 4.2 所示。

表 4.2　多层建筑构件的燃烧性能和耐火等级

构 件 名 称		耐　火　等　级			
		一级	二级	三级	四级
		燃烧性能和耐火极限（小时）			
墙	防火墙	不燃烧体 3.00	不燃烧体 3.00	不燃烧体 3.00	不燃烧体 3.00
	承重墙	不燃烧体 3.00	不燃烧体 2.50	不燃烧体 2.00	难燃烧体 0.50
	楼梯间和电梯井的墙	不燃烧体 2.00	不燃烧体 2.00	不燃烧体 1.50	难燃烧体 0.50
	疏散走道的侧的隔墙	不燃烧体 1.00	不燃烧体 1.00	不燃烧体 0.50	难燃烧体 0.25
	非承重外墙	不燃烧体 0.75	不燃烧体 0.50	难燃烧体 0.50	难燃烧体 0.25
	房间隔墙	不燃烧体 0.75	不燃烧体 0.50	难燃烧体 0.50	难燃烧体 0.25
	柱	不燃烧体 3.00	不燃烧体 2.50	不燃烧体 2.00	难燃烧体 0.50
	梁	不燃烧体 2.00	不燃烧体 1.50	不燃烧体 1.00	难燃烧体 0.50
	楼板	不燃烧体 1.50	不燃烧体 1.00	不燃烧体 0.75	难燃烧体 0.50
	屋顶承重构件	不燃烧体 1.50	不燃烧体 1.00	难燃烧体 0.50	燃烧体
	疏散楼梯	不燃烧体 1.50	不燃烧体 1.00	不燃烧体 0.75	燃烧体

4.1.2　民用建筑的组成及营造程序

1. 民用建筑的组成

建筑物由结构体系、围护体系和设备体系组成，如图 4.3 所示。

（1）结构体系

建筑物的结构系统承受竖向荷载和侧向荷载并将这些荷载安全的传向地基，以及保证结构稳定。它是建筑物中不可变动的部分——构件布局合理，有足够的强度和刚度，并方便力的传递，使结构变形控制在规范允许的范围内。如墙、柱、梁、屋顶等，如图 4.4 所示。

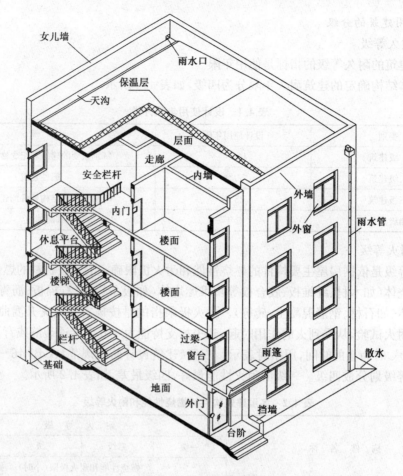

图 4.3 房屋的组成

（2）围护体系

建筑物的围护结构体系由屋面、外墙、门、窗等组成，如图 4.5 所示，屋面、外墙维护成内部空间，能够遮蔽外界恶劣气候的侵袭，同时也起到隔声的作用，从而保证使用人群的安全性和私密性。门是连接内外的通道，窗户是用来采光、通风和开放视野，内部墙体起到分割空间的作用。

图 4.4 房屋的结构构件

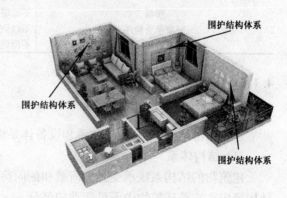

图 4.5 围护构件

（3）设备体系（图 4.6）

依据建筑物的重要性和使用性质不同，设备系统的配置也不同，通常包括排水系统、供电系统和供热通风系统。其中供电系统又分为强电系统和弱电系统。

图 4.6　设备构件

2. 建筑物的营造程序

一般建筑物的建设从立项、设计到施工、验收、使用是一个涉及规划、政策、法规、金融、材料、设备供应等多方面因素的复杂过程，视建筑的规模、复杂程度及自然条件和资金状况，其建设周期也从数月到十几年不等，同时还要设置相当数量的人和机构，因此，对一些较大的建筑工程项目来说，细致的统筹安排是必不可少的，其组织模型如图 4.7 所示。

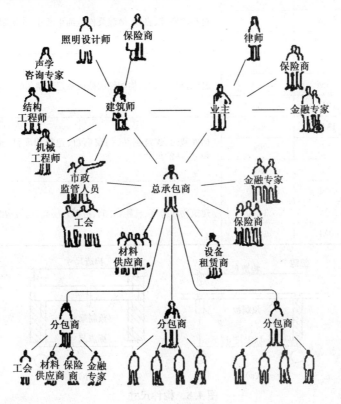

图 4.7　组织模型

3. 建筑统一模数制

（1）建筑模数

是选定的标准尺度单位，作为建筑物、建筑构配件、建筑制品以及有关设备尺寸相互协调的基础。目的是适应大规模生产、兼容性、提高效率、降低造价。其应用范围如表 4.3 所示。

① 基本模数：基本模数的数值规定为 100 mm，表示符号为 M，即 1 M＝100 mm。

② 扩大模数：指基本模数的整数倍。

③ 分模数：指整数除基本模数的数值。

④ 模数数列：指由基本模数、扩大模数、分模数为基础扩展成的一系列尺寸。

(2) 建筑构件的 3 种尺寸,如图 4.8 所示。

① 标志尺寸,它应符合模数数列的规定,用以标注建筑物定位轴线之间的距离以及建筑制品、建筑构、配件及设备位置的尺寸。

② 构造尺寸,它是指建筑制品,构、配件等生产的设计尺寸。一般情况构造尺寸加上缝隙尺寸等于标志尺寸。缝隙尺寸的大小应符合模数数列的规定。

③ 实际尺寸,它是指建筑制品,构、配件的实际尺寸。实际尺寸与构造尺寸的差值应符合允许的偏差。

表 4.3　模数分类及其应用范围

模数名称	模数基数		应 用 范 围
	代号	尺寸(mm)	
分模数	1/100M	1	材料的厚度、直径、缝隙及构造细小尺寸、建筑制品的公偏差
	1/50M	2	
	1/20M	5	
	1/10M	10	缝隙、构造节点、构配件的截面及建筑制品的尺寸等
	1/5M	20	
	1/2M	50	
基本模数	1M	100	构件截面、建筑制品、门窗洞口、建筑构配件,建筑开间、进深、柱距、层高的尺寸
扩大模数	3M	300	
	6M	600	
	15M	1 500	建筑物的跨度、柱距(开间、进深)、层高、建筑构配件的尺寸
	30M	3 000	
	60M	6 000	

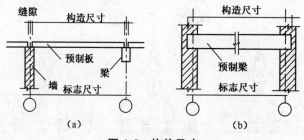

图 4.8　构件尺寸

标志尺寸与构造尺寸的关系

(a) 标志尺寸大于构造尺寸；(b) 标志尺寸小于构造尺寸

4.2　地基和基础

4.2.1　概述

1. 地基的概念

地基是指基础以下的土层,承受由基础传来的整个建筑物的荷载,地基不是建筑物的组成部分。

2. 地基的分类

地基分为天然地基和人工地基两大类。

(1) 天然地基,是指天然土层本身就具有足够的承载能力,不需要经人工处理就可以直接在上面建造房屋的土层,如岩石、碎石土、砂土和黏土等,一般都可以作为天然地基。

(2) 人工地基,是指天然土层的承载力较差或虽然土层较好,但上面荷载较大,不能在这样的土层上直接建造房屋,必须对天然的土层进行人工加固和处理以提高它的承载力,这种经过人工加固和处理的土层称为人工地基。

3. 对地基的要求

(1) 强度要求,即要求地基的承载力应该足够承受基础传来的压力,即满足 $f \geqslant N/A$,其中 f 为地基的承载力,也称为地耐力(单位为 kPa),N 为房屋的总荷载,A 为基础底的总面积。

(2) 变形要求,即要求地基土分布均匀,能保证受力时均匀下沉。

(3) 稳定要求,即要求地基有防止产生滑坡、倾斜方面的能力。

4. 基础的概念

基础是建筑物埋在地面以下的承重构件,用以承受房屋全部荷载,并将荷载及其自重一起传给下面的地基。基础是房屋的组成部分,如图4.9所示。

5. 基础的要求

(1) 强度要求。基础应具有足够的强度,才能将房屋的荷载稳定地传给地基。如果基础在承受荷载后受到破坏,将无法保证整个房屋建筑的安全。

(2) 耐久性要求。因为基础是埋在地下的隐蔽工程,经常受到地下水的侵袭,而且房屋建

图4.9　基础

成后对其检查、维修和加固都很困难,所以在选基础材料和构造形式时应考虑与房屋整体耐久等级相适应,不能先于上部结构而破坏。

(3) 经济性要求。基础采用不同材料、不同构造形式时,在建筑整体中所占的造价比率也不同,一般为10%~40%。基础方案的确定,应该在能够满足强度和耐久性的要求前提下,尽量就地取材,以降低造价。

6. 基础的埋置深度

(1) 基础埋深定义

基础埋深指的是建筑物室外设计地坪至基础底面的垂直距离,如图4.10所示。其中埋深在5 m以内的基础称为浅基础,埋深在5 m以上的基础称为深基础。

在确定基础埋深时,应从施工方便及经济方面考虑,优先选用浅基础,但是如果土质较差或有地下室时基础埋深不应过小,且永久性建筑的基础埋深不得小于500 mm。

(2) 影响基础埋深的主要因素

① 建筑物的构造形式、用途因素的影响。

② 作用在地基上的荷载大小和性质因素的影响。

③ 工程地质和水文地质条件因素的影响。

④ 相邻建筑物基础埋深因素的影响。

⑤ 地基土冻胀和融陷因素的影响。

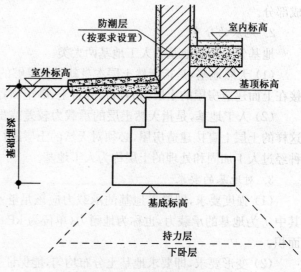

图 4.10　基础埋深示意图

4.2.2　基础

1. 按组成基础的材料和受力特点分类

（1）无筋扩展基础（也称为刚性基础）。无筋扩展基础是指用砖、石、混凝土、灰土、三合土等材料组成的，且不须配置钢筋的墙下条形基础或柱下独立基础。其高度应符合下式要求（图 4.11）：

$$b \leqslant b_0 + 2H_0 \tan \alpha$$

式中，b——基础底面宽度；

b_0——基础底面的墙体宽度或柱脚宽度；

H_0——基础高度；

$\tan \alpha$——基础台阶宽高比 $b_2 : H_0$。

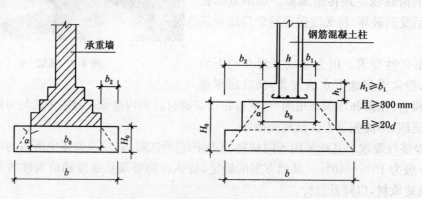

图 4.11　无筋扩展基础构造示意图

（2）常见的无筋扩展基础（图 4.12～图 4.16）

① 砖基础。用于基础的砖，其强度等级应在 MU7.5 以上，砂浆强度等级一般应不低于 M5。

② 毛石基础。毛石是指开采后未经过加工的石头，采用不小于 M5 砂浆砌筑的基础。

③ 混凝土基础。混凝土基础因为其中不设钢筋，所以也称为素混凝土基础。

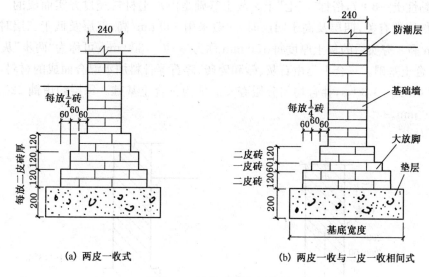

(a) 两皮一收式   (b) 两皮一收与一皮一收相间式

图 4.12　砖基础结构剖面图

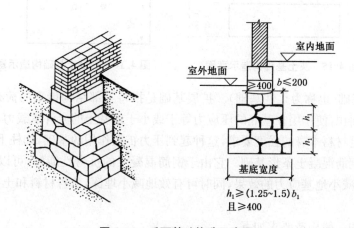

$h_1 \geqslant (1.25 \sim 1.5) b_1$
且 $\geqslant 400$

图 4.13　毛石基础构造示意图

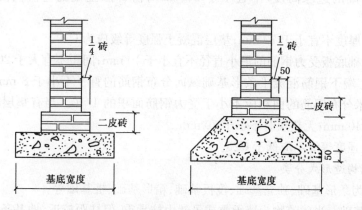

图 4.14　混凝土基础构造示意图

④ 灰土基础。灰土是经过消解后的生石灰和黏性土按一定比例拌合而成,其配合比常

用石灰：黏性土＝3：7,俗称"三七"土。灰土基础是由灰土材料经过夯实而成的。基础厚度与建筑物层数有关,四层及高于四层时,一般采用450 mm高;三层及低于三层时一般采用300 mm高。夯实后的灰土厚度每150 mm称为"一步",300 mm可称为"两步"灰土。

⑤ 三合土基础。三合土是由石灰、砂和碎砖、碎石等骨料加水混合而成的材料,其体积比为1：2：4或1：3：6,拌合均匀分层夯实后即为三合土基础。每层约虚铺220 mm,夯实后为150 mm。

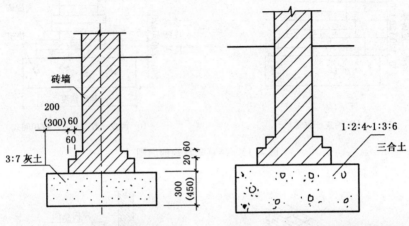

图4.15 灰土基础构造示意图　　图4.16 三合土基础构造示意图

(3) 扩展基础(也称为柔性基础)。扩展基础是指将上部结构传来的荷载,通过向侧边扩展成一定底面积,使作用在基底的压应力等于或小于地基土的允许承载力,而基础内部的应力应同时满足材料本身的强度要求,这种起到压力扩散作用的基础,如柱下钢筋混凝土独立基础和墙下钢筋混凝土条形基础。它由于钢筋混凝土的抗弯性能好,可以充分放大基础底面尺寸,达到减小地基应力的效果,同时可有效地减小埋深,节省材料和土方开挖量,加快工程进度。

扩展基础的一般构造要求如下:

① 锥形基础的边缘高度,不宜小于200 mm;阶梯形基础的每阶高度,宜为300~500 mm。

② 垫层的厚度不宜小于70 mm;垫层混凝土强度等级应为C10。

③ 扩展基础底板受力钢筋的最小直径不宜小于10 mm;间距不宜大于200 mm,也不宜小于100 mm。墙下钢筋混凝土条形基础纵向分布钢筋的直径不小于8 mm;间距不大于300 mm,每延米分布钢筋的面积应不小于受力钢筋面积的1/10。当有垫层时钢筋保护层的厚度不小于40 mm;无垫层时不小于70 mm。

④ 混凝土强度等级不应低于C20。

2. 按基础构造形式分类

基础可分为条形基础、独立基础、筏板基础、箱形基础、桩基础等。

(1) 条形基础。当建筑物为墙承重或虽然由柱承重,但柱距较近、地基条件较差或柱所承受荷载较大时,基础常设成长条形,犹如带子,称为条形基础或带形基础,如图4.17、图4.18所示。

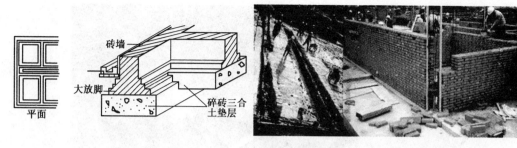

图 4.17 墙下条形基础

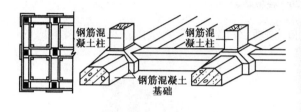

图 4.18 柱下条形基础

（2）独立基础。当建筑物上部采用框架结构或排架结构承重，且柱距较大，地基条件较好时，常采用独立基础，也称为单独基础。常见的断面形式有阶梯形、锥形、杯形等，如图 4.19 所示。

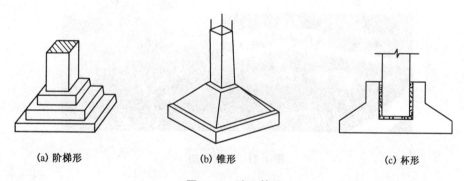

（a）阶梯形　　　　　　　（b）锥形　　　　　　　（c）杯形

图 4.19 独立基础

（3）筏板基础。当地质条件差、上部荷载大时，可将部分或整个建筑范围的基础连在一起，其形式犹如倒置的楼板，又似筏子，故称为筏板基础或满堂基础。筏板基础根据是否设梁可分为平板式和梁板式两种，如图 4.20 所示。

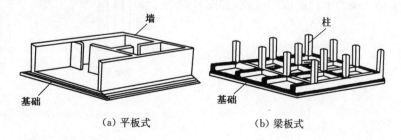

（a）平板式　　　　　　　　（b）梁板式

图 4.20　筏板基础

（4）箱形基础。它是由钢筋混凝土底板、顶板、外墙和一定数量的纵横内隔墙构成的，形状像箱子一样的基础，如图 4.21 所示。

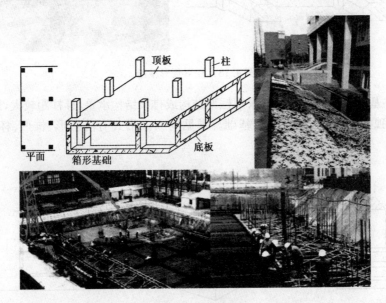

图 4.21　箱形基础

（5）桩基础。当建筑物荷载较大，地基的软弱土层厚度在 5 m 以上，采用浅基础不能满足地基强度和变形的要求，对软弱土层进行人工处理困难和不经济时，常采用桩基础。桩基础是设置于岩土中的桩和联结于桩顶端的承台组成的基础，如图4.22所示。

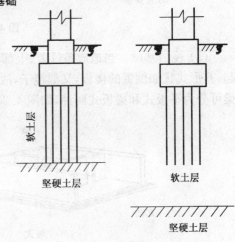

图 4.22　桩基础

4.3　地下室

建筑物底层以下的房间称为地下室。

4.3.1　地下室的分类

1. **按使用功能分类**

(1) 普通地下室为普通的地下空间。一般按地下楼层进行设计,可用来满足建筑多种功能的要求,如储藏、办公、居住或用作车库等。

(2) 人防地下室为有防空要求的地下空间。人防地下室应妥善解决紧急状态下的人员隐蔽与疏散,应有保证人身安全的技术措施,同时还应考虑在和平时期的有效利用。

2. **按埋入地下深度分类**

(1) 全地下室,是指房屋全部或部分在室外地坪以下的部分,房间地面低于室外地平面的高度超过该房间净高的1/2者。这种地下室适用于上部荷载不大及地下水位较低的情况。这种地下室因大部分在地面以下,因而采光、通风稍差,主要靠人工采光和通风。

(2) 半地下室,是指房间地面低于室外地平面的高度超过该房间净高的1/3,且不超过1/2者。这种地下室大部分在地面以上,易于解决采光、通风等问题,普通地下室多采用这种类型。

4.3.2　地下室的构造

地下室的构造见图4.23所示。

1. **墙体**

地下室的外墙不仅承受上部结构的垂直荷载,还承受土壤的侧压力,并受到地下水的侵袭。地下室的墙体应满足强度、防水、防潮等要求。

2. **底板**

地下室的底板不仅承受作用在上面的垂直荷载,还需要承受地下水的浮力,常采用现浇钢筋混凝土的底板,并满足强度、刚度、防水和抗渗透性要求。

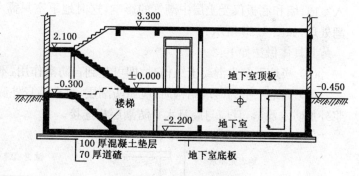

图4.23　地下室的构造

3. **顶板**

地下室的顶板,采用现浇或预制的钢筋混凝土板。人防地下室的顶板,一般为现浇的钢筋混凝土板。

4. **门和窗**

地下室的门和窗与地面上部相同,普通地下室的窗位于室外地坪以下时须设采光井,以达到采光通风的目的。人防地下室一般不允许设窗,门应符合防护等级的要求,出入口一般设三道门:与地面交接处设水平推拉门,主要供分隔、管理之用;入口通道外设弧形防波门,主要是抵挡冲击波,常用钢筋混凝土制作,厚度可达到1 000 mm;内部设密闭防护门,主要是防细菌、毒气及放射性尘埃等,密闭防护门用钢丝水泥制作,四周设橡胶密封条,关闭后保持密封状态。

5. 楼梯

地下室的楼梯,可以与地面上的楼梯结合设置,由于地下室的层高较低,故多采用单跑楼梯。人防地下室至少有两个楼梯通向地面,其中一个是与地面楼梯部分结合设置的楼梯出口,另一个必须是独立的安全出口,与地面建筑物要有一定的距离,中间与地下通道相连接。

6. 采光井

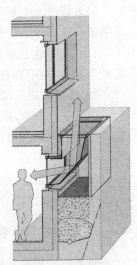

半地下室窗外一般应设采光井,一般每一个窗设一个独立的采光井,如图 4.24 所示。当窗的距离很近时,也可将采光井连在一起。采光井由侧墙和底板构成,侧墙一般用砖砌筑,井底板则用混凝土浇筑。

采光井的深度由地下室窗台的高度而定,一般窗台应高于采光井底板面层 250～300 mm,采光井的长度应比窗宽 1 000 mm 左右;采光井的宽度视采光井的深度而定,当采光井深度为 1～2 m 时,宽度为 1 m 左右。采光井侧墙顶面应比室外设计地面高 250～300 mm,以防地面水流入井内。

4.3.3 地下室的防潮、防水

1. 地下室的防潮

当设计最高地下水位低于地下室底板 300～500 mm,且地基范围内的土壤及回填土无形成上层滞水可能时,地下水不可能直接侵入室内,墙和底板仅受土层中潮气的影响,这时地下室只需考虑做防潮处理,如图 4.25 所示。

图 4.24　采光井的构造示意图

其具体做法如下:

(1)当地下室为混凝土结构时,即可起到自防潮作用,不必再做防潮处理。

(2)当地下室为砖墙结构时,应做防潮层,可在墙身外侧面抹防水砂浆或抹普通水泥砂浆外加防水涂料,且应与墙身水平防潮层相连接。

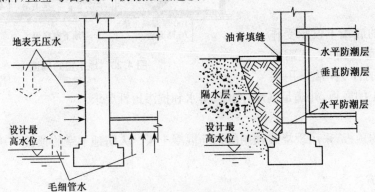

图 4.25　地下室的防潮处理

2. 地下室的防水

当设计最高地下水位高于地下室底板标高或有地面水下渗的可能时,应采取防水做法,如图 4.26 所示。

（1）卷材防水。它适用于受侵蚀性介质作用或受震动作用的地下室。用卷材做地下工程的防水层，因长年处在地下水的浸泡中，宜采用合成高分子防水卷材和高聚物改性沥青防水卷材做防水层。

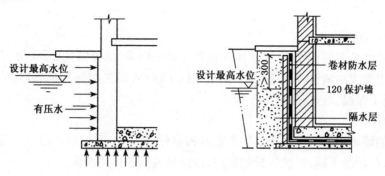

图 4.26　卷材防水做法

（2）刚性材料防水。刚性材料防水应用比较多的有混凝土防水层和水泥砂浆防水层两种。混凝土防水层的种类有普通防水混凝土、外加剂（减水剂、氯化铁、引气剂、三乙醇胺等）防水混凝土和补偿收缩（微膨胀剂）防水混凝土三类；水泥砂浆防水层有刚性多层抹面防水层和掺外加剂防水层两种，如图 4.27 所示。

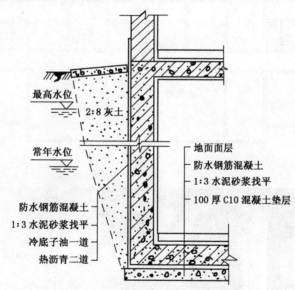

图 4.27　地下室混凝土刚性防水处理

4.4　墙体

4.4.1　墙体的作用、分类及要求

墙体是建筑物不可缺少的重要组成部分，其造价占整个建筑物的造价的30%～40%。

1. 墙体的作用

（1）承重作用

在墙体承重的结构中，墙体主要承受着墙体顶部的楼板和屋顶传来的荷载、水平的风荷载、地震荷载，以及墙体的自身重量等。墙体不但承受着这些荷载，并且将它们传给墙下面的基础。

（2）围护作用

建筑物外墙具有围护作用，可以用来抵御外界的侵袭，如可以抵御风、雨、雪、雹的侵袭，可以防止太阳光线的辐射，可以减少外界噪声的干扰，可以抵御外界的寒冷、防止室内热量的散失，起到了保温、隔热、隔声等作用。

（3）分隔作用

建筑物的墙体不但可以将建筑物的室内和室外分隔开，而且可以将建筑物内部分成若干个大小不同、功能不同、形状各异的房间，以满足人们的使用要求。

2. 墙体的分类

根据墙在建筑物中的位置，可分为内墙、外墙、横墙和纵墙，如图 4.28（a）所示；按受力不同，墙可分为承重墙和非承重墙。直接承受其他构件传来荷载的墙称承重墙；不承受外来荷载，只承受自重的墙称非承重墙。建筑物内部只起分隔作用的非承重墙称隔墙。

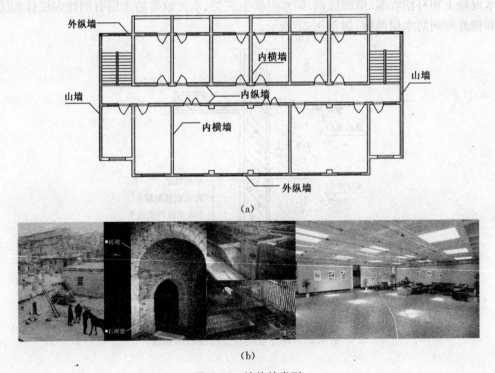

（a）

（b）

图 4.28　墙体的类型

按所用材料分，有砖墙、石墙、土墙、混凝土墙以及各种天然的、人工的或工业废料制成的砌块墙、板材墙等，如图 4.28（b）所示。按构造方式不同，又可分为实体墙、空体墙和组合墙三种类型。实体墙是由一种材料构成，如普通砖墙、砌块墙；空体墙也是由一种材料构成，但墙内留有空格，如空斗墙、空气间层墙等；组合墙则是由两种以上材料组合而构成的墙。

墙体材料选择时,要贯彻"因地制宜,就地取材"的方针,力求降低造价。在工业城市中,应充分利用工业废料。

4.4.2　墙体构造

1. 砖墙构造

(1) 砖墙材料

砖墙是用砂浆将砖按一定技术要求砌筑成的砌体,其主要材料是砖和砂浆。

① 砖。砖的强度用强度等级来表示,分 MU7.5、MU10、MU15、MU20、MU25、MU30 等六级。

烧结普通砖,它是以黏土、页岩、煤矸石或粉煤灰为主要原料,经过焙烧而成的实心或孔洞率不大于规定值且外形尺寸符合规定的砖。分烧结黏土砖、烧结页岩砖、烧结煤矸石砖、烧结粉煤灰砖等。烧结普通砖的规格为 240 mm×115 mm×53 mm。如图 4.29(a)所示。

烧结多孔砖。它是以黏土、页岩、煤矸石或粉煤灰为主要原料,经过焙烧而成的孔洞率不小于 25%,孔的尺寸小而数量多,主要用于承重部位的砖,简称多孔砖。目前多孔砖的规格分为 M 型和 P 型两种。M 型为 190 mm×190 mm×90 mm,P 型为 240 mm×115 mm×90 mm。如图 4.29(b)所示。

烧结空心砖。烧结空心砖是以黏土、页岩、煤矸石为主要原料,经过焙烧而成的,主要用于非承重部位的砖。其长度有 240 mm、290 mm;宽度有 140 mm、180 mm、190 mm;高度有 90 mm、115 mm。壁厚应大于 10 mm,肋厚应大于 7 mm。该砖按抗压强度分为 MU2、MU3、MU5 三个等级。如图 4.29(c)所示。

(a) 烧结普通砖　　　　　　　(b) 烧结多孔砖　　　　　　　(c) 烧结空心砖

图 4.29　砖

② 砂浆。砂浆按其成分有水泥砂浆、石灰砂浆和混合砂浆等。水泥砂浆属水硬性材料,强度高,适合砌筑处于潮湿环境下的砌体,如图 4.30 所示。石灰砂浆属气硬性材料,强度不高,多用于砌筑次要的建筑地面上的砌体。混合砂浆由水泥、石灰膏、砂和水拌合而成,强度较高,和易性和保水性较好,适用于砌筑地面以上的砌体。砂浆的强度等级分为 M2.5、M5、M7.5、M10、M15。常用砌筑砂浆是 M2.5～M7.5。

图 4.30　砌筑砂浆

（2）砖墙厚度（表 4.4）

表 4.4　砖墙厚度尺寸表

墙名称	1/4 砖墙	1/2 砖墙	3/4 砖墙	一砖墙	一砖半墙	两砖墙
标志尺寸	60	120	180	240	370	490
构造尺寸	50	115	178	240	365	490

（3）砖墙的组砌方式

砖墙的组砌方式是指砖在墙体中的排列方式。砖墙组砌应满足横平竖直、砂浆饱满、错缝（指上下皮砖的垂直缝不能同处在一条线上）搭接、避免出现通缝（指上下皮砖的垂直缝同处在一条线上）等基本原则，以保证墙体的强度和稳定性。在砖墙组砌中，把砖的长向沿墙面砌筑的称为顺砖，把砖的短向沿墙面砌筑的称为丁砖，如图 4.31 所示。每排列一层砖则称为一皮砖。上下皮砖之间的水平灰缝称为横缝，左右

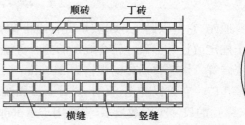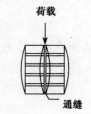

图 4.31　砖墙的组砌名称与缝

两块砖之间的垂直缝称为竖缝。砖墙横缝和竖缝宽度宜为 10 mm，但不得小于 8 mm，也不能大于 12 mm。横缝的砂浆饱满度不得小于 80%。砌砖时操作方法可采用铺浆法或"三一"砌筑法：采用铺浆法砌筑时，铺浆长度不得超过 750 mm；气温超过 30℃时，铺浆长度不得超过 500 mm；"三一"砌筑法即"一铲灰、一块砖、一挤揉"的操作方法。

常见的墙体砌筑方式，如图 4.32 所示。

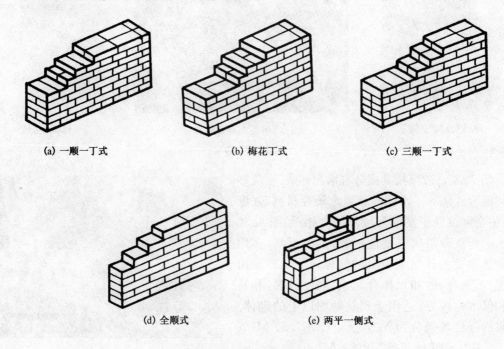

图 4.32　砖墙的组砌方式

① 一顺一丁式:是指由一皮中全部顺砖与一皮中全部丁砖间隔砌成。上下皮竖缝相互错开 1/4 砖长。这种砌筑形式适合于砌一砖、一砖半及二砖墙。

② 梅花丁式:是指由每皮中丁砖与顺砖相间隔砌成,上皮丁砖坐中于下皮顺砖,上下皮竖缝相互错开 1/4 砖长。这种砌筑形式适合于砌一砖及一砖半墙。

③ 三顺一丁式:是指由三皮中全部顺砖与一皮中全部丁砖相隔砌成。上下皮顺砖间竖缝相互错开 1/2 砖长;上下皮顺砖与丁砖间竖缝相互错开 1/4 砖长。这种砌筑形式适合于砌一砖及一砖半墙。三顺一丁易产生内部通缝,一般不提倡此种组砌方式。

④ 全顺式:是指各皮砖均为顺砖,上下皮竖缝相互错开 1/2 砖长。这种形式仅适合于砌半砖墙。

⑤ 两平一侧式:是指每层由两皮顺砖与一皮侧砖组合相间砌筑而成,主要用来砌筑 3/4 厚砖墙。

(4) 实心砖墙细部构造

① 防潮层

在墙身中设置防潮层的目的是防止土壤中的水分沿基础墙上升和勒脚部位的地面水影响墙身。它的作用是提高建筑物的耐久性,保持室内干燥卫生。当室内地面均为实铺时,外墙墙身防潮层设在室内地坪以下 60 mm 处;当建筑物墙体两侧地坪不等高时,在每侧地表下 60 mm 处,防潮层应分别设置,并在两个防潮层间的墙上加设垂直防潮层;当室内地面采用架空木地板时,外墙防潮层应设在室外地坪以上,地板木搁栅垫木之下。墙身防潮层一般有油毡防潮层、防水砂浆防潮层、细石混凝土防潮层和钢筋混凝土防潮层。墙身防潮层铺设位置如图 4.33 所示。

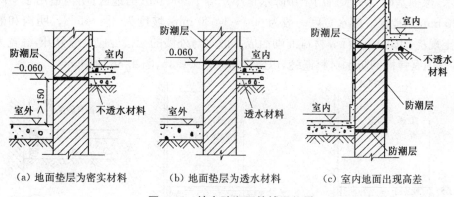

(a) 地面垫层为密实材料　(b) 地面垫层为透水材料　(c) 室内地面出现高差

图 4.33　墙身防潮层的铺设位置

② 勒脚

勒脚是指外墙与室外地坪接近的部分。它的作用是防止地面水、屋檐滴下的雨水对墙面的侵蚀,从而保护墙面,保证室内干燥,提高建筑物的耐久性,同时,还有美化建筑外观的作用。勒脚经常采用抹水泥砂浆、水刷石,或在勒脚部位将墙体加厚,或用坚固材料来砌,如石块、天然石板、人造板贴面。勒脚的高度一般为室内地坪与室外地坪高差,也可以根据立面的需要而提高勒脚的高度尺寸,如图 4.34、图 4.35 所示。

③ 散水和明沟

散水。为了防止地表水对建筑基础的侵蚀,在建筑物的四周地面上设置散水或明沟,以

（a）抹灰勒脚　　　　　　　　　　　　　（b）石砌勒脚

图 4.34　勒脚构造

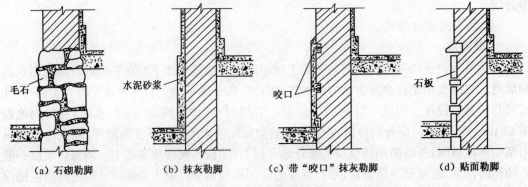

毛石　　　　水泥砂浆　　　　咬口　　　　石板

（a）石砌勒脚　　　（b）抹灰勒脚　　（c）带"咬口"抹灰勒脚　　（d）贴面勒脚

图 4.35　勒脚做法

排除雨水，保护基础。散水适用于年降水量小于等于 900 mm 的地区；明沟适用于年降水量大于 900 mm 的地区。散水宽度一般为 600～1 000 mm，坡度为 3%～5%。明沟和散水可用混凝土现浇，也可用砖石等材料铺砌而成。散水与外墙的交接处应设缝分开，缝宽为 20～30 mm，并用有弹性的防水材料嵌缝，以防渗水，如图 4.36、图 4.38 所示。

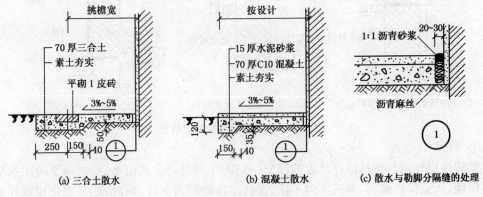

（a）三合土散水　　　　　　（b）混凝土散水　　　　　　（c）散水与勒脚分隔缝的处理

图 4.36　散水做法

排水沟。排水沟分明沟和暗沟两种，设置在外墙四周，将水有组织地导向集水井，然后流入排水系统。明沟一般可用素混凝土现浇，或者用砖砌、石砌，然后用水泥砂浆抹面。如图 4.37、图 4.38 所示。沟底应有 0.5%～1% 的坡度，坡向集水井，以保证排水通畅。暗沟是在明沟上加盖能漏水的盖板而成，便于人的行走，打开盖板后可进行沟底清扫或维修。

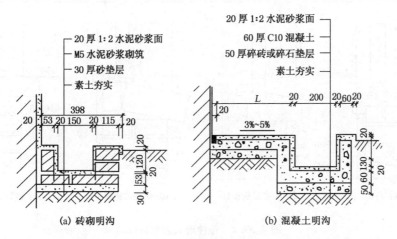

图 4.37 明沟构造做法

图 4.38 散水和明沟

④ 窗台

窗洞口的下部应设置窗台。窗台根据窗子的安装位置可形成内窗台和外窗台。外窗台是为了防止在窗洞底部积水。内窗台则是为了排除窗上的凝结水,以保护室内墙面。外窗台有砖窗台和混凝土窗台两种做法,砖窗台有平砌挑砖和立砌挑砖两种做法。如图 4.39 所示。窗台表面可抹 1∶3 水泥砂浆,并应有 10% 左右的坡度,挑出尺寸大多为 60 mm。混凝土窗台一般是现场浇制而成。内窗台的做法也有两种:水泥砂浆抹窗台,一般是在窗台上表面抹 20 mm 厚的水泥砂浆,并应突出墙面 50 mm 为好;窗台板,对于装修要求较高的房间,一般均采用窗台板,窗台板可以用预制水泥板、水磨石板和木窗台板。窗台外挑部分应做滴水,滴水可做成水槽或鹰嘴形,窗框与窗台交接缝隙处不能渗水,以防窗框受潮腐烂。

(a)

图 4.39.1 各种形式的窗台(一)

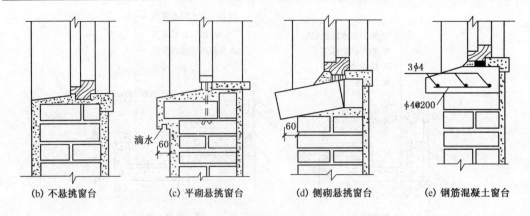

(b) 不悬挑窗台　　(c) 平砌悬挑窗台　　(d) 侧砌悬挑窗台　　(e) 钢筋混凝土窗台

图 4.39.2　各种形式的窗台(二)

⑤ 门窗过梁

在墙体上开设门窗洞口时,为了承受门窗洞口上部墙体传来的荷载,并把这些荷载传给两侧的墙体,需要在门窗洞口上设置横梁,称为门窗过梁。

A. 砖拱过梁。它有平拱过梁和弧拱过梁两种。平拱过梁的做法:将立砖和侧砖相间砌筑,使砖缝上宽下窄,砖对称向两边倾斜,相互挤压形成拱,用来承担荷载。平拱的跨度为1.2 m 以内,弧拱的跨度稍大些。砖拱过梁节约钢材和水泥,但施工麻烦,整体性差,不宜用于上部有集中荷载、震动较大或地基承载力不均匀以及地震区的建筑。砖拱过梁如图 4.40 所示。

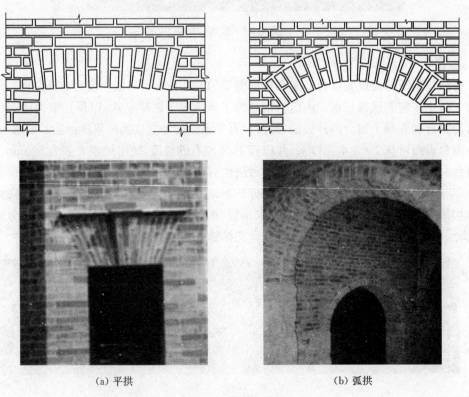

(a) 平拱　　　　　　　　(b) 弧拱

图 4.40　砖拱过梁

B. 钢筋砖过梁。它是在洞口上部墙体内夹砌钢筋,形成能承受弯矩的加筋砖砌体。钢筋直径不应小于 6 mm,间距不宜大于 120 mm,钢筋伸入洞口两侧的墙体内的长度不宜小于 240 mm,并设 90°直弯钩,埋在墙体的竖缝中。过梁采用 M5 水泥砂浆砌筑,高度一般不小于 5 皮砖,且不小于门窗洞口跨度的 1/4。当在过梁底部设钢筋时,要求梁底部砂浆层厚度不应小于 30 mm,以保证钢筋不受锈蚀。钢筋砖过梁最大跨度为 1.5 m。钢筋砖过梁如图 4.41 所示。

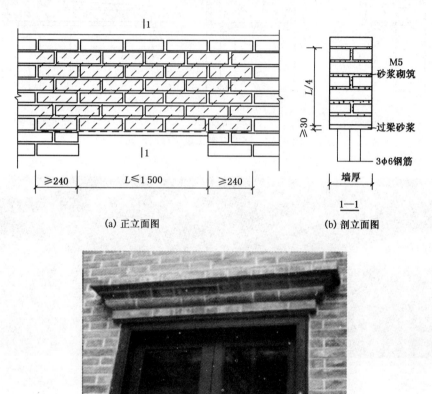

(a) 正立面图　　　　(b) 剖立面图

图 4.41　钢筋砖过梁

C. 钢筋混凝土过梁。当门窗洞口跨度大于 2 m,或洞口上部有集中荷载,或房屋有不均匀沉降,或受较大的震动荷载时,可以采用钢筋混凝土过梁。

钢筋混凝土过梁的截面尺寸,应根据洞口的跨度和荷载计算而定,如图 4.42 所示。为了施工方便,过梁宽一般同墙厚,过梁的高度应与砖的皮数相配合,作为黏土实心砖墙的过梁,梁高常采用 60 mm、120 mm、180 mm、240 mm 等,作为多孔砖墙的过梁,梁高则采用 90 mm、180 mm 等。钢筋混凝土过梁的两端伸进墙内的支承长度为每边250 mm。当洞口上部有圈梁时,洞口上部的圈梁可兼做过梁,且过梁部分的钢筋应按计算用量另行增配。

⑥ 圈梁

圈梁是沿外墙、内纵墙、主要横墙设置的处于同一水平面内的连续封闭梁。它可以提高建筑物的空间刚度和整体性,增加墙体稳定,减少由于地基不均匀沉降而引起的墙体开裂,并防止较大震动荷载对建筑物的不良影响。在抗震设防地区,设置圈梁是减轻震害的重要构造措施,如图4.43所示。

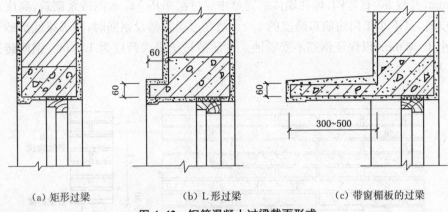

（a）矩形过梁　　　　（b）L形过梁　　　　（c）带窗楣板的过梁

图4.42　钢筋混凝土过梁截面形式

图4.43　圈梁

圈梁有钢筋混凝土圈梁和钢筋砖圈梁两种。钢筋砖圈梁多用于非抗震区,结合钢筋过梁沿外墙形成。钢筋混凝土圈梁其宽度一般同墙厚,对墙厚较大的墙体可做到墙厚的2/3,高度不小于120 mm。常见的尺寸有180 mm、240 mm。圈梁的数量与抗震设防等级和墙体的布置有关,一般情况下,檐口和基础处必须设置。其余楼层的设置可根据结构要求采用隔层设置和层层设置。圈梁宜设在楼板标高处,尽量与楼板结构连成整体,也可设在门窗洞口上部,兼起过梁作用。

当圈梁遇到洞口不能封闭时,应在洞口上部设置截面不小于圈梁截面的附加梁,其搭接长度不小于1 m,且应大于两梁高差的两倍,但对有抗震要求的建筑物,圈梁不宜被洞口截断。

⑦ 构造柱

圈梁在水平方向将楼板与墙体箍住,构造柱则从竖向加强墙体的连接,与圈梁一起构成空间骨架,提高了建筑物的整体刚度和墙体的延性,约束墙体裂缝的开展。从而增加建筑物承受地震作用的能力。因此,有抗震设防要求的建筑物中须设钢筋混凝土构造柱。

构造柱一般在墙的某些转角部位(如建筑物四周、纵横墙相交处、楼梯间转角处等)设置,沿整个建筑物高度贯通,并与圈梁、地梁现浇成一体。施工时先砌墙并留马牙槎,随着墙体的上升,逐段浇筑混凝土。要注意构造柱与周围构件的连接。根部应与基础或基础梁有良好的连接。如图 4.44 所示。

图 4.44 构造柱

⑧ 变形缝

变形缝包括伸缩缝、沉降缝和防震缝,它的作用是保证房屋在温度变化、基础不均匀沉降或地震时能有一些自由伸缩,以防止墙体开裂,结构破坏,变形缝的形式如图 4.45 所示。

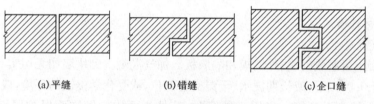

(a)平缝   (b)错缝   (c)企口缝

图 4.45 变形缝的形式

A. 伸缩缝又称温度缝。主要作用是防止房屋因气温变化而产生裂缝。其做法为:沿建筑物长度方向每隔一定距离预留缝隙,将建筑物从屋顶、墙体、楼层等地面以上构件全部断开,基础因受温度影响较小,不必断开。伸缩缝的宽度一般为 20～30 mm,缝内应填保温材料,间距在结构规范中有明确规定。

B. 沉降缝。当房屋相邻部分的高度、荷载和结构形式差别很大而地基又较弱时,房屋有可能产生不均匀沉降,致使某些薄弱部位开裂。为此,应在适当位置如复杂的平面或形体转折处,高度变化处,荷载、地基的压缩性和地基处理方法明显不同处设置沉降缝。沉降缝与伸缩缝不同之处是除屋顶、楼板、墙身都要断开外,基础部分也要断开,即使相邻部分也可以自由沉降、互不牵制。沉降缝宽度要根据房屋的层数定:二三层时可取 50～80 mm;四五层时可取 80～120 mm;五层以上时不应小于 120 mm。

C. 抗震缝。地震区设计多层砖混结构房屋,为防止地震使房屋破坏,应用防震缝将房屋分成若干形体简单、结构刚度均匀的独立部分。防震缝一般从基础顶面开始,沿房屋全高设置。缝的宽度按建造物高度和所在地区的地震烈度来确定。一般多层砌体建筑的缝宽取 50～100 mm;多层钢筋混凝土结构建筑,高度 15 m 及以下时,缝宽为 70 mm;当建筑高度超过 15 m 时,按烈度增大缝宽。

变形缝的构造较复杂,设置变形缝对建筑造价会有增加,特别是缝的两侧采用双墙或双柱时,无论构件的数量与构造都会增加造价且更复杂。故有些大工程采取加强建筑物的整体性,使其具有足够的强度与刚度,防止筑物产生裂缝,但第一次投资会增加,维修费可以节省。

图 4.46　烟道

⑨ 烟道与通风道

烟道用于排除燃煤灶的烟气(图 4.46)。通风道主要用来排除室内的污浊空气。烟道设于厨房内,通风道常设于暗厕内。

烟道与通风道的构造基本相同,主要不同之处是烟道道口靠墙下部,距楼地面 600～1 000 mm;通风道道口靠墙上方,离楼板底约 300 mm。烟道与通风道宜设于室内十字形或丁字形墙体交接处,不宜设在外墙内。烟道与通风道不能共用,以免串气。

⑩ 垃圾道

垃圾道由垃圾管道(砖砌或预制)、垃圾斗、排气道口、垃圾出灰口等组成。垃圾管道垂直布置,要求内壁光滑。垃圾管道可设于墙内或附于墙内。垃圾道常设置在公用卫生间或楼梯间两侧。

2. 其他材料墙体

(1) 加气混凝土墙

加气混凝土可制成砌块、外墙板和隔墙板。加气混凝土砌块墙如无切实有效措施,不得用在建筑物±0.00 以下,或长期浸水、干湿交替部位,或受化学侵蚀的环境,或制品表面经常处于 80 ℃ 以上的高温环境。当用于外墙时,其外表面均应做饰面保护层。规格有三种,长×高为 600 mm×250 mm、600 mm×300 mm 和 600 mm×200 mm;厚度从 50 mm 起,按模数 25 和 60 进位,设计时应充分考虑砌块规格,尽量减少切锯量。外墙厚度(包括保温块的厚度)可根据当地气候条件、构造要求和材料性能进行热工计算后确定。加气混凝土墙可作承重墙或非承重墙,设计时应进行排块设计,避免浪费,其砌筑方法与构造基本与砌墙类似。在承重墙转角处每隔墙高 1 m 左右放墙板和钢筋,以增加抗震能力。

加气混凝土墙板的布置,按建筑物结构构造特点采用三种形式:横向布置墙板、竖向布置墙板和拼装大板。

(2) 压型金属板墙

压型金属板材是指采用各种薄型钢板(或其他金属板材),经过滚压冷弯成型为各种断面的板材,是一种轻质高强的建筑材料,有保温型与非保温型,目前已在国内外得到广泛的应用。如上海宝钢主厂房大量采用彩色压型钢板和国产压型铝板作屋面、墙面,由于自重轻、建造速度快,取得了明显的经济效果。无论是保温的或非保温的压型钢板,对不同的墙面、屋面形状的适应性是不同的,每种产品都有各自的构造图集与产品目录可供选择。

(3) 现浇与预制钢筋混凝土墙

① 现浇钢筋混凝土墙身的施工工艺主要有大模板、滑升模板、小钢模板三种,其墙身构

造基本相同,内保温的外墙由现浇混凝土主体结构、空气层、保温层、内面层组成。

②预制混凝土外墙板。预制外墙板是装配在预制或现浇框架结构上的围护外墙,适用于一般办公楼、旅馆、医院、教学、科研楼等民用建筑。装配式墙体的建筑构造,设计人员应根据确定的开间、进深、层高,进行全面墙板设计。

装配式外墙板以框架网格为单元进行划分,可以组成三种体系,即水平划分的横条板体系,垂直划分的竖条板体系和一个网格为一块墙板的整间板体系(大开间网格分为两块板)。三种体系可以用于同一幢建筑。

(4)石膏板墙

主要有石膏龙骨石膏板、轻钢龙骨石膏板、增强石膏空心条板等,适用于中低档民用和工业建筑中的非承重内隔墙。

(5)舒乐舍板墙

舒乐舍板由聚苯乙烯泡沫塑料芯材、两侧钢丝网片和斜插腹丝组成,是钢丝网架轻质夹芯板类型中的一个新品种,由韩国研制成功的。芯板厚 50 mm,两侧钢丝网片相距 70 mm,钢丝网格距 50 mm,每个网格焊一根腹丝,腹丝倾角为 45°,每行腹丝为同一方向,相邻一行腹丝倾角方向相反。规格 1 200 mm×2 400 mm×70 mm,也可以根据需要由用户选定板长。舒乐舍板两侧铺抹或喷涂 25 mm 水泥砂浆后形成完整的板材,总厚度约为 110 mm,其表面可以喷涂各种涂料、粘贴瓷砖等装饰块材,具有强度高、自重轻、保温隔热、防火及抗震等良好的综合性能,适用于框架建筑的围护外墙及轻质内墙、承重的外保温层、低层框架的承重墙和屋面板等,综合效益显著。

4.5 楼板与地面

楼板是多层建筑中沿水平方向分隔上下空间的结构构件。它除了承受并传递垂直荷载和水平荷载外,还应具有一定程度的隔声、防火、防水等能力。同时,建筑物中的各种水平设备管线,也将在楼板内安装。它主要由楼板结构层、楼面面层、板底天棚几个组成部分。

地面是指建筑物底层与土壤相接触的水平结构部分,它承受着地面上的荷载并均匀地传给地基。

4.5.1 楼板

1. 楼板的类型及要求

根据楼板结构层所采用材料的不同,可分为木楼板、砖拱楼板、钢筋混凝土楼板以及压型钢板与钢梁组合的楼板等多种形式,如图 4.47 所示。

木楼板具有自重轻、表面温暖、构造简单等优点,但不耐火、隔声,且耐久性亦较差。为节约木材,现已极少采用。

砖拱楼板可以节约钢材、水泥和木材,曾在缺乏钢材、水泥的地区采用过。由于它自重大、承载能力差,且不宜用于有振动和地震烈度较高的地区,加上施工较繁,现已趋于不用。

钢筋混凝土楼板具有强度高,刚度好,既耐久又防火,还具有良好的可塑性,且便于机械化施工等特点,是目前我国工业与民用建筑楼板的基本形式。近年来,由于压型钢板在建筑上的应用,于是出现了以压型钢板为底模的钢衬板楼板。

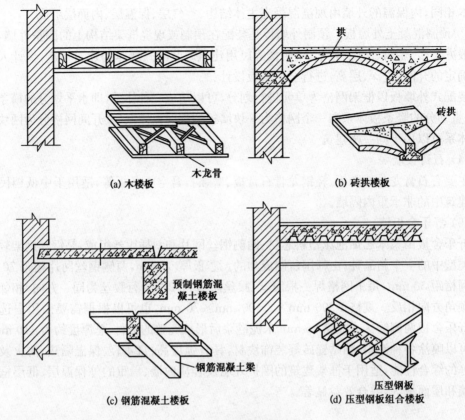

(a) 木楼板　　　　　　　　　　　　　(b) 砖拱楼板

(c) 钢筋混凝土楼板　　　　　　　　　(d) 压型钢板组合楼板

图 4.47　楼板的类型

2. 楼板的设计要求

(1) 必须有足够的强度和刚度,以保证结构的安全和变形要求。

(2) 根据不同使用要求和建筑质量等级,要求具有不同程度的隔声、防火、防水、防潮、保温、隔热等性能,以满足建筑物的正常使用及保证人身和财产的安全。

(3) 便于楼板层中各种管道、线路的走向和敷设,使建筑的功能更加完善。

(4) 尽量为建筑工业化创造条件,提高建筑质量和加快施工进度。

3. 钢筋混凝土楼板

钢筋混凝土楼板按施工方式的不同可以分为现浇整体式、预制装配式和装配整体式楼板。

(1) 现浇钢筋混凝土楼板

在施工现场支模,绑扎钢筋,浇筑混凝土并养护,当混凝土强度达到规定的拆模强度,拆除模板后而形成的楼板,称为现浇钢筋混凝土楼板。

由于是现场施工又是湿作业,且施工工序多,因而劳动强度较大,施工周期相对较长,但现浇钢筋混凝土楼盖具有整体性好,平面形状可根据需要任意选择,防水、抗震性能好等优点,在一些房屋特别是高层建筑中被经常采用。

钢筋混凝土楼板主要分为板式、梁板式、井字形密肋式、无梁式四种。

① 板式楼板

整块板为一厚度相同的平板。根据周边支承情况及板平面长短边边长的比值,又可把板式楼板分为单向板、双向板和悬挑板几种。

房屋中跨度较小的房间(如厨房、厕所、贮藏室、走廊)及雨篷、遮阳板等常采用现浇钢筋混凝土板式楼板。

② 梁板式肋形楼板

梁板式肋形楼板由主梁、次梁(肋)组成。它具有传力线路明确、受力合理的特点。当房屋的开间、进深较大,楼面承受的弯矩较大,常采用这种楼板。如图 4.48 所示。

梁板式肋形楼板的主梁沿房屋的短跨方向布置,其经济跨度为 5~8 m,梁高为跨度的 1/14~1/8,梁宽为梁高的 1/3~1/2,且主梁的高与宽均应符合有关模数规定。

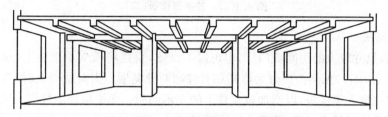

图 4.48　钢筋混凝土梁板式楼板

次梁与主梁垂直,并把荷载传递给主梁。主梁间距即为次梁的跨度。次梁的跨度比主梁跨度要小,一般为 4~6 m,次梁高为跨度的 1/16~1/12,梁宽为梁高的 1/3~1/2,次梁的高与宽均应符合有关模数的规定。

板支承在次梁上,并把荷载传递给次梁(如为双向板,则也将荷载传到主梁上)。其短边跨度即为次梁的间距,一般为 1.5~3 m,板厚一般为板跨的 1/40~1/35,常用厚度为 60~80 mm,并符合有关模数的规定。

③ 井字形肋楼板

与上述梁板式肋形楼板所不同的是井字形密肋楼板没有主梁,都是次梁(肋),且肋与肋间的距离较小,通常只有 1.5~3 m,如图 4.49 所示,肋高也只有 180~250 mm,肋宽 120~200 mm。当房间的平面形式近似正方形,跨度在 10 m 以内时,常采用这种楼板。井字形密肋楼板具有顶棚整齐美观,有利于提高房屋的净空高度等优点,常用于门厅、会议厅等处。

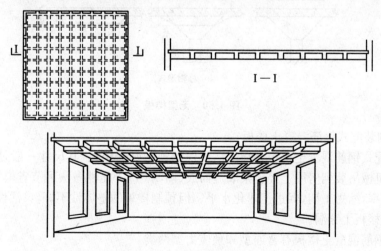

I—I

图 4.49.1　井字形楼板(一)

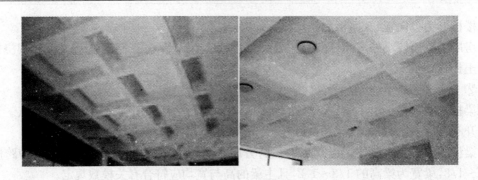

图 4.49.2　井字形楼板(二)

④ 无梁楼板

对于平面尺寸较大的房间或门厅,也可以不设梁,直接将板支承于柱上,这种楼板称为无梁楼板(图 4.50)。无梁楼板分无柱帽和有柱帽两种类型。当荷载较大时,为避免楼板太厚,应采用有柱帽无梁楼板,以增加板在柱上的支承面积。无梁楼板的柱网一般布置成方形或矩形,以方形柱网较为经济,跨度一般不超过 6 m,板厚通常不小于 120 mm。

无梁楼板的底面平整,增加了室内的净空高度,有利于采光和通风,但楼板厚度较大,这种楼板比较适用于荷载较大、管线较多的商店和仓库等。

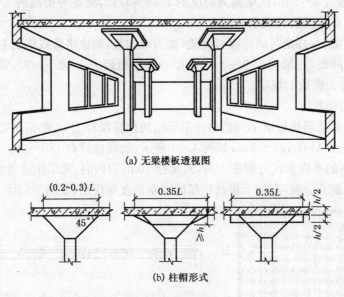

(a) 无梁楼板透视图

(b) 柱帽形式

图 4.50　无梁楼板

(2) 预制装配式钢筋混凝土楼板

预制装配式钢筋混凝土楼板是在工厂或现场预制好的楼板(其尺寸一般是定型的),然后用人工或机械吊装到房屋上经坐浆灌缝而成(图 4.51)。此种做法可节省模板,改善劳动条件,提高效率,缩短工期,促进工业化水平。但预制楼板的整体性不好,灵活性也不如现浇板,更不宜在楼板上穿洞。

常用的钢筋混凝土楼板有普通型和预应力型两类。

普通型就是把受力钢筋置于板底,并保证其有足够的保护层,浇筑混凝土,并经养护而

图 4.51　预制楼板

成。由于普通板在受弯时较预应力板先开裂,使钢筋锈蚀,因而跨度较小,在建筑物中仅用作小型配件。

目前,预应力钢筋混凝土楼板常采用先张法建立预应力,即先在张拉平台上张拉板内受力筋,使钢筋具有所需的弹性回缩力,浇筑混凝土并养护,当混凝土强度达到规定值时,剪断钢筋,由钢筋回缩力给板的受拉区施加预压力。与普通型钢筋混凝土构件相比,预应力钢筋混凝土构件可节约钢材 $30\%\sim50\%$,节约混凝土 $10\%\sim30\%$,因而被广泛采用。

4. 压型钢板组合楼板

利用凹凸相间的压型薄钢板做衬板,与混凝土浇筑在一起,搁置在钢梁上构成的整体式楼板,称为压型钢板组合楼板,也称为压型钢衬板组合楼板,如图 4.52 所示。

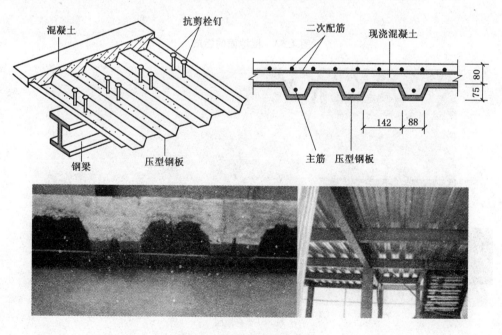

图 4.52　压型钢板组合楼板

4.5.2 楼地面及顶棚

1. 楼地面构造

楼地面是室内重要的装修层,起着保护楼地层结构、改善房间使用质量和增加美观的作用,因此楼地面应满足坚固耐磨、保温隔热、隔声吸声、美观经济等要求。

(1) 楼地面的组成

底层地面的基本组成有面层、垫层和地基,如图 4.53(a)所示;楼层地面的基本组成有面层和基层(楼板)。为满足其他方面的要求,往往还要增加找平层、结合层、防水层、保温隔热层、隔声层、管道敷设层等构造层次,如图 4.53(b)所示。

(2) 常见楼地面的构造

常见楼地面的构造有水泥砂浆楼地面、现浇水磨石楼地面、地砖楼地面、陶瓷锦砖楼地面、天然石材地面、木地面、地毯楼地面等,如图 4.54 所示。

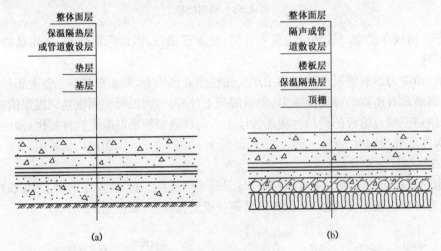

图 4.53 楼地面的组成

(a)水磨石地面

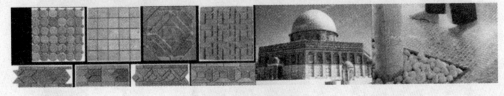

(b)马赛克地面

图 4.54.1 各种地面(一)

(c) 陶瓷锦砖地面

(d) 木地面

图 4.54.2　各种地面(二)

2. 踢脚和墙裙

踢脚是地面与墙面交接处的构造处理,也称为踢脚板。其主要作用是遮盖地面与墙面的接缝,并保护墙面,防止外界的碰撞损坏和清洗地面时对墙面的污染,构造上通常按地面的延伸部分来处理,高度一般为 120~150 mm,材料一般与地面材料相同。

墙裙是指在内墙面所做的保护处理,是踢脚板向上的延伸,又称为台度,如图 4.55 所示。其主要作用是保护墙身免受外力的碰撞、摩擦破坏和避免受到潮湿的影响。一般居室内的墙裙,主要起装饰作用。墙裙高度一般为 900~1 200 mm,经常有水作用的房间,如厨房、卫生间、浴室等房间的墙裙,高度应适当增加,一般为 900~2 000 mm。

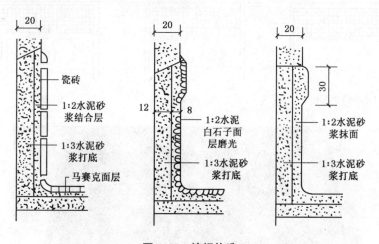

图 4.55　墙裙构造

3. 顶棚构造

顶棚又称为天棚、天花板或望板,是楼板层或屋顶下的装修层。按其构造方式分为直接式顶棚和吊挂式顶棚两种。

（1）直接式顶棚

直接式顶棚是指直接在钢筋混凝土楼板、屋面板下表面喷刷涂料、抹灰裱糊、粘贴或钉结饰面材料的构造做法。

（2）吊挂式顶棚

吊挂式顶棚又称为悬挂式顶棚,简称吊顶,是指房屋屋顶或楼板结构下的顶棚,如图4.56 所示。

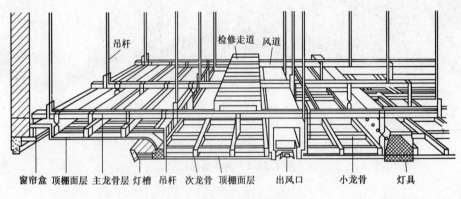

图 4.56 吊挂式顶棚构造

4.5.3 阳台与雨篷

1. 阳台

阳台是楼房中人们与室外接触的场所。阳台主要由阳台板、栏杆（栏板）和扶手组成。阳台板是承重结构,栏杆扶手是围护安全的构件。阳台按其与外墙的相对位置分为挑阳台、凹阳台、半凹半凸阳台、转角阳台等,如图 4.57 所示。

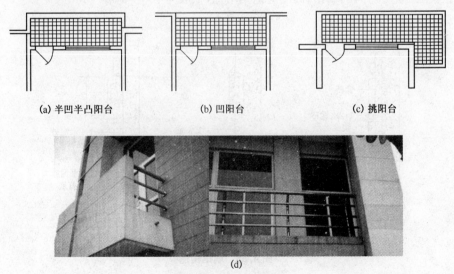

图 4.57 阳台的类型

（1）阳台栏杆与扶手

阳台的栏杆（栏板）及扶手是阳台的安全围护设施，既要求能够承受一定的侧压力，又要求有一定的美观性。栏杆的形式可分为空花栏杆、实心栏杆和混合栏杆三种。

空花栏杆按材料分为金属栏杆和预制混凝土栏杆两种。金属栏杆一般采用圆钢、方钢、扁钢或钢管等，如图4.58（b）所示。栏杆与阳台板（或边梁）应有可靠的连接，通常在阳台板顶面预埋通长扁钢与金属栏杆焊接，也可采用预留孔洞插接等方法。组合式栏杆中的金属栏杆有时须与混凝土栏板连接，其连接方法一般为预埋铁件焊接。预制混凝土栏杆与阳台板的连接，通常是将预制混凝土栏杆端部的预留钢筋与阳台板顶面的后浇混凝土挡水边坎现浇在一起，也可采用预埋铁件焊接或预留孔洞插接等方法。

栏板按材料来分有混凝土栏板、砖砌栏板等。混凝土栏板有现浇和预制两种，如图4.58（c）、（d）所示。现浇混凝土栏板通常与阳台板（或边梁）整浇在一起，预制混凝土栏板可预留钢筋与阳台板的后浇混凝土挡水边坎浇筑在一起，或与预埋铁件焊接。砖砌栏板的厚度一般为120 mm，为加强其整体性，应在栏板顶部设现浇钢筋混凝土扶手，或在栏板中配置通长钢筋加固。

栏板和组合式栏杆顶部的扶手多为现浇或预制钢筋混凝土扶手。栏板或栏杆与钢筋混凝土扶手的连接方法和它与阳台板的连接方法基本相同。空花栏杆顶部的扶手除采用钢筋混凝土扶手外，对金属栏杆还可采用木扶手或钢管扶手，如图4.58（e）所示。

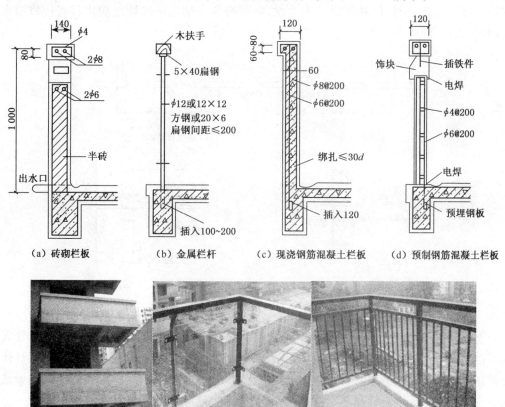

（a）砖砌栏板　　（b）金属栏杆　　（c）现浇钢筋混凝土栏板　　（d）预制钢筋混凝土栏板

（e）栏杆（栏板）

图4.58　阳台栏杆、栏板的构造

(2) 阳台隔板

阳台隔板用于连接双阳台,有砖砌和钢筋混凝土隔板两种,构造做法如图 4.59 所示。

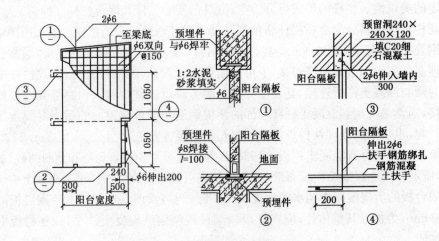

图 4.59　阳台隔板构造与连接

(3) 阳台排水

为避免落入阳台的雨水泛入室内,阳台地面应低于室内地面 30~50 mm,并应沿排水方向做排水坡,阳台板的外缘设挡水边坎,在阳台的一端或两端埋设泄水管直接将雨水排出,如图 4.60 所示。

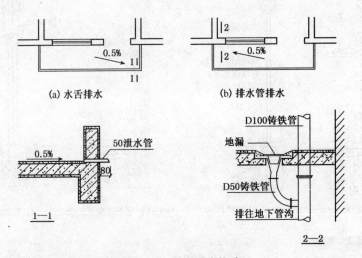

图 4.60　阳台排水构造

泄水管可采用镀锌钢管或塑料管,管口外伸至少 80 mm。对高层建筑应将雨水导入雨水管排出。阳台排水有外排水和内排水两种方式。外排水适用于低层和多层建筑,具体做法是在阳台外侧设置泄水管将水排出。内排水适用于高层建筑和高标准建筑,具体做法是在阳台内侧设置排水立管和地漏,将雨水或积水直接排入地下管网。

2. 雨篷

雨篷是设置在建筑物外墙出入口的前方,用以挡雨并有一定装饰作用的水平构件,如图

4.61 所示。雨篷的支承方式多为悬挑式,其悬挑长度一般为 0.9～1.5 m。按结构形式不同,雨篷有板式和梁板式两种。板式雨篷多做成变截面形式,一般板根部厚度不小于70 mm,板端部厚度不小于 50 mm。梁板式雨篷为使其底面平整,常采用翻梁形式。当雨篷外伸尺寸较大时,其支承方式可采用立柱式,即在入口两侧设柱支承雨篷,形成门廊,立柱式雨篷的结构形式多为梁板式,如图 4.62 所示。

图 4.61　各种雨篷

雨篷顶面应做好防水和排水处理。通常采用刚性防水层,即在雨篷顶面用防水砂浆抹面;当雨篷面积较大时,也可采用柔性防水。雨篷表面的排水有两种:一种是无组织排水,雨水经雨篷边缘自由泻落,或雨水经滴水管直接排至地表;另一种是有组织排水,雨篷表面集水经地漏、雨水管有组织地排至地下。为保证雨篷排水通畅,雨篷上表面向外侧或向滴水管处或向地漏处应做有 1% 的排水坡度。

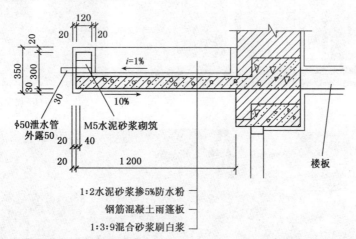

1:2水泥砂浆掺5%防水粉
钢筋混凝土雨篷板
1:3:9混合砂浆刷白浆

图 4.62　钢筋混凝土雨篷构造

4.6 屋顶

屋顶也称为屋盖,位于建筑物的最顶部,是建筑物最上层的覆盖构件。一般屋顶由屋面、屋顶承重结构、保温隔热层和顶棚四部分组成。其主要作用有三个:一是承重作用;二是围护作用;三是装饰美化作用。

4.6.1 屋顶的类型

由于地域不同、自然环境不同、屋面材料不同、承重结构不同,屋顶的类型也很多,如图4.63和图4.64所示。归纳起来大致可分为三大类:平屋顶、坡屋顶和曲面屋顶。

1. 平屋顶

平屋顶是指屋面坡度在10%以下的屋顶。这种屋顶具有屋面面积小、构造简便的特点,但需要专门设置屋面防水层。这种屋顶是多层房屋常采用的一种形式,如图4.63(a)所示。

(a) 平屋顶　　　　　　　　　　　　　　　(b) 坡屋顶

(c) 曲面屋顶

图 4.63　各种屋顶造型

2. 坡屋顶

坡屋顶是指屋面坡度在10%以上的屋顶,如图4.63(b)所示。它包括单坡、双坡、四坡、歇山式、折板式等多种形式。这种屋顶的屋面坡度大,屋面排水速度快。其屋顶防水可以采用构件自防水(如平瓦、石棉瓦等自防水)的防水形式。

3. 曲面屋顶

屋顶为曲面。如球形、悬索形、马鞍形等等。这种屋顶施工工艺较复杂,但外部形状独特,如图 4.63(c)所示。

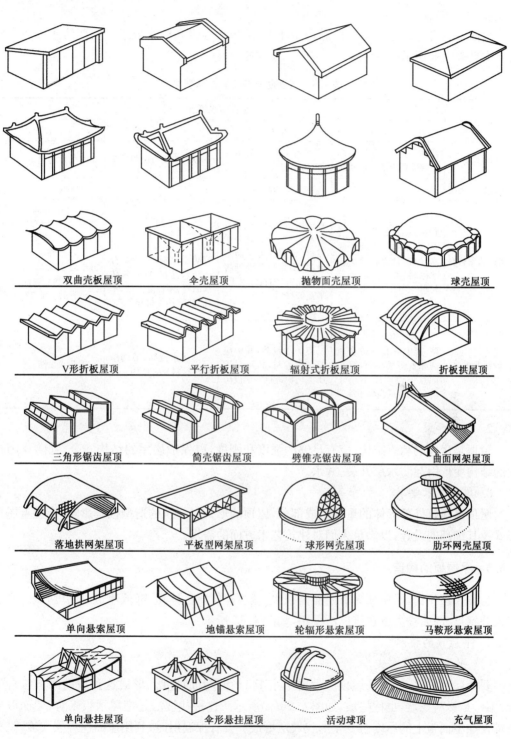

图 4.64 各种屋顶的类型

4.6.2 屋顶的设计要求

屋顶设计应考虑其功能、结构、建筑艺术三方面的要求。

1. 功能要求

屋面要有良好的保温隔热性能,同时应满足防水等级和防水要求。屋面防水等级和防水要求见表 4.5 所示。

表 4.5 屋面防水等级和防水要求

项 目	屋面防水等级			
	Ⅰ	Ⅱ	Ⅲ	Ⅳ
建筑类别	特别重要的民用建筑和有特殊要求的工业建筑	重要的工业与民用建筑、高层建筑	一般的工业与民用建筑	非永久性的建筑
防水层使用年限	25	15	15	5
防水层选用材料	宜选用合成高分子卷材、高聚物改性沥青防水卷材、合成高分子防水涂料、细石混凝土等材料	宜选用高聚物改性沥青防水卷材、合成高分子卷材、合成高分子防水涂料、高聚物改性沥青防水涂料、细石混凝土、平瓦等材料	应选用三毡四油防水卷材、高聚物改性沥青防水卷材、高聚物改性沥青防水涂料、合成高分子防水涂料、沥青基防水涂料、刚性防水层、平瓦、油毡瓦等材料	应选用三毡四油防水卷材、高聚物改性沥青防水卷材、高聚物改性沥青防水涂料、合成高分子防水涂料、沥青基防水涂料、刚性防水层、平瓦、油毡瓦等材料
设防要求	三道或三道以上防水设防,其中应有一道合成高分子防水卷材,且只能有一道厚度不小于 2 mm 的合成高分子涂膜	二道防水设防,其中应有一道卷材,也可采用压型钢板进行一道设防	一道防水设防,或两道防水材料复合使用	一道防水设防

2. 结构要求

屋顶是房屋的承重结构,应有足够的强度和刚度,以保证房屋的结构安全,并防止因过大的结构变形引起防水层开裂、漏水。

3. 建筑艺术要求

屋顶是建筑外部形体的重要组成部分,屋顶的形式对建筑的造型极具影响,应注重屋顶形式及其细部的设计,以满足人们对建筑艺术方面的需求。

4.6.3 平屋顶的构造

与坡屋顶相比,平屋顶具有屋面面积小,减少建筑所占体积,降低建筑总高度,屋面便于上人等特点,因而被大量建筑广泛采用,如图 4.65 所示。

1. 平屋顶的排水

(1) 平屋顶起坡方式

要使屋面排水通畅,平屋顶应设置不小于 1% 的屋面坡度。形成这种坡度的方法有两种:第一是材料找坡,也称垫坡,如图 4.66(a)所示。这种找坡法是把屋顶板平置,屋面坡度由铺设在屋面板上的厚度有变化的找坡层形成。设有保温层时,利用屋面保温层找坡;没有保温层时,利用屋面找平层找坡。第二种方法是结构找坡,也称搁置起坡,如图 4.66(b)所示。把顶层墙体或圈梁、大梁等结构构件上表面做成一定坡度,屋面板依势铺设形成坡度。

图 4.65　平屋顶

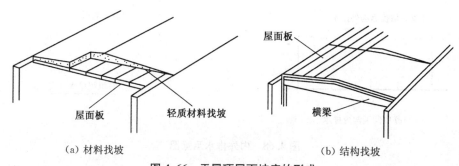

（a）材料找坡　　　　　　　　　　（b）结构找坡

图 4.66　平屋顶屋面坡度的形成

（2）平屋顶排水方式

可分为有组织排水和无组织排水两种方式。

① 无组织排水。屋面雨水经挑檐自由下落至室外地面的排水方式,称为无组织排水,也称为自由落水,如图 4.67 所示。

图 4.67　无组织排水的屋顶

② 有组织排水。有组织排水是指在屋顶设置与屋面排水方向垂直的纵向天沟,将雨水

汇集起来,经雨水口和雨水管有组织地排到室外地面或室内地下排水系统的排水方式,也称为天沟排水。

按照雨水管的位置不同,有组织排水分为外排水和内排水,如图 4.68 所示。

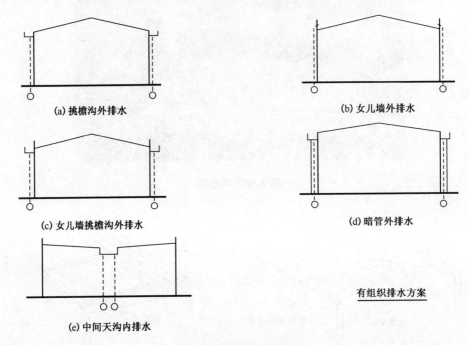

（a）挑檐沟外排水　　（b）女儿墙外排水

（c）女儿墙挑檐沟外排水　　（d）暗管外排水

（e）中间天沟内排水　　　有组织排水方案

图 4.68　内外排水示意图

外排水是屋顶雨水由室外雨水管排到室外的排水方式,如图 4.69 所示。

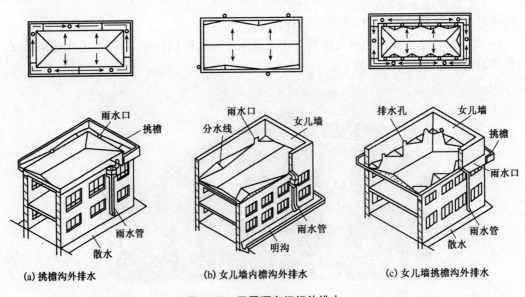

（a）挑檐沟外排水　　（b）女儿墙内檐沟外排水　　（c）女儿墙挑檐沟外排水

图 4.69　平屋顶有组织外排水

内排水是屋顶雨水由设在室内的雨水管排到地下排水系统的排水方式,如图 4.70 所示。

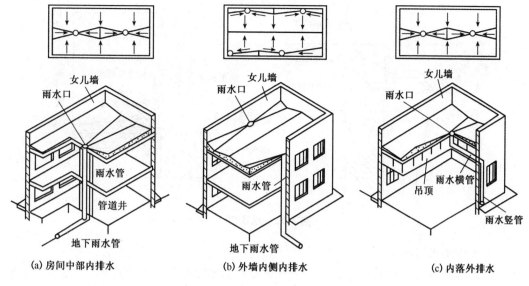

(a) 房间中部内排水　　　　(b) 外墙内侧内排水　　　　(c) 内落外排水

图4.70　平屋顶有组织内排水

（3）屋顶的排水构造

① 天沟。天沟是汇集屋面雨水的沟槽，有钢筋混凝土槽形天沟（也称为矩形天沟）和在屋面板上用找坡材料形成的三角形天沟两种，如图4.71所示。

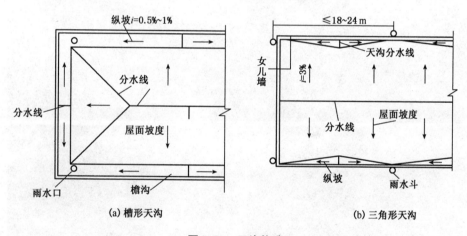

(a) 槽形天沟　　　　　　　　(b) 三角形天沟

图4.71　天沟构造

② 雨水口。雨水口是将天沟的雨水汇集到雨水管的连通构件，要求其排水通畅、不易堵塞、防止渗漏，如图4.72所示。

③ 雨水管。屋面落水管的布置与屋面集水面积大小、每小时最大降雨量、排水管管径等因素有关。雨水管按材料不同有镀锌铁皮管、PVC管、铸铁管等，直径一般有50 mm、75 mm、100 mm、125 mm、150 mm和200 mm等几种规格，一般民用建筑屋面排水中常用直径为100 mm的镀锌铁皮管和PVC管。

2. 平屋顶防水及构造

平屋顶的防水是屋顶使用功能的重要组成部分，它直接影响整个建筑的使用功能。平屋顶的防水方式根据所用材料及施工方法的不同可分为两种：柔性防水和刚性防水。

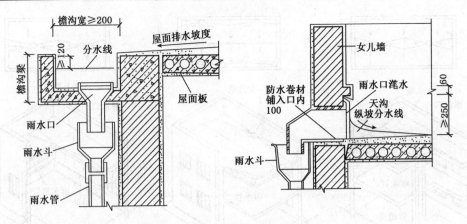

图 4.72　雨水口

（1）柔性防水屋面

柔性防水屋面是指以防水卷材和胶结材料分层粘贴形成防水层的屋面，故也称为卷材防水屋面，如图 4.73 所示。

图 4.73　柔性防水屋面

常用的卷材有：沥青纸胎油毡、油纸、玻璃布、无纺布、再生橡胶卷材、合成橡胶卷材等。沥青胶结材料有：热沥青、沥青玛琦脂及各类冷沥青胶结材料。

按功能要求不同，柔性防水屋面又分为保温屋面与非保温屋面；上人屋面与不上人屋面；有架空通风层屋面和无架空通风层屋面。

带保温层的柔性防水屋面，其主要构造层次有：承重结构层、找平（坡）层、隔气层、保温层、结合层、防水层和保护层,如图4.74所示。

卷材防水屋面必须特别注意各个节点的构造处理。

泛水与屋面相交处应做成钝角(>135°)或圆弧(R=50~100 mm),防水层向垂直面的上卷高度不宜小于250 mm,常为300 mm;卷材的收口应严实,以防收口处渗水,如图4.75所示。

雨水口分为设在挑天沟底部雨水口和设在女儿墙垂直面上的雨水口两种。雨水口处应排水通畅,不易堵塞,不渗漏。雨水口与屋面防水层交接处应加铺一层卷材,屋面防水卷材应铺设至雨水口内,雨水入口处应有挡杂物设施。

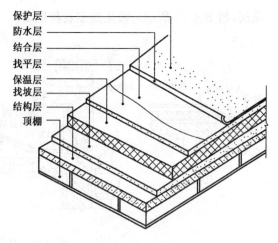

图4.74 柔性防水平屋顶的基本构造

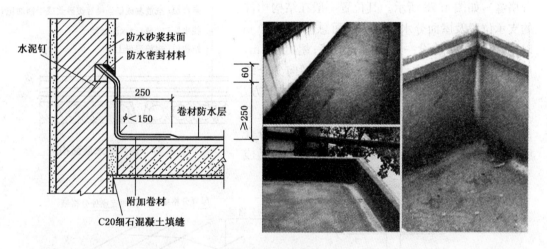

图4.75 泛水构造

卷材防水檐口分为自由落水、外挑檐、女儿墙内天沟几种形式,其构造简图如图4.76所示。当屋面采用有组织排水时,雨水需经雨水口排至落水管。

上人屋面需设屋面上人孔,以便于对屋面进行检修和设备安装。上人孔的平面尺寸不小于600 mm×700 mm,且应位于靠墙处,以方便设置爬梯。

(2)刚性防水屋面

刚性防水就是防水层为刚性材料,如密实性钢筋混凝土或防水砂浆等。

① 刚性防水材料。刚性防水材料主要为砂浆和混凝土。由于砂浆和混凝土在拌合时掺水,且用水量超过水泥水化时所耗水量,混凝土内多余的水蒸发后,形成毛细孔,成为屋面渗水的通道。为了改进砂浆和混凝土的防水性能,常采取加防水剂、膨胀剂,提高密实性等措施。

② 刚性防水屋面构造。刚性防水层做法:刚性防水层内的找平层、隔气层、保温层、隔

热层,如图 4.77 所示。做法参照卷材屋面。

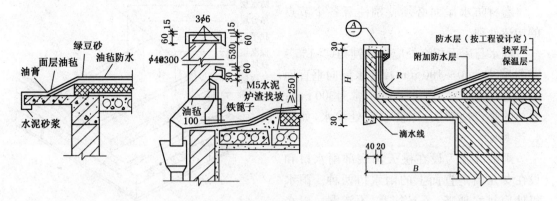

图 4.76 檐口构造示意图

刚性防水屋面为了防止因温度变化产生无规则裂缝,通常在刚性防水屋面上设置分仓缝(也叫分格缝),如图 4.78 所示。其位置一般在结构构件的支承位置及屋面分水线处。屋面总进深在 10 m以内,可在屋脊处设一道纵向分格缝;超出 10 m,可在坡面中间板缝内设一道分仓缝。横向分仓缝可每隔 6~12 m 设一道,且缝口在支承墙体上方。分仓缝的宽度在 20 mm 左右,缝内填沥青麻丝,上部填 20~30 mm 深油膏。横向及纵向屋脊处分仓缝可凸出屋面 30~40 mm;纵向非屋脊缝处应做成平缝,以免影响排水。

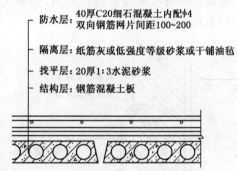

图 4.77 刚性防水屋面构造

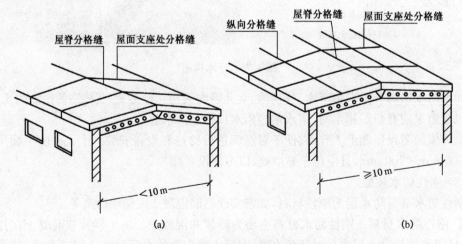

(a)   (b)

图 4.78 刚性屋面分格缝

3. 平屋顶的保温与隔热

(1)平屋顶的保温

保温层在屋顶上的设置位置有以下三种:

① 正铺保温层。正铺保温层即保温层位于结构层之上,防水层之下。

② 倒铺保温层。倒铺保温层即保温层位于防水层之上。

③ 保温层与结构层结合。保温层与结构层结合的做法有两种:一种是在槽形板内设置保温层,另一种是将保温层和结构层融为一体。

(2) 平屋顶的隔热

① 通风隔热。通风隔热是设置通风的空气间层,利用空气的流动带走大部分热量,达到隔热降温的目的。其具体做法有两种:一种是在屋面板下设置吊顶,在吊顶内设置通风间层,在外墙上开设通风口;另一种是设置架空屋顶,这种通风间层不仅能够达到通风降温、隔热防晒的目的,还可起到保护屋面防水层的作用。

② 反射隔热。反射隔热是在屋面铺设浅色和光滑的材料,利用反射原理将太阳辐射的部分热量反射出去,从而达到隔热降温的目的。

③ 蓄水隔热。蓄水隔热是在平屋顶上设置蓄水池,利用水的蒸发带走大量的热量,从而达到隔热降温的目的。这种屋面有一定的隔热效果,可以提高混凝土的耐久性,但屋面荷载增加大,使用中维修费用高。

④ 植被隔热。植被隔热是在屋顶上种植植物,利用植被的蒸腾和光合作用吸收太阳辐射热,从而达到隔热降温的目的。

4.6.4　坡屋顶的构造

所谓坡屋顶是指屋面坡度在 10% 以上的屋顶。与平屋顶相比,坡屋顶的屋面坡度大,因而其屋面构造及屋面防水方式均与平屋面不同。坡屋面的屋面防水常采用构件自防水方式,屋面构造层次主要由屋顶天棚、承重结构层及屋面面层组成。

1. 坡屋顶的承重结构

(1) 硬山搁檩

横墙间距较小的坡屋面房屋,可以把横墙上部砌成三角形,直接把檩条支承在三角形横墙上,叫作硬山搁檩,如图 4.79 所示。

(2) 屋架及支撑

当坡屋面房屋内部需要较大空间时,可把部分横向山墙取消,用屋架作为横向承重构件。坡屋面的屋架多为三角形(分豪式和芬克式两种)。为了防止屋架的倾覆,提高屋架及屋面结构的空间稳定性,屋架间要设置支撑。屋架支撑主要有垂直剪刀撑和水平系杆等,如图 4.80 所示。

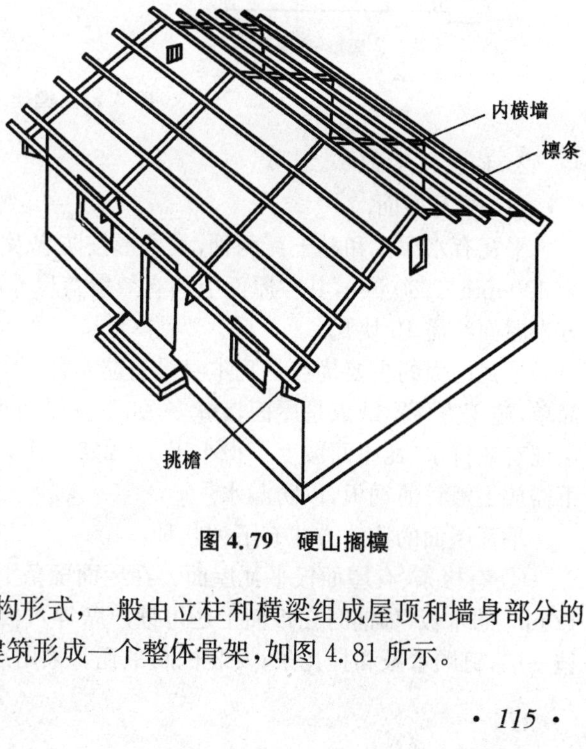

图 4.79　硬山搁檩

(3) 梁架承重

梁架承重是我国传统建筑屋顶的结构形式,一般由立柱和横梁组成屋顶和墙身部分的承重骨架,并利用檩条和连系梁把整个建筑形成一个整体骨架,如图 4.81 所示。

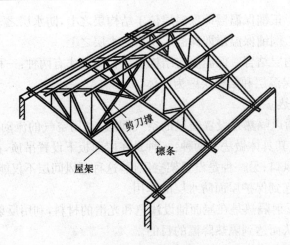

图 4.80 屋架承重

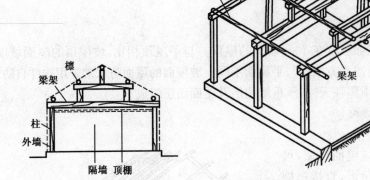

图 4.81 梁架承重

2. 坡屋顶屋面

(1) 平瓦屋面

平瓦有水泥瓦和黏土瓦两种,其外形按防水及排水要求设计制作。平瓦的外形尺寸约为 400 mm×230 mm,其在屋面上的有效覆盖尺寸约为 330 mm×200 mm。按此推算,每平方米屋面约需 15 块瓦。

平瓦屋面的主要优点是瓦本身具有防水性,不需特别设置屋面防水层,瓦块间搭接构造简单,施工方便。缺点是屋面接缝多,如不设屋面板,雨、雪易从瓦缝中飘进,造成漏水。为保证有效排水,瓦屋面坡度不得小于 1:2(26°34′)。在屋脊处需盖上鞍形脊瓦,在屋面天沟下需放上镀锌薄钢板,以防漏水。

平瓦屋面的构造方式有下列几种:

① 有椽条、有屋面板平瓦屋面。在屋面檩条上放置椽条,椽条上稀铺或满铺厚度在 8～12 mm 的木板(稀铺时在板面上还可铺芦席等),板面(或芦席)上方平行于屋脊方向铺干油毡一层,钉顺水条和挂瓦条,安装机制平瓦。采用这种构造方案,屋面板受力较小,因而厚度

较薄。

② 屋面板平瓦屋面。在檩条上钉厚度为 15～25 mm 的屋面板(板缝不超过 20 mm)，平行于屋脊方向铺油毡一层，钉顺水条和挂瓦条，安装机制平瓦。这种方案屋面板与檩条垂直布置，为受力构件，因而厚度较大。

③ 冷摊瓦屋面。这是一种构造简单的瓦屋面，在檩条上钉上断面 35 mm×60 mm、中距 500 mm 的椽条，在椽条上钉挂瓦条(注意挂瓦条间距符合瓦的标准长度)，在挂瓦条上直接铺瓦。由于构造简单，它只用于简易或临时建筑，如图 4.82 所示。

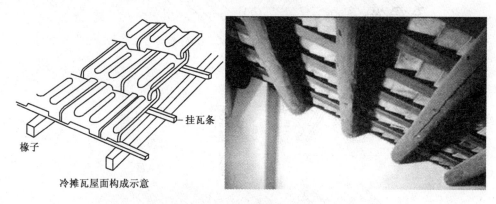

挂瓦条

椽子

冷摊瓦屋面构成示意

图 4.82　冷摊瓦屋面构造

(2) 波形瓦屋面

波形瓦屋面包括水泥石棉波形瓦、钢丝网水泥瓦、玻璃钢瓦、钙塑瓦、金属钢板瓦、石棉菱苦土瓦等。根据波形瓦的波浪大小又可分为大波瓦、中波瓦和小波瓦三种。波形瓦具有重量轻，耐火性能好等优点，但易折断，强度较低，如图 4.83 所示。

波形瓦在安装时应注意下列几点：第一，波形瓦的搭接开口应背着当地主导风向；第二，波形瓦搭接时，上下搭接长度不小于 100 mm，左右搭接不小于一波半；第三，波形瓦在用瓦钉或挂瓦钩固定时，瓦钉及挂瓦钩帽下应有防水垫圈，以防瓦钉及瓦钩穿透瓦面缝隙处渗水；第四，相邻四块瓦搭接时应将斜对的下两块瓦割角，以防止四块重叠使屋面翘曲不平，否则应错缝布置。

(3) 小青瓦屋面

小青瓦屋面在我国传统房屋中采用较多，目前有些地方仍然采用。小青瓦断面呈弧形。尺寸及规格不统一。铺设时分别将小青瓦仰俯铺排，覆盖成垅。仰铺瓦成沟，俯铺瓦盖于仰铺瓦纵向接缝处，与仰铺瓦间搭接瓦长 1/3 左右。上下瓦间的搭接长，在少雨地区为搭六露四，在多雨区为搭七露三。小青瓦可以直接铺设于椽条上，也可铺于望板(屋面板)上。

3. 坡屋面的细部构造

(1) 檐口

坡屋面的檐口式样主要有两种：一是挑出檐口，要求挑出部分的坡度与屋面坡度一致；另一种是女儿墙檐口，要做好女儿墙内侧的防水，以防渗漏。

① 砖挑檐。砖挑檐一般不超过墙体厚度的 1/2，且不大于 240 mm。每层砖挑长为 60 mm。砖可以平挑出，也可把砖斜放，用砖角挑出，挑檐砖上方瓦伸出 50 mm。

② 椽木挑檐。当屋面有椽木时，可以用椽木出挑，以支承挑出部分的屋面。挑出部分

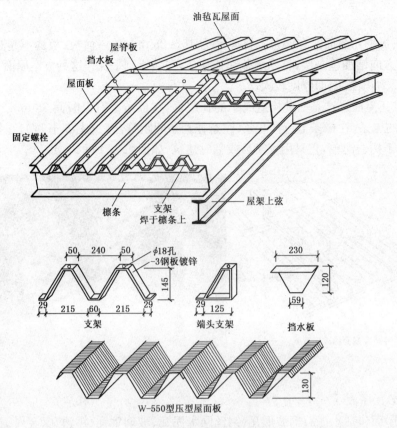

图 4.83 波形瓦屋面

的椽条，外侧可钉封檐板，底部可钉木条并油漆。

③ 屋架端部附木挑檐或挑檐木挑檐。如需要较大挑出长度的挑檐，可以沿屋架下弦伸出附木，支承挑出的檐口木，并在附木外侧面钉封檐饭。在附木底部做檐口吊顶。对于不设屋架的房屋，可以在其横向承重墙内压砌挑檐木并外挑，用挑檐木支承挑出的檐口。

④ 钢筋混凝土挑天沟。当房屋屋面集水面积大、檐口高度高、降雨量大时，坡屋面的檐口可设钢筋混凝土天沟，并采用有组织排水。

（2）山墙

双坡屋面的山墙有硬山和悬山两种。硬山是指山墙与屋面等高或高于屋面成女儿墙。悬山是把屋面挑出山墙之外。

（3）斜天沟

坡屋面的房屋平面形状有凸出部分，屋面上会出现斜天沟。构造上常采用镀锌钢板折成槽状，依势固定在斜天沟下的屋面板上，以做防水层。

（4）烟囱泛水构造

烟囱四周应做泛水，以防止雨水的渗漏。一种做法是镀锌钢板泛水，将镀锌钢板固定在烟囱四周的预埋件上，向下披水。在靠近屋脊的一侧，铁皮伸入瓦下，在靠近檐口的一侧，钢板盖在瓦面上，另一种做法是用水泥砂浆或水泥石灰麻刀砂浆做抹灰泛水。

（5）檐口和落水管

坡屋面房屋采用有组织排水时，需在檐口处设檐沟，并布置落水管。坡屋面排水计算、落水管的布置数量、落水管、雨水斗、落水口等要求同平屋顶有关要求。坡屋面檐沟和落水管可用镀锌钢板、玻璃钢、石棉水泥管等材料。

4.7 楼梯

建筑空间的竖向组合交通联系是依靠楼梯、电梯、自动扶梯、台阶、坡道以及爬梯等竖向交通设施。其中,楼梯作为竖向交通和人员紧急疏散的主要交通设施,使用最为广泛。

楼梯的宽度、坡度和踏步级数都应满足人们通行和搬运家具、设备的要求。楼梯的数量,取决于建筑物的平面布置、用途、大小及人流的多少。楼梯应设在明显易找和通行方便的地方,以便在紧急情况下能迅速安全地疏散到室外。

4.7.1 楼梯的组成、类型和尺寸

1. 楼梯的组成

楼梯一般由楼梯段、楼梯平台、栏杆(或栏板)和扶手三部分组成,它所处的建筑空间称为楼梯间,如图 4.84 所示。

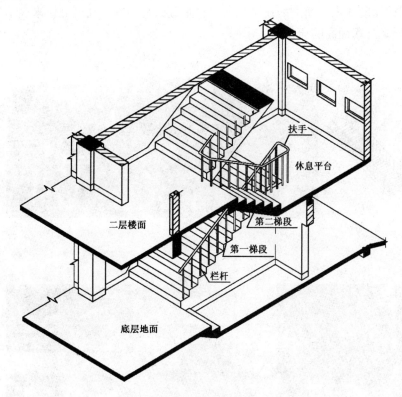

图 4.84 楼梯的组成

(1) 楼梯段

楼梯段又称为楼梯跑,是楼梯的主要组成部分,由若干个连续的踏步组成。每个踏步一般由两个互相垂直的平面构成,水平面称为踏面,垂直面称为踢面。每个梯段的踏步不应超过 18 级,也不应少于 3 级。

（2）楼梯平台

楼梯平台是联系两个楼梯段的水平构件，主要用来解决楼梯段的转向、与楼层连接和供人们上下楼梯时缓冲休息等问题。按其位置的不同分为楼层平台和中间平台。

（3）栏杆（栏板）和扶手

栏杆（栏板）是设置在楼梯段和平台临空侧的垂直围护构件。

2．楼梯的类型

按所在位置，楼梯可分为室外楼梯和室内楼梯两种；按使用性质，楼梯可分为主要楼梯、辅助楼梯、疏散楼梯、消防楼梯等几种；按所用材料，楼梯可分为木楼梯、钢楼梯、钢筋混凝土楼梯等几种；按形式，楼梯可分为直跑式、双跑式、双分式、双合式、三跑式、四跑式、曲尺式、螺旋式、圆弧形、桥式、交叉式等数种，如图 4.85 所示。

楼梯的形式视使用要求、在房屋中的位置、楼梯间的平面形状而定。

3．楼梯的尺寸及设计

（1）楼梯坡度

楼梯的坡度是指楼梯段沿水平面倾斜的角度。

楼梯坡度有两种表示方法：一种是角度法，即用楼梯段和水平面的夹角表示；另一种是比值法，即用楼梯段在水平面上的投影长度与在垂直面上的投影高度之比来表示（也可用楼梯踏步的踏面宽与踢面高的比值来表示）。

(a)
（a）直跑楼梯

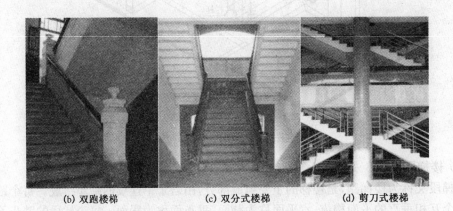

（b）双跑楼梯　　　　　　（c）双分式楼梯　　　　　　（d）剪刀式楼梯

图 4.85.1　楼梯的形式（一）

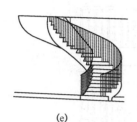

(e) | (e) 螺旋式楼梯 | (f) 弧形楼梯

图 4.85.2 楼梯的形式(二)

（2）踏步尺寸

楼梯踏步尺寸的大小实质上决定了楼梯的坡度,因此踏步尺寸是否合适就显得非常重要。一般认为踏面宽度应大于成年男子的脚长,而踢面高度则取决于踏面的宽度,通常可按以下经验公式计算:

$$2h + b = 600 \sim 620 \, \text{mm(人的平均步距)}$$
$$或 \, h + b = 450 \, \text{mm}$$

式中, h——踢面高度(mm);

b——踏面宽度(mm)。

楼梯踏步最小宽度和最大高度见表 4.6 所示。

表 4.6 楼梯踏步最小宽度和最大高度 单位:mm

楼 梯 类 别	最小宽度	最大高度
住宅共用楼梯	260	175
幼儿园、小学校等楼梯	260	150
电影院、剧场、体育馆、商场、医院、旅馆和大、中学校等楼梯	280	160
其他建筑楼梯	260	170
专用疏散楼梯	250	180
服务楼梯、住宅套内楼梯	220	200

（3）楼梯梯段宽度与平台宽度

① 楼梯梯段宽度。楼梯梯段宽度指墙面至扶手中心线之间的水平距离。

② 楼梯平台宽度。梯段改变方向时,扶手转向端处的平台最小宽度不应小于梯段宽度,并不得小于 1.20 m,当有搬运大型物件需要时应适量加宽。

（4）楼梯的净空高度

楼梯的净空高度包括楼梯梯段的净空高度和平台的净空高度,如图 4.86 所示。

① 楼梯梯段的净空高度。梯段净空高度指自踏步前缘(包括最低和最高一级踏步前缘线以外 0.30 m 范围内)量至上方突出物下缘间的垂直高度。梯段净高不宜小于 2.20 m。

起止踏步前缘与顶部突出物内边缘线的水平距离不应小于 0.3 m。

② 楼梯平台的净空高度。楼梯平台的净空高度指平台表面至上部结构最低处的垂直高度。楼梯平台上部及下部过道处的净高不应小于 2 m。住宅建筑入口处地坪与室外地面应有高差,并不应小于 0.10 m。

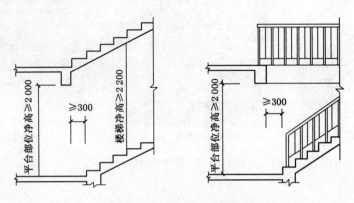

图 4.86 梯段与平台净高要求

(5) 栏杆与扶手高度

楼梯应至少一侧设扶手,梯段净宽达 3 股人流时应两侧设扶手,达 4 股人流时宜加设中间扶手。

楼梯扶手高度指踏步前缘至扶手顶面的垂直高度。室内楼梯扶手高度不宜小于 0.90 m。靠楼梯井一侧水平扶手长度超过 0.50 m 时,其高度不应小于 1.05 m。

4.7.2 现浇钢筋混凝土楼梯及细部构造

1. 现浇钢筋混凝土楼梯

现浇钢筋混凝土楼梯的楼梯梯段和平台是整体浇筑在一起的,其整体性好、刚度大、利于抗震,施工不需大型起重设备,但施工进度慢、模板耗费多、施工工序繁多复杂。

楼梯按结构形式不同,分为板式楼梯和梁板式楼梯。

(1) 板式楼梯

板式楼梯是把梯段视作一块斜放的板,由梯段承受楼梯上的全部荷载。梯段板分为有平台梁和无平台梁两种形式,如图 4.87 所示。

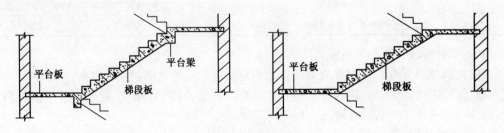

图 4.87 板式楼梯

(2) 梁板式楼梯

梁板式楼梯的梯段由踏步板和楼梯斜梁组成,踏步板支承在斜梁上,斜梁两端支承在平台梁上,如图 4.88 所示。

梁板式楼梯的斜梁一般设置在踏步板的下方,从梯段侧面就能看见踏步,俗称明步楼梯。也可把斜梁设置在踏步板上面的两侧,形成暗步楼梯,如图 4.89 所示。

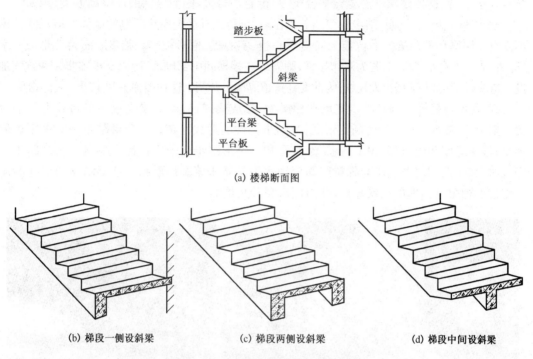

(a) 楼梯断面图

(b) 梯段一侧设斜梁   (c) 梯段两侧设斜梁   (d) 梯段中间设斜梁

图 4.88 现浇钢筋混凝土梁板式楼梯

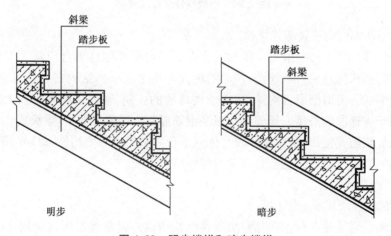

明步   暗步

图 4.89 明步楼梯和暗步楼梯

2. 预制装配式钢筋混凝土楼梯

装配式钢筋混凝土楼梯根据构件尺度的差别,大致可分为:小型构件装配式、中型构件装配式和大型构件装配式。

(1) 小型构件装配式楼梯

小型构件装配式楼梯是将梯段、平台分割成若干部分,分别预制成小构件装配而成,如

图 4.90 所示。按照预制踏步的支承方式分为悬挑式、墙承式、梁承式三种。

① 悬挑式楼梯。这种楼梯的每一踏步板为一个悬挑构件,踏步板的根部压砌在墙体内,踏步板挑出部分多为 L 形断面,压在墙体内的部分为矩形断面,由于踏步板不把荷载直接传递给平台,这种楼梯不需要设平台梁,只设有平台板,因而楼梯的净空高度大。

② 墙承式楼梯。预制踏步的两端支承在墙上,荷载直接传递给两侧的墙体。墙承式楼梯不需要设梯梁和平台梁。平台板为简支空心板、实心板、槽形板等。踏步断面为 L 形或一字形。它适宜于直跑式楼梯,若为双跑楼梯,则需要在楼梯间中部砌墙,用以支承踏步。两跑间加设一道墙后,阻挡上下楼行人视线,为此要在这道隔墙上开洞。这种楼梯不利于搬运大件物品。

③ 梁承式楼梯。预制踏步支承在梯梁上,形成梁式梯段,梯梁支承在平台梁上。平台梁一般为 L 形断面。梯梁的断面形式,视踏步构件的形式而定。三角形踏步一般采用矩形梯梁;楼梯为暗步时,可采用 L 形梯梁;L 形和一字形踏步应采用锯齿形梯梁。预制踏步在安装时,踏步之间以及踏步与梯梁之间应用水泥砂浆坐浆。L 形和一字形踏步预留孔洞应与锯齿形梯梁上预埋的插铁套接,孔内用水泥砂浆填实。

图 4.90　小型构件装配式楼梯

(2) 中型及大型构件装配式楼梯

中型构件装配式楼梯一般是由楼梯段和带有平台梁的休息平台板两大构件组合而成,楼梯段直接与楼梯休息平台梁连接,楼梯的栏杆与扶手在楼梯结构安装后再进行安装。带梁休息平台形成一类似槽形板构件,在支承楼梯段的一侧,平台板肋断面加大,并设计成 L 形断面以利于楼梯段的搭接。楼梯段与现浇钢筋混凝土楼梯类似,有梁板式和板式两种。

大型构件装配式楼梯,是将楼梯段与休息平台一起组成一个构件,每层由第一跑及中间休息平台和第二跑及楼层休息平台板两大构件组合而成。

3. 楼梯细部的构造

(1) 楼梯踏步面层及防滑构造

楼梯踏步面层应便于行走、耐磨、防滑并保持清洁。通常面层可以选用水泥砂浆、水磨石、大理石和防滑砖等。

为防止行人使用楼梯时滑倒,踏步表面应有防滑措施,对表面光滑的楼梯必须对踏步表面进行处理,通常是在接近踏口处设置防滑条,防滑条的材料主要有:金刚砂、马赛克、橡皮条和金属材料等。

(2) 栏杆、栏板和扶手

楼梯的栏杆、栏板是楼梯的安全防护设施。它既有安全防护的作用,又有装饰的作用。

栏杆多采用方钢、圆钢、扁钢、钢管等金属型材焊接而成,下部与楼梯段锚固,上部与扶手连接。栏杆与梯段的连接方法有:预埋件焊接、预留孔洞插接、螺栓连接,如图 4.91 所示。

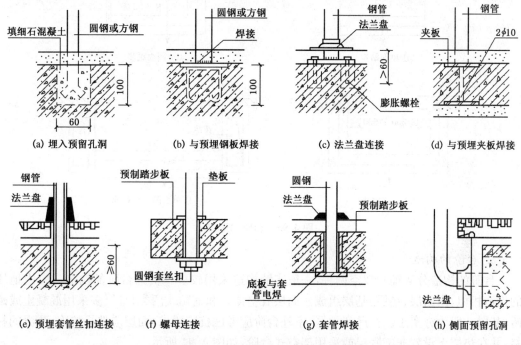

(a) 埋入预留孔洞　　(b) 与预埋钢板焊接　　(c) 法兰盘连接　　(d) 与预埋夹板焊接

(e) 预埋套管丝扣连接　　(f) 螺母连接　　(g) 套管焊接　　(h) 侧面预留孔洞

图 4.91　楼梯栏杆与梯段的连接构造

栏板多由现浇钢筋混凝土或加筋砖砌体制作,栏板顶部可另设扶手,也可直接抹灰作扶手。楼梯扶手可以用硬木、钢管、塑料、现浇混凝土抹灰或水磨石制作。采用钢栏杆、木制扶手或塑料扶手时,两者间常用木螺丝连接;采用金属栏杆金属扶手时,常采用焊接连接。

4.7.3　台阶与坡道

因建筑物构造及使用功能的需要,建筑物的室内外地坪有一定的高差,在建筑物的入口处,可以选择台阶或坡道来衔接,如图 4.92 所示。

1. 台阶的形式与尺寸

台阶一般包括踏步和平台两部分。台阶的坡度应比楼梯小,通常踏步高度 100～150 mm,宽度为 300～400 mm。台阶一般由面层、垫层及基层组成。面层可选用水泥砂浆、水磨石、天然石材或人造石材等块材;垫层材料可选用混凝土、石材或砖砌体;基层为夯实的土壤或灰土。在严寒地区,为了防止冻害,在基层与混凝土垫层之间应设砂垫层,如图 4.93 所示。

图 4.92　台阶

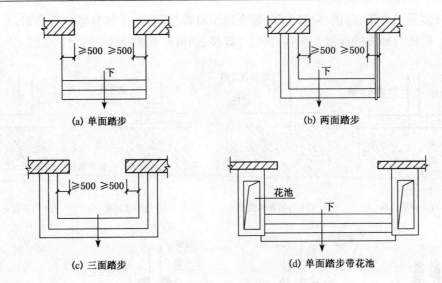

(a) 单面踏步

(b) 两面踏步

(c) 三面踏步

(d) 单面踏步带花池

图 4.93 台阶的形式

2. 台阶的构造

台阶的构造分实铺和架空两种,一般实铺构造采用较多。实铺台阶的构造与室内地坪的构造相似,由面层、垫层、基层组成。面层有整体式和铺贴式两类;垫层多采用混凝土或砌砖;基层一般为夯实土。在严寒地区,室外台阶应考虑抗冻要求,面层应选择抗冻、防滑的材料,并在垫层下设置非冻胀层或采用架空式台阶,如图 4.94 所示。

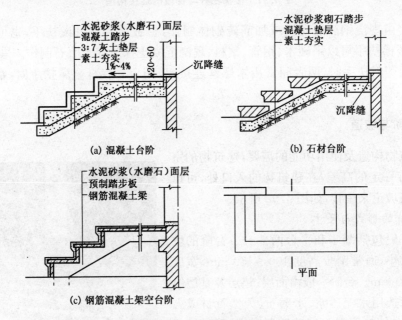

(a) 混凝土台阶

(b) 石材台阶

(c) 钢筋混凝土架空台阶

图 4.94 台阶的类型与构造

3. 坡道

考虑车辆通行或有特殊要求的建筑物室外台阶处,应设置坡道或用坡道与台阶组合。与台阶一样,坡道也应采用耐久、耐磨和抗冻性好的材料。对防滑要求较高或坡度较大时,可设置防滑条或做成锯齿形,如图 4.95 所示。

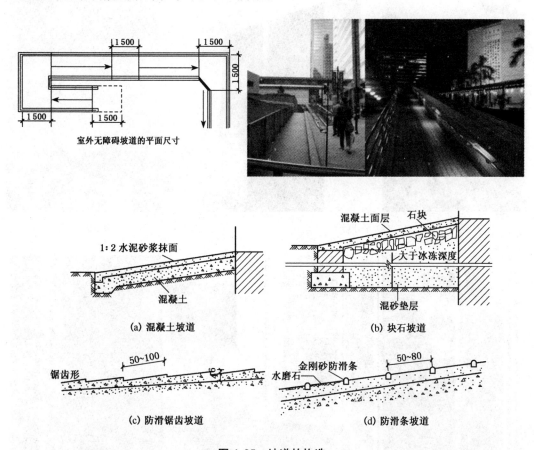

图 4.95　坡道的构造

4.8　门与窗

门和窗是建筑物中的围护构件。门在建筑中的作用主要是交通联系,并兼有采光、通风之用;窗的作用主要是采光和通风。门窗的形状、尺寸、排列组合以及材料,对建筑物的立面效果影响很大。门窗还要有一定的保温、隔声、防雨、防风砂等能力,在构造上,应满足开启灵活、关闭紧密、坚固耐久、便于擦洗、符合模数等方面的要求。

4.8.1　门

1. 门的类型

(1) 按所用的材料分

分为木门、钢门、铝合金门、塑钢门、玻璃钢门、无框玻璃门等。

(2) 按开启方式分类

分为平开门、弹簧门、推拉门、转门、折叠门、卷门、自动门等,如图 4.96、图 4.97 所示。

（a）平开门

（b）推拉门

（c）折叠门

（d）旋转门

图 4.96　门的开启方式

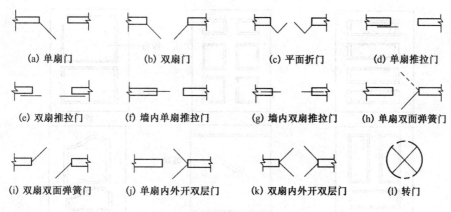

图 4.97 门的开启方式示意图

（3）按镶嵌材料分类

按门板的材料，可以把门分为镶板门、拼板门、纤维板门、胶合板门、百叶门、玻璃门、纱门等。

2. 门的构造组成

一般门的构造主要由门樘和门扇两部分组成。门樘又称门框，由上槛、中槛和边框等组成，多扇门还有中竖框。门扇由上冒头、中冒头、下冒头和边梃等组成，如图 4.98 所示。为了通风采光，可在门的上部设腰窗（俗称上亮子），有固定、平开及上、中、下、悬等形式，其构造同窗扇，门框与墙间的缝隙常用木条盖缝，称门头线，俗称贴脸。门上还有五金零件，常见的有铰链、门锁、插销、拉手、停门器、风钩等。

平开木门的门扇有多种做法，常见的有镶板门、拼板门、夹板门等。

① 镶板门：由上、中、下冒头和边梃组成骨架，中间镶嵌门芯板，门芯板可采用 15 mm 厚的木板拼接而成，也可采用胶合板、硬质纤维板或玻璃等，如图 4.99 所示。

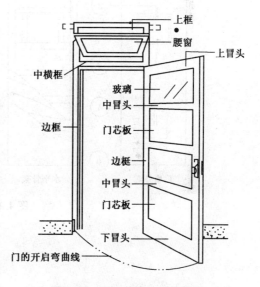

图 4.98 平开单扇木门的组成

② 夹板门：用小截面的木条（35 mm×50 mm）组成骨架，在骨架的两面铺钉胶合板或纤维板等，如图 4.100 所示。

③ 拼板门：构造与镶板门相同，由骨架和拼板组成，只是拼板门的拼板用 35～45 mm 厚的木板拼接而成，因而自重较大，但坚固耐久，多用于库房、车间的外门，如图 4.101 所示。

4.8.2 窗

1. 窗的种类

（1）按所使用材料分类

窗按所使用材料分为木窗、钢窗、铝合金窗、塑钢窗等。

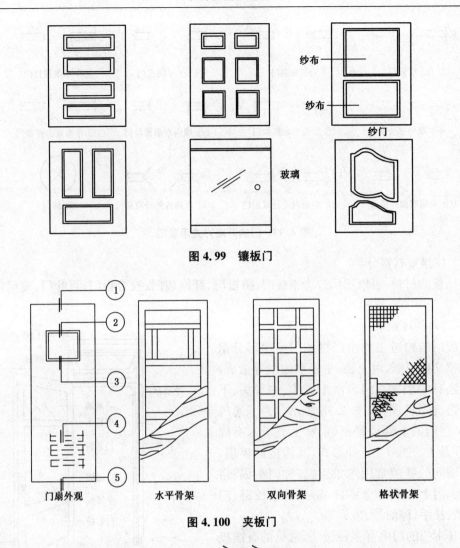

图 4.99　镶板门

纱布
纱布
纱门
玻璃

① ② ③ ④ ⑤

门扇外观　　水平骨架　　双向骨架　　格状骨架

图 4.100　夹板门

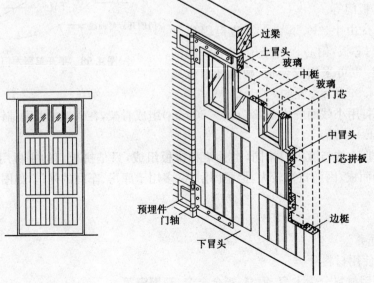

过梁
上冒头
玻璃
中梃
玻璃
门芯
中冒头
门芯拼板
边梃
预埋件
门轴
下冒头

图 4.101　拼板门

（2）按开启方式分

窗按照开启方式可分为固定窗、平开窗、悬窗、立转窗、推拉窗等，如图 4.102 所示。

（a）平开窗　　　　　　　　（b）悬窗　　　　　　　　（c）推拉窗

图 4.102　窗的类型

（3）按镶嵌材料分类

可以把窗分为玻璃窗、百叶窗、纱窗、防火窗、防爆窗、保温窗、隔声窗等几种。

2. 窗的构造

（1）木窗

窗一般由窗框、窗扇和五金零件组成，如图 4.103 所示。窗框是窗与墙体的连接部分，由上框、下框、边框、中横框和中竖框组成；窗扇是窗的主体部分，分为活动扇和固定扇两种，一般由上冒头、下冒头、边梃和窗芯（又叫窗棂）组成骨架，中间固定玻璃、窗纱或百叶；五金零件包括铰链、插销、风钩等。

（2）推拉式铝合金窗

铝合金窗的开启方式有很多种，目前较多采用水平推拉式。

① 推拉式铝合金窗组成及构造。

铝合金窗主要由窗框、窗扇和五金零件组成，如图 4.102（c）、图 4.104 所示。

推拉式铝合材有 55 系列、60 系列、70 系列、90 系列等，其中 70 系列是目前广泛采用的窗用型材，采用 90°开榫对合，螺钉连接成形。玻璃根据面积大小、隔声、保温、隔热等的要求，可以选择（3～8）mm 厚的普通平板玻璃、热反射玻璃、钢化玻璃、夹层玻璃等。玻璃安装时采用橡胶压条或硅硐密封胶密封。窗框与窗扇的中梃和边梃相接处，设置塑料垫块或密封毛条，以使窗扇受力均匀，开关灵活。其具体构造如图 4.105 所示。

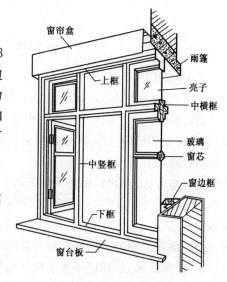

图 4.103　木窗构造

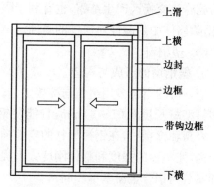

图 4.104　推拉式铝合金窗的组成

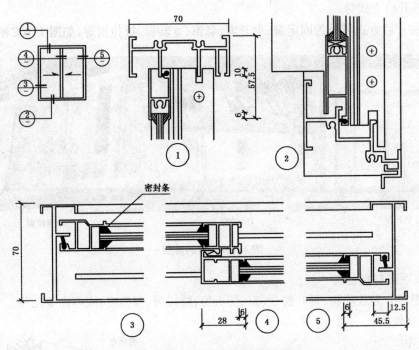

图 4.105　推拉式铝合金窗的构造

② 推拉式铝合金窗框的安装。

铝合金窗框的安装应采用塞口法,即在砌墙时,先留出比窗框四周大的洞口,墙体砌筑完成后将窗框塞入。固定时,为防止墙体中的碱性对窗框的腐蚀,不能将窗框直接埋入墙体,一般可采用预埋件焊接、膨胀螺栓锚接或射钉等方式固定。但当墙体为砌体结构时,严禁用射钉固定。

窗框与墙体连接时,每边不少于两个固定点,且固定点的间距应在 700 mm 以内。在基本风压大于或等于 0.7 kPa 的地区,固定点的间距不能大于 500 mm。边框两端部的固定点距两边缘不能大于 200 mm。窗框固定好后,窗外框与墙体之间的缝隙,用弹性材料填嵌密实、饱满、确保无缝隙。填塞材料与方法应按设计要求,一般用与其材料相容的闭孔泡沫塑料、发泡聚苯乙烯、矿棉毡条或玻璃丝毡条等填塞嵌缝且不得填实,以避免变形破坏。外表留(5~8)mm 深的槽口用密封膏密封,如图 4.106 所示。这种做法主要是为了防止窗框四周形成冷热交换区产生结露,也有利于隔声、保温,同时还可避免窗框与混凝土、水泥砂浆接触,消除墙体中的碱性对窗框的腐蚀。

(3) 塑钢窗

① 塑钢窗的组成与构造。

塑钢窗的组装多用组角与榫接工艺。考虑到塑料与钢衬的收缩率不同,钢衬的长度应比塑料型材长度短(1~2)mm,且能使钢衬较宽松地插入塑料型材空腔中,以适应温度变形。组角和榫接时,在钢衬型材的空腔插入金属连接件,用自攻螺钉直接锁紧,形成闭合钢衬结构,使整窗的强度和整体刚度大大提高。塑钢推拉窗构造如图 4.107 所示。玻璃的选择和安装与铝合金窗基本相同。

② 塑钢窗的安装。

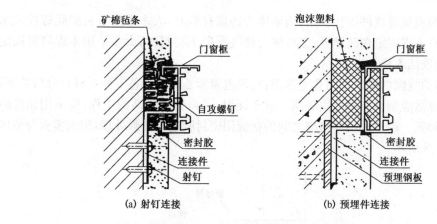

图 4.106　推拉式铝合金窗框与墙体连接

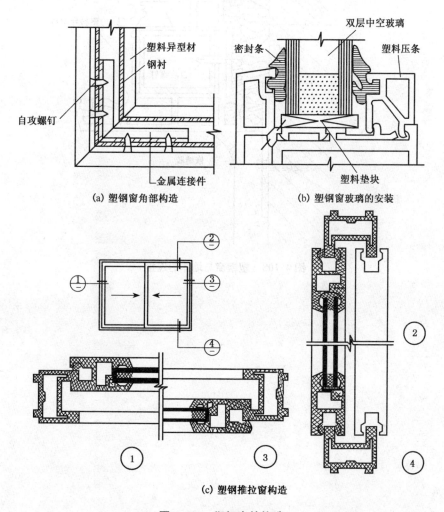

图 4.107　塑钢窗的构造

　　塑钢窗应采用塞口安装。窗框与墙体固定时,应先固定上框,然后再固定边框。窗框每边的固定点不能少于 3 个,且间距不能大于 600 mm。当墙体为混凝土材料时,大多采用射钉、塑料膨胀螺栓或预埋铁件焊接固定;当墙体为砖墙材料时,大多采用塑料膨胀螺栓或水泥钉固定,但注意不得固定在砖缝处;当墙体为加气混凝土材料时,大多采用木螺钉将固定片固定在预埋的胶结木块上。

窗框与洞口的缝隙内应采用闭孔泡沫塑料、发泡聚苯乙烯或毛毡等弹性材料分层填塞,填塞不宜过紧,以适应塑钢窗的自由胀缩。对于保温、隔声要求较高的工程,应采用相应的隔热、隔声材料填塞。墙体面层与窗框之间的接缝用密封胶进行密封处理,塑钢窗框与墙体的连接如图 4.108 所示。

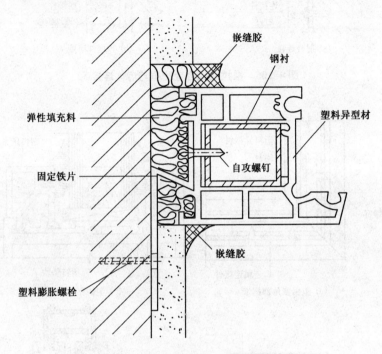

图 4.108 塑钢窗与墙体的连接

5 定额原理及相关知识

5.1 建筑工程的建设程序

5.1.1 建筑工程的概念

建筑工程是指建筑艺术与工程技术相结合,营造出供人们进行生产、生活或其他活动的环境、空间、房屋或场所,但一般情况下主要是指建筑物或构筑物。"建筑工程"这个词,从广义上来说,也可以是指一切经过勘察设计、建筑施工、设备安装生产活动过程而建造的建筑物及构筑物的总称。

5.1.2 建筑工程的分类

建筑工程是国家基本建设内容的重要组成部分之一,是国民经济建设中为各部门增添固定资产的一种经济活动,也就是进行建筑、设备购置和安装的生产活动以及与此相关联的其他有关工作。为有利于建设项目的造价确定和管理,按照不同的分类方法,建筑工程项目可以划分为以下几类。

1. 按照建设性质分类

按照这种分类方法,建筑工程可以划分为下述五类:

(1)新建项目:指"平地起家",即从无到有,新开始建设的项目或原有固定资产基础很小,经扩大后其固定资产价值超过原有固定资产价值三倍以上的,也属新建项目。

(2)扩建项目:指原有企业为扩大产品的生产能力或增加新的产品品种,对原有车间的建筑面积进行扩大,工艺装置进行增添或更换或进行新产品的厂房(车间)和工艺装置的建设及其附属设施的扩充等工作过程。

(3)改建项目:指原有企业为提高产品质量、节约能源、降低消耗、改变产品结构、更改产品花色、品种、规格以及改进生产工艺流程而对厂房、设备、管路、线路等进行整体技术改造的项目。

(4)恢复项目:指由于某种原因(如火灾、水灾、地震、战争等)使原有企业或部分设备、厂房损坏报废,而后按原有规模又进行投资建设的项目。

(5)迁建项目:指为改变工业结构布局,按原有产品品种和生产规模由甲地迁移到乙地的建设项目。

2. 按经济用途分类

按照这种方法建筑工程项目可以划分为非生产性建设项目和生产性建设项目两大类。

(1)非生产性建设项目:指直接用于满足人民物质文化生活需要的建设。(科教文卫体)。如图 5.1 所示。

非生产性建设	文教卫生建设:指独立的学校、影剧院、文化馆、俱乐部、图书馆、通讯社、报社、出版社、书店、体育场(馆)、广播电台(站)、独立医院、卫生院、诊疗所、门诊部、托儿所、幼儿园、疗养院用房屋的建设及设备、器械、仪器的购置
	科学研究建设:指独立的各种研究院、试验员、检验所等建设项目
	公用事业建设:指城市公用给排水管道工程、污水处理工程、煤气或天然气管道工程、水源工程、防洪工程、道路、桥梁、电车、公共汽车、旅馆、理发厅、浴池、环境绿化等工程的建设
	住宅建设:指专供居住使用的房屋及其附属设施的建设,如职工宿舍、家属宿舍等
	其他建设:指各级行政机关和社会团体的建设以及不属于以上各类的其他非生产性建设

图 5.1　非生产性建设项目

(2) 生产性建设项目:指直接为物质生产部门服务的建设项目。其内容见如图 5.2 所示。

生产性建设	工业建设:指工矿企业建设项目中的生产车间、油田、矿井、实验室、仓库、办公室及其他工业用建筑物、构筑物的建造,生产用机器设备的购置及安装,生产用的工具、器具、仪器的购置等
	建筑业建设:指施工企业的仓库、办公室、建筑生产用和施工用的建筑物的建设,以及设备、工具、器具等的购置
	农、林、水利、气象建设:指农场、牧场、拖拉机站、林场、渔场等有关农林、牧、副、渔生产的仓库、修理间、办公室、水库、防洪、排涝、灌溉、气象站建设,以及满足生产用的机械、设备、渔轮、工器具的购置及安装
	交通邮电建设:指铁路(含专用铁路)、公路、桥梁、涵洞、航道、隧道、码头等建设,以及车辆、船舶、飞机等设备的购置;长途电缆、长途明线、电台、市内电话和电讯用房屋的建设,设备、工具、器具的购置与安装
	商业和物资供应建设:指百货商店、石油储库、冷藏库和商业、物资用仓库等建设,以及贸易采购用的交通工具(如汽车、摩托车、轻骑、自行车等)以及其他固定资产购置
	地质资源勘探建设:指地质资源勘探(包括普查)用的仓库、办公室以及其他工程建设,以及勘探用的机械、设备、工具、器具、仪器等购置

图 5.2　生产性建设项目

注:① 报社、通讯社、出版社的印刷厂,大专院校附设的实验工厂建设应列入"工业建设"项目。
　　② 科学研究单位附设的试验工厂建设应列入"工业建设"项目。
　　③ 工厂附设的职工子弟小学、卫生所、托儿所应列入"文教卫生建设"项目。

3. 按建设规模分类

建筑工程固定资产投资,按照上级批准的建设项目总规模或总投资,可以划分为大型建设项目、中型建设项目和小型建设项目三类。更新改造措施项目分为限额以上和限额以下两类。限额以上项目是指能源、交通、原材料工业项目总投资 5 000 万元以上,其他项目总投资 3 000 万元以上的建设工程。

(1) 工业、民用与公共建筑工程

大型:建筑物层数≥25 层;建筑物高度≥100 m;单跨跨度≥30 m;单体建筑面

积≥30 000 m²。

中型:建筑物层数 5～25 层;建筑物高度 15～100 m;单跨跨度 15～30 m;单体建筑面积 3 000～30 000 m²。

小型:建筑物层数 5 层以下;建筑物高度 15 m 以下;单跨跨度 15 m 以下;单体建筑面积 3 000 m² 以下。

(2) 住宅小区或建筑群体工程

大型:建筑群建筑面积≥100 000 m²。

中型:建筑群建筑面积 3 000～100 000 m²。

小型:建筑群建筑面积 3 000 m² 以下。

(3) 其他一般房屋建筑工程

大型:单项工程合同额≥3 000 万元。

中型:单项工程合同额 300 万～3 000 万元。

小型:单项工程合同额 300 万元以下。

5.2 建设工程项目的划分

一个建设项目是由许多部分组成的庞大综合体,如欲知道它的建设费用,就整个工程进行估价是非常困难的,也可以说是办不到的。因此,这就需要借助于某种方法把庞大复杂的建筑及安装工程,按构成性质、组织形式、用途、作用等,分门别类、由大到小地分解为许多简单的而且便于计算的基本组成部分,然后分别计算出其价值,再经过由小到大、由单个到综合、由局部到总体,逐项综合,层层汇总,最后计算出一个建设项目——一个工厂、一所学校、一幢住宅的全部建设费用——建筑工程预(概)算造价。

现就一个完整的新建工程而言,可逐步分解如下,如图 5.3 所示。

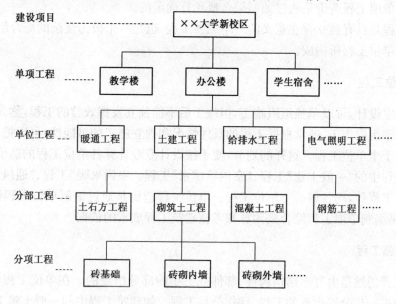

图 5.3 建设工程项目的划分

5.2.1　建设项目

建设项目是指按照总体设计范围内进行建设的一切工程项目的总称。通常包括在厂区总图布置上表示的所有拟建工程；也包括与厂区外各协作点相连接的所有相关工程，如输电线路、给水排水工程、铁路、公路专用线、通信线路等。

为了使国家计划的建设项目迅速而有秩序地进行施工工作，由建设项目投资主管部门指定或组建一个承担组织建设项目的筹备和实施的法人及其组织机构，就叫作建设单位。建设单位在行政上具有独立的组织形式，经济上实行独立核算，有权与其他经济实体建立经济往来关系，有批准的可行性研究和总体设计文件，能单独编制建设工程计划，并通过各种发包承建形式将建设项目付之实现。

建设项目和建设单位是两个含义不同的概念，一般来说，建设项目的含义是指总体建设工程的物质内容，而建设单位的含义是指该总体建设工程的组织者代表。新建项目及其建设单位一般都是同一个名称，例如工业建设中××化工厂、××机械厂、××造纸厂，民用建设中的××工业大学、××商业大厦、××住宅小区等；对于扩建、改建、技术改造项目，则常常以老企业名称作为建设单位，以××扩建工程、××改建工程作为建设项目的名称，如上海××化工厂氟制冷剂扩建工程等。

一个建设项目的工程造价（投资）在初步设计或技术设计阶段，通常是由承担设计任务的设计单位编制设计总概算或修正概算来确定的。

5.2.2　单项工程

具有独立的设计文件，竣工后可以独立发挥生产能力、使用效益的工程，叫作单项工程，也称作工程项目。单项工程是建设项目的组成部分，如工业建设中的各种生产车间、仓库、各种构筑物等；民用建设中的综合办公楼、住宅楼、影剧院等，都是能够发挥设计规定效益的单项工程。单项工程造价是通过编制综合概预算确定的。

单项工程是具有独立存在意义的一个完整工程，也是一个极为复杂的综合组成体，一般都是由多个单位工程所构成。

5.2.3　单位工程

具有独立设计，可以单独组织施工，但竣工后不能独立发挥效益的工程，称为单位工程。

为了便于组织施工，通常根据工程的具体情况和独立施工的可能性，可以把一个单项工程划分为若干个单位工程。这样的划分，便于按设计专业计算各单位工程的造价。

建筑工程中的"一般土建"工程、"室内给排水"工程、"室内采暖"工程、"通风空调"工程、"电气照明"工程等，均各属一个单位工程。单位工程造价是通过编制单位工程概预算书来确定的，它是编制单项工程综合概预算和考核建筑工程成本的依据。

5.2.4　分部工程

单位工程仍然是由许多结构构件、部件或更小的部分组成的。在单位工程中，按部位、材料和工种进一步分解出来的工程，称作分部工程。如建筑工程中的一般土建工程，按照部位、材料结构和工种的不同，大体可划分为：土石方工程、桩基工程、砖石工程、混凝土及钢筋混凝土工程、金属结构工程、木作工程、楼地面工程、屋面工程、装饰工程等,其中的每一部分,均称为一个分部工程。分部工程是由许许多多的分项工程构成的。分部工程费用是单位工程造价的组成部分,是通过计算各个分项直接工程费来确定的,即:分部工程费$=\sum$(分项工程费)$=\sum$(分项工程量×相应分项工程单价)。

5.2.5 分项工程

从对建筑产品估价的要求来看,分部工程仍然很大,不能满足估价的需要,因为每一分部工程中,影响工料消耗大小的因素仍然很多。例如,同样都是"砌砖"工程,由于所处的部位不同——砖基础、砖墙;厚度不同——半砖、一砖、一砖半厚等,则每一单位"砌砖"工程所消耗的砂浆、砖、人工、机械等数量有较大的差别。因此,还必须把分部工程按照不同的施工方法(如土方工程中的人工或机械施工)、不同的构造(如实砌墙或空斗墙)、不同的规格等,加以更细致的分解,划分为通过简单的施工过程就能生产出来,并且可以用适当的计量单位计算工料消耗的基本构造要素,如"砖基础"等,则称为分项工程。

分项工程是分部工程的组成部分。分项工程没有独立存在的意义,它只是为了便于计算建筑工程造价而分解出来的假定"产品"。在不同的建筑物与构筑物工程中,完成相同计量单位的分项工程,所需要的人工、材料和机械等的消耗量,基本上是相同的。因此,分项工程单位,是最基本的计算单位。分项工程单位价值是通过该分项工程工、料、机消耗数量与其三种消耗量的相应单价的乘积之和确定的,即:人工费+材料费+施工机械使用费,或$\sum$(三种消耗量×相应三种价)。

综上所述,从通过对一个庞大的建筑工程由大到小的逐步分解,找出最容易计算工程造价的计量单位,然后分别计算其工程量及价值[即$\sum$(工程量×单价)]。通过一定的计价程序计算出来的价值总和。

5.3 建筑工程造价的构成

5.3.1 建筑工程造价的概念

建筑工程造价是指建筑工程的建造价格的简称。建筑工程造价是建筑工程价值的货币表现,是以货币形式反映的建筑工程施工活动中耗费的各种费用总和。建筑工程造价是建设工程造价的组成部分,所以建筑工程造价具有下述两种不同含义。

第一种含义,建筑工程造价就是建设工程的建造价格,即指建设一项工程预期开支或实际开支的全部固定资产投资费用,也就是一项工程通过建设而形成相应的固定资产、无形资产、流动资产、递延资产和其他资产所需一次性费用的总和。显然,这一含义是从投资者——业主的角度来定义的。投资者选定一个建设项目,为了获得预期效益,就需要通过项目策划、评估、决策、立项,然后进行勘察设计、设备材料供应招标订货、工程施工招标、施工建造,直至竣工验收等一系列投资活动,而在这一系列投资活动中所耗费的全部费用总和,就构成了建筑工程造价或建设工程造价(简称"工程造价")。从这个意义上讲,建筑工程造价就是建设工程项目固定资产投资。

第二种含义,建筑工程造价是指工程价格。即指为建成一项工程,预计或实际在土地市场、设备市场、技术劳务市场以及承发包市场等交易活动中所形成的建筑安装工程价格和建设工程总价格,即:建筑安装工程造价＋设备、工器具造价＋其他造价＋建设期贷款利息＋铺底流动资金等。上式中的"其他造价"是指土地使用费、勘察设计费、研究试验费、工程保险费、工程建设监理费、总承包管理费、引进技术和进口设备其他费……显然,工程造价的第二种含义是以社会主义商品经济和市场经济为前提的,它通过招标或承发包等交易方式,在进行多次估价的基础上,最终由竞争形成的市场价格。

通常,人们将工程造价的第二种含义称为工程承发包价格或合同价格,应该肯定,承发包价格是工程造价中一种重要的、也是最典型的价格形式。它是在建筑市场通过招标投标,由需求主体——投资者和供给主体——承包商共同认可的价格。同时,由于建筑安装工程价格在项目固定资产中占有相当多的份额,是工程建设中最活跃的部分,而且建筑安装企业又是工程项目的实施者和建筑市场重要的市场主体之一,所以工程承发包价格被界定为工程造价的第二种含义,具有重要的现实意义。

5.3.2　建筑工程造价的特点

建筑工程自身的技术经济特点,决定了其价格计价的特征。

1. 计价的单件性

由于建筑产品(工程)一般都是按照规定的地点、特定的设计内容进行施工建造的,所以建筑产品(工程)的生产价格,也只能按照设计图纸规定的内容、规模、结构特征以及建设地点的地形、地质、水文等自然条件,通过编制工程概预算的方式进行单个核算,单个计价。

2. 计价的多次性

建筑产品(工程)的施工建造生产活动是一个周期长、环节多、程序要求严格和生产耗费数量大的过程。国家制度规定,任何一个建设项目都要经过酝酿规划、决策立项、勘察设计、施工建造、试车验收、交付使用等几个大的阶段,每个阶段又包含许多环节。为了适应项目建设各有关方面的要求,国家工程建设管理制度规定:

(1) 在编制项目建议书及可行性研究报告书阶段要进行投资估算。

(2) 在初步设计或扩大初步设计阶段要有概算(实行三段设计的技术设计阶段还应编制修正概算)。

(3) 在施工图设计阶段,设计部门要编制施工图预算。

(4) 在施工建造阶段,施工单位还应编制施工预算。

(5) 在工程竣工验收阶段,由建设单位、施工单位共同编制出竣工结(决)算。

综上所述,从投资控制估算、设计概算、施工图预算、施工预算到竣工结(决)算,是一个由粗到细、由预先到事后的造价信息的展开和反馈过程,是一个造价信息的动态过程。及时掌握上述过程中发生的一切造价变化因素,并做出合理的调整和控制,才能加强对建筑产品造价的管理,才能提高工程造价管理水平,才能使有限的建设资金获得最理想的经济效果。

3. 计价的组合性

由第二节叙述得知,建筑工程造价的确定是由分部分项合价组合而成的。一个建设项目是由许多工程项目组成的庞大综合体,它可以分解为许多有内在联系的工程(图 5.3)。从计价和管理的角度来说,建设项目的组合性决定了建筑工程造价确定的过程是一个逐步组合的过程。这一过程在概预算造价确定的过程中尤为明显,即:分部分项工程造价——单位工程造价——单项工程造价——建设项目总造价,逐项计算、层层汇总而成。上述计价过程是一个由小到大,由局部到总体的计价过程。

4. 计价方法的多样性

建筑工程的多次性计价各有不同的计价依据,每次计价的精确程度也各不相同,这就决定了计价方法有多样性特征。例如,建设项目前期工作的投资估算造价确定的方法有单位生产能力估算法、生产能力指标法、系数估算法和比例估算法等;初步设计概算造价确定的方法有概算指标法、定额法;施工图预算造价的确定有工料单价法和综合单价法两种。不同的方法,有不同的适应条件,精确程度也就不同,但它们并没有实质的不同(即都由"$c+v+m$"构成),仅仅是按工程建设程序的要求,由粗到细、由浅到深的一种计价方法。

5. 计价方法的动态性

我国基本建设管理制度规定,决算不能超过预算,预算不能超过概算,概算不能突破投资控制额,但是,在现实工作中"二算三超"普遍存在,屡见不鲜。造成这种状况的原因是多方面的,但形成"三超"的主要因素是建筑材料、设备价格常有变化。为适应我国改革开放的纵深发展和社会主义市场经济的建立,目前,我国各省、自治区、直辖市基本建设主管部门,对工程建设造价的管理,已普遍地实行了动态管理。所谓动态管理,就是依据各自现行的预算定额价格水平,结合时下设备、材料、人工工资、机械台班单价上涨或下降的幅度,以及有关应取费用项目的增加或取消、某种费用标准的提高或降低等,采用"加权法"计算出一定时期(如2009年上半年或下半年)内工程综合或单项(如机械费或施工流动津贴费)价格指数,定期发布,并规定本地区所有的在建项目都要贯彻执行的一种计价方法,则称为动态计价。

5.4 建筑工程定额原理

5.4.1 施工定额

1. 施工定额的概念

施工定额是具有合理劳动组织的建筑安装工人小组在正常施工条件下完成单位合格产品所需人工、机械、材料消耗的数量标准,它根据专业施工的作业对象和工艺制定。工序是基本的施工过程,是施工定额编制时的主要研究对象。

施工定额反映企业的施工水平,是企业定额。

2. 施工定额的作用

(1) 是企业计划管理的依据。

(2) 是组织和指挥施工生产的有效工具。

(3) 是计算工人劳动报酬的依据。

(4) 有利于推广先进技术。

(5) 是编制施工预算、加强企业成本管理的基础。

3. 施工定额的水平

定额水平是规定在单位产品上消耗的劳动、机械和材料数量的多少,指按照一定施工程序和工艺条件下规定的施工生产中活劳动和物化劳动的消耗水平。

施工定额的水平直接反映劳动生产率水平,反映劳动和物质消耗水平。施工定额水平和劳动生产率水平变动方向一致,与劳动和物质消耗水平变动方向相反。

劳动生产率水平越高,施工定额水平也越高;而劳动和物质消耗数量越多,施工定额水平越低。

平均先进水平是施工定额的理想水平,是在正常的施工条件下大多数施工队组合工人经过努力能够达到和超过的水平,低于先进水平,略高于平均水平。

5.4.2 建筑安装工程人工、机械台班、材料定额消耗量确定方法

建筑安装工程人工、机械台班、材料定额消耗量是在一定时期、一定范围、一定生产条件下,运用工作研究的方法,通过对施工生产过程的观测、分析研究综合测定的。

测定并编制定额的根本目的,是为了在建筑安装工程生产过程中,能以最少的人工、材料、机械消耗,生产出符合社会需要的建筑安装产品,取得最佳的经济效益。

工作研究及工作时间的分类:

1. 工作研究

工作研究包括动作研究和时间研究。

动作研究,也称为工作方法研究,它包括对多种过程的描写、系统地分析和对工作方法的改进,目的在于制定出一种最可取的工作方法。

时间研究,也称之为时间衡量,它是在一定的标准测定的条件下,确定人们作业活动所需时间总量的一套程序。时间研究的直接结果是制定时间定额。

工时定额和机械台班定额的制订和贯彻就是工作研究的内容,是工作研究在建筑生产和管理中的具体应用。

2. 工作时间的分类

所谓工作时间,即工作班的延续时间。

工作时间的分类,是将劳动者在整个生产过程中所消耗的工作时间,根据性质、范围和具体情况,加以科学的划分、归纳;明确哪些属于定额时间,哪些属于非定额时间,找出造成非定额时间的原因,以便于采取技术和组织措施,消除产生非定额时间的因素,达到充分利用工作时间、提高劳动效率的目的。

研究工作时间消耗量及其性质,是技术测定的基本步骤和内容之一,也是编制劳动定额的基础工作。

(1) 工人工作时间的分类

工人在工作班内消耗的工作时间按其消耗的性质分为两大类:必需消耗的时间和损失时间,如图 5.4 所示。

① 必需消耗的时间

必需消耗的时间是工人在正常施工条件下,为完成一定数量合格产品所必需消耗的时间,它是制定定额的主要根据。包括有效工作时间、不可避免的中断时间和休息时间。有效工作时间是从生产效果来看与产品生产直接有关的时间消耗。不可避免的中断时间是由于施工工艺特点引起的工作中断所消耗的时间。休息时间是工人在施工过程中为恢复体力所必需的短暂休息和生理需要的时间消耗。

② 损失时间

损失时间,是与产品生产无关,但与施工组织和技术上的缺点有关,与工人在施工过程

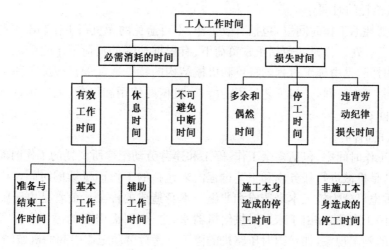

图 5.4 工人工作时间的划分

的个人过失或某些偶然因素有关的时间消耗。损失时间包括多余和偶然工作、停工、违背劳动纪律所引起的时间损失。多余和偶然工作的时间损失,包括多余工作引起的时间损失和偶然工作引起的时间损失两种情况。停工时间是工作班内停止工作造成的时间损失。停工时间按其性质可分为施工本身造成的停工时间和非施工本身造成的停工时间两种。违背劳动纪律造成的工作时间损失,是指工人在工作班内的迟到早退、擅自离开工作岗位、工作时间内聊天或办私事等造成的时间损失。

(2) 机械工作时间的分类

机械工作时间的消耗和工人工作时间的消耗虽然有许多共同点,但也有其自身特点。机械工作时间的消耗,按其性质可作如图 5.5 所示的分类。

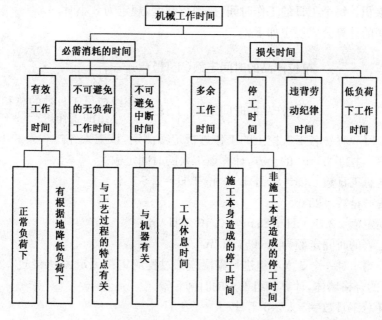

图 5.5 机械工作时间的划分

① 必需消耗的时间

在必需消耗的工作时间里,包括有效工作、不可避免的无负荷工作和不可避免的中断三项时间消耗。有效工作时间包括正常负荷下、有根据地降低负荷下工时消耗。不可避免的无负荷工作时间,是由施工过程的特点和机械结构的特点造成的机械无负荷工作时间。不可避免的中断工作时间,是与工艺过程的特点、机械的使用和保养、工人休息有关的不可避免的中断时间。

② 损失的时间

损失的工作时间中,包括多余工作、停工和违背劳动纪律所消耗的工作时间。机械的多余工作时间,是机械进行任务内和工艺过程内未包括的工作而延续的时间。机械的停工时间,按其性质也可分为施工本身造成和非施工本身造成的停工。前者是由于施工组织得不好而引起的停工现象,如由于未及时供给机器水、电、燃料而引起的停工。后者是由于气候条件所引起的停工现象,如暴雨时压路机的停工。违背劳动纪律引起的机械的时间损失,是指由于工人迟到早退或擅离岗位等原因引起的机械停工时间。

5.4.3 人工、机械台班、材料消耗量定额的确定

1. 人工消耗量定额的确定

(1) 人工消耗量定额的表示方法

① 时间定额

时间定额是指在一定的生产技术和生产组织条件下,某工种和某种技术等级的工人小组或个人,完成单位合格产品所必须消耗的工作时间。时间定额中的时间是在拟定基本工作时间、辅助工作时间、必要的休息时间、生理需要时间、不可避免的工作中断时间、工作的准备和结束时间的基础上制定的。时间定额的计量单位,通常以生产每个单位产品(如 $1\ m^2$,$10\ m^2$,$100\ m^2$,$1\ m^3$,$10\ m^3$,$100\ m^3$,$1\ t$,$10\ t$)所消耗的工日来表示。工日是指人工与天数的乘积。每个工日的工作时间,按现行制度,规定为 8 小时。

时间定额的计算公式规定如下:

$$单位产品的时间定额(工日)=\frac{1}{每工日产量}$$

或
$$单位产品的时间定额(工日)=\frac{小组成员工日数的总和}{小组的工作班产量}$$

【例题 5.1】 对一名工人挖土的工作进行定额测定,该工人经过 3 天的工作(其中 4 h 为损失的时间),挖了 $25\ m^3$ 的土方,计算该工人的时间定额。

解: 消耗总工日数=$(3\times8-4)h\div8\ h/工日=2.5$ 工日

完成产量数=$25\ m^3$

时间定额=2.5 工日$\div25\ m^3=0.10$ 工日$/m^3$

答:该工人的时间定额为 0.10 工日$/m^3$。

【例题 5.2】 对一个 3 人小组进行砌墙施工过程的定额测定,3 人经过 3 天的工作,砌筑完成 $8\ m^3$ 的合格墙体,计算该组工人的时间定额。

解: 消耗总工日数=3 人$\times3$ 工日$/$人=9 工日

完成产量数=$8\ m^3$

时间定额＝9 工日÷8 m³＝1.125 工日/m³

答：该组工人的时间定额为 1.125 工日/m³。

② 产量定额

产量定额，是指在一定的生产技术和生产组织条件下，某工种和某种技术等级的工人小组或个人，在单位时间（工日）内，完成合格产品的数量。

产量定额的计算方法，规定如下：

$$每工产量＝\frac{1}{单位产品的时间定额}（工日）$$

或

$$工作班产量＝\frac{小组成员工日数的总和}{单位产品的时间定额}（工日）$$

从上面的两个定额的计算公式中，可以看出，时间定额与产量定额是互为倒数关系，即：

$$时间定额＝\frac{1}{产量定额}$$

【例题 5.3】 对一名工人挖土的工作进行定额测定，该工人经过 3 天的工作（其中 4 h 为损失的时间），挖了 25 m³ 的土方，计算该工人的产量定额。

解： 消耗总工日数＝(3×8−4)h÷8 h/工日＝2.5 工日

完成产量数＝25 m³

产量定额＝ 25 m³÷2.5 工日＝10 m³/工日

答：该工人的产量定额为 10 m³/工日。

（2）人工消耗量定额的确定方法

人工消耗量定额的确定方法主要有技术测定法、经验估工法、统计分析法、比较类推法等几种。

① 技术测定法

技术测定法是指应用计时观察法所得的工时消耗量数据确定人工消耗量定额的方法。这种方法具有较高的准确性和科学性，是制定新定额和典型定额的主要方法。

② 经验估工法

经验估工法是由定额人员、工序技术人员和工人三方相结合，根据个人或集体的实践经验，经过图纸分析和现场观察，了解施工工艺，分析施工（生产）的生产技术组织条件和操作方法的繁简难易情况，进行座谈讨论，从而制定定额的方法。

这种方法的优点是方法简单，速度快。其缺点是容易受到参加制定人员的主观因素和局限性的影响，使制定的定额出现偏高或偏低的现象。因此，经验估工法只适用于企业内部，作为某些局部项目的补充定额。

③ 统计分析法

统计分析法是把过去施工中同类工程和同类产品的工时消耗的统计资料，与当前生产技术组织条件的变化因素结合起来进行分析研究以制定定额的方法。由于统计分析资料反映的是工人过去已经达到的水平，在统计时没有也不可能剔除施工（生产）中不合理的因素，因而这个水平一般偏于保守，为了克服统计分析资料的这个缺陷，使取定出来的定额水平保持平均先进水平的性质，可采用"二次平均法"计算平均先进值作为确定定额水平的依据。

④ 比较类推法

比较类推法又称作典型定额法,它是以同类型或相似类型的产品(或工序)的典型定额项目的定额水平为标准,经过分析比较,类推出同一组定额各相邻项目的定额水平的方法。

这种方法的特点是计算简便,工作量小,只要典型定额选择恰当,切合实际,又具有代表性,则类推出的定额一般都比较合理。

(3) 人工消耗量定额的使用

时间定额和产量定额虽是同一劳动定额的不同表现形式,但其作用不尽相同。时间定额以单位产品的工日数表示,便于计算完成某一分部(项)工程所需的总工日数,便于核算工资,便于编制施工进度计划和计算分项工期。产量定额是以单位时间内完成的产品数量表示,便于小组分配施工任务,考核工人的劳动效率和签发施工任务单。

【例题 5.4】 某砌砖班组 20 名工人,砌筑某住宅楼 1.5 砖混水外墙(机吊)需要 5 天完成,试确定班组完成的砌筑体积。

解: 查定额编号为 19,时间定额为 1.25 工日/m³

产量定额=1/时间定额=1/1.25=0.8 m³/工日

砌筑的总工日数=20 工日/天×5 天=100 工日

砌筑体积=100 工日×0.8 m³/工日=80 m³

答:该班组完成的砌筑体积为 80 m³。

【例题 5.5】 某工程有 170 m³ 一砖混水内墙(机吊)每天有 14 名专业工人进行砌筑,试计算完成该工程的定额施工天数。

解: 查定额编号为 14,时间定额为 1.24 工日/m³

完成砌筑需要的总工日数=170 m³×1.24 工日/m³=210.8 工日

需要的施工天数=210.8 工日÷14 工日/天≈15 天

答:完成该工程的定额施工天数为 15 天。

2. **材料消耗定额**

材料消耗定额是指在合理和节约使用材料的条件下,完成单位合格产品所需消耗材料的数量标准。

建筑工程材料消耗定额是企业推行经济承包、编制材料计划、进行单位工程核算不可缺少的基础,是促进企业合理使用材料,实行限额领料和材料核算,正确核定材料需要量和储备量,考核、分析材料消耗,反映建筑安装生产技术管理水平的重要依据。

根据施工生产材料消耗工艺要求,建筑安装材料分为非周转性材料和周转性材料两大类。

非周转性材料亦称直接性材料,它是指在建筑工程施工中,一次性消耗并直接构成工程实体的材料。如砖、砂、石、钢筋等。

周转性材料是指在施工过程中能多次使用、周转的工具型材料。如各种模板、活动支架、脚手架等。

(1) **材料消耗定额的组成**

材料消耗定额由以下两个部分组成:

① 合格产品上的消耗量,就是用于合格产品上的实际数量。

② 生产合格产品的过程中合理的损耗量。

因此,单位合格产品中某种材料的消耗数量等于该材料的净耗量和损耗量之和:

$$材料消耗量＝材料净用量＋材料损耗量$$

材料净用量指在不计废料和损耗的前提下,直接构成工程实体的用量;材料损耗量指不可避免的施工废料和施工操作损耗。

计入材料消耗定额内的损耗量,应是在采用规定材料规格、采用先进操作方法和正确选用材料品种的情况下的不可避免的损耗量。

某种产品使用某种材料的损耗量的多少,常常采用损耗率表示:

$$损耗率＝\frac{损耗量}{消耗量}\times100\%$$

材料的消耗量可用下式表示:

$$材料消耗量＝材料净用量\times(1＋损耗率)$$

(2) 非周转性材料消耗定额的制定方法

制定材料消耗定额最基本的方法有:观察法、试验法、统计法和计算法。

① 观察法

观察法亦称为施工实验法,就是在施工现场,对生产某一产品的材料消耗量进行测算。通过产品数量、材料消耗量和材料的净消耗量的计算,确定该单位产品的材料消耗量或损耗率。

② 试验法

试验法也称为实验室试验法,它是通过专门的设备和仪器,确定材料消耗定额的一种方法,如混凝土、沥青、砂浆和油漆等,适于实验室条件下进行试验。当然也有一些材料,是不适合在实验室里进行试验的,就不能应用这种方法。

③ 统计法

统计法也称为统计分析法,它是根据作业开始时拨给分部分项工程的材料数量和完工后退回的数量进行材料损耗计算的一种方法。此法简单易行,不需要组织专门的人去测定或试验,但是统计法数字的准确程度差,应该结合施工过程的记录,经过分析研究后,确定材料消耗指标。

④ 计算法

计算法也称为理论计算法,它是根据施工图纸和建筑构造的要求,用理论公式算出产品的净消耗材料数量,从而制定材料的消耗数量。如红砖(或青砖)、型钢、玻璃和钢筋混凝土预制构件等,都可以通过计算,求出消耗量。

【例题 5.6】 计算用黏土实心砖(240 mm×115 mm×53 mm)砌筑 1 m³ 一砖内墙(灰缝 10 mm)所需砖、砂浆定额用量(砖、砂浆损耗率按 1% 计算)。

解: 砖净用量(块)＝1÷[(0.24＋0.01)×(0.115＋0.005)×(0.053＋0.01)]

＝529.1 块

砂浆净用量＝1－0.24×0.115×0.053×529.1＝0.226 m³

砖用量(块)＝529.1×(1＋1%)＝535 块

砂浆用量＝0.226×(1＋1%)＝0.228 m³

答：砌筑 1 m³ 一砖墙定额用量为砖 535 块,砂浆 0.228 m³。

(3)周转性材料消耗定额的制定

周转性材料是指在施工过程中不是一次消耗完,而是多次使用、逐渐消耗、不断补充的周转工具性材料。对逐渐消耗的那部分应采用分次摊销的办法计入材料消耗量,进行回收。

① 周转性材料消耗量计算中涉及的几个基本概念:

A. 一次使用量:指为完成定额单位合格产品,周转材料在不重复使用条件下的一次性用量。

B. 周转次数:周转性材料从第一次使用起,可以重复使用的次数。

C. 补损量:指周转使用一次后,由于损坏而需补充的数量。

D. 周转使用量:周转性材料在周转使用和补损条件下,每周转使用一次平均所需材料数量。

E. 回收量:指在一定周转次数下,每周转使用一次平均可以回收材料的数量。

F. 摊销量:周转性材料在重复使用条件下,应分摊到每一计量单位结构构件的材料消耗量。

② 周转性材料消耗量的计算方法

以下以现浇混凝土和钢筋混凝土结构的模板为例介绍摊销量的计算方法:

A. 一次实际使用量＝一次使用量×(1＋施工损耗)

B. 一次实际使用量摊销＝一次使用量×(1＋施工损耗)/周转次数

C. 每次补损量摊销＝一次实际使用量×(周转次数－1)× 补损率/周转次数

D. 回收量的摊销＝一次实际使用量×(1－补损率)× 50%/周转次数

E. 摊销量＝一次使用量摊销＋每次补损量摊销－回收量的摊销

预制构件的模板摊销量与现浇构件模板摊销量的计算方法不同。在预制构件中,不计算每次周转的损耗率,只要确定于模板的周转次数,知道了一次使用量,就可以计算其摊销量。

$$摊销量＝\frac{一次使用量}{周转次数}$$

表5.1 模板周转次数、每次平均损耗率的参考值

	柱	梁	板	墙	楼梯	壳体
周转次数	5	6	6	10	5	3
损耗率(%)	15	15	15	10	10	5

【例题 5.7】 按某施工图计算一层现浇混凝土柱接触面积为 160 m²,混凝土构件体积为 20 m³,采用木模板,每平方米接触面积需模量 1.1 m²,模板施工制作损耗率为 5%,周转损耗率为 10%,周转次数 8 次,计算所需模板单位面积、单位体积摊销量。

解:一次使用量＝混凝土模板的接触面积×每平方米接触面积需模量×

(1＋制作损耗率)

＝160×1.1×(1＋5%)

＝184.8 m²

投入使用总量＝一次使用量＋一次使用量×(周转次数－1)×损耗率

　　　　　＝184.8＋184.8×(8－1)×10%

　　　　　＝314.16 m²

周转使用量＝投入使用总量÷周转次数

　　　　　＝314.16÷8

　　　　　＝39.27 m²

周转回收量＝一次使用量×[(1－损耗率)÷周转次数]

　　　　　＝184.8×[(1－10%)÷8]

　　　　　＝20.79 m²

摊销量＝周转使用量－周转回收量×回收折价率

　　　　＝39.27－20.79×50%

　　　　＝28.875 m²

模板单位面积摊销量＝摊销量÷模板接触面积

　　　　　　　　＝28.875÷160

　　　　　　　　＝0.18 m²/m²

模板单位体积摊销量＝摊销量÷混凝土构件体积

　　　　　　　　＝28.875÷20

　　　　　　　　＝1.44 m²/m³

答:所需模板单位面积摊销量为 0.18 m²,单位体积摊销量为 1.44 m²。

3. 机械台班定额

(1) 机械台班消耗定额的表现形式

机械时间定额是指在正常的施工条件下,某种机械生产合格单位产品所必须消耗的台班数量。

$$机械时间定额＝\frac{1}{机械台班产量}$$

机械台班产量定额是指某种机械在合理的施工组织和正常施工的条件下,单位时间内完成合格产品的数量。

$$机械台班产量定额＝\frac{1}{机械时间定额}$$

机械时间定额和机械台班产量定额互为倒数关系。

(2) 机械台班配合人工定额

由于机械必须由工人小组配合,机械台班人工配合定额是指机械台班配合用工部分,即机械台班劳动定额。表现形式为:机械台班配合工人小组的人工时间定额和完成合格产品数量。

$$单位产品的时间定额(工日)＝\frac{小组成员总工日数}{每台班产量}$$

$$机械台班产量定额＝\frac{每台班产量}{班组总工日数}$$

【例题 5.8】 400 L 混凝土搅拌机每一次搅拌循环:装料 50 s,运行 180 s,卸料 40 s,中断 20 s,机械利用系数为 0.9,确定混凝土搅拌机台班产量定额。

解: 一次循环持续时间＝50＋180＋40＋20

$$＝290 \text{ s}$$

每小时循环次数＝60×60/290

$$＝12 \text{ 次}$$

每台班产量＝12×0.4×8×0.9

$$＝34.56 \text{ m}^3$$

答: 此混凝土搅拌机台班产量定额为 34.56 m³。

【例题 5.9】 一台混凝土搅拌机搅拌一次延续时间为 120 s(包括上料、搅拌、出料时间),一次生产混凝土 0.2 m³,一个工作班的纯工作时间为 4 h,计算该搅拌机的正常利用系数和产量定额。

解: 机械纯工作 1 h 正常循环次数＝3 600 s÷120 s/次

$$＝30 \text{ 次}$$

机械纯工作 1 h 正常生产率＝30 次×0.2 m³/次

$$＝6 \text{ m}^3$$

机械正常利用系数＝4 h÷8 h

$$＝0.5$$

搅拌机的产量定额＝6 m³/h×8 h/台班×0.5

$$＝24 \text{ m}^3/\text{台班}$$

答: 该搅拌机的正常利用系数为 0.5,产量定额为 24 m³/台班。

5.4.4 预算定额

1. 预算定额的组成

预算定额由文字说明、定额项目表及附录等组成。文字说明包括定额总说明、分部工程说明及各分项工程说明。涉及各分部需说明的共性问题列入总说明,属某一分部需说明的事项列章节说明。

(1) 总说明

总说明列在预算定额的最前面,其基本内容一般包括:

① 定额的适用范围。

② 定额的编制依据。

③ 定额的编制原则和作用。

④ 使用定额必须遵循的规则。

⑤ 编制定额时已经考虑和没有考虑的因素,有关规定和使用方法。

⑥ 其他应说明的问题等。

(2) 分部、分项工程(或章、节)说明

分部工程说明附在各分部定额项目表前面,是定额的重要组成部分,主要介绍该分部工程中包括哪些主要项目,以及使用定额的一些规定,一般列在定额项目表的表头左上方,说明该分项工程的主要工序内容。

（3）定额项目表

定额项目表是预算定额的核心内容。定额项目表的一般格式是：横向排列为各分项工程的项目名称，竖向排列为分项工程的人工、材料和施工机械消耗量指标。有的项目表下部还有附注以说明设计有特殊要求时，怎样进行调整和换算。如表5.2砖石结构工程分部部分砖墙项目的示例。

（4）附录

附录编在预算定额的最后，作为编制预算时参考。建筑工程预算定额附录一般包括：

① 混凝土配合比表；

② 抹灰砂浆配合比表；

③ 砌筑砂浆配合比表；

④ 耐酸、防腐及特种砂浆、混凝土配合比表。

表5.2 《江苏省建筑与装饰工程计价定额》(2014版)砖砌内墙

工作内容：1. 清理地槽、递砖、调制砂浆、砌砖。
　　　　　2. 砌砖过梁、砌平拱、模板制作、安装、拆除。
　　　　　3. 安放预制过梁板、垫块、木砖。　　　　　　　　　　　　　　单位：m³

定额编号			4-39		4-40		4-41		4-42	
项目	单位	单价	½砖内墙		¾砖内墙		1砖内墙		1砖弧形内墙	
			标准砖							
			数量	合价	数量	合价	数量	合价	数量	合价
综合单价	元		461.14		456.30		426.57		460.38	
其中 人工费	元		132.02		129.56		108.24		124.64	
材料费	元		273.72		271.58		270.39		281.73	
机械费	元		4.78		5.27		5.76		5.76	
管理费	元		34.20		33.71		28.50		32.60	
利润	元		16.42		16.18		13.68		15.65	
二类工	工日	82.00	1.61	132.02	1.58	129.56	1.32	108.24	1.52	124.64
材料 04135500 标准砖 240×115×53	百块	42.00	5.58	234.36	5.44	228.48	5.32	223.44	5.59	234.78
04010611 水泥 32.5级	kg	0.31			0.30	0.09	0.30	0.09	0.30	0.09
80010104 水泥砂浆 M5	m³	180.37	(0.196)	(35.35)	(0.215)	(38.78)	(0.235)	(42.39)	(0.235)	(42.39)
80010105 水泥砂浆 M7.5	m³	182.23	(0.196)	(35.72)	(0.215)	(39.18)	(0.235)	(42.82)	(0.235)	(42.82)
80010106 水泥砂浆 M10	m³	191.53	(0.196)	(37.54)	(0.215)	(41.18)	(0.235)	(45.01)	(0.235)	(45.01)
80050104 混合砂浆 M5	m³	193.00	0.196	37.83	0.215	41.50	0.235	45.36	0.235	45.36
80050105 混合砂浆 M7.5	m³	195.20	(0.196)	(38.26)	(0.215)	(41.97)	(0.235)	(45.87)	(0.235)	(45.87)
80050106 混合砂浆 M10	m³	199.56	(0.196)	(39.11)	(0.215)	(42.91)	(0.235)	(46.90)	(0.235)	(46.90)
31150101 水	m³	4.70	0.112	0.53	0.109	0.51	0.106	0.50	0.106	0.50
其他材料费	元			1.00		1.00		1.00		1.00
机械 99050503 灰浆拌和机 拌筒容量 200L	台班	122.64	0.039	4.78	0.043	5.27	0.047	5.76	0.047	5.76

（5）其他

2. 预算定额项目排列及编号

预算定额项目按分部分项顺序排列。分部工程是将单位工程中某些性质相近、材料大致相同的施工对象归在一起；分部工程以下，又按工程结构、工程内容、施工方法、材料类别等，分成若干分项工程；分项工程以下，再按构造、规格、不同材料等分为若干子目。

在编制施工图预算时，为检查定额项目套用是否正确，对所列工程项目必须填写定额编号。通常预算定额采用两个号码的方法编制。第一个号码表示分部工程编号，第二个号码是指具体工程项目即子目的顺序号。

3. 预算定额的编制

（1）预算定额的编制原则

为保证预算定额的编制质量，编制时应遵循以下原则：

① 技术先进、经济合理；

② 简明适用、项目齐全；

③ 统一性和差别性相结合。

（2）预算定额编制的依据

① 国家或地区现行的预算定额及编制过程中的基础资料；

② 现行设计规范、施工及验收规范、质量评定标准和安全操作规程；

③ 现行全国统一劳动定额、机械台班消耗量定额；

④ 具有代表性的典型工程施工图及有关标准图；

⑤ 有关科学实验、技术测定的统计、经验资料；

⑥ 新技术、新结构、新材料和先进的施工方法等；

⑦ 现行的人工工资标准、材料预算价格、机械台班预算价格及有关文件规定等。

4. 单位估价表的编制

（1）编制单位估价表的意义

① 在价格比较稳定或价格指数比较完整、准确的情况下，编制地区单位估价表可以简化工程造价的计算，也有利于工程造价的正确计算和控制。

② 地区单位估价表的编制、管理和使用在我国已有几十年的历史，已积累了大量的值得保留、学习的经验，地区单位估价表对定额计价模式下概、预算造价的确定有利。

③ 工程款的期中结算仍具有科学合理性，对清单计价模式下标底、报价的确定也具有指导、参考性。

（2）单位估价表的编制方法

① 单位估价表（工料单价）

传统单位估价表（单价为工料单价）的内容由两部分组成：一是预算定额规定的工、料、机数量；二是地区预算价格，即与上述三种"量"相适应的人工工资单价、材料预算价格和机械台班预算价格，编制地区单位估价表就是把三种"量"与"价"分别结合起来，得出分项工程的人工费、材料费和施工机械使用费，三者汇总即为工程预算单价，如图5.6所示。

② 单位估价表（综合单价）

采用综合单价编制工程预算单价表（单位估价表或称计价表）时，在分部分项工程基价确定后，还需根据地区典型工程项目和典型施工企业资料规定管理费和利润计算基数，测算

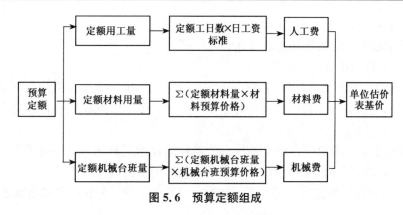

图 5.6 预算定额组成

管理费率和利润率,计算单位分部分项工程应计的管理费和利润,组成分部分项工程综合单价。即:

$$分部分项工程综合单价 = 人工费 + 材料费 + 机械费 + 管理费 + 利润$$

(3) 单位估价表示例

以下以江苏省现行的《江苏省建筑与装饰工程计价定额》(2014 版)为例介绍单位估价表。

① 概况

《江苏省建筑与装饰工程计价定额》(2014 版)共设置了二十四章、九个附录,3 755 个子目。其中第一至第十九章为分部分项项目、第二十至第二十四章为措施项目。另有部分难以列出定额项目的措施费用,则按照《江苏省建筑与装饰工程费用计算规则》中的规定进行计算。

二十四章分别为:土石方工程、地基处理及边坡支护工程、桩基工程、砌筑工程、钢筋工程、混凝土工程、金属结构工程、构件运输及安装工程、木结构工程、屋面及防水工程、保温隔热防腐工程、厂区道路及排水工程、楼地面工程、墙柱面工程、天棚工程、门窗工程、油漆涂料裱糊工程、其他零星工程、建筑物超高增加费用、脚手架工程、模板工程、施工排水降水、建筑工程垂直运输、场内二次搬运费。

九个附录分别为:混凝土及钢筋混凝土构件模板、钢筋含量表、机械台班预算单价取定表、混凝土、特种混凝土配合比表、砌筑砂浆、抹灰砂浆、其他砂浆配合比表、防腐耐酸砂浆配合比表、主要建筑材料预算价格取定表、抹灰分层厚度及砂浆种类表、主要材料、半成品损耗率取定表、常用钢材理论重量及形体公式计算表。

计价表适用于江苏省行政区域范围内一般工业与民用建筑的新建、扩建、改建工程及其单独装饰工程,不适用于修缮工程。全部使用国有资金投资或国有资金投资为主的建筑与装饰工程应执行本计价表;其他形式投资的建筑与装饰工程可参照使用本计价表;当工程施工合同约定按本计价表规定计价时,应遵守本计价表的相关规定。

② 计价表的作用

A. 编制工程标底、招标工程结算审核的指导;

B. 工程投标报价、企业内部核算、制定企业定额的参考;

C. 一般工程(依法不招标工程)编制与审核工程预结算的依据;

D. 编制建筑工程概算定额的依据;

E. 建设行政主管部门调解工程造价纠纷、合理确定工程造价的依据。

5. 预算定额人、材、机消耗量的计算

（1）人工工日消耗量的计算

预算定额中人工工日消耗量是指在正常施工条件下，生产单位合格产品所必需消耗的人工工日数量，是由分项工程所综合的各个工序劳动定额包括的基本用工、其他用工两部分组成的。

① 基本用工指完成单位合格产品所必需消耗的技术工种用工。按技术工种相应劳动定额工时定额计算，以不同工种列出定额工日。基本用工包括：

A. 完成定额计量单位的主要用工。按综合取定的工程量和相应劳动定额进行计算：

$$基本用工 = \sum（综合取定的工程量×劳动定额）$$

例如：工程实际中的砖基础，有 1 砖厚、1 砖半厚、2 砖厚等之分，用工各不相同。在预算定额中由于不区分厚度，需要按照统计的比例，加权平均，即公式中的综合取定得出用工。

B. 按劳动定额规定应增加计算的用工量。例如，砖基础埋深超过 1.5 m，超过部分要增加用工。预算定额中应按一定比例给予增加。

C. 由于预算定额是以施工定额子目综合扩大的，包括的工作内容较多，施工的效果视具体部位而不一样，需要另外增加用工，列入基本用工内。

② 其他用工，通常包括：

A. 超运距用工。超运距是指劳动定额中已包括的材料、半成品场内水平搬运距离与预算定额所考虑的现场材料、半成品堆放地点到操作地点的水平运输距离之差。

$$超运距 = 预算定额取定运距 - 劳动定额已包括的运距$$

需要指出，实际工程现场运距超过预算定额取定运距时，可另行计算现场二次搬运费。

B. 辅助用工。指技术工种劳动定额内不包括而在预算定额内又必须考虑的用工。

$$辅助用工 = \sum（材料加工数量×相应的加工劳动定额）$$

C. 人工幅度差。即预算定额与劳动定额的差额，主要是指在劳动定额中未包括而在正常施工情况下不可避免但又很难准确计量的用工和各种工时损失。

$$人工幅度差 = （基本用工+辅助用工+超运距用工）×人工幅度差系数$$

人工幅度差系数一般为 10%～15%。在预算定额中，人工幅度差的用工量列入其他用工量中。

（2）材料消耗量的计算

材料消耗量是指完成单位合格产品所必须消耗的材料数量，由材料净用量加损耗量组成。其中，材料损耗量是指在正常条件下不可避免的材料损耗，如现场内材料运输及施工操作过程中的损耗等。

材料消耗量的计算方法主要有：

① 凡有标准规格的材料，按规范要求计算定额计量单位的耗用量，如砖、防水卷材、块料面层等。

② 凡设计图纸标注尺寸及下料要求的,按设计图纸尺寸计算材料净用量,如门窗制作用材料,方、板料等。

③ 换算法。各种胶结、涂料等材料的配合比用料,可以根据要求条件换算,得出材料用量。

④ 测定法。包括实验室试验法和现场观察法。

(3) 机械台班消耗量的计算

预算定额中的机械台班消耗量是指在正常施工条件下,生产单位合格产品(分部分项工程或结构构件)必须消耗的某种型号施工机械的台班数量。

确定预算定额机械台班消耗数量应考虑如下因素:

① 工程质量检查影响机械工作损失的时间;

② 在工作班内,机械变换位置所引起的难以避免的停歇时间和配套机械互相影响损耗的时间;

③ 机械临时维修和小修引起的停歇时间;

④ 机械偶然性停歇,如临时停电、停水所引起的工作停歇时间。

计算机械台班消耗数量的方法有两类。

第一类,根据施工定额确定机械台班消耗量。这种方法是指以现行全国统一施工定额或劳动定额中机械台班产量加机械幅度差计算预算定额的机械台班消耗量。

大型机械幅度差系数一般为:土方机械 25%,打桩机械 33%,吊装机械 30%。其他分部工程中如钢筋加工、木材、水磨石等各项专用机械的幅度差为 10%。

综上所述,预算定额机械台班消耗量按下式计算:

预算定额机械台班消耗量=施工定额机械台班消耗量×(1+机械幅度差系数)

第二类,以现场测定资料为基础确定机械台班消耗量。编制预算定额时,如遇到施工定额(劳动定额)缺项者,则需要依据单位时间完成的产量测定。

6. 预算定额人、材、机价格的计算

(1) 人工单价的确定

人工工资单价是指一个建筑安装生产工人一个工作日在计价时应计入的全部人工费用,其主要由以下几部分组成:

① 生产工人基本工资,由岗位工资、技能工资、工龄工资等组成。

② 生产工人辅助工资,是指非作业工日发放的工资和工资性补贴,如外出学习期间的工资、休年假期间的工资等。

③ 生产工人工资性补贴,是指物价补贴、煤燃气补贴、交通补贴、住房补贴、流动施工补贴等。

④ 职工福利费,是指书报费、洗理费、取暖费等。

⑤ 生产工人劳动保护费,指劳工用品购置费及修理费、徒工服装补贴、防暑降温费、保健费用等。

人工单价均采用综合人工单价形式,即:

人工单价=(月基本工资+月工资性补贴+月辅助工资+其他费用)÷月平均工作天数

(2) 材料预算价格的确定

材料预算价格一般由材料原价、供销部门手续费、包装费、运杂费、采购及保管费组成。

① 材料原价(或供应价格)

材料原价是指材料的出厂价格、进口材料抵岸价或销售部门的批发价和市场采购价(或信息价)。

在确定材料原价时,如同一种材料,因来源地、供应单位或生产厂家不同,有几种价格时,要根据不同来源地的供应数量比例,采取加权平均的方法计算其材料的原价。

② 包装费

包装费是为了便于材料运输和保护材料而进行包装所需的一切费用。包装费包括包装品的价值和包装费用。凡由生产厂家负责包装的产品,其包装费已计入材料原价内,不再另行计算,但应扣回包装品的回收价值。包装器材如有回收价值,应考虑回收价值。地区有规定者,按地区规定计算;地区无规定者,可根据实际情况确定。

③ 运杂费

材料运杂费是指材料由其来源地(交货地点)起(包括经中间仓库转运)运至施工地仓库或堆放场地上,全部运输过程中所支出的一切费用,包括车船等的运输费、调车费、出入仓库费、装卸费等。

④ 运输损耗费

材料运输损耗是指材料在运输和装卸搬运过程中不可避免的损耗。一般通过损耗率来规定损耗标准。

$$材料运输损耗=(材料原价+材料运杂费)×运输损耗率$$

⑤ 采购及保管费

材料采购及保管费是指为组织采购、供应和保管材料过程中所需的各项费用。包括采购费、仓储费、工地保管费、仓储损耗。

$$材料采购及保管费=(材料原价+运杂费+运输损耗费)×采购及保管费率$$

⑥ 检验试验费

检验试验费是指对建筑材料、构件和建筑安装物进行一般鉴定、检查所发生的费用,包括自设实验室进行实验所耗用的材料和化学药品等费用。不包括新结构、新材料的实验费和建设单位对具有出厂合格证明的材料进行的检验,对构件做破坏性实验及其他特殊要求检验试验的费用:

$$检验试验费=\sum(单位材料量检验试验费×材料消耗量)$$

当发生检验试验费时,材料费中还应加上此项费用属于建筑安装工程费用中的其他直接费。

上述费用的计算可以综合成一个计算式:

$$材料预算价格=[(材料原价+运杂费)×(1+运输损耗率)]×(1+采购及保管费率)$$

【例题 5.10】 某施工队为某工程施工购买水泥,从甲单位购买水泥 200 t,单价 280 元/t;从乙单位购买水泥 300 t,单价 260 元/t;从丙单位第一次购买水泥 500 t,单价 240 元/t;第二次购买水泥 500 t,单价 235 元/t(这里的单价均指材料原价)。采用汽车运输,甲地距工地 40 km,乙地距工地 60 km,丙地距工地 80 km。根据该地区公路运价标准:汽运货物运费为 0.4 元/(t·km),装、卸费各为 10 元/t。求此水泥的预算价格。

解：材料原价总值＝$\sum$（各次购买量×各次购买价）

$$＝200×280＋300×260＋500×240＋500×235$$
$$＝371\,500\ 元$$

材料总量＝200＋300＋500＋500

$$＝1\,500\ t$$

加权平均原价＝材料原价总值÷材料总量

$$＝371\,500÷1\,500$$
$$＝247.67\ 元/t$$

手续费：不发生供销部门手续费。

包装费：水泥的包装属于一次性投入，包装费已包含在材料原价中。

运杂费＝$[0.4×(200×40＋300×60＋1000×80)＋10×2×1500]÷1500$

$$＝48.27\ 元/t$$

采购及保管费＝$(247.67＋48.27)×2\%$

$$＝5.92\ 元/t$$

水泥预算价格＝247.67＋48.27＋5.92

$$＝301.86\ 元/t$$

答：此水泥的预算价格为 301.86 元/t。

（3）施工机械台班单价的确定

施工机械台班单价一般由以下几部分组成：

① 折旧费：指施工机械在规定的使用年限内，陆续收回其原值及购置资金的时间价值。

② 大修理费：指施工机械按规定的大修理间隔台班进行必要的大修理，以恢复其正常功能所需的费用。

③ 经常修理费：指施工机械除大修理以外的各级保养和临时故障排除所需的费用。包括为保障机械正常运转所需替换设备与随机配备工具附具的摊销和维护费用，机械运转中日常保养所需润滑与擦拭的材料费用及机械停滞期间的维护和保养费用等。

④ 安拆费及场外运费：安拆费指施工机械在现场进行安装与拆卸所需的人工、材料、机械和试运转费用以及机械辅助设施的折旧、搭设、拆除等费用；场外运费指施工机械整体或分体自停放地点运至施工现场或由一施工地点运至另一施工地点的运输、装卸、辅助材料及架线等费用。

⑤ 人工费：指机上司机（司炉）和其他操作人员的工作日人工费及上述人员在施工机械规定的年工作台班以外的人工费。

⑥ 燃料动力费：指施工机械在运转作业中所消耗的固体燃料（煤、木柴）、液体燃料（汽油、柴油）及水、电等。

⑦ 其他费用：指施工机械按照国家规定和有关部门规定应缴纳的养路费、车船使用税、保险费及年检费等。

施工机械台班单价是根据施工机械台班定额来取定的，如表 5.3、表 5.4 所示：

表 5.3 《江苏省施工机械台班费用定额》(2007 年)单价表示例(一)

编码	机械名称	规格型号	机型	台班单价	费用组成						
					折旧费	大修理费	经常修理费	安拆费及场外运费	人工费	燃料动力费	其他费用
				元	元	元	元	元	元	元	元
01048	履带式单斗挖掘机	斗容量(m³)	1	大	744.16	165.87	59.77	166.16		92.50	259.86	
01049			1.5	大	898.47	178.09	64.17	178.40		92.50	385.31	
01013	自卸汽车	装载重量(t)	2	中	243.57	34.40	5.51	24.45		46.25	98.44	34.52
01014			5	中	398.64	52.65	8.43	37.42		46.25	178.64	75.25
06016	灰浆搅拌机	拌筒容量(L)	200	小	65.19	2.88	0.83	3.30	5.47	46.25	6.46	
06017			400	小	68.87	3.57	0.44	1.76	5.47	46.25	11.38	

表 5.4 《江苏省施工机械台班费用定额》(2007 年)单价表示例(二)

编码	机械名称	规格型号	机型	台班单价	人工及燃料动力用量						
					人工	汽油	柴油	电	煤	木炭	水
				元	工日	kg	kg	kw·h	kg	kg	m³
01048	履带式单斗挖掘机	斗容量(m³)	1	大	744.16	2.5		49.03				1
01049			1.5	大	898.47	2.5		72.70				
01013	自卸汽车	装载重量(t)	2	中	243.57	1.25	17.27					
01014			5	中	398.64	1.25	31.34					
06016	灰浆搅拌机	拌筒容量(L)	200	小	65.19	1.25			8.61			
06017			400	小	68.87	1.25			15.17			

注:① 定额中单价:人工 37 元/工日,汽油 5.70 元/kg,柴油 5.30 元/kg,煤 580.00 元/t,电 0.75 元/(kW·h),水 4.10 元/m³,木柴 0.35 元/kg。

② 实际单价与取定单价不同,可按实调整价差。

【例题 5.11】 由于甲方出现变更,造成施工方两台斗容量为 1 m³ 的履带式单斗挖掘机各停置 3 天,计算由此产生的停置机械费用。

解:停置台班量＝3 天×1 台班/(天·台)×2 台

　　　　　　＝6 台班

停置台班价＝机械折旧费＋人工费＋其他费用

　　　　　　＝165.87＋65.00＋0.00

　　　　　　＝230.87 元/台班

停置机械费用＝停置台班量×停置台班价

　　　　　　＝6×230.87

　　　　　　＝1 385.22 元

答:由此产生的停置机械费用为 1 385.22 元。

7. 定额的使用

(1) 按定额的使用情况,分为三种形式:

① 完全套用。只有实际施工做法、人工、材料、机械价格与定额水平完全一致,或虽有

不同但不允许换算的情况才采用完全套用,也就是直接使用定额中的所有信息。

② 换算套用。当施工图纸设计的分部分项工程与预算定额所选套的定额项目内容不完全一致时,如定额规定允许换算,则应在定额范围内进行换算,套用换算后的定额基价。

当采用换算后定额基价时,应在原定额编号右下角注明"换"字,以示区别。

③ 补充定额。随着设计、施工技术的发展在现行定额不能满足需要的情况下,为了补充缺项所编制的定额。补充定额只能在指定的范围内使用,一般由施工企业提出测定资料,与建设单位或设计部门协商议定,只作为一次使用,并同时报主管部门备查,以后陆续遇到此种同类项目时,经过总结和分析,往往成为补充或修订正式统一定额的基本资料。

(2) 材料价格的换算:

计算公式:

$$换算价格 = 定额价格 - 换出价格 + 换入价格$$
$$= 定额价格 - 换出部分工程量 \times 单价 + 换入部分工程量 \times 单价$$

【例题 5.12】 某工程砌筑一砖内墙,砌筑砂浆采用水泥砂浆 M5,其余与定额规定相同,求其综合单价。

解:查计价表,相近子目编号为 4—41,

换算后综合单价 = 原综合单价 - 原混合砂浆 M5 价格 + 现水泥砂浆 M5 价格
$$= 426.57 - 45.36 + 42.39$$
$$= 423.60 元/m^3$$

答:换算后的综合单价为 423.60 元/m³。

(3) 综合单价中费用的计算

① 人工费
$$人工费 = 人工消耗量 \times 人工工日单价$$

② 材料费
$$材料费 = \sum(材料消耗量 \times 材料预算价格)$$

③ 机械费
$$机械费 = \sum(机械台班消耗量 \times 机械台班单价)$$

④ 管理费和利润以表 5.5 取定。

【例题 5.13】 某二类工程砌一砖内墙,其他因素与定额完全相同,计算该子目的综合单价。

解:换算综合单价 = 原综合单价 - 换出部分价格 + 换入部分价格
$$= 426.57 - 28.05 + (108.24 + 5.76) \times 28\%$$
$$= 430.44 元/m^3$$

答:该子目的综合单价为 430.44 元/m³。

【例题 5.14】 某三类工程砌一砖内墙,市场材料预算价格:标准砖 0.50 元/块,含量及其他材料单价与定额完全相同,计算该子目的综合单价。

解:查 4—41 子目可得

换算综合单价 = 原综合单价 - 换出部分价格 + 换入部分价格
$$= 426.57 - 223.44 + 532 \times 0.50$$
$$= 469.13 元/m^3$$

$$或换算综合单价＝原综合单价＋材料差价$$
$$＝原综合单价＋材料定额数量×（市场价－定额价）$$
$$＝426.57＋532×（0.50－0.42）$$
$$＝469.13 元/m^3$$

答：该子目的综合单价为 469.13 元/m³。

5.5 建筑工程造价的构成和计算程序

5.5.1 建筑工程造价的构成

建筑工程费用由分部分项工程费、措施项目费、其他项目费、规费和税金组成。具体组成如下：

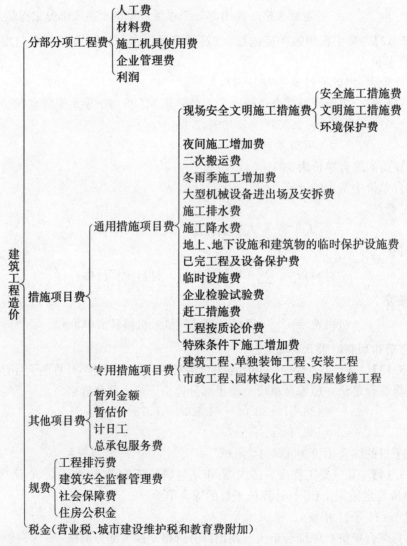

1. 分部分项工程费

分部分项工程费是指施工过程中耗费的构成工程实体性项目的各项费用,由人工费、材料费、施工机具使用费、企业管理费和利润构成。

（1）人工费：是指按工资总额构成规定，支付给从事建筑安装工程施工的生产工人和附属生产单位工人的各项费用。内容包括：计时工资或计价工资、奖金、津贴补贴、加班加点工资、特殊情况下支付的工资。

（2）材料费：是指施工过程中耗费的原材料、辅助材料、构配件、零件、半成品的费用。内容包括材料原价、运杂费、运输损耗费、采购及保管费。

（3）施工机具使用费：是指施工机械作业所发生的施工机械、仪器仪表使用费或其租赁费。施工机械台班单价包括折旧费、大修理费、经常修理费、安拆费及场外运费、人工费、燃料动力费、税费。

（4）企业管理费：是指施工企业组织施工生产和经营管理所需的费用。内容包括管理人员的工资、差旅交通费、办公费、固定资产使用费、工具用具使用费、工会经费及职工教育经费、财产保险费、劳动保险补助费、财务费、税金、意外伤害保险费等。

（5）利润：是指施工企业完成所承包工程获得的盈利。

企业管理费和利润的取费标准以江苏省建设工程费用定额（2014年）取定，如表5.5、表5.6所示。

表5.5　建筑工程企业管理费、利润取费标准表

序号	工程名称	计算基础	管理费费率（%）			利润费率（%）
			一类工程	二类工程	三类工程	
一	建筑工程	人工费＋机械费	31	28	25	12
二	预制构件制作	人工费＋机械费	15	13	11	6
三	构件吊装、打桩工程	人工费＋机械费	11	9	7	5
四	制作兼打桩	人工费＋机械费	15	13	11	7
五	大型土石方工程	人工费＋机械费	6			4

表5.6　单独装饰工程管理费、利润取费标准表

序号	项目名称	计算基础	管理费费率（%）	利润费率（%）
一	单独装饰工程	人工费＋机械费	42	15

2. 措施项目费

措施项目费是指为完成建设工程施工，发生于该工程施工前和施工过程中的技术、生活、安全、环境保护等方面的费用。

根据现行工程量清单计算规范，措施项目费分为单价措施项目与总价措施项目。

（1）单价措施项目是指在现行工程量清单计算规范中有对应工程量计算规则，按人工费、材料费、施工机具使用费、管理费和利润形式组成综合单价的措施项目。单价措施项目根据专业不同，包括项目分别为：

① 建筑与装饰工程：脚手架工程；混凝土模板及支架（撑）；垂直运输；超高施工增加；大型机械设备进出场及安拆；施工排水、降水。

② 安装工程：吊装加固；金属抱杆安装、拆除、移位；平台铺设、拆除；顶升、提升装置安装、拆除；大型设备专用机具安装、拆除；焊接工艺评定；胎（模）具制作、安装、拆除；防护棚制作安装拆除；特殊地区施工增加；安装与生产同时进行施工增加；在有害身体健康环境中施工增加；工程系统检测、检验；设备、管道施工的安全、防冻和焊接保护；焦炉烘炉、热态工程；

管道安拆后的充气保护；隧道内施工的通风、供水、供气、供电、照明及通信设施；脚手架搭拆；高层施工增加；其他措施(工业炉烘炉、设备负荷试运转、联合试运转、生产准备试运转及安装工程设备场外运输)；大型机械设备进出场及安拆。

③ 市政工程：脚手架工程；混凝土模板及支架；围堰；便道及便桥；洞内临时设施；大型机械设备进出场及安拆；施工排水、降水；地下交叉管线处理、监测、监控。

④ 仿古建筑工程：脚手架工程；混凝土模板及支架；垂直运输；超高施工增加；大型机械设备进出场及安拆；施工降水排水。

园林绿化工程：脚手架工程；模板工程；树木支撑架、草绳绕树干、搭设遮阴(防寒)棚工程；围堰、排水工程。

⑤ 房屋修缮工程中土建、加固部分单价措施项目设置同建筑与装饰工程；安装部分单价措施项目设置同安装工程。

⑥ 城市轨道交通工程：围堰及筑岛；便道及便桥；脚手架；支架；洞内临时设施；临时支撑；施工监测、监控；大型机械设备进出场及安拆；施工排水、降水；设施、处理、干扰及交通导行(混凝土模板及安拆费用包含在分部分项工程中的混凝土清单中)。

单价措施项目中各措施项目的工程量清单项目设置、项目特征、计量单位、工程量计算规则及工作内容均按现行工程量清单计算规范执行。

(2) 总价措施项目是指在现行工程量清单计算规范中无工程量计算规则，以总价(或计算基础乘费率)计算的措施项目。其中各专业都可能发生的通用的总价措施项目如下：

① 安全文明施工：为满足施工安全、文明、绿色施工以及环境保护、职工健康生活所需要的各项费用。本项为不可竞争费用。

a. 环境保护包含范围：现场施工机械设备降低噪音、防扰民措施费用；水泥和其他易飞扬细颗粒建筑材料密闭存放或采取覆盖措施等费用；工程防扬尘洒水费用；土石方、建渣外运车辆冲洗、防洒漏等费用；现场污染源的控制、生活垃圾清理外运、场地排水排污措施的费用；其他环境保护措施费用。

b. 文明施工包含范围："五牌一图"的费用；现场围挡的墙面美化(包括内外粉刷、刷白、标语等)、压顶装饰费用；现场厕所便槽刷白、贴面砖，水泥砂浆地面或地砖费用，建筑物内临时便溺设施费用；其他施工现场临时设施的装饰装修、美化措施费用；现场生活卫生设施费用；符合卫生要求的饮水设备、淋浴、消毒等设施费用；生活用洁净燃料费用；防煤气中毒、防蚊虫叮咬等措施费用；施工现场操作场地的硬化费用；现场绿化费用、治安综合治理费用、现场电子监控设备费用；现场配备医药保健器材、物品费用和急救人员培训费用；用于现场工人的防暑降温费和电风扇、空调等设备及用电费用；其他文明施工措施费用。

c. 安全施工包含范围：安全资料、特殊作业专项方案的编制，安全施工标志的购置及安全宣传的费用；"三宝"(安全帽、安全带、安全网)、"四口"(楼梯口、电梯井口、通道口、预留洞口)、"五临边"(阳台围边、楼板围边、屋面围边、槽坑围边、卸料平台两侧)以及水平防护架、垂直防护架、外架封闭等防护的费用；施工安全用电的费用，包括配电箱三级配电、两级保护装置要求，外电防护措施；起重机、塔吊等起重设备(含井架、门架)及外用电梯的安全防护措施(含警示标志)费用，以及卸料平台的临边防护、层间安全门、防护棚等设施费用；建筑工地起重机械的检验检测费用；施工机具防护棚及其围栏的安全保护设施费用；施工安全防护通道的费用；工人的安全防护用品、用具购置费用；消防设施与消防器材的配置费用；电气保护、安全照明设施费;其他安全防护措施费用。

　　d. 绿色施工包含范围:建筑垃圾分类收集及回收利用费用;夜间焊接作业及大型照明灯具的挡光措施费用;施工现场办公区、生活区使用节水器具及节能灯具增加费用;施工现场基坑降水储存使用、雨水收集系统、冲洗设备用水回收利用设施增加费用;施工现场生活区厕所化粪池、厨房隔油池设置及清理费用;从事有毒、有害、有刺激性气味和强光、噪音施工人员的防护器具;现场危险设备、地段、有毒物品存放地安全标识和防护措施;厕所、卫生设施、排水沟、阴暗潮湿地带定期消毒费用;保障现场施工人员劳动强度和工作时间分级的增加费用等。

　　② 夜间施工:规范、规程要求正常作业而发生的夜班补助、夜间施工降效、夜间照明设施的安拆和摊销、照明用电以及夜间施工现场交通标志、安全标牌、警示灯安拆等费用。

　　③ 二次搬运:由于施工场地限制而发生的材料、成品、半成品等一次运输不能到达堆放地点,必须进行的二次或多次搬运费用。

　　④ 冬雨季施工:在冬雨季施工期间所增加的费用。包括冬季作业、临时取暖、建筑物门窗洞口封闭及防雨措施、排水、工效降低、防冻等费用。不包括设计要求混凝土内添加防冻剂的费用。

　　⑤ 地上、地下设施和建筑物的临时保护设施:在工程施工过程中,对已建成的地上、地下设施和建筑物进行的遮盖、封闭、隔离等必要保护措施。在园林绿化工程中,还包括对已有植物的保护。

　　⑥ 已完工程及设备保护费:对已完工程及设备采取的覆盖、包裹、封闭、隔离等必要保护措施所发生的费用。

　　⑦ 临时设施费:施工企业为进行工程施工所必需的生活和生产用的临时建筑物、构筑物和其他临时设施的搭设、使用、拆除等费用。

　　a. 临时设施包括:临时宿舍、文化福利及公用事业房屋与构筑物、仓库、办公室、加工场等。

　　b. 建筑、装饰、安装、修缮、古建园林工程规定范围内(建筑物沿边起 50 m 以内,多幢建筑两幢间隔 50 m 内)围墙、临时道路、水电、管线和轨道垫层等。

　　c. 市政工程施工现场在定额基本运距范围内的临时给水、排水、供电、供热线路(不包括变压器、锅炉等设备)、临时道路。不包括交通疏解分流通道、现场与公路(市政道路)的连接道路、道路工程的护栏(围挡),也不包括单独的管道工程或单独的驳岸工程施工需要的沿线简易道路。

　　建设单位同意在施工就近地点临时修建混凝土构件预制场所发生的费用,应向建设单位结算。

　　⑧ 赶工措施费:施工合同工期比我省现行工期定额提前,施工企业为缩短工期所发生的费用。如施工过程中,发包人要求实际工期比合同工期提前时,由发承包双方另行约定。

　　⑨ 工程按质论价:施工合同约定质量标准超过国家规定,施工企业完成工程质量达到经有权部门鉴定或评定为优质工程所必须增加的施工成本费。

　　⑩ 特殊条件下施工增加费:地下不明障碍物、铁路、航空、航运等交通干扰而发生的施工降效费用。

　　(3) 总价措施项目中,除通用措施项目外,建筑与装饰工程措施项目还包括:

　　① 非夜间施工照明:为保证工程施工正常进行,在如地下室、地宫等特殊施工部位施工

时所采用的照明设备的安拆、维护、摊销及照明用电等费用。

②住宅工程分户验收:按《住宅工程质量分户验收规程》(DGJ32/TJ 103—2010)的要求对住宅工程进行专门验收(包括蓄水、门窗淋水等)发生的费用。室内空气污染测试不包含在住宅工程分户验收费用中,由建设单位直接委托检测机构完成,由建设单位承担费用。

表 5.7 措施项目费费率标准

项 目	计算基础	各专业工程费率(%)	
		建筑工程	单独装饰
夜间施工	分部分项工程费+单价措施项目费－工程设备费	0～0.1	0～0.1
非夜间施工照明		0.2	0.2
冬雨季施工		0.05～0.2	0.05～0.1
已完工程及设备保护		0～0.05	0～0.1
临时设施		1～2.2	0.3～1.2
赶工措施		0.5～2	0.5～2
按质论价		1～3	1～3
住宅分户验收		0.4	0.1

注:① 在计取非夜间施工照明费时,建筑工程、仿古工程、修缮土建部分仅地下室(地宫)部分可计取;单独装饰、安装工程、园林绿化工程、修缮安装部分仅特殊施工部位内施工项目可计取。

② 在计取住宅分户验收时,大型土石方工程、桩基工程和地下室部分不计入计费基础。

表 5.8 安全文明施工措施费取费标准表

序号	工程名称		计费基础	基本费率(%)	省级标化增加费(%)
一	建筑工程	建筑工程	分部分项工程费+单价措施项目费－工程设备费	3.0	0.7
		单独构件吊装		1.4	—
		打预制桩/制作兼打桩		1.3/1.8	0.3/0.4
二	单独装饰工程			1.6	0.4
三	大型土石方工程			1.4	—

3. 其他项目费

(1)暂列金额:建设单位在工程量清单中暂定并包括在合同价款中的款项,用于施工合同签订时尚未明确或不可预见的所需材料、设备、服务的采购,施工中可能发生的工程变更、合同约定调整因素出现时的工程价款调整及发生的索赔,现场签证确认等的费用。

(2)暂估价:招标人在工程量清单中提供的用于支付必然发生但暂时不能确定价格的材料的单价以及专业工程的金额。

(3)计日工:在施工过程中,完成发包人提出的施工图纸以外的零星项目或工作,按合同中约定的综合单价计价。

(4)总承包服务费:总承包人为配合协调发包人进行的工程分包、自行采购的设备、材料等进行管理、服务,施工现场管理,竣工资料汇总整理等服务所需的费用。

4. 规费

规费是指有权部门规定必须缴纳的费用。

(1) 工程排污费:包括废气、污水、固体、扬尘、危险废物、噪声等内容。

(2) 社会保障费:企业为职工缴纳的养老保险费、医疗保险、失业保险、工伤保险和生育保险等社会保障方面的费用。为确保施工企业各类从业人员社会保障权益落到实处,省市有关各部门可根据实际情况制定管理办法。

(3) 住房公积金:企业为职工缴纳的住房公积金。

表 5.9　社会保障费率及公积金费率标准

序号	工程类别		计算基础	社会保险费率(%)	公积金费率(%)
一	建筑工程	建筑工程	分部分项工程费＋措施项目费＋其他项目费－工程设备费	3	0.5
		单独预制构件制作、单独构件吊装、打预制桩、制作兼打桩		1.2	0.22
		人工挖孔桩		2.8	0.5
二	单独装饰工程			2.2	0.38
三	大型土石方工程			1.2	0.22

5. 税金

税金是指国家税法规定的应计入建筑安装工程造价内的营业税、城市维护建设税及教育费附加。

(1) 营业税:是指以产品销售或劳务取得的营业额为对象的税种。

(2) 城市建设维护税:是为加强城市公共事业和公共设施的维护建设而开征的税,它以附加形式依附于营业税。

(3) 教育费附加:是为发展地方教育事业,扩大教育经费来源而征收的税种,它以营业税的税额为计征基数。

5.5.2　建筑工程造价计算程序

构成建筑工程造价各项费用要素计取的先后次序,业内人员称其为造价计算程序。

工程量清单法计算程序分包工包料和包工不包料两种情况,分别见表 5.10、表 5.11。

表 5.10　工程量清单法计算程序(包工包料)

序号	费用名称		计算公式
一		分部分项工程费	清单工程量×综合单价
	其中	1.人工费	人工消耗量×人工单价
		2.材料费	材料消耗量×材料单价
		3.施工机具使用费	机械消耗量×机械单价
		4.管理费	(1+3)×费率或(1)×费率
		5.利润	(1+3)×费率或(1)×费率

序号	费用名称		计算公式
二	措施项目费		
	其中	单价措施项目费	清单工程量×综合单价
		总价措施项目费	(分部分项工程费＋单价措施项目费－工程设备费)×费率 或以项计费
三	其他项目费		
四	规　费		
	其中	1. 工程排污费	
		2. 社会保险费	(一＋二＋三－工程设备费)×费率
		3. 住房公积金	
五	税　金		(一＋二＋三＋四－按规定不计税的工程设备金额)×费率
六	工程造价		一＋二＋三＋四＋五

表 5.11　工程量清单法计算程序(包工不包料)

序号	费用名称		计算公式
一	分部分项工程费中人工费		清单人工消耗量×人工单价
二	措施项目费中人工费		
	其中	单价措施项目中人工费	清单人工消耗量×人工单价
三	其他项目费		
四	规　费		
	其中	工程排污费	(一＋二＋三)×费率
五	税　金		(一＋二＋三＋四)×费率
六	工程造价		一＋二＋三＋四＋五

6   建筑面积计算

　　建筑面积是指房屋建筑中各层外围结构水平投影面积的总和,包括房屋的使用面积、辅助面积和结构面积。它在建筑工程预算中的主要作用是:建筑面积是确定建筑工程技术经济指标的重要依据,是计算某些分项工程量的基础数据,是计划、统计及工程概况的主要数量指标之一,也是划分建筑工程类别的标准之一。

　　下面以建设部和国家质量监督检验检疫总局联合发布的《建筑工程建筑面积计算规范》(GB/T 50353—2013)(以下简称本规范)中的建筑面积计算规则为例说明建筑面积的计算方法。

6.1.1　计算建筑面积的范围和方法

　　1. 单层建筑物的建筑面积计算

　　单层建筑物的建筑面积,应按其外墙勒脚以上结构外围水平面积计算,并应符合下列规定:

　　单层建筑物高度在 2.20 m 及以上者应计算全面积;高度不足 2.20 m 者应计算 1/2 面积,如图 6.1 所示。

$$S = L \times B$$

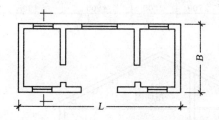
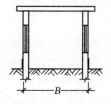

图 6.1　单层建筑物示意图

注意:
(1) 有部分够条件就计算其中一部分,这里指的是总的高度,应按照屋顶面图示尺寸为界。
(2) 这里勒脚是指墙根部很矮的一部分的墙体加厚,不能代表整个外墙结构,因此计算建筑面积时要扣除。

【例题 6.1】　已知某单层房屋平面和剖面图如图 6.2 所示,计算该房屋的建筑面积。

　　解:$S_{建} = (3.0 \times 3 + 0.24) \times (5.4 + 0.24) = 52.11 \text{ m}^2$

　　答:该建筑的建筑面积为 52.11 m²。

　　2. 有坡屋顶的建筑面积

　　利用坡屋顶内空间时净高超过 2.1 m 的部位应计算全面积;净高在 1.2 m 至 2.1 m 的部位应计算 1/2 面积;净高不足 1.2 m 的部位不应计算面积。

注意:净高,不是层高。按照净高来分界,如果给出屋顶上表面,就要减去板厚,找出净高。

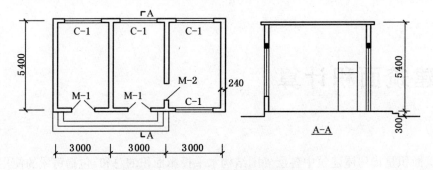

图 6.2　某单层房屋平面和剖面图

【例题 6.2】　已知某房屋平面和剖面图,如图 6.3 所示,请计算该房屋的建筑面积。

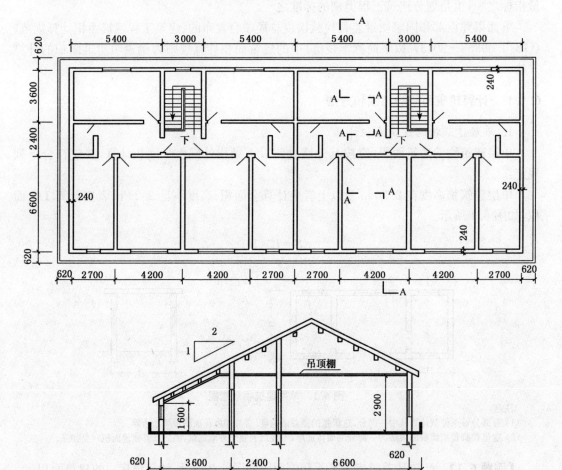

图 6.3　某房屋平面和剖面图

分析:该建筑物阁楼(坡屋顶)净高超过 2.10 m 的部位计算全面积;净高在 1.20 m 至 2.10 m 的部位应计算 1/2 面积,计算时关键是找出室内净高 1.20 m 与 2.10 m 的分界线。

解:净高 2.10 m 以下部分建筑面积

$$S_1 = \frac{1}{2} \times [(2.1-1.6) \times 2 + 0.24] \times [(2.7 \times 4 + 4.2 \times 4) + 0.24] = 17.26 \text{ m}^2$$

净高 2.10 m 以上部分建筑面积

$$S_2 = (3.6 + 2.4 + 6.6 - 1) \times [(2.7 \times 4 + 4.2 \times 4) + 0.24] = 322.95 \text{ m}^2$$

$$S_{建} = S_1 + S_2 = 17.26 + 322.95 = 340.21 \text{ m}^2$$

答:该建筑的建筑面积为 340.21 m²。

3. 局部有楼层

单层建筑物内设有局部楼层者,局部楼层的二层及以上楼层,有围护结构的应按其围护结构外围水平面积计算,无围护结构的应按其结构底板水平面积计算。层高在 2.20 m 及以上者应计算全面积;层高不足 2.20 m 者应计算 1/2 面积。

$$S = L \times B + a \times b$$

【**例题 6.3**】 已知某房屋平面和剖面图如图 6.4 所示,请计算该房屋的建筑面积。

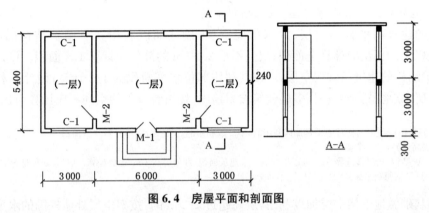

图 6.4 房屋平面和剖面图

解: $S_{建} = (3.0 \times 2 + 6.0 + 0.24) \times (5.4 + 0.24) + (3.0 + 0.24) \times (5.4 + 0.24)$
$$= 87.31 \text{ m}^2。$$

答:该建筑的建筑面积为 87.31 m²。

4. 多层建筑物

多层建筑物首层应按外墙勒脚以上结构外围水平面积计算;二层及以上楼层应按其外墙结构外围水平面积计算。层高在 2.20 m 及以上者应计算全面积;层高不足 2.20 m 者应计算 1/2 面积,如图 6.5 所示。

【**例题 6.4**】 已知某房屋平面和剖面图如图 6.5 所示,请计算该房屋的建筑面积。

解: $S_{建} = [(3.6 \times 4 + 0.24) \times (5.1 \times 2 + 1.8 + 0.24) \times 4 + (3.6 \times 4 + 0.24) \times (5.1 \times 2 + 1.8 + 0.24)] = 895.97 \text{ m}^2。$

答:该建筑的建筑面积为 895.97 m²。

注意:计算多层建筑物的建筑面积时,应注意其首层与二层以上楼层的计算边界是否相同。

5. 场馆看台

多层建筑物坡屋顶内和场馆看台下,当设计加以利用时净高超过 2.10 m 的部位应计算全面积;净高在 1.20 m 至 2.10 m 的部位应计算 1/2 面积;当设计不利用或室内净高不足 1.20 m 时不应计算面积。

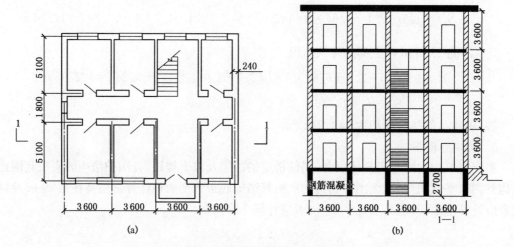

图 6.5　房屋平面图与剖面图

6. 坡地的建筑物吊脚架空层、深基础架空层

坡地的建筑物吊脚架空层、深基础架空层，设计加以利用并有围护结构的，层高在 2.20 m 及以上的部位应计算全面积；层高不足 2.20 m 的部位应计算 1/2 面积。设计加以利用、无围护结构的建筑吊脚架空层，应按其利用部位水平面积的 1/2 计算；设计不利用的深基础架空层、坡地吊脚架空层、多层建筑坡屋顶内、场馆看台下的空间不应计算面积。

注意：

(1) 本条适用于架空层，而且必须是加以利用的，不加以利用的，无论多高，不计算建筑面积。

(2) 以层高为界，不是净高，

(3) 有围护结构，按层高分界，2.2 m 以下计算一半建筑面积，即使层高 1 m，也要计算。但是，如果是无围护结构，不管层高多少，只是按照利用部分的一半计算，不是全部计算的一半。

用深基础做地下架空层加以利用，层高超过 2.2 m 的，按架空层外墙外围的水平面积的一半计算建筑面积。

坡地建筑物利用吊脚做架空层加以利用的层高超过 2.2 m 的，按其围护结构外围水平面积计算建筑面积。

【例题 6.5】　如图 6.6 所示，某建筑物坐落在坡地上，设计为深基础，并加以利用，计算其建筑面积。

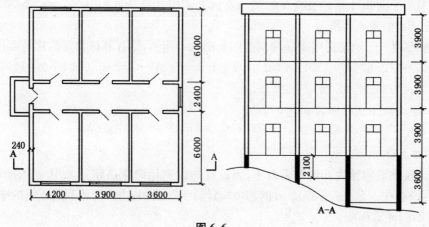

图 6.6

解：$S_{建}$＝(4.2＋3.9＋3.6＋0.24)×(6.0×2＋2.4＋0.24)×3＋(3.9＋3.6＋0.24)×

(6.0×2＋2.4＋0.24)＝637.72 m²。

答：该建筑的建筑面积为 637.72 m²。

7. 地下室、半地下室（车间、商店、车站、车库、仓库等）

地下室、半地下室（车间、商店、车站、车库、仓库等）包括相应的有永久性顶盖的出入口，应按其外墙上口（不包括采光井、外墙防潮层及其保护墙）外边线所围水平面积计算，如图6.7所示。层高在 2.20 m 及以上者应计算全面积；层高不足 2.20 m 者应计算 1/2 面积。

8. 建筑物内的门厅、大厅及其回廊

建筑物内的门厅、大厅按一层计算建筑面积。门厅、大厅内设有回廊时，应按其结构底板水平面积计算。层高在 2.20 m 及以上者应计算全面积；层高不足 2.20 m 者应计算 1/2 面积，如图6.8所示。

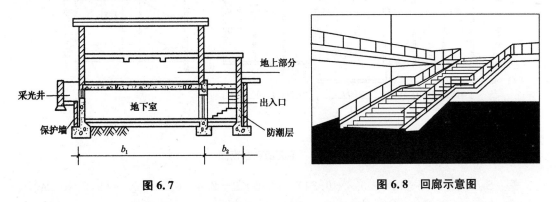

图 6.7   图 6.8 回廊示意图

【**例题 6.6**】 计算全地下室的建筑面积，出入口处有永久性的顶盖，平面图如图6.9所示。

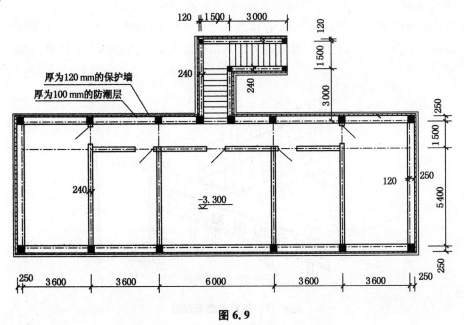

图 6.9

解:地下室建筑面积 $S_1 = (3.60 \times 4 + 6.00 + 0.50) \times (5.40 + 1.50 + 0.50) = 154.66 \ \text{m}^2$

坡道面积 $S_2 = (1.50 + 0.24) \times (3.00 + 1.50 + 0.12) + (1.50 + 0.24) \times (3.00 - 0.25 - 0.12) = 12.62 \ \text{m}^2$

$$S = S_1 + S_2 = 154.66 + 12.62 = 167.28 \ \text{m}^2$$

答:该建筑的建筑面积为 $167.28 \ \text{m}^2$。

【例题 6.7】 已知某带回廊的建筑物平面和剖面图,如图 6.10 所示,请计算该房屋的建筑面积。

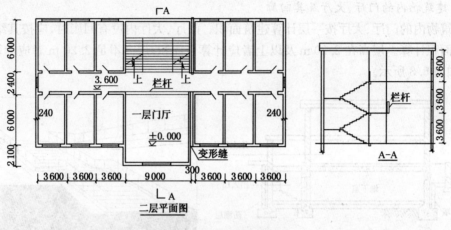

图 6.10 平面图和剖面图

解: $S_建 = (3.6 \times 6 + 9.0 + 0.3 + 0.24) \times (6.0 \times 2 + 2.4 + 0.24) \times 3 + (9.0 + 0.24) \times 2.1 \times 2 - (9 - 0.24) \times 6 = 1\,353.92 \ \text{m}^2$

答:该建筑的建筑面积为 $1\,353.92 \ \text{m}^2$。

9. 架空走廊

建筑物间有围护结构的架空走廊,有顶盖和围护结构的,应按其维护结构外围水平面积计算全面积。无围护结构、有围护设施的应按其结构底板水平面积的 1/2 计算。如图 6.11 所示。

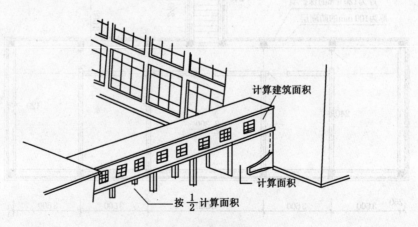

图 6.11 架空走廊示意图

【例题 6.8】 如图 6.12 所示,架空走廊一层为通道,三层无顶盖,计算该架空走廊的建筑面积。

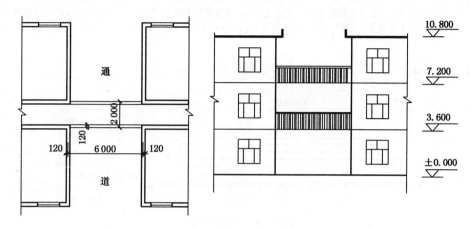

图 6.12

解： $S=(6-0.24)\times(2.0+0.24)\times2\times\dfrac{1}{2}=12.90\ \mathrm{m^2}$

答： 该建筑的建筑面积为 12.90 $\mathrm{m^2}$。

10. 立体书库、立体仓库、立体车库

立体书库、立体仓库、立体车库,无结构层的应按一层计算。有结构层的应按其结构层面积分别计算,层高在 2.20 m 及以上者应计算全面积;层高不足 2.20 m 者应计算 1/2 面积。

注意:

(1) 这一条对原规则也有变动,增加了立体车库的面积计算,立体书库、立体仓库、立体车库均按"是否有结构层"区分不同层高确定面积的计算范围。而不是按原规则以书架层或货架层计算面积。

(2) 有结构层的和自然层类似,所以按照层高分界,按照 2.2 m 分界。

11. 有围护结构的舞台灯光控制室

有围护结构的舞台灯光控制室,按其围护结构外围水平面积计算。层高在 2.20 m 及以上者应计算全面积;层高不足 2.20 m 者应计算 1/2 面积。这一条较原规则更加细化,有围护结构,和自然层类似,所以按照层高分界,按层高 2.20 m 划分是否计算全面积。

12. 落地橱窗、门斗、挑廊、走廊、檐廊、眺望间、观望电梯间

建筑物外有围护结构的落地橱窗、门斗、挑廊、走廊、檐廊、应按其维护结构外围水平面积计算。层高在 2.20 m 及以上者应计算全面积;层高不足 2.20 m 者应计算1/2面积。有永久性顶盖无围护结构的应按其结构底板水平面积的 1/2 计算,如图 6.13 所示。

13. 场馆看台

有永久性顶盖无围护结构的场馆看台应按其顶盖水平投影面积的 1/2 计算。

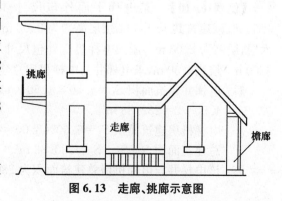

图 6.13 走廊、挑廊示意图

注意:

(1) 这里的"场馆"严格来说应该是指的是足球场、网球场等看台上有永久性顶盖,但是没有围护结构的部分。但是如果是篮球馆等有永久性顶盖和围护结构的场馆,此时应该按单层或多层建筑相关的规则计算面积。

(2) 这里第一次提到"顶盖水平投影面积",和后面"(18)雨篷结构的外边线至外墙结构外边线的宽度超过 2.10 m 者,应按雨篷结构板的水平投影面积的 1/2 计算","(20)有永久性顶盖无围护结构的车棚、货棚、站台、加油站、收费站等,应按其顶盖水平投影面积的 1/2 计算"一致。

【例题 6.9】 计算如图 6.14 所示的体育馆看台的建筑面积。

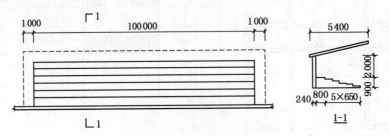

图 6.14 体育馆看台

解: $S = 5.40 \times (100.00 + 1.00 \times 2) \times 1/2 = 275.40 \text{ m}^2$

答: 该建筑的建筑面积为 275.40 m^2。

14. 建筑物顶部有围护结构的楼梯间、水箱间、电梯机房等

建筑物顶部有围护结构的楼梯间、水箱间、电梯机房等,层高在 2.20 m 及以上者应计算全面积;层高不足 2.20 m 者应计算 1/2 面积。

注意:

(1) 建筑物顶部有围护结构的楼梯间、水箱间、电梯机房等指的是有围护结构,有顶的房间,这样就可以和普通的房屋一致了,计算规则也一致,就好理解了。

(2) 如果顶部楼梯间是坡屋顶的话,就应该按坡屋顶的相关规定计算面积。

15. 设有围护结构不垂直于水平面而超出底板外沿的建筑物

设有围护结构不垂直于水平面应按其底板的外围水平面积计算。净高在 2.10 m 及以上者应计算全面积;净高在 1.20 m 及以上至 2.10 m 以下的部位计算 1/2 面积;不足 1.20 m 不应计算面积。

注意:这里"设有围护结构不垂直于水平面而超出底板外沿的建筑物"实际指的是向外倾斜的墙体。如果是向内倾斜的墙体,就应该视为坡屋顶,应按坡屋顶的相关条件计算面积。

16. 室内楼梯间、电梯井、提物井、垃圾道、管道井、附属烟囱等均按建筑物自然层计算建筑面积,如图 6.15 所示。

【例题 6.10】 某电梯平面外包尺寸 4.50 m × 4.50 m,该建筑共 12 层,11 层层高均为 3.00 m,1 层为技术层,层高为 2.00 m。屋顶电梯机房外包尺寸 6.00 m × 8.00 m,层高 4.50 m,求电梯井与电梯机房总建筑面积。

解: 电梯井建筑面积 $S_1 = 4.50 \times 4.50 \times 11 + 4.50 \times 4.50 \div 2 = 232.88 \text{ m}^2$

电梯机房建筑面积 $S_2 = 6.00 \times 8.00 = 48.00 \text{ m}^2$

总建筑面积 $S = S_1 + S_2 = 280.88 \text{ m}^2$

答: 该电梯井与电梯机房总建筑面积为 280.88 m^2。

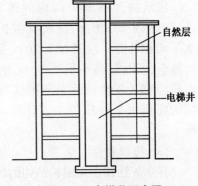

图 6.15 电梯井示意图

17. 室外楼梯

建筑物的室外楼梯,应按建筑物自然层的水平投影面积的1/2计算。

18. 雨篷

雨篷结构的外边线至外墙结构外边线的宽度超过2.10 m者,应按雨篷结构板的水平投影面积的1/2计算。

注意:(1) 这一条与原规则变化较大。有柱雨篷与无柱雨篷的计算方法一致。均以宽度是否超过 2.10 m 衡量。
(2) 这里的宽度,指的是外墙外边线到雨篷结构板的外边线,不是外墙中心线,也不是雨篷的外边缘线,不包括结构板以外的部分。

【例题 6.11】 计算如图 6.16 所示的建筑物入口处雨篷的建筑面积。

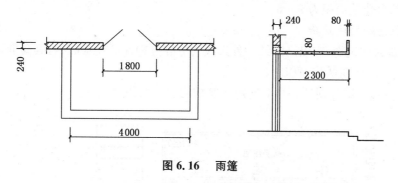

图 6.16　雨篷

解:$S=2.3\times4\times1/2=4.6\ \mathrm{m}^2$

答:该建筑物雨篷的建筑面积为 4.6 m²。

19. 阳台

建筑物的阳台均应按其水平投影面积的1/2计算。建筑物的阳台,不论是挑阳台、凹阳台、封闭阳台还是不封闭阳台均按其水平投影面积的1/2计算。

【例题 6.12】 求图 6.17 所示封闭阳台一层(层高 3.00 m)的建筑面积。

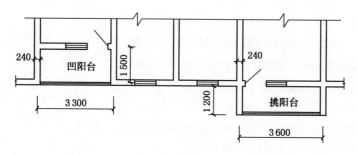

图 6.17　阳台

解:$S=(3.3-0.24)\times1.5\times1/2+1.2\times(3.6+0.24)\times1/2=4.60\ \mathrm{m}^2$

答:该阳台建筑面积为 4.60 m²。

20. 车棚、货棚、站台、加油站、收费站等

有永久性顶盖无围护结构的车棚、货棚、站台、加油站、收费站等,应按其顶盖水平投影面积的1/2计算。

【例题 6.13】 计算如图 6.18 所示火车站单排柱站台的建筑面积。

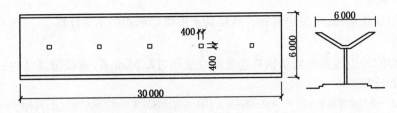

图 6.18　站台

解: $S = 30 \times 6 \times 1/2 = 90 \ \text{m}^2$

答: 该站台建筑面积为 $90 \ \text{m}^2$。

21. 高低连跨的建筑物

高低连跨的建筑物,应以高跨结构外边线为分界分别计算建筑面积;其高低跨内部连通时,其变形缝应计算在低跨面积内。

【例题 6.14】 试分别计算高低连跨建筑物的建筑面积,如图 6.19 所示。

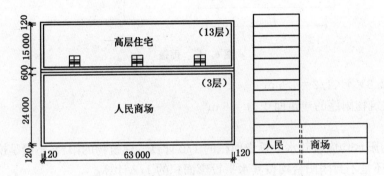

图 6.19　高低连跨建筑

解: 高跨: $S_1 = (63 + 0.24) \times (15 + 0.24) \times 13 = 12\ 529.11 \ \text{m}^2$

低跨: $S_2 = (24 + 0.6) \times (63 + 0.24) \times 3 = 4\ 667.11 \ \text{m}^2$

总建筑面积 $S = 12\ 529.11 + 4\ 667.11 = 17\ 196.22 \ \text{m}^2$

答: 该建筑物的建筑面积为 $17\ 196.22 \ \text{m}^2$。

22. 幕墙

以幕墙作为围护结构的建筑物,应按幕墙外边线计算建筑面积。

注意:是按照外边线计算,将幕墙看作围护结构。

23. 保温材料

建筑物外墙外侧有保温隔热层的,应按保温隔热层外边线计算建筑面积。

注意:是按照外边线计算,将保温隔热层看作围护结构,也是鼓励节能。

24. 变形缝、沉降缝等

建筑物内的变形缝应按其自然层合并在建筑物面积内计算。

25. 穿过建筑物的通道(骑楼、过街楼的底层)

建筑物的通道(骑楼、过街楼的底层)不计算建筑面积。如图 6.20 所示。道路两旁的多层建筑,其首层后退 2 m 左右,沿街靠每开间的柱子做支撑的建筑形式叫骑楼。

26．建筑面积计算一般规律

（1）有顶盖加以利用的围护结构,层高在 2.2 m 及其以上的计算全面积;不足 2.2 m 的计算维护结构外围面积的 1/2。

（2）有顶盖加以利用无围护结构的计算结构底板水平面积（投影面积)的 1/2。

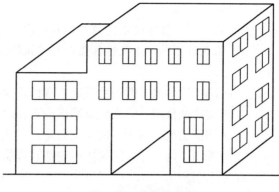

图 6.20　建筑物通道

（3）斜屋顶加以利用有围护结构,层高在 2.1 m 及以上计算全面积;1.2 m～2.1 m 之间的按 1/2 计算;1.2 m 以下不计算面积;

（4）阳台按其水平投影面积的 1/2 计算。

（5）无顶盖的结构不管是否利用有围护结构不计算面积。

6.1.2　不计算建筑面积的范围

（1）建筑物通道（骑楼、过街楼的底层）。

（2）建筑内的设备管道夹层。

（3）建筑物内分隔的单层房间,舞台及后台悬挂幕布、布景的天桥、挑台等。

（4）屋顶水箱、花架、凉棚、露台、露天游泳池。

（5）建筑物内的操作平台、上料平台、安装箱和罐体的平台。

（6）无永久性顶盖的架空走廊、室外楼梯和用于检修、消防等的室外钢楼梯、爬梯。

（7）自动扶梯、自动人行道。

（8）勒脚、附墙柱、垛、台阶、墙面抹灰、装饰面、镶贴块料面层、装饰性幕墙、空调机外机搁板（箱)、飘窗、构件、配件、宽度在 2.10 m 及以内的雨篷以及建筑物内不相连通的装饰性阳台、挑廊。

（9）独立烟囱、烟道、地沟、油（水)罐、气柜、水塔、贮油（水)池、贮仓、栈桥、地下人防通道、地铁隧道。

6.1.3　建筑面积计算及建筑面积相关术语

（1）勒脚　勒脚是建筑物外墙与室外地面或散水接触部位墙体的加厚部分。

（2）层高　层高指上下相邻两层的楼面或楼面与地面之间的垂直距离。

（3）净高　净高指楼面或地面至上部楼板底面或吊顶底面之间的垂直距离。

（4）单层建筑物的高度　单层建筑物的高度指室内地面标高至屋面板板面之间的垂直距离。遇有以屋面板找坡的平屋顶单层建筑物,其高度指室内地面标高至屋面板最低处板面结构标高之间的垂直距离。

（5）结构标高　结构标高指结构设计图中所标注的标高。

（6）自然层　自然层指按楼板、地板结构分层的楼层。

（7）夹层、插层　夹层、插层指建筑在房屋内部空间的局部层次,是安插于上下两个正式楼层中间的附层。

（8）技术层　技术层指建筑物内专门用于设置管道、设备的楼层或地下层。

（9）永久性顶盖　永久性顶盖指与建筑物同期设计，经规划部门批准的、结构牢固永久使用的顶盖。

（10）围护性幕墙　围护性幕墙指直接作为外墙起围护作用的幕墙。

（11）装饰性幕墙　装饰性幕墙指设置在建筑物墙体外起装饰作用的幕墙。

（12）围护结构　围护结构指围合建筑空间四周的墙体、门、窗等。

（13）外墙结构　外墙结构指不包括装饰层、保温隔热层、防潮层、保护墙等附加层厚度的外墙本身的结构。

（14）地下室　地下室指房间地平面低于室外地平面的高度超过该房间净高的 1/2 者。

（15）半地下室　半地下室指房间地平面低于室外地平面的高度超过该房间净高的 1/3，且不超过 1/2 者。

（16）变形缝　变形缝是伸缩缝（温度缝）、沉降缝和抗震缝的统称。

（17）使用面积　使用面积指建筑物各层平面布置中可直接为生产或生活使用的净面积总和。

（18）辅助面积　辅助面积指建筑物各层平面布置中为生产或生活服务所占的净面积的总和。如楼梯间、走廊、电梯井等。

（19）结构面积　结构面积指建筑物各层平面布置中的墙体、柱、垃圾道、通风道等所占的面积的总和。

（20）架空层　架空层指建筑物深基础或坡地建筑吊脚架空部位不回填土石方形成的建筑空间。

（21）走廊　走廊指建筑物的水平交通空间。

（22）挑廊　挑廊指挑出建筑物外墙的水平交通空间。

（23）檐廊　檐廊指设置在建筑物底层出檐下的水平交通空间。

（24）回廊　回廊指建筑物门厅、大厅内设置在二层或二层以上的回形走廊。

（25）门斗　门斗指在建筑物出入口设置的起分隔、挡风、御寒等作用的建筑过渡空间。

（26）建筑物通道　建筑物通道指为道路穿过建筑物而设置的建筑空间。

（27）架空走廊　架空走廊指建筑物与建筑物之间，在二层或二层以上专门为水平交通设置的走廊。

（28）落地橱窗　落地橱窗指突出外墙面根基落地的橱窗。

（29）阳台　阳台指供使用者进行活动和晾晒衣物的建筑空间。

（30）眺望间　眺望间指设置在建筑物顶层或挑出房间的供人们远眺或观察周围情况的建筑空间。

（31）雨篷　雨篷指设置在建筑物进出口上部的遮雨、遮阳篷。

（32）飘窗　飘窗指为房间采光和美化造型而设置的突出外墙的窗。

（33）骑楼　骑楼指楼层部分跨在人行道上的临街楼房。

（34）过街楼　过街楼指有道路穿过建筑空间的楼房。

7 建筑工程计量与计价

7.1 土(石)方工程

7.1.1 计算土、石方工程量前,应确定下列各项资料

(1) 土壤及岩石类别的确定。土壤及岩石类别的划分见表7.1、表7.2所示。

表7.1 土壤分类表

土壤分类	土壤名称	开挖方法
一、二类土	粉土、砂土(粉砂、细砂、中砂、粗砂、砾砂)、粉质黏土、弱中盐渍土、软土(淤泥质土、泥炭、泥炭质土)、软塑红黏土、冲填土	用锹,少许用镐、条锄开挖。机械能全部直接铲挖满载者
三类土	黏土、碎石土(圆砾、角砾)混合土、可塑红黏土、硬塑红黏土、强盐渍土、素填土、压实填土	主要用镐、条锄,少许用锹开挖。机械需部分刨松方能铲挖满载者或可直接铲挖但不能满载者
四类土	碎石土(卵石、碎石、漂石、块石)、坚硬红黏土、超盐渍土、杂填土	全部用镐、条锄挖掘,少许用撬棍挖掘。机械需普遍刨松方能铲挖满载者

表7.2 岩石分类表

岩石分类		代表性岩石	开挖方法
极软岩		① 全风化的各种岩石; ② 各种半成岩	部分用手凿工具,部分用爆破法开挖
软质岩	软岩	① 强风化的坚硬岩或较硬岩; ② 中等风化—强风化的较软岩; ③ 未风化—微风化的页岩、泥岩、泥质砂岩等	用风镐和爆破法开挖
	较软岩	① 中等风化—强风化的坚硬岩或较硬岩; ② 未风化—微风化的凝灰岩、千枚岩、泥灰岩、砂质泥岩等	用爆破法开挖
硬质岩	较硬岩	① 微风化的坚硬岩; ② 未风化—微风化的大理岩、板岩、石灰岩、白云岩、钙质砂岩等	用爆破法开挖
	坚硬岩	未风化—微风化的花岗岩、闪长岩、辉绿岩、玄武岩、安山岩、片麻岩、石英岩、石英砂岩、硅质砾岩、硅质石灰岩等	用爆破法开挖

(2) 地下水位标高。

(3) 土方、沟槽、基坑挖(填)起止标高、施工方法及运距。

（4）岩石开凿、爆破方法、石碴清运方法及运距。

（5）其他有关资料。

7.1.2 平整场地

平整场地是指建筑物场地挖、填土方厚度在±300 mm 以内及找平。平整场地工程量按建筑物外墙外边线每边各加 2 m，以面积计算。

其计算公式：

矩形、L 形　　　　　　　平整场地＝$S_底＋2×L_外＋16$

回形　　　　　　　　　　平整场地＝$S_底＋2×L_外$

【例题 7.1】 已知某建筑物一层建筑平面图，如图 7.1 所示，计算该建筑物平整场地工程量。

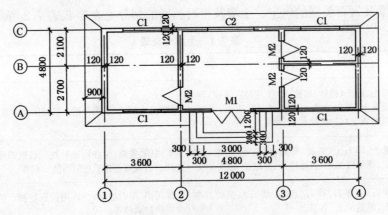

图 7.1　底层平面图

解： 平整场地工程量＝$S_底＋2L_外＋16$

$S_底$（底层建筑面积）＝$12.24×5.04＝61.69$ m²

$L_外$（建筑外墙外边线周长）＝$2×(12.24＋5.04)＝34.56$ m

平整场地工程量＝$61.69＋2×34.56＋16＝146.81$ m²

答： 该建筑物平整场地工程量为 146.81 m²。

7.1.3 人工挖土(石)方

（1）土方体积，以挖凿前的天然密实体积（m³）为准，若虚方计算，按下表 7.3 进行折算。

表 7.3　土方体积折算系数表

虚方体积	天然密实度体积	夯实后体积	松填体积
1.00	0.77	0.67	0.83
1.30	1.00	0.87	1.08
1.50	1.15	1.00	1.25
1.20	0.92	0.80	1.00

（2）挖土一律以设计室外地坪标高为起点,深度按图示尺寸计算。

（3）按不同的土壤类别、挖土深度、干湿土分别计算工程量。

（4）在同一槽、坑内或沟内有干、湿土时应分别计算,但使用定额时,按槽、坑或沟的全深计算。

1. 沟槽、基坑土方工程量,按下列规定计算

（1）沟槽、基坑划分:底宽≤7 m且底长>3倍底宽的为沟槽。套用定额计价时,应根据底宽的不同,分别按底宽3～7 m间、3 m以内,套用对应的定额子目。底长≤3倍底宽且底面积≤150 m² 的为基坑。套用定额计价时,应根据底面积的不同,分别按底面积20～150 m²间、20 m²以内,套用对应的定额子目。凡沟槽底宽7 m以上,基坑底面积150 m²以上,按挖一般土方或挖一般石方计算。

（2）沟槽工程量按沟槽长度乘沟槽截面积计算。沟槽长度外墙按图示基础中心线长度计算;内墙按图示基础底宽加工作宽度之间净长度计算。沟槽宽按设计宽度加基础施工所需工作面宽度计算,见表7.4所示。突出墙面的附墙烟囱、垛等体积并入沟槽土方工程量内。

表 7.4　基础施工所需工作面宽度表

基础类型	每边各增加工作面宽度 C(mm)
砖基础	200
浆砌毛石、条石基础	150
混凝土基础垫层支模板	300
混凝土基础支模板	300
基础垂直面做防水层	1 000(防水层面)

（3）挖沟槽、基坑、一般土方需放坡时,以施工组织设计规定计算,施工组织设计无明确规定时,放坡高度、比例按表7.5计算。

表 7.5　放坡高度、比例确定表

土壤类别	放坡深度规定(m)	高与宽之比(1：k)			
		人工挖土	机械挖土		
			坑内作业	坑上作业	顺沟槽在坑上作业
一、二类土	超过1.20	1：0.5	1：0.33	1：0.75	1：0.5
三类土	超过1.50	1：0.33	1：0.25	1：0.67	1：0.33
四类土	超过2.00	1：0.25	1：0.10	1：0.33	1：0.25

注:① 沟槽、基坑中土壤类别不同时,分别按其土壤类别、放坡比例以不同土壤厚度分别计算。
② 计算放坡工程量时交接处的重复工程量不扣除,原槽、坑作基础垫层时,放坡自垫层上表面开始计算。

（4）沟槽、基坑需支挡土板时,挡土板面积按槽、坑边实际支挡板面积(即:每块挡板的最长边×挡板的最宽边之积)计算。

（5）管沟土方按立方米计算,管沟按图示中心线长度计算,不扣除各类井的长度,井的土方并入;沟底宽度设计有规定的,按设计规定;设计未规定的,按表7.6所示的宽度计算:

表7.6　管沟施工每侧所需工作面宽度计算表

管沟材料 管道结构宽(mm)	≤500	≤1 000	≤2 500	>2 500
混凝土及钢筋混凝土管道(mm)	400	500	600	700
其他材质管道(mm)	300	400	500	600

注:① 本表按《全国统一建筑工程预算工程量计算规则》GJDGZ—101—95整理。

② 管道结构宽:有管座的按基础外缘,无管座的按管道外径。

(6) 管道地沟、地槽、基坑深度,按图示槽、坑、垫层底面至室外地坪深度计算。

2. 挖地槽计算公式

① 不放坡和不支挡土板,如图7.2(a)所示:$V=(B+2c)\times H\times L$

② 由垫层下表面放坡,如图7.2(b)所示:$V=(B+2c+kH)\times H\times L$

③ 由垫层上表面放坡,如图7.2(c)所示:$V=B\times H_1\times L+(B+kH_2)\times H_2\times L$

④ 支双面挡土板,如图7.2(d)所示:$V=(B+2c+0.2)\times H\times L$

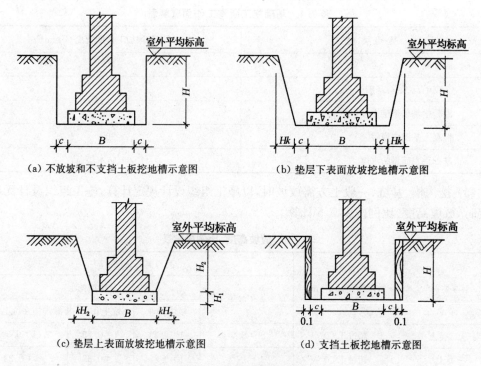

(a) 不放坡和不支挡土板挖地槽示意图　　　(b) 垫层下表面放坡挖地槽示意图

(c) 垫层上表面放坡挖地槽示意图　　　(d) 支挡土板挖地槽示意图

图7.2　几种地槽断面图

3. 挖地坑计算公式

① 方形或长方形不放坡和不支挡土板:$V=(A+2c)\times(B+2c)\times H$

② 圆形不放坡和不支挡土板:$V=\pi\times R^2\times H$

③ 方形或长方形放坡,如图7.3(a)所示:$V=(A+2c+kH)\times(B+2c+kH)\times H+1/3\times k^2\,H^3$;如图7.3(b)所示:$V=H/6\times[A_2B_2+(A_2+A_1)\times(B_2+B_1)+A_1B_1]$

④ 圆形放坡,如图7.4所示:$V=1/3\times\pi H(R_1{}^2+R_2{}^2+R_1R_2)$

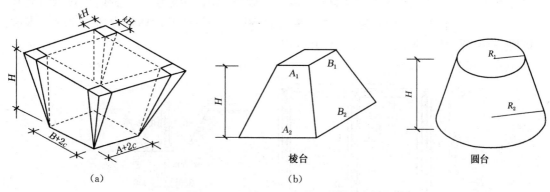

图 7.3　地坑放坡示意图　　　　　图 7.4　圆形放坡

4. 岩石开凿及爆破工程量,区别石质按下列规定计算

① 人工凿岩石按图示尺寸以体积计算。

② 爆破岩石按图示尺寸以体积计算;基槽、坑深度允许超挖:软质岩 200 mm,硬质岩 150 mm。超挖部分岩石并入相应工程量内。爆破后的清理、修整执行人工清理定额。

③ 回填土区分夯填、松填以体积计算。

④ 基槽、坑回填土体积＝挖土体积－设计室外地坪以下埋设的体积(包括基础垫层、柱、墙基础及柱等)。

⑤ 室内回填土体积按主墙间净面积乘填土厚度计算,不扣除附垛及附墙烟囱等体积。

⑥ 管道沟槽回填工程量,以挖方体积减去管外径所占体积计算。管外径小于或等于 500 mm 时,不扣除管道所占体积。管径超过 500 mm 以上时,按表 7.7 规定扣除。

表 7.7　每米管长扣除土方体积　　　　　单位:m³/m 管长

管道名称	管道直径(mm)				
	≤600	≤800	≤1 000	≤1 200	≤1 400
钢管	0.21	0.44	0.71		
铸铁管、石棉水泥管	0.24	0.49	0.77		
混凝土、钢筋混凝土、预应力混凝土管	0.33	0.60	0.92	1.15	1.35

5. 余土外运、缺土内运工程量按下式计算:

$$运土工程量＝挖土工程量－回填土工程量$$

正值为余土外运,负值为缺土内运。

7.1.4　机械土、石方

(1) 土(石)方体积均按天然实体积(自然土)计算。

(2) 机械土、石方运距按下列规定计算:

① 推土机推距:按挖方区重心至回填区重心之间的直线距离计算;

② 铲运机运距:按挖方区重心至卸土区重心加转向距离 45 m 计算;

③ 自卸汽车运距:按挖方区重心至填土区(或堆放地点)重心的最短距离计算。

(3) 建筑场地原土碾压以面积计算,填土碾压按图示填土厚度以体积计算。

【**例题 7.2**】 如图 7.5 所示为某建筑物的基础图,图中轴线为墙中心线,墙体为普通黏土实心一砖墙,室外地面标高为－0.2 m,室外地坪以下埋设的基础体积为 22.32 m³。求该基础挖地槽、回填土的工程量(三类干土,考虑放坡)。

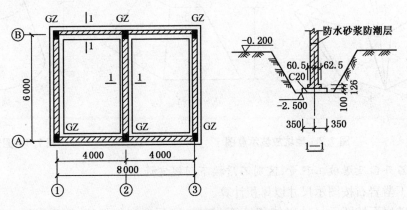

图 7.5 条形基础平面图

解: 查表 7.4、表 7.5 得:工作面 $c=300$ mm,放坡系数 $k=0.33$

开挖断面宽度 $B=A+2c+2kH$

$$=0.7+2×0.3+2×0.33×(2.5-0.2)$$

$$=2.818 \text{ m}$$

基底槽宽 $B_1=A+2c=0.7+2×0.3=1.3$ m

沟槽断面面积 $S=(B+B_1)×H÷2$

$$=(2.818+1.3)×2.3÷2$$

$$=4.736 \text{ m}^2$$

①、③、Ⓐ、Ⓑ轴沟槽长度=(8+6)×2=28 m

② 轴沟槽长度=6-1.3=4.7 m

挖土体积 $V=(28+4.7)×4.736=154.87$ m³

回填土体积=挖土体积-基础体积=154.87-22.32=132.55 m³

答: 该基础挖地槽土为 154.87 m³,回填土为 132.55 m³。

【**例题 7.3**】 如图 7.6 所示为某建筑物的基础图,图中轴线为墙中心线,墙体为普通黏土实心一砖墙,室外地面标高为－0.3 m。求该基础人工挖土的工程量(三类干土,考虑放坡)。

分析:该工程的独立基础的底标高与条形基础的底标高相同,施工中一般采用两个基础的土方一起开挖,所以独立基础和条形基础的土方均按沟槽土考虑。

解: (1) 基坑挖土计算

查表 7.4、表 7.5 得:工作面 $c=300$ mm,放坡系数 $k=0.33$。

J-1 开挖断面宽度 $B=A+2c+2kH$

$$=1.6+2×0.3+2×0.33×(2.5-0.3)$$

$$=3.652 \text{ m}$$

基底槽宽 $B_1=A+2c=1.6+2×0.3=2.2$ m

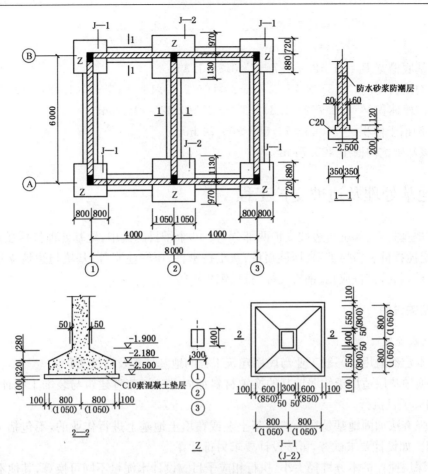

图7.6　基础图

J—1 基坑挖土 $V_1 = \dfrac{H}{6}\left[AB+(A+A_1)(B+B_1)+A_1B_1\right]$

$\qquad\qquad\quad = \dfrac{H}{6}\left[B^2+(B+B_1)^2+B_1{}^2\right]$

$\qquad\qquad\quad = \dfrac{2.2}{6}\left[3.652^2+(3.652+2.2)^2+2.2^2\right]$

$\qquad\qquad\quad = 19.222 \text{ m}^3$

J—2 开挖断面宽度 $B=A+2c+2kH$

$\qquad\qquad\qquad\quad = 2.1+2\times0.3+2\times0.33\times(2.5-0.3)$

$\qquad\qquad\qquad\quad = 4.152 \text{ m}$

基底槽宽 $B_2=A+2c=2.1+2\times0.3=2.7 \text{ m}$

J—2 基坑挖土 $V_2=\dfrac{2.2}{6}\left[4.152^2+(4.152+2.7)^2+2.7^2\right]=26.209 \text{ m}^3$

垫层挖土 $V_3=1.8\times1.8\times0.1\times4+2.3\times2.3\times0.1\times2=2.354 \text{ m}^3$

基坑挖土 $V=4V_1+2V_2+V_3=4\times19.222+2\times26.209+2.354=131.66 \text{ m}^3$

（2）条形基础挖土计算

开挖断面宽度 $B=A+2c+2kH$

$$=0.7+2\times0.3+2\times0.33\times(2.5-0.3)$$
$$=2.752 \text{ m}$$

基底槽宽 $B_1=A+2c=0.7+2\times0.3=1.3 \text{ m}$

沟槽长度 $=2\times(8-2.2-2.7)+2\times(6-2\times1.18)+(6-2\times1.43)=16.62 \text{ m}$

沟槽体积 $V=(2.752+1.3)\times2.2\div2\times16.62=74.08 \text{ m}^3$

沟槽土体积 $=131.66+74.08=205.74 \text{ m}^3$

答:该基础挖沟槽土 205.74 m^3。

7.2 地基处理及边坡支护工程

设置地基处理、基坑与边坡支护两部分,共 46 个子目。其中,地基处理包括强夯法加固地基、深层搅拌桩和粉喷桩、高压旋喷桩、灰土挤密桩、压密注浆等;基坑与边坡支护包括基坑锚喷护壁、斜拉锚桩成孔、钢管支撑、打拔钢板桩等。

7.2.1 相关说明

1. 地基处理

(1) 本定额适用于一般工业与民用建筑工程的地基处理及边坡支护。

(2) 换填垫层适用于软弱地基的换填材料加固,按《江苏省建筑与装饰工程计价定额》第四章相应子目执行。

(3) 强夯法加固地基是在天然地基土上或在填土地基上进行作业的,不包括强夯前夯作和费用。如设计要求试夯,可按设计要求另行计算。

(4) 深层搅拌桩不分桩径大小,执行相应子目。设计水泥量不同可换算,其他不调整。

(5) 深层搅拌桩(三轴除外)和粉喷桩是按四搅二喷施工编制,设计为二搅一喷,定额人工、机械乘以系数 0.7;六搅三喷,定额人工、机械乘以系数 1.4。

(6) 高压旋喷桩、压密注浆的浆体材料用量可按设计含量调整。

2. 基坑及边坡支护

(1) 斜拉锚桩是指深基坑围护中,铺接围护桩体的斜拉桩。

(2) 基坑钢管支撑为周转摊销材料,其场内运输、回库保养均已包括在内。支撑处需挖运土方、围檩与基坑护壁的填充混凝土未包括在内,发生时应按实另行计算。场外运输按金属Ⅲ类构件计算。

(3) 打、拔钢板桩单位工程打桩工程量小于 50 t 时,人工、机械乘以系数 1.25。场内运输超过 300 m 时,应按相应构件运输子目执行,并扣除打桩子目中的场内运输费。

(4) 采用桩进行地基处理时,按《江苏省建筑与装饰工程计价定额》第三章相应子目执行。

(5) 本章未列混凝土支撑,若发生,按相应混凝土构件定额执行。

7.2.2 工程量计算规则

1. 地基处理

(1) 强夯加固地基,即用几十吨重锤从高处落下,反复多次夯击地面,对地基进行强力夯实。利用重锤自由下落时的冲击能来夯实浅层填土地基,使表面形成一层较为均匀的硬层来承受上部载荷,经夯击后的地基承载力可提高 2～5 倍,压缩性可降低 200%～500%,影响深度在 10 m 以上。

其工程量以夯锤底面积计算,并根据设计要求的夯击能量和每点夯击数执行相应定额。

(2) 深层搅拌桩、粉喷桩加固地基,利用水泥或其他固化剂通过特制的搅拌机械,在地基中将水泥和土体强制拌和,使软弱土硬结成整体,形成具有水稳性和足够强度的水泥土桩或地下连续墙,处理深度可达 8～12 m。其工程量计算按设计长度另加 500 mm(设计有规定的按设计要求)乘以设计截面积以立方米计算(重叠部分面积不得重复计算),群桩间的搭接不扣除。即

$$V = 桩径截面积 \times (设计长度 + 0.5) \times 根数$$

对于单轴搅拌桩来说,桩径截面就是一个圆,所以桩径截面积为

$$S = \pi r^2 (r\ 为圆半径)$$

对于双轴水泥搅拌桩来说,其桩径截面是由两个圆相交而组成的图形,如图 7.7 所示,所以桩径截面积应按两个圆面积之和减去重叠部分(由两个弓形组成)面积来计算。

$$桩径截面积\ S = 2\pi r^2 + r^2(\sin\theta - \theta)$$

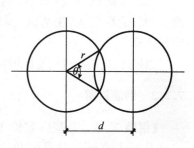

图 7.7　双轴截面积

式中:$\theta = 2\arccos\left(\dfrac{d}{2r}\right)$。

注意:式中的 θ 必须用弧度来计量;计算时,可把计算器设置在弧度(RAD)状态;如 θ 为角度,只需乘以 $\left(\dfrac{\pi}{180}\right)$ 即可化为弧度。

(3) 高压旋喷桩是以高压旋转的喷嘴将水泥浆喷入土层与土体混合,形成连续搭接的水泥加固体。施工占地少、振动小、噪声较低,但容易污染环境,成本较高,对于特殊的不能使喷出浆液凝固的土质不宜采用。钻孔长度按自然地面至设计桩底标高以长度计算,喷浆按设计加固桩的截面面积乘以设计桩长以体积计算。

(4) 灰土挤密桩是将钢管打入土中,将管拔出后,在形成的桩孔回填 3∶7 灰土加以夯实而成。适用于处理湿陷性黄土、素填土以及杂填土地基。多用于加固杂填土地基、挤密土层。成孔方法与混凝土灌注桩比较类似,灰土 3∶7 为指石灰和黏土的体积为 3∶7,其工程量按设计图示尺寸以桩长计算(包括桩尖)。

(5) 压密注浆是利用较高的压力灌入浓度较大的水泥浆或化学浆液,注浆开始时浆液总是先充填较大的空隙,然后在较大的压力下渗入土体孔隙。随着土层孔隙水压力升高挤压土体,直至出现剪切裂缝,产生劈裂,浆液随之充填裂缝,形成浆脉,使得土体内形成新的网状骨架结构。浆脉在形成过程中由于占据了土体中一部分空间,加上土层内孔隙被浆液所渗透,从而将土体挤密,构成了新的浆脉复合地基,改善了土体的强度和防渗性能,同时也改变了土体物理力学性质,提高了软土地基的承载力。其钻孔按设计长度计算。

注浆工程量按以下方式计算:设计图纸注明加固土体体积的,按注明的加固体积计算;

设计图纸按布点形式图示土体加固范围的,则按两孔间距的一半作为扩散尺寸,以布点边线各加扩散半径形成计算平面,计算注浆体积;如果设计图纸上注浆点在钻孔灌注桩之间,按两注浆孔距的一半作为每孔的扩散半径,以此圆柱体体积计算。

2.基坑及边坡支护

(1)基坑锚喷护壁成孔、斜拉锚桩成孔及孔内注浆按设计图示尺寸以长度计算。护壁喷射混凝土按设计图示尺寸以面积计算。基坑锚喷护壁施工工艺见图7.8所示。

(2)土钉支护钉土锚杆按设计图示尺寸以长度计算。挂钢筋网按设计图纸以面积计算。

(3)基坑钢管支撑以坑内的钢直柱、支撑、围檩、活络接头、法兰盘、预埋铁件的合并质量计算。

(4)打、拔钢板桩按设计钢板桩质量计算。

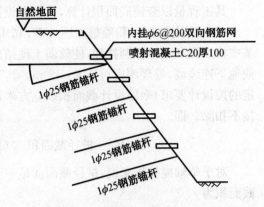

图7.8 基坑锚喷护壁施工工艺

7.2.3 例题讲解

【例题7.4】 某基坑支护工程采用钻孔灌注桩加单排锚杆方案,基坑长度240 m,锚杆孔径150 mm,钻孔倾角为15°,锚杆采用2φ25钢筋;间距2.0 m,长度15.0 m,采用二次注浆,水泥选用42.5级普通硅酸盐水泥,一次注浆压力0.4~0.8 MPa,二次注浆压力1.2~1.5 MPa,注浆量不小于40 L/m,计算该工程工程量、综合单价及合价(管理费和利润按定额中费率),锚头工程量不计。

解:(1)列项目:水平成孔(150 mm以内)(2-25)、人工钉土锚杆(2-31)、一次注浆(2-26)、再次注浆(2-27)。

(2)计算工程量:

水平成孔(150 mm以内):(240/2+1)×15=1 815 m

人工钉土锚杆:(240/2+1)×15=1 815 m

一次注浆:(240/2+1)×15=1 815 m

再次注浆:(240/2+1)×15=1 815 m

锚杆重量(每100 m):2×3.85×100/1 000=0.770 t

(3)套定额,计算结果见表7.8所示。

表7.8 套用定额子目综合单价计算表

序号	定额编号	子目名称	计量单位	工程量	综合单价	合价(元)
1	2-25	水平成孔(150 mm以内)	100 m	18.15	2 244.28	40 733.68
2	2-31 换	人工钉土锚杆	100 m	18.15	4 291.61	77 892.69
3	2-26	一次注浆	100 m	18.15	5 246.47	95 223.43
4	2-27	再次注浆	100 m	18.15	3 921.40	71 173.41
合计						285 023.21

注:2-31换:2 147.34+(0.77×1.02)×4 020.00-1 013.04=4 291.61元

答:该基坑支护工程合价为285 023.21元。

7.3　桩基工程

7.3.1　桩基工程的有关规定

（1）本定额适用于一般工业与民用建筑工程的桩基础，不适用于支架上、室内打桩。打试桩可按相应定额项目的人工、机械乘系数 2，试桩期间的停置台班结算时应按实调整。

（2）本定额打桩机的类别、规格执行中不换算。打桩机及为打桩机配套的施工机械的进（退）场费和组装、拆卸费用，另按实际进场机械的类别、规格计算。

（3）预制钢筋混凝土方桩的制作费，另按相关章节规定计算。打桩如设计有接桩，另按接桩定额执行。

（4）本定额土壤级别已综合考虑，执行中不换算。子目中的桩长度是指包括桩尖及接桩后的总长度。

（5）电焊接桩钢材用量，设计与定额不同时，按设计用量乘系数 1.05 调整，人工、材料、机械消耗量不变。

（6）每个单位工程的打（灌注）桩工程量小于表 7.9 规定数量时，其人工、机械（包括送桩）按相应定额项目乘系数 1.25。

表 7.9　单位打桩工程量表

项目	工程量（m³）	项　　目	工程量（m³）
预制钢筋混凝土方桩	150	打孔灌注桩、碎石桩、砂石桩	100
预制钢筋混凝土离心管桩（空心方桩）	50	钻孔灌注混凝土桩	60
打孔灌注混凝土桩	60		

（7）本定额以打直桩为准，如打斜桩，斜度在 1：6 以内者，按相应定额项目人工、机械乘系数 1.25，如斜度大于 1：6 者，按相应定额项目人工、机械乘系数 1.43。

（8）地面打桩坡度以小于 15°为准，大于 15°打桩按相应定额项目人工、机械乘系数 1.15。如在基坑内（基坑深度大于 1.15 m）打桩或在地坪上打坑槽内（坑槽深度大于 1.0 m）桩时，按相应定额项目人工、机械乘系数 1.11。

（9）各种灌注桩中的材料用量预算暂按表 7.10 中的充盈系数和操作损耗计算，结算时充盈系数按打桩记录灌入量进行调整，操作损耗不变。各种灌注桩中设计钢筋笼时，按钢筋笼定额执行。设计混凝土强度、等级或砂、石级配与定额取定不同时，应按设计要求调整材料，其他不变。

$$换算后的充盈系数 = \frac{实际灌入混凝土量}{按设计图计算混凝土量 \times （1 + 操作损耗率）}$$

（10）钻孔灌注混凝土桩的钻孔深度是按 50 m 内综合编制的，超过 50 m 桩，钻孔人工、机械乘系数 1.10。人工挖孔灌注混凝土桩的挖孔深度是按 15 m 内综合编制的，超过 15 m 的桩，挖孔人工、机械乘系数 1.20。

（11）本定额打桩（包括方桩、管桩）已包括 300 m 内的场内运输，实际超过 300 m 时，应按构件运输相应定额执行，并扣除定额内的场内运输费。

表 7.10　灌注桩充盈系数和操作损耗率

项目名称	充盈系数	操作损耗率(%)
打孔沉管灌注混凝土桩	1.20	1.50
打孔沉管灌注砂(碎石)桩	1.20	2.00
打孔沉管灌注砂石桩	1.20	2.00
钻孔灌注混凝土桩(土孔)	1.20	1.50
钻孔灌注混凝土桩(岩石孔)	1.10	1.50
打孔沉管夯扩灌注混凝土桩	1.15	2.00

（12）本定额不包括打桩、送桩后场地隆起土的清除及填桩孔的处理（包括填的材料），现场实际发生时，应另行计算。

（13）凿出后的桩端部钢筋与底板或承台钢筋焊接应按计价定额相应项目执行。

（14）坑内钢筋混凝土支撑需截断按截断桩定额执行。

（15）打孔沉管灌注桩分单打、复打，第一次按单打桩定额执行，在单打的基础上再次打，按复打桩定额执行。打孔夯扩灌注桩一次夯扩执行一次夯扩定额，再次夯扩时，应执行二次夯扩定额，最后在管内灌注混凝土到设计高度按一次夯扩定额执行。使用预制钢筋混凝土桩尖时，钢筋混凝土桩尖另加，定额中活瓣桩尖摊销费应扣除。

（16）因设计修改在桩间补打桩时，补打桩按相应打桩定额项目人工、机械乘系数 1.15。

7.3.2　工程量计算规则

1. 打预制钢筋混凝土桩的体积，按设计桩长（包括桩尖，不扣除桩尖虚体积）乘以桩截面面积；管桩（空心方桩）的空心体积应扣除，管桩（空心方桩）的空心部分设计要求灌注混凝土或其他填充材料时，应另行计算。

2. 接桩：按每个接头计算。

3. 送桩：以送桩长度（自桩顶面至自然地坪另加 500 mm）乘桩截面面积以体积计算。

4. 打孔沉管、夯扩灌注桩：

（1）灌注混凝土、砂、碎石桩使用活瓣桩尖时，单打、复打桩体积均按设计桩长（包括桩尖）另加 250 mm（设计有规定，按设计要求）乘以标准管外径以体积计算。使用预制钢筋混凝土桩尖时，单打、复打桩体积均按设计桩长（不包括预制桩尖）另加 250 mm 乘以标准管外径以体积计算。

（2）打孔、沉管灌注桩空沉管部分，按空沉管的实体积计算。

（3）夯扩桩体积分别按每次设计夯扩前投料长度（不包括预制桩尖）乘以标准管内径体积计算，最后管内灌注混凝土按设计桩长另加 250 mm 乘以标准管外径体积计算。

（4）打孔灌注桩、夯扩桩使用预制钢筋混凝土桩尖的，桩尖个数另列项目计算，单打、复打的桩尖按单打、复打次数之和计算，桩尖费用另计。

5. 泥浆护壁钻孔灌注桩：

（1）钻土孔与钻岩石孔工程量应分别计算。钻土孔自自然地面至岩石表面之深度乘以设计桩截面面积以体积计算；钻岩石孔以入岩深度乘桩截面面积以体积计算。

（2）混凝土灌入量以设计桩长（含桩尖长）另加一个直径（设计有规定的，按设计要求）

乘以桩截面积以体积计算;地下室基础超灌高度按现场具体情况另行计算。

(3) 泥浆外运的体积按钻孔的体积计算。

6. 凿灌注混凝土桩头按体积计算,凿、截断预制方(管)桩均以根计算。

7.3.3 例题讲解

【例题 7.5】 某单位工程桩基础如图 7.9 所示,设计为钢筋混凝土预制方桩,截面为 350 mm×350 mm,每根桩长 18 m (6+6+6),共 180 根。桩顶面标高−3.00 m,设计室外地面标高−0.600 m,静力压桩机施工,方桩包角钢接头。计算打桩、接桩及送桩工程量,并根据计价定额计算定额综合单价及合价(不考虑价差)。

分析:静力压桩 12 m 内的接桩按接桩定额执行,12 m 以上的接桩其人工及打桩机械已包括在相应打桩项目内,因此,12 m 以上桩接桩只计接桩的材料费和电焊机的费用。

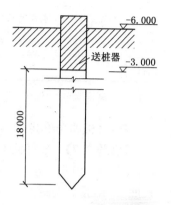

图 7.9 预制桩

解:(1) 列项目:3-14、3-25、3-18。

(2) 计算工程量。

打桩工程量 $V = 0.35 \times 0.35 \times 18 \times 180 = 396.90$ m³

接桩工程量:接头数量 $2 \times 180 = 360$ 个

送桩工程量:$V' = 0.35 \times 0.35 \times (3 - 0.6 + 0.5) \times 180 = 63.95$ m³

(3) 套定额,计算结果见表 7.11 所示。

表 7.11 计算结果

序号	定额编号	项目名称	计量单位	工程量	综合单价(元)	合价(元)
1	3-14	打预制混凝土方桩桩长 18 m 以内	m³	396.9	236.91	94 029.58
2	3-25 换	方桩包角钢接头	个	360	231.44	83 318.40
3	3-18	送预制混凝土方桩桩长 18 m 以内	m³	63.95	190.67	12 193.35
合计						189 541.33

注:3-25 换:205.47+22.01×(1+11%+7%)=231.44 元/个

答:打预制混凝土方桩 396.9 m³,接桩 360 个,送桩 63.95 m³,打桩合价共计 189 541.33 元。

【例题 7.6】 某打桩工程如图 7.10 所示,设计震动沉管灌注混凝土桩 20 根,单打,桩径 ϕ450(桩管外径 ϕ426),桩设计长度 20 m,预制混凝土桩尖,经现场打桩记录单打实际灌注混凝土 70 m³,市场信息价为 50 元/个,其余不计,现计算打桩的综合单价及价格。

分析:该题主要考查在灌注桩中的混凝土充盈系数的调整。

解:(1) 列项目:3-55、补。

(2) 计算工程量。

打桩工程量 $V = \pi r^2 h$

$\qquad = 3.14 \times 0.213^2 \times (20 + 0.25) \times 20$

$\qquad = 57.70$ m³

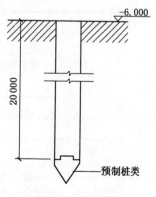

图 7.10 现浇桩 a

预制桩尖工程量＝20 个

(3) 套定额,计算结果见表 7.12 所示。

表 7.12　计算结果

序号	定额编号	项目名称	计量单位	工程量	综合单价(元)	合价(元)
1	3-55 换	打震动沉管灌注桩 15 m 以上	m³	57.70	581.59	33 557.74
2	补	预制桩尖	个	20	50	1 000
合计						34 557.74

注:3-55 换:$579.60-334.44+\dfrac{70}{57.70}\times1.015\times274.58-1.68=581.59$ 元/m³(充盈系数、桩尖换算)。

答:打桩的合价共计 34 557.74 元。

【例题 7.7】 某打桩工程如图 7.11 所示,设计震动沉管灌注混凝土桩 40 根,复打一次,桩径 $\phi450$(桩管外径 $\phi426$),桩设计长度 18 m,预制混凝土桩尖,市场信息价为 50 元/个,其余不计,现计算打桩的综合单价及合价。

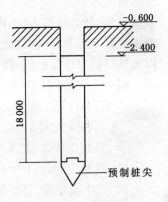

图 7.11　现浇桩 b

分析:该题在子目换算中要注意管理费和利润的费率,应该照打桩工程的费率计算。

解:(1) 列项目:3-55、3-55、3-55、补。

(2) 计算工程量。

单打工程量 $V_1=\pi r^2 h$

$=3.14\times0.213^2\times(18+2.4-0.6)\times40$

$=112.83\ \text{m}^3$

复打工程量 $V_2=3.14\times0.213^2\times(18+0.25)\times40$

$=104.00\ \text{m}^3$

空沉管工程量 $V_3=3.14\times0.213^2\times(2.4-0.6-0.25)\times40$

$=8.84\ \text{m}^3$

预制桩尖工程量＝$2\times40=80$ 个

(3) 套定额,计算结果见表 7.13 所示。

表 7.13　计算结果

序号	定额编号	项目名称	计量单位	工程量	综合单价(元)	合价(元)
1	3-55 换	打震动沉管灌注桩 15 m 以上	m³	112.83	577.92	65 200.93
2	3-55 换	复打沉管灌注桩 15 m 以上	m³	104.00	506.79	52 706.16
3	3-55 换	空沉管	m³	8.84	132.24	1 169.00
4	补	预制桩尖	个	80	50	4 000.00
合计						123 076.09

注:① 3-55 换　单打:$579.60-1.68=577.92$ 元/m³
　② 3-55 换　复打:$579.60-334.44+1.015\times274.58-0.07\times(97.02+91.99)\times(1+11\%+7\%)-1.68$
$=506.79$ 元/m³(按《江苏省建筑与装饰工程计价定额》中《桩基工程》第 94 页附注换算)。
　③ 3-55 换　空沉管:$579.60-334.44-(11.92+14.44+0.7\times97.02)\times(1+11\%+7\%)-1.68=132.24$ 元/m³
(按《江苏省建筑与装饰工程计价定额》中《桩基工程》第 94 页附注换算)。

答:打桩的合价为 123 076.09 元。

7.4 砌筑工程

7.4.1 砌筑工程定额说明

1. 砌砖、砌块墙

(1) 标准砖墙不分清、混水墙及艺术形式复杂程度。砖券、砖过梁、砖圈梁、腰线、砖垛、砖挑檐、附墙烟囱等因素已综合在定额内,不得另立项目计算。阳台砖隔断按相应内墙定额执行。

(2) 砌体使用配砖与定额不同时,不做调整。

(3) 空斗墙中门窗立边、门窗过梁、窗台、墙角、檩条下、楼板下、踢脚线部分和屋檐处的实砌砖已包括在定额内,不得另列项目计算。空斗墙中遇有实砌钢筋砖圈梁及单面附垛时,应另列项目按零星砌砖定额执行。

(4) 砌块墙、多孔砖墙中,窗台虎头砖、腰线、门窗洞边接茬用标准砖已包括在定额内。

(5) 各种砖砌体的砖、砌块是按表 7.14 所列规格编制的,规格不同时,可以换算。

(6) 除标准砖墙外,其他品种砖弧形墙其弧形部分每立方米砌体按相应项目人工增加15%,砖 5%,其他不变。

(7) 砌砖、块定额中已包括了门、窗框与砌体的原浆勾缝在内,砌筑砂浆强度等级按设计规定应分别套用。

(8) 砖砌体内的钢筋加固及转角、内外墙的搭接钢筋以"吨"计算,按"砌体、板缝内加固钢筋"定额执行。砖砌挡土墙以顶面宽度按相应墙厚内墙定额执行,顶面宽度超过 1 砖按砖基础定额执行。

表 7.14 砖、砌块规格表

砖名称	长×宽×高(mm×mm×mm)
普通黏土(标准)砖	240×115×53
KP1 多孔砖	240×115×90
七五配砖	190×90×40
多孔砖	240×240×115、240×115×115
KM1 黏土空心砖	190×190×90、190×90×90
三孔砖	190×190×90
六孔砖	190×190×140
九孔砖	190×190×190
页岩模数多孔砖	240×190×90、240×140×90、240×90×90、190×120×90
普通混凝土小型空心砌块(双孔)	390×190×190
普通混凝土小型空心砌块(单孔)	190×190×190、190×190×90
粉煤灰硅酸盐砌块	880×430×240、580×430×240 430×430×240、280×430×240
加气混凝土块	600×240×150、600×200×250、600×100×250

(9) 零星砌砖指砖砌门蹲、房上烟囱、地垄墙、水槽、水池脚、垃圾箱、台阶面上矮墙、花台、煤箱、垃圾箱、容积在 3 m³ 内的水池、大小便槽(包括踏步)、阳台栏板等砌体。

(10) 砖砌围墙如设计为空斗墙、砌块墙时,应按相应项目执行,其基础与墙身除定额注明外应分别套用定额。

2. 砌石

(1) 定额分为毛石、方整石砌体两种。毛石系指无规则的乱毛石,方整石系指已加工好有面、有线的商品方整石(方整石砌体不得再套打荒、錾凿、剁斧项目)。

(2) 毛石、方整石零星砌体按窗台下墙相应定额执行,人工乘系数 1.10。毛石地沟、水池按窗台下石墙定额执行。毛石、方整石围墙按相应墙定额执行。砌筑圆弧形基础、墙(含砖、石混合砌体),人工按相应项目乘系数 1.10,其他不变。

3. 构筑物

砖烟囱毛石砌体基础按水塔的相应项目执行。

4. 基础垫层

(1) 整板基础下垫层采用压路机碾压时,人工乘以系数 0.9,垫层材料乘以系数 1.15,增加光轮压路机(8 t)0.022 台班,同时扣除定额中的电动夯实机台班(已有压路机的子目除外)。

(2) 混凝土垫层应另行执行相应子目。

7.4.2 砌筑工程工程量计算规则

1. 砌筑工程量一般规则

(1) 计算墙体工程量时,应扣除门窗、洞口、嵌入墙身的钢筋混凝土柱、梁、过梁、圈梁、挑梁及凹进墙内的管槽、暖气槽、消火栓箱、壁龛的体积,不扣除梁头、板头、檩头、垫木、木楞头、沿椽木、木砖、门窗走头、砖砌体内的加固钢筋、木筋、铁件、钢管及每个面积在 0.3 m² 以下的孔洞等所占的体积。凸出墙面的窗台线、虎头砖、压顶线、门窗套、腰线、挑檐等体积亦不增加。

(2) 凸出墙面的砖垛并入墙身体积内计算。

(3) 附墙烟囱、通风道、垃圾道按其外形体积并入所依附的墙体积内合并计算,不扣除每个横截面在 0.1 m² 以内的孔洞体积。

(4) 弧形墙按其弧形墙中心线部分的体积计算。

2. 墙体厚度按如表 7.15 的规定计算

表 7.15 标准砖计算厚度表

砖墙计算厚度(mm)	1/4 砖	半砖	3/4 砖	1 砖	1 砖半	2 砖
标准砖	53	115	178	240	365	490

3. 基础与墙身的划分

(1) 砖墙

① 基础与墙身使用同一种材料时,以设计室内地坪(有地下室者以地下室设计室内地坪)为界,以下为基础,以上为墙身。

② 基础、墙身使用不同材料时,位于设计室内地坪±300 mm 以内,以不同材料为分界线,超过±300 mm,以设计室内地坪分界。

（2）石墙：外墙以设计室外地坪，内墙以设计室内地坪为界，以下为基础，以上为墙身。

（3）砖石围墙以设计室外地坪为分界线，以下为基础，以上为墙身。

4. 砖石基础长度的确定

（1）外墙墙基按外墙中心线长度计算。

（2）内墙墙基按内墙基最上一步净长度计算。基础大放脚T形接头处重叠部分以及嵌入基础的钢筋、铁件、管道、基础防水砂浆防潮层、通过基础单个面积在 0.3 m^2 以内孔洞所占的体积不扣除，但靠墙暖气沟的挑檐亦不增加。附墙垛基础宽出部分体积，并入所依附的基础工程量内。砖砌大放脚折加高度见表 7.16 所示。

表 7.16　砖砌大放脚折加高度表

放脚层数	折加高度(m)												增加断面(m²)	
	基础墙厚(mm)													
	115		240		365		490		615		740			
	等高	不等高	等高	不等高	等高	不等高	等高	不等高	等高	不等高	等高	不等高	等高	不等高
1	0.137	0.137	0.066	0.066	0.043	0.043	0.032	0.032	0.026	0.026	0.021	0.021	0.015 75	0.015 75
2	0.411	0.343	0.197	0.164	0.129	0.108	0.096	0.080	0.077	0.064	0.064	0.053	0.047 25	0.039 38
3	0.822	0.685	0.394	0.328	0.259	0.216	0.193	0.161	0.154	0.128	0.128	0.106	0.094 5	0.078 75
4	1.369	1.096	0.656	0.525	0.432	0.345	0.321	0.257	0.259	0.205	0.213	0.170	0.157 5	0.126 0
5	2.054	1.643	0.984	0.788	0.647	0.518	0.482	0.386	0.384	0.307	0.319	0.255	0.236 3	0.189
6	2.876	2.260	1.378	1.083	0.906	0.712	0.675	0.530	0.538	0.423	0.447	0.351	0.330 8	0.259 9
7			1.838	1.444	1.208	0.949	0.900	0.707	0.717	0.563	0.596	0.468	0.441 0	0.346 5
8			2.363	1.838	1.553	1.208	1.157	0.900	0.922	0.717	0.766	0.596	0.567 0	0.441 1
9			2.953	2.297	1.942	1.510	1.447	1.125	1.153	0.896	0.958	0.745	0.708 8	0.551 3
10			3.610	2.789	2.372	1.834	1.768	1.366	1.409	1.088	1.171	0.905	0.866 3	0.669 4

5. 墙身长度的确定

外墙按外墙中心线，内墙按内墙净长线计算。

6. 墙身高度的确定：设计有明确高度时以设计高度计算，未明确时按下列规定计算。

（1）外墙：坡（斜）屋面无檐口天棚者，算至墙中心线屋面板底；有屋架且室内外均有天棚者，算至屋架下弦底面另加 200 mm，无天棚，算至屋架下弦另加 300 mm；出檐宽度超过 600 mm 时按实砌高度计算；有现浇钢筋混凝土平板楼层者，应算至平板底面；有女儿墙应自外墙梁（板）顶面至图示女儿墙顶面，有混凝土压顶者，算至压顶底面，分别以不同厚度按外墙定额执行。

（2）内墙：内墙位于屋架下，其高度算至屋架下弦底，无屋架，算至天棚底另加 100 mm；有钢筋混凝土楼板隔层者，算至钢筋混凝土板底，有框架梁时，算至梁底面；同一墙上板厚不同时，按平均高度计算。

7. 框架间砌体不分内、外墙按墙体净尺寸以体积计算，套相应定额。框架外表面镶包砖部分，按零星砌砖子目计算。

8. 空斗墙、空花墙、围墙的计算

(1) 空花墙按空花部分的外形体积以立方米计算,不扣除空洞部分体积。空花墙外有实砌墙,其实砌部分应以体积另列项目计算。

(2) 空斗墙按外形尺寸以体积计算(计算规则同实心墙)。

(3) 围墙:砖砌围墙按设计图示尺寸以体积计算,其围墙附垛及砖压顶应并入墙身工程量内;砖围墙上有混凝土花格、混凝土压顶时,混凝土花格及压顶应按计价定额规定另行计算,其围墙高度算至混凝土压顶下表面。

9. 多孔砖、空心砖墙按图示墙厚以体积计算,不扣除砖孔空心部分体积。

10. 填充墙按外形体积以体积计算,其实砌部分及填充料已包括在定额内,不另计算。

砖柱基、柱身不分断面均以设计体积计算,柱身、柱基工程量合并套"砖柱"定额。柱基与柱身砌体品种不同时,应分开计算并分别套用相应定额。

11. 砖砌地下室墙身及基础按设计图示以体积计算,内、外墙身工程量合并计算按相应内墙定额执行。墙身外侧面砌贴砖按设计厚度以体积计算。

12. 加气混凝土、硅酸盐砌块、小型空心砌块墙按图示尺寸以体积计算,砌块本身空心体积不予扣除。砌体中设计钢筋砖过梁时,应另行计算,套"零星砌砖"定额。

13. 毛石墙、方整石墙按图示尺寸以体积计算。方整石墙单面出垛并入墙身工程量内,双面出墙垛按柱计算。标准砖镶砌门、窗口立边、窗台虎头砖、钢筋砖过梁等按实砌砖体积另列项目计算,套"零星砌砖"定额。

14. 墙基防潮层按墙基顶面水平宽度乘以长度以面积计算,有附垛时将附垛面积并入墙基内。

15. 其他

(1) 砖砌台阶按水平投影面积以面积计算。

(2) 毛石、方整石台阶均以图示尺寸按体积计算,毛石台阶按毛石基础定额执行。

(3) 墙面、柱、底座、台阶的剁斧以设计展开面积计算;窗台、腰线以 10 延长米计算。

(4) 砖砌地沟沟底与沟壁工程量合并以体积计算。

(5) 毛石砌体打荒、錾凿、剁斧按砌体裸露外表面积计算(錾凿包括打荒,剁斧包括打荒、錾凿,打荒、錾凿、剁斧不能同时列入)。

16. 烟囱

(1) 砖烟囱基础

砖烟囱基础与砖筒身的划分以基础大放脚的扩大顶面为界,以上为筒身,以下为基础。

(2) 烟囱筒身

① 烟囱筒身不分方形、圆形均按体积计算,应扣除孔洞及钢筋混凝土过梁、圈梁所占体积。筒身体积应以筒壁平均中心线长度乘厚度。圆筒壁周长不同时,可按下式分段计算:

$$V = H \times C \times \pi \times D$$

式中:V——筒身体积;

H——每段筒身垂直高度;

C——每段筒壁砖厚度;

D——每段筒壁中心线的平均直径。

② 砖烟囱筒身原浆勾缝和烟囱帽抹灰,已包括在定额内,不另计算。如设计加浆勾缝者,可按计价定额第十四章中勾缝项目计算,原浆勾缝的工、料不予扣除。

③ 砖烟囱的钢筋混凝土圈梁和过梁,按实体积计算,套用其他章节的相应项目执行。

④ 烟囱的钢筋混凝土集灰斗(包括分隔墙、水平隔墙、柱、梁等)应按其他章节相应项目计算。

⑤ 砖烟囱、烟道及砖内衬,设计采用加工楔形砖时,其加工楔形砖的数量应按施工组织设计数量,另列项目按楔形砖加工相应定额计算。

⑥ 砖烟囱砌体内采用钢筋加固者,应根据设计重量按"砌体、板缝内加固钢筋"定额计算。

(3) 烟囱内衬

① 按不同种类烟囱内衬,以实体积计算,并扣除各种孔洞所占的体积。

② 填料按烟囱筒身与内衬之间的体积计算,扣除各种孔洞所占的体积,但不扣除连接横砖(防沉带)的体积。填料所需的人工已包括在砌内衬定额内。

③ 为了内衬的稳定及防止隔热材料下沉,内衬伸入筒身的连接横砖,已包括在内衬定额内,不另计算。

④ 为防止酸性黏液渗入内衬与混凝土筒身间,而在内衬上抹水泥排水坡的,其工料已包括在定额内,不另计算。

(4) 烟道砌砖

① 烟道与炉体的划分,以第一道闸门为准。在第一道闸门之前的砌体应列入炉体工程量内。

② 烟道中的钢筋混凝土构件,应按钢筋混凝土分部相应定额计算。

17. 水塔

(1) 基础:各种基础均以实体积计算(包括基础底板和筒座),筒座以上为塔身,以下为基础。

(2) 筒身:

① 砖砌塔身不分厚度、直径均以实体积计算,并扣除门窗洞口和钢筋混凝土构件所占体积。砖磁胎板工、料已包括在定额内,不另计算。

② 砖砌筒身设置的钢筋混凝土圈梁以实体积计算,按其他章节相应项目执行。

(3) 水槽内、外壁:

① 与塔顶、槽底(或斜壁)相连系的圈梁之间的直壁为水槽内、外壁;设保温水槽的外保护壁为外壁;直接承受水侧压力的水槽壁为内壁。非保温水箱的水槽壁按内壁计算。

② 水槽内、外壁以实体积计算。

(4) 倒锥壳水塔:

基础按相应水塔基础的规定计算。

18. 基础垫层

(1) 基础垫层按设计图示尺寸以体积计算。

(2) 外墙基础垫层长度按外墙中心线长度计算,内墙基础垫层长度按内墙基础垫层净长计算。

7.4.3 例题讲解

【例题 7.8】 计算图 7.6 所示基础部分砖基础的工程量。

分析:图 7.6 所示砖基础在独立基础之间,因此它们的长度均按净长计算,该砖基础净长的示意图,如图 7.12 所示。按题目情况,砖基础可以用独立基础之间体积加上 A 区域体积计算。

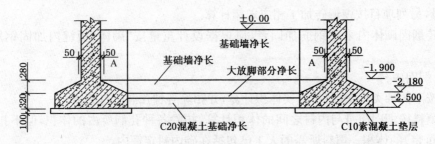

图 7.12　基础部分净长计算图

解:(1) 独立基础之间断面积。

$0.24 \times (2.3 + 0.066) = 0.568$ m²

(2) 砖基础体积。

①、③轴线:[$0.568 \times (6 - 2 \times 0.88) + 0.05 \times 1.9 \times 0.24 \times 2 + (1.9 + 2.18) \times 0.55 \div 2 \times 0.24 \times 2] \times 2 = 5.985$ m³

② 轴线:$0.568 \times (6 - 2 \times 1.13) + 0.05 \times 1.9 \times 0.24 \times 2 + (1.9 + 2.18) \times 0.8 \div 2 \times 0.24 \times 2 = 2.953$ m³

Ⓐ、Ⓑ轴线:[$0.568 \times (4 - 0.8 - 1.05) + 0.05 \times 1.9 \times 0.24 \times 2 + (1.9 + 2.18) \times 0.6 \div 2 \times 0.24 + (1.9 + 2.18) \times 0.85 \div 2 \times 0.24] \times 4 = 7.903$ m³

(3) 合计。

$5.985 + 2.953 + 7.903 = 16.84$ m³

答:图 7.6 所示基础部分砖基础的体积为 16.84 m³。

【例题 7.9】 图 7.13 为某办公楼底层平面图,层高为 3 m,楼面为 100 mm 厚现浇平板,地圈梁为 240 mm×300 mm,圈梁为 240 mm×250 mm,图纸要求 M7.5 混合砂浆砌标准一砖墙,构造柱 240 mm×240 mm(有马牙槎),M10 水泥砂浆砌标准砖砖基础(大放脚为间隔式五皮三收),按计价定额计算砖基础、砖外墙、砖内墙,并按计价表计算定额综合单价。

解:(1) 列项目:4-1、4-35、4-41。

(2) 计算工程量。

砖基础:

外墙:(23.80 + 11.80)×2×0.24×(0.50 + 0.328) = 14.15 m³

扣构造柱:(0.24×0.24×20 + 0.24×0.03×40)×0.50 = 0.72 m³

内墙:(23.56 + 10.20×2 + 12×4.76)×0.24×(0.50 + 0.328) = 20.09 m³

扣构造柱:(0.24×0.24×12 + 0.24×0.03×50)×0.50 = 0.53 m³

小计:14.15 − 0.72 + 20.09 − 0.53 = 32.99 m³

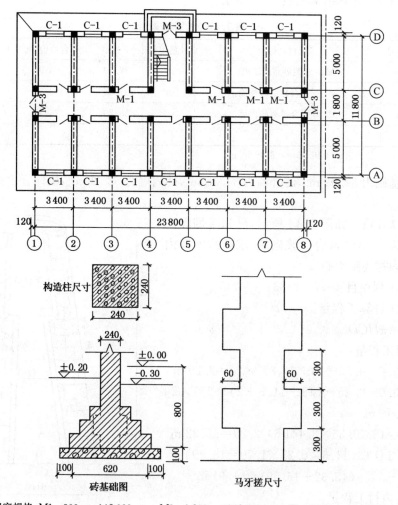

门窗规格：M1 900 mm×2 000 mm；M3 1 200 mm×2 000 mm；C1 1 500 mm×1 500 mm

图 7.13 房屋平面及基础断面图

砖外墙：

外墙：(23.80+11.80)×2×0.24×(3.00−0.25)=46.99 m³

扣门窗：(1.20×2.00×3 + 1.50×1.50×13)×0.24 =8.75 m³

扣构造柱：(0.24×0.24×20 + 0.24×0.03×40)×2.75 =3.96 m³

小计：46.99−8.75−3.96=34.28 m³

砖内墙：

(23.56 + 10.20×2 + 12×4.76)×0.24×(3.00 − 0.25)=66.71 m³

扣门：0.90×2.00×13×0.24=5.62 m³

扣构造柱：(0.24×0.24×12 + 0.24×0.03×50)×2.75 =2.89 m³

小计：66.71−5.62−2.89=58.20 m³

（3）套定额，计算结果见表 7.17 所示。

表 7.17 计算结果

序号	定额编号	项目名称	计量单位	工程量	综合单价（元）	合价（元）
1	3-1 换	M10 水泥砂浆砖基础	m³	32.99	408.95	13 491.26
2	3-29	M7.5 混合砂浆砖外墙	m³	34.28	422.66	15 174.38
3	3-33	M7.5 混合砂浆砖内墙	m³	58.20	426.57	24 826.37
合计						53 492.01

注：4-1 换：406.25－43.65＋46.35＝408.95 元/m³

答：砖基础为 32.99 m³，砖外墙为 34.28 m³，砖内墙为 58.20 m³，砌体合价为 53 492.01 元。

【例题 7.10】 如图 7.14 所示，已知砖烟囱高 30 m，筒身采用 M10 混合砂浆砌筑，求砖烟囱及内衬工程量（内衬为耐火砖）。

解：（1）列项目 4-77，4-83。

（2）计算工程量。

$$V=\pi HCD$$

砖烟囱工程量：

$D_1=(3.0-0.35-18\div2\times2\%\times2)=2.29$ m

$D_2=[3.0-0.25-(18+11.8\div2)\times2\%\times2]$
　　$=1.79$ m

则：$V_1=18\times0.35\times3.1416\times2.29=45.32$ m³

$V_2=3.1416\times11.8\times0.25\times1.79=16.59$ m³

$V=V_1+V_2=(45.32+16.59)=61.91$ m³

耐火砖内衬工程量：

$D_3=(2.29-0.35-0.12)=1.82$ m

$D_4=1.79-0.25-0.12=1.42$ m

$V_3=18\times0.12\times3.1416\times1.82=12.35$ m³

$V_4=11.8\times0.12\times3.1416\times1.42=6.32$ m³

$V=V_3+V_4=12.35+6.32=18.67$ m³

（3）套定额，计算结果见表 7.18 所示。

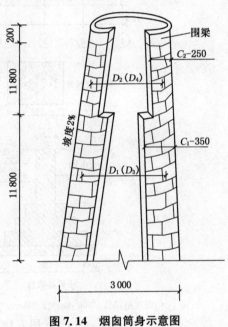

图 7.14 烟囱筒身示意图

表 7.18 计算结果

序号	定额编号	项目名称	计量单位	工程量	综合单价（元）	合价（元）
1	4-77 换	M10 混合砂浆砖烟囱	m³	61.91	577.76	35 769.12
2	4-83	耐火砖烟囱内衬	m³	18.67	2 536.77	47 361.50
合计						83 130.62

注：4-77 换：575.67－49.80＋51.89＝577.76 元/m³

答：砖烟囱工程量为 61.91 m³，内衬工程量为 18.67 m³，合价为 83 130.62 元

7.5   钢筋工程

7.5.1   钢筋定额使用说明

1. 钢筋工程以钢筋的不同规格、不分品种按现浇构件钢筋、现场预制构件钢筋、加工厂预制构件钢筋、预应力构件钢筋、点焊网片分别编制定额项目。

2. 钢筋工程内容包括：除锈、平直、制作、绑扎（点焊）、安装以及浇灌混凝土时维护钢筋用工。

3. 钢筋搭接所耗用的电焊条、电焊机、铅丝和钢筋余头损耗已包括在定额内，设计图纸注明的钢筋接头长度以及未注明的钢筋接头按规范的搭接长度应计入设计钢筋用量中。

4. 先张法预应力构件中的预应力、非预应力钢筋工程量应合并计算，按预应力钢筋相应项目执行；后张法预应力构件中的预应力钢筋、非预应力钢筋应分别套用定额。

5. 预制构件点焊钢筋网片已综合考虑了不同直径点焊在一起的因素，如点焊钢筋直径粗细比在两倍以上时，其定额工日按该构件中主筋的相应子目乘系数 1.25，其他不变（主筋是指网片中最粗的钢筋）。

6. 粗钢筋接头采用电渣压力焊、套管接头、锥螺纹等接头者，应分别执行钢筋接头定额。计算了钢筋接头不能再计算钢筋搭接长度。

7. 非预应力钢筋不包括冷加工，设计要求冷加工时，应另行处理。预应力钢筋设计要求人工时效处理时，应另行计算。

8. 后张法钢筋的锚固是按钢筋帮条焊 V 型垫块编制的，如采用其他方法锚固时，应另行计算。

9. 对构筑物工程，其钢筋可按表 7.19 所列系数调整定额中人工和机械用量。

表 7.19   构筑物钢筋工程系数调整表

项 目	构 筑 物					
系数范围	烟囱烟道	水塔水箱	贮仓		水池油池	栈桥通廊
			矩形	圆形		
人工机械调整系数	1.70	1.70	1.25	1.50	1.20	1.20

10. 钢筋制作、绑扎需拆分者，制作按 45%、绑扎按 55% 拆算。

11. 钢筋、铁件在加工厂制作时，由加工厂至现场的运输费应另列项目计算。在现场制作的不计算此项费用。

12. 后张法预应力钢丝束、钢绞线束不分单跨、多跨以及单向双向布筋，当构件长在 60 m 以内时，均按定额执行。定额中预应力筋按直径 5 mm 的碳素钢丝或直径 15～15.24 mm 的钢绞线编制的，采用其他规格时另行调整。定额按一端张拉考虑，当两端张拉时，有粘结锚具基价乘系数 1.14，无粘结锚具乘系数 1.07。使用转角器张拉的锚具定额人工和机械乘以系数1.1。当钢绞线束用于地面预制构件时，应扣除定额中张拉平台摊销费。单位工程后张法预应力钢丝束、钢绞线束平均每层结构设计用量在 3 吨以内时，且涉及总用量在 30 t 以内时，定额人工及机械台班有粘结张拉乘系数 1.63；无粘结张拉乘系数 1.80。

13. 本定额无粘结钢绞线束以净重计量,若以毛重(含封油包塑的重量)计量时,按净重与毛重之比 1∶1.08 进行换算。

7.5.2 工程量计算规则

编制预算时,钢筋工程量可暂按构件体积(或水平投影面积、外围面积、延长米)×钢筋含量计算,结算时按设计要求,无设计按下列规则计算:

1. 钢筋工程应区别现浇构件、预制构件、加工厂预制构件、预应力构件、点焊网片等以及不同规格分别按设计展开长度(展开长度、保护层、搭接长度应符合规范规定)乘理论质量以质量计算。

2. 计算钢筋工程量时,搭接长度按规范规定计算。当梁、板(包括整板基础)φ8 以上的通筋未设计搭接位置时,预算书暂按 9 m 一个双面电焊接头考虑,结算时应按钢筋实际定尺长度调整搭接个数,搭接方式按已审定的施工组织设计确定。

3. 先张法预应力构件中的预应力和非预应力钢筋工程量应合并按设计长度计算,按预应力钢筋定额(梁、大型屋面板、F 板执行 φ5 外的定额,其余均执行 φ5 内定额)执行。后张法预应力钢筋与非预应力钢筋分别计算,预应力钢筋按设计图规定的预应力钢筋预留孔道长度,区别不同锚具类型分别按下列规定计算:

(1) 低合金钢筋两端采用螺杆锚具时,预应力钢筋按预留孔道长度减 350 mm,螺杆另行计算。

(2) 低合金钢筋一端采用墩头插片,另一端螺杆锚具时,预应力钢筋长度按预留孔道长度计算。

(3) 低合金钢筋一端采用墩头插片,另一端采用帮条锚具时,预应力钢筋增加 150 mm,两端均用帮条锚具时,预应力钢筋共增加 300 mm 计算。

(4) 低合金钢筋采用后张混凝土自锚时,预应力钢筋长度增加 350 mm 计算。

(5) 低合金钢筋(钢绞线)采用 JM、XM、QM 型锚具,孔道长度不大于 20 m 时,钢筋长度增加 1 m 计算,孔道长度大于 20 m 时,钢筋长度增加 1.8 m 计算。

(6) 碳素钢丝采用锥形锚具,孔道长度大于 20 m 时,钢丝束长度按孔道长度增加 1 m 计算,孔道长度大于 20 m 时,钢丝束长度按孔道长度增加 1.8 m 计算。

(7) 碳素钢丝采用镦头锚具时,钢丝束长度按孔道长度增加 0.35 m 计算。

4. 电渣压力焊、直螺纹、冷压套管挤压等接头以"个"计算。预算书中,底板、梁暂按9 m长一个接头的 50% 计算;柱按自然层每根钢筋 1 个接头计算。结算时应按钢筋实际接头个数计算。

5. 桩顶部破碎混凝土后主筋与底板钢筋焊接分别分为灌注桩、方桩(离心管桩按方桩)以桩的根数计算。每根桩端焊接钢筋根数不调整。

6. 在加工厂制作的铁件(包括半成品铁件)、已弯曲成型钢筋的场外运输按吨计算。各种砌体内的钢筋加固分绑扎、不绑扎以质量计算。

7. 混凝土柱中埋设的钢柱,其制作、安装应按相应的钢结构制作、安装定额执行。

8. 基础中钢支架、预埋铁件的计算:

(1) 基础中,多层钢筋的型钢支架、垫铁、撑筋、马凳等按已审定的施工组织设计合并用量计算,执行金属结构的钢平台、走道制、安定额执行。现浇楼板中设置的撑筋按已审定的施工组织设计用量与现浇构件钢筋用量合并计算。

(2) 预埋铁件、螺栓按设计图纸以质量计算,执行铁件制安定额。

(3) 预制柱上钢牛腿按铁件以质量计算。

9. 后张法预应力钢丝束、钢绞线束按设计图纸预应力筋的结构长度(即孔道长度)加操作长度之和乘钢材理论质量计算(无粘结钢绞线封油包塑的重量不计算),其操作长度按下列规定计算:

(1) 钢丝束采用镦头锚具时,不论一端张拉或两端张拉均不增加操作长度(即结构长度等于计算长度)。

(2) 钢丝束采用锥形锚具时,一端张拉为 1.0 m,两端张拉为 1.6 m。

(3) 有粘结钢绞线采用多根夹片锚具时,一端张拉为 0.9 m,两端张拉为 1.5 m。

(4) 无粘结预应力钢绞线采用单根夹片锚具时,一端张拉为 0.6 m,两端张拉为 0.8 m。

(5) 特殊张拉的预应力筋,其操作长度应按实计算。

(6) 用转角器(变角张拉工艺)张拉操作长度应在定额规定的结构及其操作长度基础上另外增加操作长度:无粘结钢绞线每个张拉端增加 0.6 m,有粘结钢绞线每个张拉端增加 1 m。

10. 当曲线张拉时,后张法预应力钢丝束、钢绞线计算长度可按直线长度乘下列系数确定:梁高 1.50 m 内,乘 1.015;梁高在 1.50 m 以上,乘 1.025;10 m 以内跨度的梁,当矢高 650 mm 以上时,乘 1.02。

11. 后张法预应力钢丝束、钢绞线锚具,按设计规定所穿钢丝或钢绞线的孔数计算(每孔均包括了张拉端和固定端的锚具),波纹管按设计图示以延长米计算。

7.5.3 钢筋直(弯)、弯钩、圆柱、柱螺旋箍筋及其他长度的计算

1. 梁、板为简支,钢筋为 HPB 335、HRB 335 级钢时,可按下列规定计算:

(1) 直钢筋净长$=L-2c$,如图 7.15 所示。

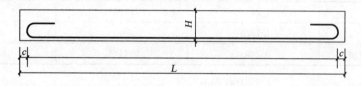

图 7.15

(2) 弯起钢筋净长$=L-2c+2\times0.414H'$,如图 7.16 所示。

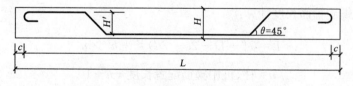

图 7.16

当 θ 为 30° 时,公式中 $0.414H'$ 改为 $0.268H'$,当 θ 为 60° 时,公式中 $0.414H'$ 改为 $0.577H'$。

(3) 弯起钢筋两端带直钩净长$=L-2c+2H''+2\times0.414H'$,如图 7.17 所示。

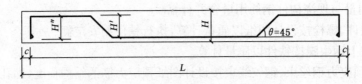

图 7.17

当 θ 为 30°时,公式中 0.414H' 改为 0.268H'

当 θ 为 60°时,公式中 0.414H' 改为 0.577H'

(4) 末端需作 90°、135°弯折时,其弯起部分长度按设计尺寸计算。

(1)(2)(3)当采用 HPB 235 级钢时,除按上述计算长度外,在钢筋末端应设弯钩,每只弯钩增加 6.25d。

2. 箍筋末端应作 135°弯钩,弯钩平直部分的长度 e,一般不应小于箍筋直径的 5 倍;对有抗震要求的结构不应小于箍筋直径的 10 倍。如图 7.18 所示。

当平直部分为 5d 时,箍筋长度

$$L=(a-2c)\times 2+(b-2c)\times 2+14d;$$

当平直部分为 10d 时,箍筋长度

$$L=(a-2c)\times 2+(b-2c)\times 2+24d。$$

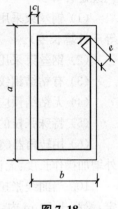

图 7.18

3. 弯起钢筋终弯点外应留有锚固长度,在受拉区不应小于 20d;在受压区不应小于 10d。弯起钢筋斜长按表 7.20 的系数计算。

表 7.20　弯起钢筋斜长系数表

弯起角度	$\theta=30°$	$\theta=45°$	$\theta=60°$
斜边长度 s	$2h_0$	$1.414h_0$	$1.155h_0$
底边长度 l	$1.732h_0$	h_0	$0.577h_0$
斜长比底长增加	$0.268h_0$	$0.414h_0$	$0.577h_0$

4. 箍筋、板筋排列根数 $=\dfrac{L-100\text{ mm}}{\text{设计间距}}+1$,但在加密区的根数按设计另增。

上式中 $L=$ 柱、梁、板净长。柱梁净长计算方法同混凝土,其中柱不扣板厚。板净长指主(次)梁与主(次)梁之间的净长。计算中有小数时,向上舍入(如:4.1 取 5)。

5. 圆桩、柱螺旋箍筋长度计算:

$$L=\sqrt{\left[\pi(D-2c+2d)\right]^2+h^2}\times n$$

其中:　　　　　　　　$n=$ 柱、桩中箍筋配置长度 $\div h+1$

上式中:D 为圆桩、柱直径;c 为主筋保护层厚度;d 为箍筋直径;h 为箍筋间距;n 为箍筋道数。

6. 其他:有设计者按设计要求,当设计无具体要求时,按 2014 计价表第四章相关规定计算。

7.5.4 平法钢筋工程量计算

1. 梁构件钢筋计算

梁平法钢筋构造如图 7.19 所示。具体钢筋分布、锚固、搭接长度及工程量计算公式详见《混凝土结构施工图平面整体表示方法制图规则和构造详图(现浇混凝土框架、剪力墙、梁、板)》(11G101-1)。

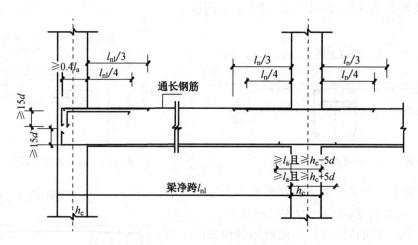

图 7.19 梁平法钢筋构造示意图

(1)梁箍筋计算。梁中箍筋如图 7.18 所示,其工程量的计算有箍筋长度的计算和箍筋根数的计算。箍筋长度的计算又分为有抗震要求和无抗震要求的两种情况,计算方法前文已做了叙述。关于箍筋根数的计算,如无加密区,数量照前文所述的计算方法计算,如有加密区间,计算公式如下:

$$箍筋总根数 = 加密区根数 \times 2 + 非加密区根数$$

其中:

$$加密区根数 = \frac{加密区长度 - 50}{加密间距} + 1$$

$$非加密区根数 = \frac{净跨长 - 左加密区长度 - 右加密区长度}{非加密间距} - 1$$

(2)梁吊筋计算:

$$吊筋长度 = 2 \times 20d \ 锚固 + 2 \times 斜段长度 + 次梁宽度 + 2 \times 50$$

2. 板钢筋计算

板需要计算钢筋种类如图 7.20 所示。有梁板钢筋构造要求、板在端支座纵筋及支座负筋的锚固构造要求详见《混凝土结构施工图平面整体表示方法制图规则和构造详图(现浇混凝土框架、剪力墙、梁、板)》(11G101-1)。

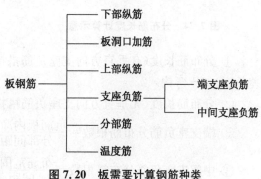

图 7.20 板需要计算钢筋种类

(1) 板顶部、底部纵筋计算公式：

① 板顶部、底部纵筋长度＝净跨＋端支座锚固长度×2

② 顶部、底板钢筋根数＝$\dfrac{布筋范围}{板筋间距}+1$

其中，布筋范围＝净跨－$\dfrac{1}{2}$板筋间距

(2) 支座负筋计算，如图 7.21～图 7.23 所示。

图 7.21　中间支座负筋计算　　　　图 7.22　板负筋长度计算

① 板端支座负筋长度＝向跨内伸出长度＋支座锚固长度＋弯折长度(板厚－保护层厚度)

② 板中间支座负筋长度＝向跨内伸出长度＋弯折长度(板厚－保护层厚度)×2

③ 板支座负筋钢筋根数＝$\dfrac{布筋范围}{板筋间距}+1$

其中，布筋范围＝净跨－$\dfrac{1}{2}$板筋间距

(3) 分布筋计算如图 7.24、图 7.25 所示。

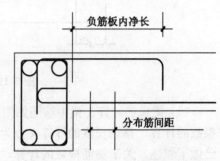

图 7.23　负筋分布筋根数计算示意

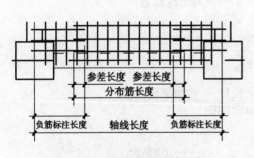

图 7.24　分布筋长度计算示意

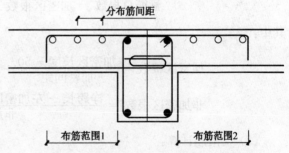

图 7.25　中间支座负筋分布筋根数计算示意

① 分布筋长度(有垂直方向支座负筋搭接)＝轴线(净跨)长度－负筋标注长度×2＋参差长度×2＋弯钩×2

② 分布筋长度(无垂直方向支座负筋搭接)＝轴线长度

③ 端支座负筋分布筋根数＝$\dfrac{负筋板内净长}{分部间距}$(向上取整)

④ 中间支座负筋分布筋根数＝$\dfrac{布筋范围1}{间距}$(向上取整)＋$\dfrac{布筋范围2}{间距}$(向上取整)

（4）温度筋计算如图 7.26、图 7.27 所示。

① 温度筋长度＝轴线长度－负筋标注长度×2＋参差长度×2＋弯钩×2

② 温度筋根数＝$\dfrac{\text{轴线长－负筋标注长×2}}{\text{温度筋间距}}-1$

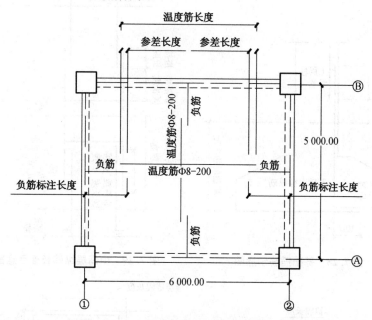

图 7.26　温度筋长度计算示意

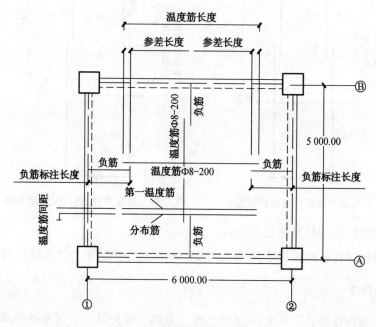

图 7.27　温度筋根数计算示意

3. 柱钢筋计算

柱钢筋需要计算纵筋、箍筋、拉筋等,其中纵筋需考虑基础插筋、中间层纵筋、顶层纵筋、顶层角柱边柱纵筋等情况,其构造如图7.28~图7.31所示。

抗震柱纵向钢筋连接构造要求详见《混凝土结构施工图平面整体表示方法制图规则和构造详图(现浇混凝土框架、剪力墙、梁、板)》(11G101-1)。

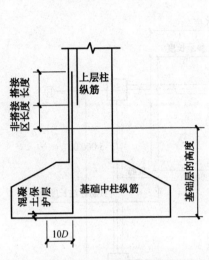

图7.28 基础插筋示意图

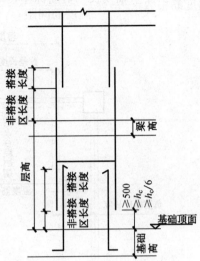

图7.29 中间层纵筋长度示意图

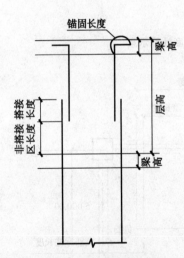

图7.30 顶层中柱纵筋示意图

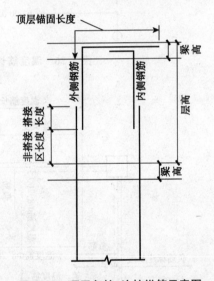

图7.31 顶层角柱、边柱纵筋示意图

(1)柱纵筋计算(以机械连接为例):

①筏板基础内柱长插筋长度 = 基础高度 - 基础底保护层 - $\sum$(基础底部钢筋直径) + 柱底钢筋弯折长度 + $\max\left[\dfrac{H_n}{6}, h_c, 500\right]$ + 35d;

②筏板基础内柱短插筋长度 = 基础高度 - 基础底保护层 - $\sum$(基础底部钢筋直径) + 柱底钢筋弯折长度 + $\max\left[\dfrac{H_n}{6}, h_c, 500\right]$;

③地下室柱纵筋长度 = 本层层高 - 本层下端非连接区高度 + 伸入上层非连接区高度;

④ 中间层柱纵筋长度＝本层层高－本层下端非连接区高度＋伸入上层非连接区高度；

⑤ 顶层柱纵筋计算详见《混凝土结构施工图平面整体表示方法制图规则和构造详图（现浇混凝土框架、剪力墙、梁、板）》(11G101-1)。

（2）柱箍筋计算方法同梁中箍筋计算。

7.5.5　例题讲解

【例题 7.11】　某三类建筑工程独立基础如图 7.32 所示。人工挖基坑土方,C10 混凝土垫层,尺寸(每边比基础宽 100 mm)2 m×4 m,挖土深度 2 m,三类干土,双轮车弃土距离 100 m,独立基础 C20 混凝土,HPB 235 级钢筋直径 12 mm,共 20 个基础。请计算该项目的钢筋工程量、计价定额综合单价及复价。

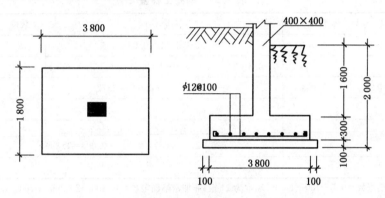

图 7.32　独立基础

解:（1）列项目:5-1。

（2）计算工程量,见表 7.21 所示。

（3）套定额,计算结果见表 7.22 所示。

表 7.21　钢筋工程量

序号	钢筋型号	容重(kg/m)	长度(m)	数量	总重(kg)
1	$\phi12$	0.888	$3.72 + 0.012 \times 12.5$	380	1 305.89
2	$\phi12$	0.888	$1.72 + 0.012 \times 12.5$	780	1 295.24
小计					2 601.13

表 7.22　计算结果

序号	定额编号	项目名称	计量单位	工程量	综合单价(元)	合价(元)
1	5-1	现浇混凝土构件钢筋 $\phi12$ 以内	t	2.601	5 470.72	14 229.34
合计						14 229.34

【例题 7.12】　某三类建筑工程现浇框架梁 KL1 如图 7.33 所示,混凝土 C25,弯起筋采用 45°弯起,梁保护层厚度 25 mm,钢筋受拉区锚固长度 $30d$,计算钢筋工程量、综合单价和复价。

解:（1）列项目:5-1、5-2。

（2）计算工程量,见表 7.23 所示。

（3）套定额,计算结果见表 7.24 所示。

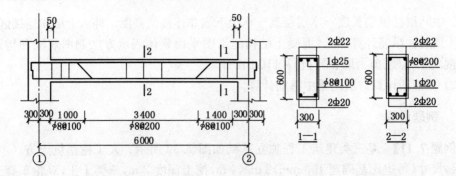

图 7.33　KL1 详图

表 7.23　钢筋工程量

序号	钢筋型号	容重(kg/m)	长度(m)	数量	总重(kg)
1	Φ20	2.466	$6-0.6+2\times30\times0.02=6.6$	2	32.551
2	Φ25	3.850	$6-0.6+2\times30\times0.025+2\times0.414\times0.55=7.3554$	1	28.318
3	Φ22	2.984	$6-0.6+2\times30\times0.022=6.72$	2	40.105
小计					100.974
1	$\phi8$	0.395	$(0.3-2\times0.025+2\times0.008)\times2+$ $(0.6-2\times0.025+2\times0.008)\times2+24\times0.008=1.856$	38	27.859
小计					27.859

注:加密区箍筋根数=950÷100+1=10.5,取为11根;非加密箍筋根数=(3 400-2×200)÷200+1=16(根);合计2×11+16=38(根)。

表 7.24　计算结果

序号	定额编号	项目名称	计量单位	工程量	综合单价(元)	合价(元)
1	5-1	现浇混凝土构件钢筋 $\phi12$ 以内	t	0.028	5 470.72	153.18
2	5-2	现浇混凝土构件钢筋 $\phi25$ 以内	t	0.101	4 998.87	504.89
合计						658.07

答:$\phi12$ 以内的钢筋为 27.859 kg,Φ25 以内钢筋为 100.974 kg,合价为 658.07 元。

【例题 7.13】　某现浇板配筋如图 7.34 所示,图中梁宽度均为 300 mm,板厚 100 mm,分部筋 $\phi6@250$,板保护层为 15 mm,计算板中钢筋的工程量。

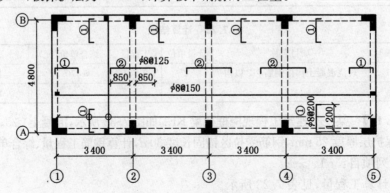

图 7.34　现浇板配筋详图

解: 计算工程量,见表 7.25 所示。

表 7.25 工程量计算

钢筋型号	容重(kg/m)	单根长度(m)	数 量	总重(kg)
1、5 支座 $\phi 8$	0.395	1.2+2×(0.1−0.03)=1.34	2×(4.4÷0.2+1)=46	24.348
2~4 支座 $\phi 8$	0.395	2×0.85+0.3+2×0.07=2.14	3×(4.4÷0.125+1)=111	93.828
A、B 支座 $\phi 8$	0.395	1.34	2×4×(3÷0.2+1)=128	67.750
横向下部 $\phi 8$	0.395	4.8+0.3−2×0.015+2×6.25 ×0.008=5.17	4×(3÷0.2+1)=64	130.698
纵向下部 $\phi 8$	0.395	4×3.4+0.3−0.03+2×6.25 ×0.008=13.97	(4.8−0.3−0.1)÷0.15+1=31	171.163
分布筋 $\phi 6$	0.222	2×(4.8+4×3.4)=36.8	1.2÷0.25+1=6	49.018
分布筋 $\phi 6$	0.222	4.8	3×2×(0.85÷0.25+1)=30	31.968
小计				568.773

答:板中的钢筋合计 568.773 kg。

【例题 7.14】 某三类建筑工程大梁断面如图 7.35 所示,梁长 18 m,共计 10 根,纵向受力钢筋采用 2 组 6×7+IWS 钢绞线(直径 15 mm)组成的后张法有粘结预应力钢绞线束,直径 50 波纹管,采用多根夹片锚具一端直线张拉方法施工,其余不计。请计算该大梁预应力钢绞线项目的工程量、计价表综合单价及复价。

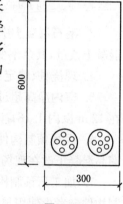

图 7.35

解: (1) 列项目:5-21、5-22、5-20。

(2) 计算工程量。

查五金手册得:钢绞线容重 0.871 2 kg/m。

钢绞线:0.871 2×(18+0.9)×6×2×10=1 976 kg<3 t

锚具:6×2×10=120 孔

波纹管:18×2×10=360 m

(3) 套定额,计算结果见表 7.26。

表 7.26 计算结果

序号	定额编号	项目名称	计量单位	工程量	综合单价(元)	合价(元)
1	5-21 换	后张法有粘结钢绞线	t	1.976	13 299.60	26 280.01
2	5-22 换	后张法有粘结钢绞线锚具	10 孔	12	1 496.92	17 963.04
3	5-20 换	直径 50 波纹管	10 m	36	72.15	2 597.40
合计						46 840.45

注:① 4-21 换:(2 654.34+439.33)×0.63×(1+25%+12%)+10 629.45=13 299.60 元/t。

② 4-22 换:(214.84+127.82)×0.63×(1+25%+12%)+1 201.46=1 496.92 元/10 孔。

答:钢绞线工程复价合计 46 840.45 元。

7.6 混凝土工程

7.6.1 混凝土工程定额说明

1. 混凝土构件分为自拌混凝土构件、商品混凝土泵送构件、商品混凝土非泵送构件三部分,各部分又包括了现浇构件、现场预制构件、加工厂预制构件、构筑物等。

2. 混凝土石子粒径取定:设计有规定的按设计规定,无设计规定按表 7.27 规定计算:

表 7.27 混凝土石子粒径取定表

石子粒径	构 件 名 称
5～16 mm	预制板类构件、预制小型构件
5～31.5 mm	现浇构件:矩形柱(构造柱除外)、圆柱、多边形柱(L、T、十型柱除外)、框架梁、单梁、连续梁、地下室防水混凝土墙。预制构件:柱、梁、桩
5～20 mm	除以上构件外均用此粒径
5～40 mm	基础垫层、各种基础、道路、挡土墙、地下室墙、大体积混凝土

注:本规定也适用于其他分部。

3. 毛石混凝土中的毛石掺量是按 15% 计算的,如设计要求不同时,可按比例换算毛石、混凝土数量,其余不变。

4. 现浇柱、墙定额中,均已按规范规定综合考虑了底部铺垫 1:2 水泥砂浆的用量。

5. 室内净高超过 8 m 的现浇柱、梁、墙、板(各种板)的人工工日分别乘以下系数:净高在 12 m 以内 1.18;净高在 18 m 以内 1.25。

6. 现场预制构件,如在加工厂制作,混凝土配合比按加工厂配合比计算;加工厂构件及商品混凝土改在现场制作,混凝土配合比按现场配合比计算;其工料、机械台班不调整。

7. 加工厂预制构件其他材料费中已综合考虑了掺入早强剂的费用,现浇构件和现场预制构件未考虑使用早强剂费用,设计需使用时,可另行计算早强剂增加费用。

8. 加工厂预制构件采用蒸汽养护时,立窑、养护池养护费用另行计算。

9. 小型混凝土构件,系指单体体积在 0.05 m³ 以内的未列出定额的构件。

10. 构筑物中混凝土、抗渗混凝土已按常用的强度等级列入基价,设计与定额子目取定不符综合单价调整。

11. 构筑物中毛石混凝土的毛石掺量是按 20% 计算的,如设计要求不同时,可按比例换算毛石、混凝土数量,其余不变。

12. 钢筋混凝土水塔、砖水塔基础采用毛石混凝土、混凝土基础按烟囱相应项目执行。

13. 构筑物中的混凝土、钢筋混凝土地沟是指建筑物室外的地沟,室内钢筋混凝土地沟按现浇构件相应定额执行。

14. 泵送混凝土子目中已综合考虑了输送泵车台班,布拆管及清洗人工、泵管摊销费、冲洗费。当输送高度超过 30 m 时,输送泵车台班(含 30 m 以内)乘以 1.10,输送高度超过 50 m 时,输送泵车台班(含 50 m 以内)乘以 1.25;输送高度超过 100 m 时,输送泵车台班(含 100 m 以内)乘以 1.35;输送高度超过 150 m 时,输送泵车台班(含 150 m 以内)乘以

1.45;输送高度超过 200 m 时,输送泵车台班(含 200 m 以内)乘以 1.55。

15. 现场集中搅拌混凝土按现场集中搅拌混凝土配合比执行,混凝土拌合楼的费用另行计算。

7.6.2　混凝土工程工程量计算规则

1. 混凝土工程量除另有规定者外,均按图示尺寸实体积以体积计算。不扣除构件内钢筋、支架、螺栓孔、螺栓、预埋铁件及墙、板中不大于 0.3 m² 内的孔洞所占体积。留洞所增加工、料不再另增费用。

2. 基础

(1) 有梁带形混凝土基础,其梁高与梁宽之比在 4∶1 以内的,按有梁式带形基础计算(带形基础梁高是指梁底部到上部的高度),如图 7.36 所示。超过 4∶1 时,其基础底按无梁式带形基础计算,上部按墙计算,如图 7.37。

其工程量可用下式计算:

$$条形基础体积＝基础长度×基础断面积$$

(2) 满堂(板式)基础有梁式(包括反梁)、无梁式应分别计算,仅带有边肋者,按无梁式满堂基础套用定额。

① 无梁式工程量为:$V ＝ 底板长×宽×板厚＋\sum 柱墩体积$

② 有梁式工程量为:$V ＝ 底板长×宽×板厚＋\sum (梁断面积×梁长)$

(3) 设备基础除块体以外,其他类型设备基础分别按基础、梁、柱、板、墙等有关规定计算,套相应的定额。

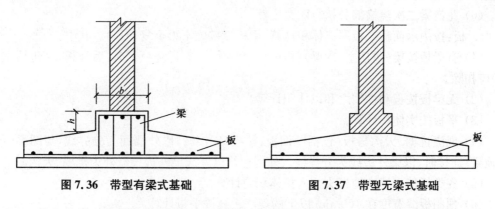

图 7.36　带型有梁式基础　　　　　　图 7.37　带型无梁式基础

(4) 独立柱基、桩承台:按图示尺寸实体积以体积计算至基础扩大顶面(图 7.38)。

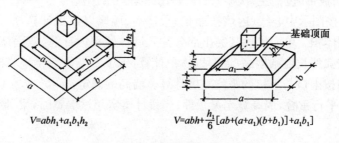

$$V＝abh_1+a_1b_1h_2$$

$$V＝abh+\frac{h_1}{6}[ab+(a+a_1)(b+b_1)]+a_1b_1$$

图 7.38　独立基础计算示意图

（5）杯形基础套用独立柱基定额。杯口外壁高度大于杯口外长边的杯形基础，套"高颈杯形基础"定额。

3. 柱：按图示断面尺寸乘柱高以体积计算，应扣除构件内型钢体积。柱高按下列规定确定：

（1）有梁板的柱高自柱基上表面（或楼板上表面）算至上一层楼板上表面处，不扣除板厚。

（2）无梁板的柱高，自柱基上表面（或楼板上表面）至柱帽下表面的高度计算。

（3）有预制板的框架柱柱高自柱基上表面至柱顶高度计算。

（4）构造柱按全高计算，与砖墙嵌接部分的混凝土体积并入柱身体积内计算。

（5）依附柱上的牛腿和升板的柱帽，并入相应柱身体积内。

（6）L、T、十字形柱，按 L、T、十字形柱相应定额执行。当两边之和超过 200 mm，按直形墙相应定额执行。

4. 梁：按图示断面尺寸乘梁长以体积计算，梁长按下列规定确定：

（1）梁与柱连接时，梁长算至柱侧面。

（2）主梁与次梁连接时，次梁长算至主梁侧面。伸入砖墙内的梁头、梁垫体积并入梁体积内计算。

（3）圈梁、过梁应分别计算，过梁长度按图示尺寸，图纸无明确表示时，按门窗洞口外围宽另加 500 mm 计算。平板与砖墙上混凝土圈梁相交时，圈梁高应算至板底面。

（4）依附于梁、板、墙（包括阳台梁、圈过梁、挑檐板、混凝土栏板、混凝土墙外侧）上的混凝土线条（包括弧形线条）按小型构件定额执行（梁、板、墙宽算至线条内侧）。

（5）现浇挑梁按挑梁计算，其压入墙身部分按圈梁计算；挑梁与单、框架梁连接时，其挑梁应并入相应梁内计算。

（6）花篮梁二次浇捣部分执行圈梁定额。

5. 板：按图示面积乘板厚以体积计算（梁板交接处不得重复计算）。其中：

（1）有梁板按梁（包括主、次梁）、板体积之和计算，有后浇板带时，后浇板带（包括主、次梁）应扣除。

（2）无梁板按板和柱帽之和以体积计算。

（3）平板按实体积计算。

（4）现浇挑檐、天沟与板（包括屋面板、楼板）连接时，以外墙面为分界线，与圈梁（包括其他梁）连接时，以梁外边线为分界线。外墙边线以外或梁外边线以外为挑檐、天沟。

（5）各类板伸入墙内的板头并入板体积内计算。

（6）预制板缝宽度在 100 mm 以上的现浇板缝按平板计算。

（7）后浇墙、板带（包括主、次梁）按设计图纸以体积计算。

6. 墙：外墙按图示中心线（内墙按净长）乘墙高、墙厚以体积计算，应扣除门、窗洞口及 0.3 m² 外的孔洞体积。单面墙垛其突出部分并入墙体体积内计算，双面墙垛（包括墙）按柱计算。弧形墙按弧线长度乘墙高、墙厚以体积计算，地下室墙有后浇墙带时，后浇墙带应扣除。梯形断面墙按上口与下口的平均宽度计算。墙高的确定：

（1）墙与梁平行重叠，墙高算至梁顶面；当设计梁宽超过墙宽时，梁、墙分别按相应定额计算。

（2）墙与板相交，墙高算至板底面。

7. 整体楼梯包括休息平台、平台梁、斜梁及楼梯梁，按水平投影面积计算，不扣除宽度在 500 mm 以内的楼梯井，伸入墙内部分不另增加，楼梯与楼板连接时，楼梯算至楼梯梁外侧面。当现浇楼板无梯梁连接时，以楼梯的最后一个踏步边缘加 300 mm 为界。圆弧形楼梯包括圆弧形梯段、圆弧形边梁及与楼板连接的平台，按楼梯的水平投影面积计算。

楼梯混凝土工程量可用下式表示：

$$S=(S_t-S_k)\times(n-1)$$

式中：S_t——水平投影面积；

S_k——指宽度大于 200 mm 的楼梯井面积；

n——建筑物层数。注意，若楼梯上屋面，式中无"-1"。

8. 阳台、雨篷，按伸出墙外的板底水平投影面积计算，伸出墙外的牛腿不另计算。

9. 阳台、沿廊栏杆的轴线柱、下嵌、扶手以扶手的长度按延长米计算。混凝土栏板、竖向挑板以体积计算。栏板的斜长如图纸无规定时，按水平长度乘系数 1.18 计算。地沟底、壁应分别计算，沟底按基础垫层定额执行。

10. 预制钢筋混凝土框架的梁、柱现浇接头，按设计断面以体积计算，套用"柱接柱接头"定额。

11. 台阶按水平投影面积以面积计算，台阶与平台的分界线以最上层台阶的外口增 300 mm 宽度为准，台阶宽以外部分并入地面工程量计算。

12. 现场、加工厂预制混凝土工程量，按以下规定计算：

（1）混凝土工程量均按图示尺寸实体积以体积计算，扣除圆孔板内圆孔体积，不扣除构件内钢筋、铁件、后张法预应力钢筋灌浆孔及板内小于 0.3 m² 孔洞面积所占的体积。

（2）预制桩按桩全长（包括桩尖）乘设计桩断面积（不扣除桩尖虚体积）以体积计算。

（3）混凝土与钢杆件组合的构件，混凝土按构件实体积以体积计算，钢拉杆按计价定额相应定额执行。

（4）漏空混凝土花格窗、花格芯按外形面积以面积计算。

（5）天窗架、端壁、桁条、支撑、楼梯、板类及厚度在 50 mm 以内的薄型构件按设计图纸加定额规定的场外运输、安装损耗以体积计算。

7.6.3 例题讲解

【例题 7.15】 某三类建筑的全现浇框架主体结构工程如图 7.39 所示，采用组合钢模板，图中轴线为柱中，现浇混凝土均为 C30，板厚 100 mm，用计价表计算柱、梁、板的混凝土工程量及综合单价和复价。

解：（1）列项目：6-14、6-32。

（2）计算工程量。

① 现浇柱：$6\times0.4\times0.4\times(8.5+1.85-0.4-0.35)=9.22$ m³

② 现浇有梁板：

KL-1：$3\times0.3\times(0.4-0.1)\times(6-2\times0.2)=1.512$ m³

KL-2：$4\times0.3\times0.3\times(4.5-2\times0.2)=1.476$ m³

KL-3：$2×0.25×(0.3-0.1)×(4.5+0.2-0.3-0.15)=0.425$ m³

B：$(6+0.4)×(9+0.4)×0.1=6.016$ m³

小计：$(1.512+1.476+0.425+6.016)×2(层)=18.86$ m³

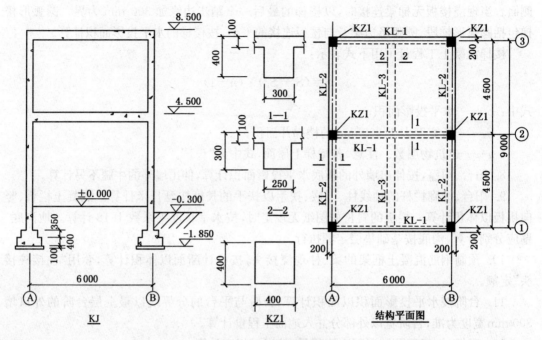

图 7.39　现浇框架图

（3）套定额，计算结果见表 7.28 所示。

表 7.28　计算结果

序号	定额编号	项目名称	单位	工程量	综合单价	合价
1	6-14	C30 矩形柱	m³	9.22	506.05	4 665.78
2	6-32	C30 有梁板	m³	18.86	430.43	8 117.91
合计						12 783.69

答：现浇柱体积为 9.22 m³，现浇有梁板体积为 18.86 m³，柱、梁、板部分的复价共计 12 783.69 元。

【例题 7.16】　如图 7.40 所示某一层三类建筑楼层结构图，设计室外地面到板底高度为 4.2 m，轴线为梁（墙）中，圈梁混凝土为 C20，有梁板混凝土为 C25，板厚 100 mm，钢筋和粉刷不考虑。计算现浇混凝土有梁板、圈梁的混凝土工程量、综合单价和复价。

解：（1）列项目：6-21、6-32。

（2）计算工程量。

① 圈梁。$0.24×(0.3-0.1)×[(10.8+6)×2-0.24×4]=1.57$ m³

② 有梁板。

L：$0.24×(0.5-0.1)×(6+2×0.12)×2=1.20$ m³

B：$(10.8+0.24)×(6+0.24)×0.1=6.89$ m³

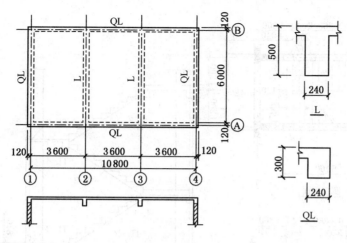

图 7.40　楼层结构图

小计：1.20＋6.89＝8.09 m³

（3）套定额，计算结果见表 7.29 所示。

表 7.29　计算结果

序号	定额编号	项目名称	单位	工程量	综合单价	合价
1	6-21	C20 圈梁	m³	1.57	498.27	782.28
2	6-32 换	C25 有梁板	m³	8.09	427.33	3 457.10
合计						4 239.38

注：6-32 换：430.43－276.61＋273.51＝427.33 元/ m³

答：现浇圈梁体积为 1.57 m³，有梁板体积为 8.09 m³，混凝土部分的复价共计4 239.38 元。

【例题 7.17】　某宿舍楼楼梯如图 7.41 所示，属于三类工程，轴线墙中，墙厚 200 mm，混凝土为 C25，楼梯斜板厚 90 mm，计算楼梯和雨篷的混凝土浇捣工程量，并计算定额综合单价和复价。

解：（1）列项目：6-45、6-48、6-50。

（2）计算工程量。

楼梯：(2.6－0.2)×(0.26＋2.34＋1.3－0.1)×3＝27.36 m²

雨篷：(0.875－0.1)×(2.6＋0.2)＝2.17 m²

（3）计算混凝土含量。

① 楼梯。

TL1：0.26×0.35×(1.2－0.1)＝0.100 m³

TL2：0.2×0.35×(2.6－2×0.2)×2＝0.308 m³

TL3：0.2×0.35×(2.6－2×0.2)＝0.154 m³

TL4：0.26×0.35×(2.6－0.2)×6＝1.310 m³

一层休息平台：(1.04－0.1)×(2.6＋0.2)×0.12＝0.316 m³

二～三层休息平台：0.94×2.8×0.08×2＝0.421 m³

TB1 斜板：$0.09×\sqrt{2.34^2＋(9×0.17)^2}×1.1＝0.277$ m³

217

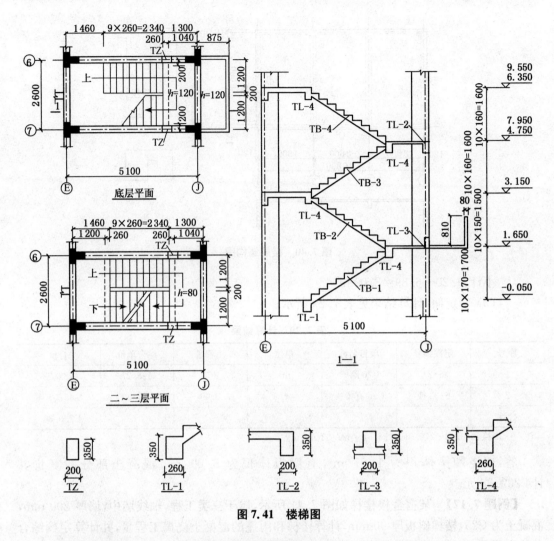

图 7.41 楼梯图

TB2 斜板：$0.09 \times \sqrt{2.34^2 + (9 \times 0.15)^2} \times 1.1 = 0.267$ m³

TB3、TB4 斜板：$0.09 \times \sqrt{2.34^2 + (9 \times 0.16)^2} \times 1.1 \times 4 = 1.088$ m³

TB1 踏步：$0.26 \times 0.17 \div 2 \times 1.1 \times 9 = 0.219$ m³

TB2 踏步：$0.26 \times 0.15 \div 2 \times 1.1 \times 9 = 0.193$ m³

TB3、TB4 踏步：$0.26 \times 0.16 \div 2 \times 1.1 \times 9 \times 4 = 0.824$ m³

设计含量：$5.477 \times 1.015 = 5.559$ m³

定额含量：$27.36 \div 10 \times 2.06 = 5.636$ m³

应调减混凝土含量：$5.636 - 5.559 = 0.077$ m³

② 雨篷。

设计含量：$[(0.875 - 0.1) \times 2.8 \times 0.12 + (0.775 \times 2 + 2.8 - 0.08 \times 2) \times 0.81 \times 0.08] \times 1.015 = 0.540$ m³

定额含量：$2.17 \div 10 \times 1.11 = 0.241$ m³

应调增混凝土含量：$0.540 - 0.241 = 0.299$ m³

小计:$0.299-0.077=0.22$ m³

（4）套定额,计算结果见表 7.30 所示。

表 7.30　计算结果

序号	定额编号	项目名称	计量单位	工程量	综合单价(元)	合价(元)
1	6-45 换	C25 直形楼梯	10 m² 水平投影面积	2.736	1 056.39	2 890.28
2	6-48 换	C25 复式雨篷	10 m² 水平投影面积	0.217	591.49	128.35
3	6-50 换	楼梯、雨篷混凝土含量增	m³	0.22	514.16	113.12
合计						3 131.75

注:① 6-45 换:$1\,026.32-524.72+555.11=1\,056.39$ 元/m³。

② 6-48 换:$575.12-282.74+299.11=591.49$ 元/m³。

③ 6-50 换:$499.41-254.72+269.47=514.16$ 元/m³。

答:现浇直形楼梯 27.36 m²,雨篷 2.17 m²,混凝土部分的复价共计 3 131.75 元。

7.7　金属结构工程

7.7.1　有关规定

1. 金属构件不论在专业加工厂、附属企业加工厂或现场制作均执行本定额(现场制作需搭设操作平台,其平台摊销费按相应项目执行)。

2. 本定额中各种钢材数量除定额已注明为钢筋综合、不锈钢管、不锈钢网架球的之外,均以型钢表示。实际不论使用何种型材,钢材总数量和其他工料均不变。

3. 本定额的制作均按焊接编制的,局部制作用螺栓或铆钉连接,亦按本定额执行。

4. 本定额除注明者外,均包括现场内(工厂内)的材料运输、下料、加工、组装及成品堆放等全部工序。加工点至安装点的构件运输,除购入构件外应另按构件运输定额相应项目计算。

5. 本定额构件制作项目中,均已包括刷一遍防锈漆工料。

6. 金属结构制作定额中的钢材品种系按普通钢材为准,如用锰钢等低合金钢者,其制作人工乘系数 1.1。

7. 劲性混凝土柱、梁、板内,用钢板、型钢焊接而成的 H、T 型钢柱、梁等构件,按 H、T 型钢构件制作定额执行,截面由单根成品型钢构成的构件按成品型构件制作定额执行。

8. 本定额各子目均未包括焊缝无损探伤(如:X 光透视、超声波探伤、磁粉探伤、着色探伤等),亦未包括探伤固定支架制作和被检工件的退磁。

9. 零星钢构件制作是指质量 50 kg 以内的其他零星铁件制作。

7.7.2　金属结构工程工程量计算规则

1. 金属结构制作按图示钢材尺寸以质量计算,不扣除孔眼、切肢、切角、切边的质量。焊条、铆钉、螺栓等质量,已包括在定额内不另计算。在计算不规则或多边形钢板时均按(最大外接)矩形面积乘以厚度再乘以单位理论质量计算。如图 7.42 所示。

钢板面积 $S=A\times B$

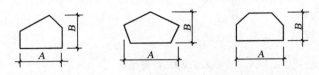

图 7.42　多边形和不规则外形钢板

2. 实腹柱、钢梁、吊车梁、H 形梁、T 形钢梁构件按图示尺寸计算,其中钢梁、吊车梁构件中的腹板、翼板宽度按图示尺寸每边增加 8 mm 计算。

3. 钢柱制作工程量包括依附于柱上的牛腿及悬臂梁质量;制动梁的制作工程量包括制动梁、制动桁架、制动板质量;墙架的制作工程量包括墙架柱、墙架梁有连接柱质量。

4. 天窗挡风架、柱侧挡风板、挡雨板、遮阳板的支架制作工程量,均按挡风架执行。

5. 栏杆是指平台、阳台、走廊和楼梯的单独栏杆。

6. 钢平台、走道应包括楼梯、平台、栏杆合并计算,钢梯应包括踏步、栏杆合并计算。

7. 钢漏斗制作工作量,矩形按图示分片,圆形按图示展开尺寸,并依钢板宽度分段计算,每段均以其上口长度(圆形以分段展开上口长度)与钢板宽度,按矩形计算,依附漏斗的型钢并入漏斗质量内计算。

8. 遮阳板固定式骨架工程量,按遮板长度乘以支撑外立杆高度以平方米计算。遮阳板活动式角钢框架工程量,按框外围面积计算。刮泥篦子板、地沟铸铁篦子板按外围面积计算。

9. 钢质窗帘棍制安工程量,设计有规定者,按图示长度计算;设计无规定时,按洞口宽度每根两端共增加 30 cm 计算。

10. 垃圾及配件,按垃圾斗口的框外围面积计算;出灰口及配件,按出灰口的框外围面积计算。

11. 晒衣架和钢盖板项目中已包括安装费在内,但未包括场外运输。

12. 钢屋架单榀重量在 0.5 t 以下者,按轻型屋架定额计算。

13. 轻钢檩条、栏杆以设计型号、规格按质量计算(质量=设计长度×理论质量)。

14. 预埋铁件按设计的形体面积、长度乘以理论质量计算。

7.7.3　例题讲解

【例题 7.18】　某围墙需施工一钢栏杆,采用现场制作安装,施工图纸如图 7.43 所示,试计算有关栏杆的工程量(型钢理论容重 7.85 t/m³)。

解:采用的是空心型材,要计算重量可采用理论容量乘以体积。

　　50×50×3 方管:　　　　7.85×(0.05×0.05−0.044×0.044)×6.1 = 0.027 t

　　30×30×1.5 方管:　　$n=6÷0.3−1 =19$ 根

　　$W=7.85×(0.03×0.03−0.027×0.027)×3×19=0.077$ t

　　合计:0.027+0.077 = 0.104 t

答:该栏杆工程量为 0.104 t。

【例题 7.19】　如图 7.44 所示为某钢屋架,求其制作工程量。

解:上弦杆(ϕ60×2.5 钢管):(0.08+0.8×3+0.2)×2×3.54 kg

　　　　　　　　　　=2.68×2×3.54 kg=18.97 kg

下弦杆($\phi 50 \times 2.5$ 钢管)：$(0.95 + 0.7) \times 2 \times 2.93\, \text{kg} = 9.67\, \text{kg}$

斜杆($\phi 38 \times 2$ 钢管)：$(\sqrt{0.6 \times 0.6 + 0.70 \times 0.70} + \sqrt{0.2 \times 0.2 + 0.3 \times 0.3}) \times$
$\qquad\qquad 2 \times 1.78\, \text{kg} = 4.57\, \text{kg}$

合计：　$18.97 + 9.67 + 4.57 = 0.033\, \text{t}$

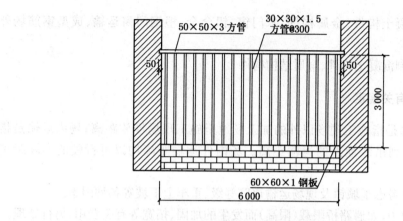

图 7.43　围墙栏杆图

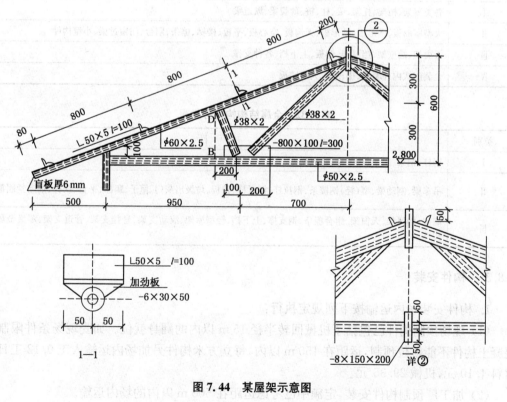

图 7.44　某屋架示意图

7.8 构件运输及安装工程

7.8.1 本节内容

1. 构件运输:混凝土构件、金属构件、木门窗、铝合金、塑钢门窗运输、成型钢筋场外运输。

2. 构件安装:预制混凝土构件、金属结构构件。

7.8.2 构件运输的有关规定

1. 场外运输距离是指施工现场以外的加工场地至施工现场堆放距离;场内运输是指现场堆放或预制地点到吊装地点的运输距离。场内外运输距离均以可行驶的实际距离计算。

2. 本节定额综合考虑了城镇及现场运输道路等级、重车上下坡等各种因素。

3. 构件运输过程中,如遇路桥限载(限高)而发生的加固、拓宽等有关费用,另行处理。

4. 本节按构件的类型和外形尺寸划分类别。构件类型及分类见表7.31、表7.32所示。

表7.31 预制混凝土构件分类表

类别	项 目
Ⅰ	各类屋架、桁架、托架、梁、柱、桩、薄腹梁、风道梁
Ⅱ	大型屋面板、槽形板、肋形板、天沟板、空心板、平板、楼梯、檩条、阳台、门窗过梁、小型构件
Ⅲ	天窗架、端壁架、挡风架、侧板、上下档、各种支撑
Ⅳ	全装配式内外墙板、楼顶板、大型墙板

表7.32 金属结构构件分类表

类别	项 目
Ⅰ	钢柱、钢梁、屋架、托架梁、防风桁架
Ⅱ	吊车梁、制动梁、型(轻)钢檩条、钢拉杆、钢栏杆、盖板、垃圾出灰门、篦子、爬梯、平台、扶梯、烟囱紧固箍
Ⅲ	墙架、挡风架、天窗架、组合檩条、钢支撑、上下挡、轻型屋架、滚动支架、悬挂支架、管道支架、零星金属构件

7.8.3 构件安装

1. 构件安装场内运输按下列规定执行:

(1) 现场预制构件已包括了机械回转半径15 m以内的翻身就位。如受现场条件限制,混凝土构件不能就位预制,运距在150 m以内,每立方米构件另加场内运输人工0.12工日,材料4.10元,机械29.35元。

(2) 加工厂预制构件安装,定额中已考虑运距在500 m以内的场内运输。

(3) 金属构件安装未包括场内运输费。如发生,单件在0.5 t以内、运距在150 m以内的,每吨构件另加场内运输人工 0.08 工日,材料 8.56 元,机械 14.72 元;单件在 0.5 t 以上的金属构件按定额的相应项目执行。

(4) 场内运距如超过以上规定时,应扣去上列费用,另按 1 km 以内的构件运输定额执行。

2. 定额中的塔式起重机台班均已包括在垂直运输机械费定额中。

3. 本安装定额均不包括为安装工作需要所搭设的脚手架,若发生应按脚手架工程规定计算。

4. 本定额构件安装是按履带式起重机、塔式起重机编制的,如施工组织设计需使用轮胎式起重机或汽车式起重机,经建设单位认可后,可按履带式起重机相应项目套用,其中人工、吊装机械乘系数 1.18;轮胎式起重机或汽车起重机的起重吨位,按履带式起重机相近的起重吨位套用,台班单价换算。

5. 金属构件中轻钢檩条拉杆的安装是按螺栓考虑,其余构件拼装或安装均按电焊考虑,设计用连接螺栓,其连接螺栓按设计用量另行计算(人工不再增加),电焊条、电焊机应相应扣除。

6. 单层厂房屋盖系统构件如必须在跨外安装时,按相应构件安装定额中的人工、吊装机械台班乘系数 1.18。用塔吊安装时,不乘此系数。

7. 履带式起重机安装点高度以 20 m 内为准,超过 20 m 在 30 m 内,人工、吊装机械台班(定额中履带式起重机小于 25 t 者应调整到 25 t)乘系数 1.20;超过 30 m 在 40 m 内,人工、吊装机械台班(定额中履带式起重机小于 50 t 者应调整到 50 t)乘 1.40 系数;超过 40 m,按实际情况另行处理。

8. 钢柱安装在混凝土柱上(或混凝土柱内),其人工、吊装机械乘系数 1.43。混凝土柱安装后,如有钢牛腿或悬臂梁与其焊接时,钢牛腿或悬臂梁执行钢墙架安装定额,钢牛腿执行铁件制作定额。

9. 钢屋架单榀重量在 0.5 t 以下者,按轻钢屋架定额执行。

10. 构件安装项目中所列垫铁,是为了校正构件偏差用的,凡设计图纸中的连接铁件、拉板等不属于垫铁范围的,应按相应定额执行。

11. 钢屋架、天窗架拼装是指在构件厂制作、在现场拼装的构件,在现场不发生拼装或现场制作的钢屋架、钢天窗架不得套用本定额。

12. 小型构件安装包括:沟盖板、通气道、垃圾道、楼梯踏步板、隔断板以及单体体积小于 0.1 m³ 的构件安装。

7.8.4 其他

1. 矩形、工字形、空格型、双肢柱、管道支架预制钢筋混凝土构件安装,均按混凝土柱安装相应定额执行。

2. 预制钢筋混凝土柱、梁通过焊接形成的框架结构,其柱安装按框架柱计算,梁安装按框架梁计算,框架梁与柱的接头现浇混凝土部分按相应项目另行计算。预制柱、梁一次制作成型的框架按连体框架柱梁定额执行。

3. 预制钢筋混凝土多层柱安装,第一层的柱按柱安装定额执行,二层及二层以上柱按柱接柱定额执行。

4. 单(双)悬臂梁式柱按门式刚架定额执行。

5. 定额子目内既列有"履带式起重机"又列有"塔式起重机"的,可根据不同的垂直运输机械选用。

(1) 选用卷扬机(带塔)施工的,套"履带式起重机"定额子目;

(2) 选用塔式起重机施工的,套"塔式起重机"定额子目。

7.8.5 工程量计算规则

1. 构件运输、安装工程量计算方法与构件制作工程量计算方法相同(即:运输、安装工程量=制作工程量)。但下表内构件由于在运输、安装过程中易发生损耗(损耗率见表7.33),工程量按下列规定计算:

制作、场外运输工程量=设计工程量×1.018

安装工程量=设计工程量×1.01

表 7.33 预制钢筋混凝土构件场内、外运输、安装损耗率(%)

名　　称	场外运输	场内运输	安　装
天窗架、端壁、桁条、支撑、踏步板、板类及厚度在 50 mm 内薄型构件	0.8	0.5	0.5

2. 加气混凝土板(块),硅酸盐块运输每立方米折合钢筋混凝土构件体积 0.4 m³ 按Ⅱ类构件运输计算。

3. 木门窗运输按门窗洞口的面积(包括框、扇在内)以 100 m² 计算,带纱扇另增洞口面积的 40% 计算。

4. 预制构件安装后接头灌缝工程量均按预制钢筋混凝土构件实体积计算,柱与柱基的接头灌缝按单根柱的体积计算。

5. 组合屋架安装,以混凝土实际体积计算,钢拉杆部分不另计算。

7.8.6 例题讲解

【例题 7.20】 某工程按施工图计算混凝土天窗架和天窗端壁共计 100 m³,加工厂制作,场外运输 15 km,请计算混凝土天窗架和天窗端壁运输、安装工程量。

解:(1) 列项目 8-15、8-80。

(2) 计算工程量。

天窗架、天窗端壁场外运输工程量:100×1.018=101.8 m³

天窗架、天窗端壁安装工程量:100×1.01 = 101 m³

(3) 套定额,计算结果见表 7.34 所示。

表 7.34 计算结果

序号	定额编号	项目名称	单位	工程量	综合单价(元)	合价(元)
1	7-15	Ⅲ类预制构件运输 10 km 以内	m³	101.8	337.93	34 401.27
2	7-80	天窗架、端壁安装	m³	101	877.41	88 618.41
合计						123 019.68

答:混凝土天窗架和天窗端壁运输工程量为101.8 m³,安装工程量为101 m³,工程综合单价总计123 019.68 元。

【例题7.21】 某工程在构件厂制作钢屋架20榀,每榀重0.48 t,需运到10 km内工地安装,安装高度为25 m,试计算钢屋架运输、安装(采用履带吊安装)的工程量。

解:(1) 列项目8-27、8-122。

(2) 计算工程量(同制作工程量)。

安装工程量:0.48×20 = 9.6 t

运输工程量:0.48×20 = 9.6 t

(3) 套定额,计算结果见表7.35所示。

表7.35 计算结果

序号	定额编号	项目名称	单位	工程量	综合单价(元)	合价(元)
1	8-27	Ⅰ类预制构件运输10 km以内	t	9.6	104.18	1 000.13
2	8-122 换	轻型屋架塔式起重机安装	t	9.6	1 328.26	12 751.25
合计						13 751.38

注:8-122 换:1 158.14+(285.36+335.50)×0.2×1.37=1 328.26 元/t。

答:钢屋架运输、安装的工程量均为9.6 t,其综合单价合计13 751.38 元。

7.9 木结构工程

7.9.1 有关规定

1. 本章中均以一、二类木种为准,如采用三、四类木种,木门制作人工和机械费乘系数1.3,木门安装人工乘系数 1.15,其他项目人工和机械费乘系数 1.35,木材分类见表7.36所示。

表7.36 木材分类表

一类	红松、水桐木、樟子松
二类	白松、杉木(方杉、冷杉)、杨木、铁杉、柳木、花旗松、椴木
三类	青松、黄花松、秋子松、马尾松、东北榆木、柏木、苦楝木、梓木、黄菠萝、椿木、楠木(桢楠、润楠)、柚木、樟木、山毛榉、栓木、白木、云香木、枫木
四类	栎木(柞木)、檀木、色木、槐木、荔木、麻栗木(麻栎、青刚)、桦木、荷木、水曲柳、柳桉、华北榆木、核桃楸、克隆、门格里斯

2. 本定额是按已成型的两个切断面规格料编制的,两个切断面以前的锯缝损耗按总说明规定应另外计算。

3. 本章中注明的木材断面或厚度均以毛料为准,如设计图纸注明的断面或厚度为净料时,应增加断面刨光损耗:一面刨光加3 mm,两面刨光加5 mm,圆木按直径增加5 mm。

4. 本章中的木材是以自然干燥条件下的木材编制的,需要烘干时,其烘干费用及损耗由各市确定。

5. 厂库房大门的钢骨架制作已包括在子目中,其上、下轨及滑轮等应按五金铁件表相应项目执行。

6. 厂库房大门、钢木大门及其他特种门的五金铁件表按标准图用量列出,仅作备料参考。

7.9.2 工程量计算规则

1. 门制作、安装工程量按门洞口面积计算。无框厂库房大门、特种门按设计门扇外围面积计算。

2. 木屋架的制作安装工程量,按以下规定计算:

(1) 木屋架不论圆、方木,其制作安装均按设计断面以立方米计算,分别套相应子目,其后配长度及配制损耗已包括在子目内不另外计算(游沿木、风撑、剪刀撑、水平撑、夹板、垫木等木料并入相应屋架体积内)。

(2) 圆木屋架刨光时,圆木按直径增加 5 mm 计算,附属于屋架的夹板、垫木等已并入相应的屋架制作项目中,不另计算;与屋架连接的挑檐木、支撑等工程量并入屋架体积内计算。

(3) 圆木屋架连接的挑檐木、支撑等为方木时,方木部分按矩形檩木计算。

(4) 气楼屋架、马尾折角和正交部分

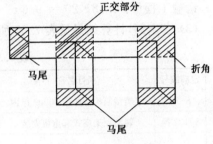

图 7.45 屋架平面图

注:① 马尾:是指四坡水屋顶建筑物的两端屋面的端头坡面部位。
② 折角:是指构成 L 形的坡屋顶建筑横向和竖向相交的部位。
③ 正交部分:是指构成丁字形的坡屋顶建筑横向和竖向相交的部位。

(如图 7.45 所示)的半屋架应并入相连接的正榀屋架体积内计算。

3. 檩木按立方米(m³)计算,简支檩木长度按设计图示中距增加 200 mm 计算,如两端出山,檩条长度算至博风板。连续檩条的长度按设计长度计算,接头长度按全部连续檩木的总体积的 5% 计算。檩条托木已包括在子目内,不另计算。

4. 屋面木基层,按屋面斜面面积计算,不扣除附墙烟囱、风道、风帽底座和屋顶小气窗所占面积,小气窗出檐与木基层重叠部分亦不增加,气楼屋面的屋檐突出部分的面积并入计算。

5. 封檐板按图示檐口外围长度计算,博风板按水平投影长度乘屋面坡度系数 C 后,单坡加 300 mm,双坡加 500 mm 计算。

6. 木楼梯(包括休息平台和靠墙踢脚板)按水平投影面积计算,不扣除宽度小于 300 mm 的楼梯井,伸入墙内部分的面积亦不另计算。

7. 木柱、木梁制作安装均按设计断面竣工木料以立方米计算,其后备长度及配置损耗已包括在子目内。

7.9.3 例题讲解

【例题 7.22】 某单层房屋的黏土瓦屋面如图 7.46 所示,屋面坡度为 1∶2,连续方木檩条断面为 120 mm×180 mm@1 000 mm(每个支撑点下放置檩条托木,断面为 120 mm×120 mm×240 mm),上钉方木椽子,断面为 40 mm×60 mm@400 mm,挂瓦条断面为 30 mm×30 mm@330 mm,端头钉三角木,断面为 60 mm×75 mm 对开,封檐板和博风板断面为 200 mm×20 mm,计算该屋面木基层的工程量、综合单价和复价。

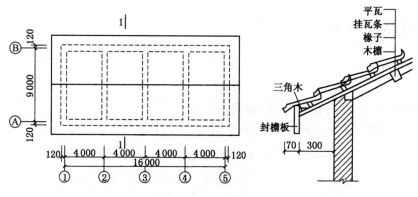

图 7.46 木屋面基层

解：（1）列项目 9-42、9-52、9-55、9-59。

（2）计算工程量。

① 檩条。

根数：$4.5 \times \sqrt{1+4} \div 1 + 1 = 11$ 根

檩条体积：$0.12 \times 0.18 \times (16.24 + 2 \times 0.3) \times 11 \times 1.05$（接头）$= 4.201$ m³

檩条托木体积：$0.12 \times 0.12 \times 0.24 \times 11 \times 5 = 0.190$ m³

小计：$4.201 + 0.190 = 4.39$ m³

② 椽子及挂瓦条。

$(16.24 + 2 \times 0.3) \times (9.0 + 0.24 + 2 \times 0.3) \times \sqrt{1+4} \div 2 = 185.26$ m²

③ 三角木。

$(16.24 + 0.6) \times 2 = 33.68$ m

④ 封檐板和博风板。

封檐板：$(16.24 + 2 \times 0.30) \times 2 = 33.68$ m

博风板：$[(9.24 + 2 \times 0.32) \times \sqrt{1+4} \div 2 + 0.5] \times 2 = 23.09$ m

小计：$33.68 + 23.09 = 56.77$ m

（3）套定额，计算结果见表 7.37 所示。

表 7.37 计算结果

序号	定额编号	项目名称	计量单位	工程量	综合单价(元)	合价(元)
1	9-42	方木檩条 120 mm×180 mm@1 000 mm	m³	4.39	2 149.96	9 438.32
2	9-52 换	椽子及挂瓦条	10 m²	18.526	212.49	3 936.59
3	9-55 换	檩木上钉三角木 60×75 对开	10 m	3.368	45.54	153.38
4	9-59	封檐板、博风板不带落水线	10 m	5.677	126.65	718.99
合计						14 247.28

注：① 方木椽子断面换算：$40 \times 50 : 40 \times 60 = 0.059 : x$，$x = 0.070\ 8$ m³。

　② 挂瓦条断面换算：$25 \times 20 : 30 \times 30 = 0.019 : y$，$y = 0.034\ 2$ m³。

　③ 挂瓦条间距换算：$300 : 330 = z : 0.034\ 2$，$z = 0.031\ 1$ m³。

　④ 换算后普通成材用量：$0.070\ 8 + 0.031\ 1 = 0.102$ m³。

　⑤ 9-52 换：$174.09 + (0.102 - 0.078) \times 1\ 600 = 212.49$ 元/10 m²。

　⑥ 9-55 换：$41.54 + (0.06 \times 0.075 \div 2 \times 10 - 0.02) \times 1\ 600 = 45.54$ 元/10 m。

答：该屋面木基层复价合价 14 247.28 元。

7.10 屋面及防水工程

7.10.1 有关规定

1. 屋面防水分为瓦、卷材、刚性、涂膜四部分。

（1）瓦材规格与定额不同时，瓦的数量可以换算，其他不变。换算公式：

$$10 \text{ m}^2/(\text{瓦有效长度}\times\text{有效宽度})\times 1.025(\text{操作损耗})$$

（2）油毡卷材屋面包括刷冷底子油一遍，但不包括天沟、泛水、屋脊、檐口等处的附加层在内，其附加层应另行计算。其他卷材屋面均包括附加层。

（3）本章以石油沥青、石油沥青玛琦脂为准，设计使用煤沥青、煤沥青玛琦脂，材料调整。

（4）冷胶"二布三涂"项目，其"三涂"是指涂膜构成的防水层数，并非指涂刷遍数，每一涂层的厚度必须符合规范（每一涂层刷二至三遍）要求。

（5）高聚物、高分子防水卷材粘贴，实际使用的粘结剂与本定额不同，单价可以换算，其他不变。

2. 平、立面及其他防水是指楼地面及墙面的防水，分为涂刷、砂浆、粘贴卷材三部分，既适用于建筑物（包括地下室）又适用于构筑物。

各种卷材的防水层均已包括刷冷底子油一遍和平、立面交界处的附加层工料在内。

3. 在粘结层上单撒绿豆砂者（定额中已包括绿豆砂的项目除外），每 10 m² 铺撒面积增加 0.066 工日。绿豆砂 0.078 t。

4. 伸缩缝、盖缝项目中，除已注明规格可调整外，其余项目均不调整。

5. 无分隔缝的屋面找平层按相应子目执行。

7.10.2 工程量计算规则

1. 瓦屋面按图示尺寸的水平投影面积乘以屋面坡度延长系数 C（见表 7.38）计算（瓦出线已包括在内），不扣除房上烟囱、风帽底座、风道、屋面小气窗、斜沟等所占面积，屋面小气窗的出檐部分也不增加，屋面坡度系数示意如图 7.47 所示。

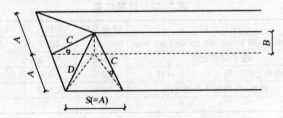

图 7.47 屋面坡度系数示意图

2. 瓦屋面的屋脊、蝴蝶瓦的檐口花边、滴水应另列项目按延长米计算，四坡屋面斜脊长度按图 7.32 中的"s"乘以隅延长系数 D（见表）以延长米计算，山墙泛水长度＝$A\times C$，瓦穿铁丝、钉铁钉、水泥砂浆粉挂瓦条按每 10 m² 斜面积计算，屋面坡度延长米系数见表 7.38 所示。

表7.38　屋面坡度延长米系数表

坡度比例 a/b	角度 α	延长系数 C	隔延长系数 D
1/1	45°	1.414 2	1.732 1
1/1.5	33°40′	1.201 5	1.562 0
1/2	26°34′	1.118 0	1.500 0
1/2.5	21°48′	1.077 0	1.469 7
1/3	18°26′	1.054 1	1.453 0

注：屋面坡度大于45°时，按设计斜面积计算。

3. 彩钢夹芯板、彩钢复合板屋面按实铺面积以平方米计算，支架、槽铝、角铝等均包含在定额内。

4. 彩板屋脊、天沟、泛水、包角、山头按设计长度以延长米计算，堵头已包含在定额内。

5. 卷材屋面工程量按以下规定计算。

（1）卷材屋面按图示尺寸的水平投影面积乘以规定的坡度系数计算，但不扣除房上烟囱、风帽底座、风道所占面积。女儿墙、伸缩缝、天窗等处的弯起高度按图示尺寸计算并入屋面工程量内；如图纸无规定时，伸缩缝，女儿墙的弯起高度按250 mm计算，天窗弯起高度按500 mm计算并入屋面工程量内；檐沟、天沟按展开面积并入屋面工程量内。

（2）油毡屋面均不包括附加层在内，附加层按设计尺寸和层数另行计算；其他卷材屋面已包括附加层在内，不另行计算；收头、接缝材料已列入定额内。

6. 屋面刚性防水按设计图示尺寸以面积计算，不扣除房上烟囱、风帽底座、风道等所占面积；屋面涂膜防水工程量计算同卷材屋面。

7. 平、立面防水工程量按以下规定计算：

（1）涂刷油类防水按设计涂刷面积计算。

（2）防水砂浆防水按设计抹灰面积计算，扣除凸出地面的构筑物、设备基础及室内铁道所占的面积。不扣除附墙垛、柱、间壁墙、附墙烟囱及0.3 m²以内孔洞所占面积。

（3）粘贴卷材、布类

① 平面：建筑物地面、地下室防水层按主墙（承重墙）间净面积以平方米（m²）计算，扣除凸出地面的构筑物、柱、设备基础等所占面积，不扣除附墙垛、间壁墙、附墙烟囱及0.3 m²以内孔洞所占面积。与墙间连接处高度在300 mm以内者，按展开面积计算并入平面工程量内，超过300 mm时，按立面防水层计算。

② 立面：墙身防水层按图示尺寸扣除立面孔洞所占面积（0.3 m²以内孔洞不扣）以面积计算；

③ 构筑物防水层按设计图示尺寸以面积计算，不扣除0.3 m²以内孔洞面积。

8. 伸缩缝、盖缝、止水带按延长米计算，外墙伸缩缝在墙内、外双面填缝者，工程量应按双面计算。

9. 屋面排水工程量按以下规定计算。

（1）玻璃钢、PVC、铸铁水落管、檐沟均按图示尺寸以延长米计算。水斗，女儿墙弯头，铸铁落水口（带罩）均按只计算。

（2）阳台 PVC 管通水落管按只计算。每只阳台出水口至水落管中心线斜长按 1 m 计（内含两只 135°弯头，1 只异径三通）。

7.10.3　例题讲解

【例题 7.23】　计算图 7.47 所示屋面黏土平瓦规格为 420 mm×332 mm，单价为 4 元/块，长向搭接 75 mm，宽向搭接 32 mm，脊瓦规格为 432 mm×228 mm，长向搭接 75 mm，单价 6 元/块。计算平瓦屋面的工程量、综合单价和复价。

解：（1）列项目 10-1、10-2。

（2）计算工程量。

瓦屋面面积＝(16.24＋2×0.37)×(9.24＋2×0.37)×1.118＝189.46 m^2

脊瓦长度＝16.24＋2×0.37＝16.98 m

（3）套定额，计算结果见表 7.39 所示。

表 7.39　计算结果

序号	定额编号	项目名称	计量单位	工程量	综合单价(元)	合价(元)
1	10-1 换	铺黏土平瓦	10 m^2	18.946	450.72	8 539.34
2	10-2 换	铺脊瓦	10 m	1.698	230.22	390.91
合计						8 930.25

注：① 黏土平瓦的数量每 10 m^2＝10/[(0.420－0.075)×(0.332－0.032)]×1.025＝99 块。
② 10-1 换：434.72－380.00＋0.99×400＝450.72 元/10 m^2。
③ 脊瓦数量：每 10 m＝10 m/(0.432－0.075)×1.025＝28.71≈29 块/10 m。
④ 10-2 换：131.22－75＋0.29×600＝230.22 元/10 m。

答：该屋面平瓦部分的复价合计 8 930.25 元。

【例题 7.24】　计算某三类工程，采用檐沟外排水的六根 φ100 铸铁水落管的工程量（檐口滴水处标高 12.8 m，室外地面－0.3 m），并计算平综合单价和复价。

解：（1）列项目 10-211、10-214、10-216。

（2）计算工程量。

φ100 铸铁水落管：＝(12.8＋0.3)×6＝78.6 m

φ100 铸铁水落口：6 只

φ100 铸铁水斗：6 只

（3）套定额，计算结果见表 7.40 所示。

表 7.40　计算结果

序号	定额编号	项目名称	计量单位	工程量	综合单价(元)	合价(元)
1	10-211	铸铁水落管	10 m	7.86	1 065.04	8 371.21
2	10-214	铸铁水落口	10 只	0.6	458.09	274.85
3	10-216	铸铁水斗	10 只	0.6	1 246.01	747.61
合计						9 393.67

答：该水落管部分的复价合计 9 393.67 元。

7.11 保温、隔热、防腐工程

7.11.1 有关规定

1. 外墙聚苯颗粒保温系统，根据设计要求套用相应的工序。

2. 凡保温、隔热工程用于地面时，增加电动夯实机 0.04 台班/m³。

3. 整体面层和平面砌块料面层，适用于楼地面、平台的防腐面层。整体面层厚度、砌块料面层的规格、结合层厚度、灰缝宽度、各种胶泥、砂浆、混凝土的配合比，设计与定额不同应换算，但人工、机械不变。块料贴面结合层厚度、灰缝宽度的取定如表 7.41 所示。

表 7.41 块料贴面结合层厚度、灰缝宽度取定表

类 型	结合层厚度(mm)	灰缝宽度(mm)
树脂胶泥、树脂砂浆	6	3
水玻璃胶泥、水玻璃砂浆	6	4
硫磺胶泥、硫磺砂浆	6	5
花岗岩及其他条石	15	8

4. 块料面层以平面砌为准，立面砌时按平面砌的相应子目人工乘以系数 1.38，踢脚板人工乘以系数 1.56，块料乘以系数 1.01，其他不变。

5. 本章中浇灌混凝土的项目需立模时，按混凝土垫层项目的含模量计算，按带形基础定额执行。

7.11.2 工程量计算规则

1. 保温隔热工程量按以下规定计算。

(1) 保温隔热层按隔热材料净厚度(不包括胶结材料厚度)乘以设计图示面积按体积计算。

(2) 地墙隔热层，按围护结构墙体内净面积计算，不扣除 0.3 m² 以内孔洞所占的面积。

(3) 软木、聚苯乙烯泡沫板铺贴平顶以图示长乘宽乘厚的体积计算。

(4) 外墙聚苯乙烯挤塑板外保温、外墙聚苯颗粒保温砂浆、屋面架空隔热板、保温隔热砖、瓦、天棚保温(沥青贴软木除外)层，按图示尺寸以面积计算。

(5) 墙体隔热：外墙按隔热层中心线，内墙按隔热层净长乘图示尺寸的高度(如图纸未注明高度时，则下部由地坪隔热层起算，带阁楼时算至阁楼板顶面止；无阁楼则算至檐口)及厚度以体积计算，应扣除冷藏门洞口和管道穿墙洞口所占的体积。

(6) 门口周围的隔热部分，按图示部位，分别套用墙体或地坪的相应定额以体积(m³)计算。

(7) 软木、泡沫塑料板铺贴柱帽、梁面，以图示尺寸按体积计算。

(8) 梁头、管道周围及其他零星隔热工程，均按实际尺寸以体积计算，套用柱帽、梁面定额。

（9）池槽隔热层按图示池槽保温隔热层的长、宽及厚度以体积计算，其中池壁按墙面计算，池底按地面计算。

（10）包柱隔热层，按图示柱的隔热层中心线的展开长度乘图示尺寸高度及厚度以体积计算。

2. 防腐工程项目应区分不同防腐材料种类及厚度，按设计实铺面积以面积计算，应扣除凸出地面的构筑物、设备基础所占的面积。砖垛等突出墙面部分，按展开面积计算并入墙面防腐工程量内。

3. 踢脚板按设计图示尺寸以面积计算，应扣除门洞所占面积并相应增加侧壁展开面积。

4. 平面砌筑双层耐酸块料时，按单层面积乘系数 2.0 计算。

5. 防腐卷材接缝附加层收头等工料，已计入定额中，不另行计算。

6. 烟囱内表面涂抹隔绝层，按筒身内壁的面积计算，并扣除孔洞面积。

7.11.3　例题讲解

【例题 7.25】　某耐酸池平面及断面如图 7.48 所示，在 350 mm 厚的钢筋混凝土基层上粉刷 25 mm 耐酸沥青砂浆，用 6 mm 厚的耐酸沥青胶泥结合层贴耐酸瓷砖，树脂胶泥勾缝，瓷砖规格 230 mm×113 mm×65 mm，灰缝宽度 3 mm，其余与定额规定相同。请计算工程量和定额综合单价及复价。

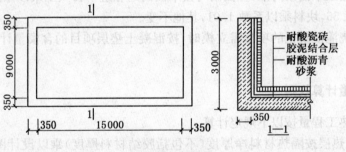

图 7.48　耐酸池

分析:防腐工程项目应区分不同防腐材料种类及厚度，按设计实铺面积以平方米（m²）计算，即工程量应按照建筑尺寸进行计算（主要针对立面，平面一般还按结构尺寸计算）。

解:（1）列项目 11-64、11-65、11-113、11-113。

（2）计算工程量。

池底、池壁 25 mm 耐酸沥青砂浆：

15.0×9.0+（15.0+9.0）×2×（3.0-0.35-0.025）＝261.00 m²。

池底贴耐酸瓷砖：15.0×9.0＝135.00 m²

池壁贴耐酸瓷砖：（15.0+9.0-0.096×2）×2×（3.0-0.35-0.096）＝121.61 m²

（3）套定额，计算结果见表 7.42 所示。

表 7.42　计算结果

序号	定额编号	项目名称	计量单位	工程量	综合单价(元)	合价(元)
1	11-64	耐酸沥青砂浆 30 mm	10 m²	26.1	1 078.06	28 137.37
2	11-65	耐酸沥青砂浆 5 mm	10 m²	−26.1	151.31	−3 949.19
3	11-113	池底贴耐酸瓷砖	10 m²	13.50	4 902.50	66 183.75
4	11-113 换	池壁贴耐酸瓷砖	10 m²	12.161	5 371.22	65 319.41
合计						155 691.34

注：11-113 换(立面人工乘以 1.38,块料乘以 1.01):4 902.50+828.20×0.38×(1+25%+12%)+0.01×3 756.08
=5 371.22 元/10 m²。

答：该耐酸池工程复价合计 155 691.34 元。

7.12　厂区道路及排水工程

7.12.1　有关规定

1. 本定额适用于一般工业与民用建筑物(构筑物)所在的厂区或住宅小区内的道路、广场及排水。

2. 本定额中未包括的项目(如：土方、垫层、面层和管道基础等),应按本定额其他分部的相应子目执行。

3. 管道铺设不论用人工或机械均执行本定额。

4. 停车场、球场、晒场,按道路相应定额执行,其压路机台班乘系数 1.20。

5. 检查井综合定额中挖土、回填土、运土项目未综合在内,应按本定额土方分部的相应子目执行。

7.12.2　工程量计算规则

1. 整理路床、路肩和道路垫层、面层均按设计规定以面积计算,不扣除窨井所占面积。路牙(沿)以延长米计算。

2. 钢筋混凝土井(池)底、壁、顶和砖砌井(池)壁不分厚度以实体积计算,池壁与排水管连接的壁上孔洞其排水管径在 300 mm 以内所占的壁体积不予扣除;超过 300 mm 时,应予扣除。所有井(池)壁孔洞上部砖,已包括在定额内,不另计算。井(池)底、壁抹灰合并计算。

3. 路面伸缩缝锯缝、嵌缝均按延长米计算。

4. 混凝土、PVC 排水管按不同管径分别按延长米计算,长度按两井间净长度计算。

7.12.3　例题讲解

【例题 7.26】　某单位施工停车场(土方不考虑),该停车场面积为 30 m×120 m,做法为：片石垫层 25 cm 厚,道碴垫层 15 cm 厚,C30 混凝土面层 15 cm 厚,路床用 12 t 光轮压路机碾压,长边方向每间隔 20 m 留伸缩缝(锯缝),深度 100 mm,采用聚氯乙烯胶泥嵌缝,嵌缝断面 100 mm×6 mm,请计算其工程量和定额综合单价及复价。

分析：停车场、球场、晒场按本节相应项目执行,其压路机台班乘以系数 1.2;整理路床用压路机碾压,按相应项目基价乘以系数 0.5。

解：(1) 列项目 1-284、12-5、12-6、12-7、12-8、12-18、12-19、12-37、12-38、12-39。

(2) 计算工程量。

路床原土碾压、片石垫层、道碴垫层、混凝土面层：$30×120=3\,600$ m^2

锯缝、嵌缝：$30×(120÷20-1)=150$ m

(3) 套定额，计算结果见表 7.43 所示。

表 7.43 计算结果

序号	定额编号	项目名称	计量单位	工程量	综合单价(元)	合价(元)
1	1-84 换	路床原土碾压	1 000 m^2	3.6	117.16	421.78
2	12-5 换	道路片石垫层 20 cm	10 m^2	360	323.78	116 560.80
3	12-6 换×5	道路片石垫层增 5 cm	10 m^2	360	14.60×5=73.00	26 280.00
4	12-7 换	道碴垫层 10 cm	10 m^2	360	160.81	57 891.60
5	12-8 换×5	道碴垫层增 5 cm	10 m^2	360	14.21×5=71.05	25 578.00
6	12-18	C30 混凝土面层 10 cm	10 m^2	360	499.07	179 665.20
7	12-19×5	C30 混凝土面层增 10 cm	10 m^2	360	41.16×10=411.60	148 176.00
8	12-37	锯缝机锯缝深度 5 cm	10 m	15	93.53	1 402.95
9	12-38×5	锯缝机锯缝深度增 5 cm	10 m	15	20.27×5=101.35	1 520.25
10	12-39 换	胶泥嵌缝	10 m	15	90.48	1 357.20
合计						558 853.78

注：① 1-284 换：$234.31×0.5=49.37$ 元/1 000 m^2。

② 12-5 换：$321.50+0.2×8.31×1.37=323.78$ 元/10 m^2。

③ 12-6 换：$14.46+0.2×0.52×1.37=14.46$ 元/10 m^2。

④ 12-7 换：$158.53+0.2×8.31×1.37=160.81$ 元/10 m^2。

⑤ 12-8 换：$14.07+0.2×0.52×1.37=14.21$ 元/10 m^2。

⑥ 12-39 换：$37.70×\dfrac{100×6}{50×5}=90.48$ 元/10 m^2。

答：该停车场复价合计 558 853.78 元。

7.13 建筑物超高增加费用

7.13.1 有关规定

1. 建筑物设计室外地面至檐口的高度(不包括女儿墙、屋顶水箱、突出屋面的电梯间、楼梯间等的高度)超过 20 m 或建筑物超过 6 层时，应计算超高费。

2. 超高费内容包括：人工降效、高压水泵摊销、除垂直运输机械外的机械降效费用、上下联络通信等所需费用。超高费包干使用，不论实际发生多少，均按本定额执行，不调整。

3. 超高费按下列规定计算：

(1) 檐高超过 20 m 或层数超过 6 层部分的建筑物应按其超过部分的建筑面积计算。

(2) 层高超过 3.6 m 时，以每增高 1 m(不足 0.1 m 按 0.1 m 计算)按相应子目的 20% 计算。

(3) 建筑物檐高高度超过 20 m，但其最高一层或其中一层楼面未超过 20 m 且在 6 层以内时，则该楼层在 20 m 以上部分的超高费，每超过 1 m(不足 0.1 m 按 0.1 m 计算)按相应定额的 20% 计算。

（4）同一建筑物中有 2 个或 2 个以上的不同檐口高度时,应分别按不同高度竖向切面的建筑面积套用定额。

（5）单层建筑物(无楼隔层者)高度超过 20 m,其超过部分除构件安装按计价定额第八章规定执行外,另再按相应项目计算每增高 1 m 的层高超高费。

4. 单独装饰工程超高人工降效

（1）"高度"和"层高",只要其中一个指标达到规定,即可套用该项目。

（2）当同一个楼层中的楼面和天棚不在同一计算段内,按天棚面标高段为准计算。

7.13.2　工程量计算规则

1. 建筑物超高费以超过 20 m 部分的建筑面积计算。

2. 单独装饰工程超高部分人工降效以超过 20 m 或 6 层部分的人工费分段计算。

7.13.3　例题讲解

【**例题 7.27**】　某六层建筑,每层高度均大于 2.2 m,面积均为 1 000 m²,如图 7.49 所示给出了房屋高度的分布情况和有关标高,计算该建筑的超高费。

解:（1）列项目 18-1、18-1、18-1.

（2）计算工程量:1 000 m²。

（3）套定额,计算结果见表 7.44 所示。

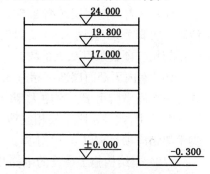

图 7.49　房屋分层高度

表 7.44　计算结果

序号	定额编号	项目名称	计量单位	工程量	综合单价(元)	合价(元)
1	18-1	建筑物高度 20～30 m 以内超高	m²	1 000	29.30	29 300.0
2	18-1 换	每增高 1 m	m²	1 000	0.586	586.00
3	18-1 换	每增高 1 m	m²	1 000	3.516	3 516.00
合计						33 402.00

答:该建筑的超高费合计 33 402.00 元。

7.14　脚手架工程

7.14.1　有关规定

1. 脚手架工程

（1）凡工业与民用建筑、构筑物所需搭设的脚手架,均按本定额执行。

（2）本定额适用于檐高在 20 m 以内的建筑物,不包括女儿墙、屋顶水箱、突出主体建筑的楼梯间等高度,前后檐高不同,按平均高度计算。檐高在 20 m 以上的建筑物脚手架除按本定额计算外,其超过部分所需增加的脚手架加固措施等费用,均按超高脚手架材料增加费子目执行。构筑物、烟囱、水塔、电梯井按其相应子目执行。

（3）本定额已按扣件钢管脚手架与竹脚手架综合编制，实际施工中不论使用何种脚手架材料，均按本定额执行。

（4）高度在 3.60 m 以内的墙面、天棚、柱、梁抹灰（包括钉间壁、钉天棚）用的脚手架费用套用 3.60 m 以内的抹灰脚手架。如室内（包括地下室）净高超过 3.60 m 时，天棚需抹灰（包括钉天棚）应按满堂脚手架计算，但其内墙抹灰不再计算脚手架。高度在 3.60 m 以上的内墙面抹灰，如无满堂脚手架可以利用时，可按墙面垂直投影面积计算抹灰脚手架。

（5）建筑物室内净高超过 3.60 m 的钉板间壁以其净长乘以高度可计算一次脚手架（按抹灰脚手架定额执行），天棚吊筋与面层按其水平投影面积计算一次满堂脚手架。

（6）天棚面层高度在 3.60 m 内，吊筋与楼层的连结点高度超过 3.60 m，应按满堂脚手架相应项目基价乘以 0.60 计算。

（7）瓦屋面坡度大于 45°时，屋面基层、盖瓦的脚手架费用应另按实计算。

（8）室内天棚面层净高 3.60 m 以内的钉天棚、钉间壁的脚手架与其抹灰的脚手架合并计算一次脚手架，套用 3.60 m 以内的抹灰脚手架。单独天棚抹灰计算一次脚手架，按满堂脚手架相应项目乘以 0.1 系数。

（9）室内天棚面层净高超过 3.60 m 的钉天棚、钉间壁的脚手架与其抹灰的脚手架合并计算一次满堂脚手架。室内天棚净高超过 3.60 m 的板下勾缝、刷浆、油漆可另行计算一次脚手架费用，按满堂脚手架相应项目乘以 0.10 计算；墙、柱梁面刷浆、油漆的脚手架按抹灰脚手架相应项目乘以 0.10 计算。

（10）当结构施工搭设的电梯井脚手架延续至电梯设备安装使用时，套用安装用电梯井脚手架时应扣除定额中的人工及机械。

（11）构件吊装脚手架按表 7.45 执行。

表 7.45　构件吊装脚手架　　　　　　　　　　　　　　　　　　单位:元

类型	柱	梁	屋架	其他
混凝土构件(m³)	1.58	1.65	3.20	2.30
钢构件(t)	0.70	1.00	1.5	1.00

2. 超高脚手架材料增加费

（1）本定额中脚手架是按建筑物檐高在 20 m 以内编制的，檐高超过 20 m 时应计算脚手架材料增加费。

（2）檐高超过 20 m 脚手架材料增加费内容包括:脚手架使用周期延长摊销费、脚手架加固。脚手架材料增加费包干使用，无论实际发生多少，均按本章执行，不调整。

（3）檐高超过 20 m 脚手材料增加费按下列规定计算。

① 檐高超过 20 m 部分的建筑物应按其超过部分的建筑面积计算。

② 层高超过 3.6 m 每增高 0.1 m 按增高 1 m 的比例换算（不足 0.1 m 按 0.1 m 计算），按相应项目执行。

③ 建筑物檐高高度超过 20 m，但其最高一层或其中一层楼面未超过 20 m 时，则该楼层在 20 m 以上部分仅能计算每增高 1 m 的增加费。

④ 同一建筑物中有 2 个或 2 个以上的不同檐口高度时，应分别按不同高度竖向切面的

建筑面积套用相应子目。

⑤ 单层建筑物(无楼隔层者)高度超过 20 m,其超过部分除构件安装按计价表规定执行外,另再按相应项目计算每增高 1 m 的脚手架材料增加费。

7.14.2 脚手架工程工程量计算规则

1. 综合脚手架

综合脚手架按建筑面积计算。单位工程中不同层高的建筑面积应分别计算。

2. 单项脚手架工程

(1) 脚手架工程量计算一般规则:

① 凡砌筑高度超过 1.5 m 的砌体均需计算脚手架。

② 砌墙脚手架均按墙面(单面)垂直投影面积以平方米计算。

③ 计算脚手架时,不扣除门、窗洞口、空圈、车辆通道、变形缝等所占面积。

④ 同一建筑物高度不同时,按建筑物的竖向不同高度分别计算。

(2) 砌筑脚手架工程量计算规则:

① 外墙脚手架按外墙外边线长度(如外墙有挑阳台,则每只阳台计算一个侧面宽度,计入外墙面长度内,两户阳台连在一起的也只算一个侧面)乘以外墙高度以平方米计算。外墙高度指室外设计地坪至檐口(或女儿墙上表面)高度,坡屋面至屋面板下(或椽子顶面)墙中心高度,墙算至山尖 1/2 处的高度。

② 内墙脚手架以内墙净长乘以内墙净高计算。有山尖者算至山尖 1/2 处的高度;有地下室时,自地下室室内地坪至墙顶面高度。

③ 砌体高度在 3.60 m 以内者,套用里脚手架;高度超过 3.60 m 者,套用外脚手架。

④ 山墙自设计室外地坪至山尖 1/2 处高度超过 3.60 m 时,该整个外山墙按相应外脚手架计算,内山墙按单排外架子计算。

⑤ 独立砖(石)柱高度在 3.60 m 以内者,脚手架以柱的结构外围周长乘以柱高计算,执行砌墙脚手架里架子;柱高超过 3.60 m 者,以柱的结构外围周长加 3.60 m 乘以柱高计算,执行砌墙脚手架外架子(单排)。

⑥ 砌石墙到顶的脚手架,工程量按砌墙相应脚手架乘系数 1.50。

⑦ 外墙脚手架包括一面抹灰脚手架在内,另一面墙可计算抹灰脚手架。

⑧ 砖基础自设计室外地坪至垫层(或混凝土基础)上表面的深度超过 1.50 m 时,按相应砌墙脚手架执行。

⑨ 突出屋面部分的烟囱,高度超过 1.50 m 时,其脚手架按外围周长加 3.60 m 乘以实砌高度按 12 m 内单排外脚手架计算。

⑩ 外墙镶(挂)贴脚手架工程量计算规则同砌筑脚手架中的外墙脚手架。

(3) 现浇钢筋混凝土脚手架工程量计算规则:

① 钢筋混凝土基础自设计室外地坪至垫层上表面的深度超过 1.50 m,同时带形基础底宽超过 3.0 m、独立基础或满堂基础及大型设备基础的底面积超过 16 m² 的混凝土浇捣脚手架应按槽、坑土方规定放工作面后的底面积计算,按满堂脚手架相应定额乘以 0.3 系数计算脚手架费用(使用泵送混凝土者,混凝土浇捣脚手架不得计算)。

② 现浇钢筋混凝土独立柱、单梁、墙高度超过 3.60 m 应计算浇捣脚手架。柱的浇捣脚手

架以柱的结构周长加 3.60 m 乘以柱高计算;梁的浇捣脚手架按梁的净长乘以地面(或楼面)至梁顶面的高度计算;墙的浇捣脚手架以墙的净长乘以墙高计算,套用柱、梁、墙混凝土浇捣脚手架。

③ 层高超过 3.60 m 的钢筋混凝土框架柱、墙(楼板、屋面板为现浇板)所增加的混凝土浇捣脚手架费用,以框架轴线水平投影面积,按满堂脚手架相应子目乘以 0.3 系数执行;层高超过 3.60 m 的钢筋混凝土框架柱、梁、墙(楼板、屋面板为预制空心板)所增加的混凝土浇捣脚手架费用,以框架轴线水平投影面积,按满堂脚手架相应子目乘以 0.4 系数执行。

(4) 贮仓脚手架,不分单筒或贮仓组,高度超过 3.60 m,均按外边线周长乘以设计室外地坪至贮仓上口之间高度以平方米计算。高度在 12 m 内,套双排外脚手架,乘 0.7 系数执行;高度超过 12 m 套 20 m 内双排外脚手架乘 0.7 系数执行(均包括外表面抹灰脚手架在内)。贮仓内表面抹灰按抹灰脚手架工程量计算规则执行。

(5) 抹灰脚手架、满堂脚手架工程量计算规则:

① 抹灰脚手架:

A. 钢筋混凝土单梁、柱、墙,按以下规定计算脚手架:

a. 单梁:以梁净长乘以地坪(或楼面)至梁顶面高度计算;

b. 柱:以柱结构外围周长加 3.60 m 乘以柱高计算;

c. 墙:以墙净长乘以地坪(或楼面)至板底高度计算。

B. 墙面抹灰:以墙净长乘以净高计算。

C. 如有满堂脚手架可以利用时,不再计算墙、柱、梁面抹灰脚手架。

D. 天棚抹灰高度在 3.60 m 以内,按天棚抹灰面(不扣除柱、梁所占的面积)以平方米计算。

② 满堂脚手架:天棚抹灰高度超过 3.60 m,按室内净面积计算满堂脚手架,不扣除柱、垛、附墙烟囱所占面积。

A. 基本层:高度在 8 m 以内计算基本层;

B. 增加层:高度超过 8 m,每增加 2 m,计算一层增加层,计算式如下:

增加层数=室内净高(m)-8(m)/2 m,增加层数计算结果保留整数,小数在 0.6 以内,不计算增加层,超过 0.6,按增加一层计算。

C. 满堂脚手架高度以室内地坪面(或楼面)至天棚面或屋面板的底面为准(斜的天棚或屋面板按平均高度计算)。室内挑台栏板外侧共享空间的装饰如无满堂脚手架利用时,按地面(或楼面)至顶层栏板顶面高度乘以栏板长度以平方米计算,套相应抹灰脚手架定额。

(6) 其他脚手架工程量计算规则:

① 外架子悬挑脚手架增加费按悬挑脚手架部分的垂直投影面积计算。

② 单层轻钢厂房脚手架柱梁、屋面瓦等水平结构安装按厂房水平投影面积计算,墙板、门窗、雨篷等竖向结构安装按厂房垂直投影面积计算。

③ 高压线防护架按搭设长度以延长米计算。

④ 金属过道防护棚按搭设水平投影面积以平方米计算。

⑤ 斜道、烟囱、水塔、电梯井脚手架区别不同高度以座计算。滑升模板施工的烟囱、水塔,其脚手架费用已包括在滑模计价定额内,不另计算脚手架。烟囱内壁抹灰是否搭设脚手架,按施工组织设计规定办理,其费用按相应满堂脚手架执行,人工增加 20%,其余不变。

⑥ 高度超过 3.60 m 的贮水(油)池,其混凝土浇捣脚手架按外壁周长乘以池的壁高以平方米计算,按池壁混凝土浇捣脚手架项目执行,抹灰者按抹灰脚手架另计。

3. 檐高超过 20 m 脚手架材料增加费

建筑物檐高超过 20 m,即可计算脚手架材料增加费,建筑物檐高超过 20 m,脚手架材料增加费,综合脚手架以建筑物超过 20 m 部分建筑面积计算,单项脚手架同外墙脚手架计算规则,从设计室外地面起算。

7.14.3 例题讲解

【例题 7.28】 如图 7.50 为某一层砖混房屋,计算该房屋的地面以上部分砌墙、墙体粉刷和天棚粉刷脚手架工程量、综合单价和复价。

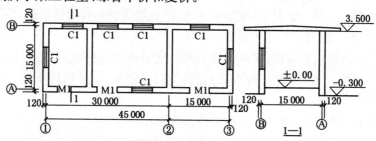

图 7.50 砌墙脚手架

解:(1)列项目 20-10、20-9、20-23、20-23。

(2)计算工程量。

外墙脚手架:$(45.24+15.24)\times2\times(3.5+0.3)=459.65$ m²

内墙脚手架:$(15-0.24)\times2\times3.5=103.32$ m²

内墙粉刷脚手架(包括外墙内部粉刷):

$[(45-0.24-0.24\times2)\times2+(15-0.24)\times6]\times3.5=619.92$ m²

天棚粉刷脚手架:$(45-0.24-0.24\times2)\times(15-0.24)=653.57$ m²

(3)套定额,计算结果见表 7.46 所示。

表 7.46 计算结果

序号	定额编号	项目名称	计量单位	工程量	综合单价(元)	合价(元)
1	20-6	砌筑外墙脚手架(含外粉)	10 m²	45.965	137.43	6 316.97
2	20-9	砌筑内墙脚手架	10 m²	10.332	16.33	168.72
3	20-23	内墙粉刷脚手架	10 m²	61.992	3.90	241.77
4	20-23	天棚粉刷脚手架	10 m²	65.357	3.90	254.89
合计						6 982.35

注:外墙外侧的粉刷脚手架含在外墙砌筑脚手架中。

答:该脚手架工程的合价为 6 982.35 元。

7.15 模板工程

7.15.1 模板工程定额说明

模板工程分为现浇构件模板、现场预制构件模板、加工厂预制构件模板和构筑物工程模板四个部分,使用时应分别套用。为便于施工企业快速报价,《计价定额》在附录中列出了混凝土构件的模板含量表,供使用单位参考。按设计图纸计算模板接触面积或使用混凝土含模量折算模板面积,两种方法仅能使用其中一种,相互不得混用。使用含模量者,竣工结算时模板面积不得调整。构筑物工程中的滑升模板是以立方米混凝土为单位的模板系综合考虑。倒锥形水塔水箱提升以"座"为单位。

1. 现浇构件模板子目按不同构件分别编制了组合钢模板配钢支撑、复合木模板配钢支撑,使用时,任选一种套用。

2. 预制构件模板子目,按不同构件,分别以组合钢模板、复合木模板、木模板、定型钢模板、长线台钢拉模、加工厂预制构件配混凝土地模、现场预制构件配砖胎模、长线台配混凝土地胎模编制,使用其他模板时,不予换算。

3. 模板工作内容包括清理、场内运输、安装、刷隔离剂、浇灌混凝土时模板维护、拆模、集中堆放、场外运输。木模板包括制作(预制构件包括刨光、现浇构件不包括刨光):组合钢模板、复合木模板包括装箱。

4. 现浇钢筋混凝土柱、梁、墙、板的支模高度以净高(底层无地下室者高需另加室内外高差)在 3.6 m 以内为准,净高超过 3.6 m 的构件其钢支撑、零星卡具及模板人工分别乘以表 7.47 所列的系数。根据施工规范要求属于高大支模的,其费用另行计算。

表 7.47　净高超过 3.6 m 的人工、材料系数表

增加内容	净 高 在	
	5 m 以内	8 m 以内
独立柱、梁、板钢支撑及零星卡具	1.10	1.30
框架柱(墙)、梁、板钢支撑及零星卡具	1.07	1.15
模板人工(不分框架和独立柱梁板)	1.30	1.60

注:轴线未形成封闭框架的柱、梁、板称独立柱、梁、板。

5. 支模高度净高。

(1) 柱:无地下室底层是指设计室外地面至上层板底面、楼层板顶面至上层板底面;

(2) 梁:无地下室底层是指设计室外地面至上层板底面、楼层板顶面至上层板底面;

(3) 板:无地下室底层是指设计室外地面至上层板底面、楼层板顶面至上层板底面;

(4) 墙:整板基础板顶面(或反梁顶面)至上层板底面、楼层板顶面至上层板底面。

6. 设计 T、L、十形柱,其单面每边宽在 1 000 mm 内按 T、L、十形柱相应子目执行,每根柱两边之和超过 2 000 mm,则该柱按直形墙相应定额执行。T、L、十形柱边的确定(图 7.51):

图 7.51　异形柱

7. 模板项目中,仅列出周转木材而无钢支撑的项目,其支撑量已含在周转木材中,模板与支撑按 7∶3 拆分。

8. 模板材料已包含砂浆垫块与钢筋绑扎用的22♯镀锌铁丝在内,现浇构件和现场预制构件不用砂浆垫块,而改用塑料卡,每10 m² 模板另加塑料卡费用每只0.2元,计30只。

9. 有梁板中的弧形梁模板按弧形梁定额执行(含模量＝肋形板含模量),其弧形板部分的模板按板定额执行。砖墙基上带形混凝土防潮层模板按圈梁定额执行。

10. 混凝土满堂基础底板面积在1 000 m² 内,若使用含模量计算模板面积,基础用砖侧模时,砖侧模的费用应另外增加,同时扣除相应的模板面积(总量不得超过总含模量);超过1 000 m² 时,按混凝土接触面积计算。

11. 地下室后浇墙带的模板应按已审定的施工组织设计另行计算,但混凝土墙体模板含量不扣。

12. 带形基础、设备基础、栏板、地沟如遇圆弧形,除按相应定额的复合模板执行外,其人工、复合木模板乘系数1.30,其他不变(其他弧形构件按相应定额执行)。

13. 用钢滑升模板施工的烟囱、水塔、贮仓使用的钢提升杆是按 ϕ25 一次性用量编制的,设计要求不同时,另行换算。施工是按无井架计算的,并综合了操作平台,不再计算脚手架和竖井架。

14. 钢筋混凝土水塔、砖水塔基础采用毛石混凝土、混凝土基础时按烟囱相应定额执行。

15. 烟囱钢滑升模板项目均已包括烟囱筒身、牛腿、烟道口;水塔钢滑升模板均已包括直筒、门窗洞口等模板用量。

16. 倒锥壳水塔塔身钢滑升模板项目,也适用于一般水塔塔身滑升模板工程。

17. 栈桥子目适用于现浇矩形柱、矩形连梁、有梁斜板栈桥,其超过3.6 m支撑按有关说明执行。

18. 混凝土、钢筋混凝土地沟是指建筑物室外的地沟,室内钢筋混凝土地沟按相应项目执行。

19. 现浇有梁板、无梁板、平板、楼梯、雨篷及阳台,底面设计不抹灰者,增加模板缝贴胶带纸人工0.27工日/10 m²。

20. 飘窗上下挑板、空调板按板式雨篷模板执行。

21. 混凝土线条按小型构件定额执行。

7.15.2　工程量计算规则

1. 现浇混凝土及钢筋混凝土模板工程量,按以下规定计算:

(1) 现浇混凝土及钢筋混凝土模板工程量除另有规定者外,均按混凝土与模板的接触面积计算。若使用含模量计算模板接触面积者,其工程量＝构件体积×相应项目含模量。

(2) 钢筋混凝土墙、板上单孔面积在0.3 m² 以内的孔洞,不予扣除,洞侧壁模板不另增加,但突出墙面的侧壁模板应相应增加。单孔面积在0.3 m² 以外的孔洞,应予扣除,洞侧壁模板面积并入墙、板模板工程量之内计算。

(3) 现浇钢筋混凝土框架分别按柱、梁、墙、板有关规定计算,墙上单面附墙柱、暗梁、暗柱并入墙内工程量计算,双面附墙柱按柱计算,但后浇墙、板带的工程量不扣除。

(4) 设备螺栓套孔或设备螺栓分别按不同深度以"个"计算;二次灌浆,按实灌体积计算。

(5) 预制混凝土板间或边补现浇板缝,缝宽在 100 mm 以上者,模板按平板定额计算。

(6) 构造柱外露均应按图示外露部分计算面积(锯齿形,则按锯齿形最宽面计算模板宽度)构造柱与墙接触面不计算模板面积。

(7) 现浇混凝土雨篷、阳台、水平挑板,按图示挑出墙面以外板底尺寸的水平投影面积计算(附在阳台梁上的混凝土线条不计算水平投影面积)。挑出墙外的牛腿及板边模板已包括在内。复式雨篷挑口内侧净高超过 250 mm 时,其超过部分按挑檐定额计算(超过部分的含模量按天沟含模量计算)。

(8) 整体直形楼梯包括楼梯段、中间休息平台、平台梁、斜梁及楼梯与楼板连结的梁,按水平投影面积计算,不扣除小于 500 mm 的梯井,伸入墙内部分不另增加。

(9) 圆弧形楼梯按楼梯的水平投影面积计算(包括圆弧形梯段、休息平台、平台梁、斜梁及楼梯与楼板连接的梁)。

(10) 楼板后浇带以延长米计算(整板基础的后浇带不包括在内)。

(11) 现浇圆弧形构件除定额已注明者外,均按垂直圆弧形的面积计算。

(12) 栏杆按扶手长度计算,栏板竖向挑板按模板接触面积计算。扶手、栏板的斜长按水平投影长度乘系数 1.18 计算。

(13) 劲性混凝土柱模板,按现浇柱定额执行。

(14) 砖侧模分别不同厚度,按实砌面积计算。

2. 现场预制钢筋混凝土构件模板工程量,按以下规定计算:

(1) 现场预制构件模板工程量,除另有规定者外,均按模板接触面积以平方米计算。若使用含模量计算模板面积者,其工程量=构件体积×相应项目的含模量。砖地模费用已包括在定额含量中,不再另行计算。

(2) 漏空花格窗、花格芯按外围面积计算。

(3) 预制桩不扣除桩尖虚体积。

(4) 加工厂预制构件有此子目,而现场预制无此子目,实际在现场预制时模板按加工厂预制模板子目执行。现场预制构件有此子目,加工厂预制构件无此子目,实际在加工厂预制时,其模板按现场预制模板子目执行。

3. 加工厂预制构件的模板,除漏空花格窗、花格芯外,均按构件的体积计算。

(1) 混凝土构件体积一律按施工图纸的几何尺寸以实体积计算,空腹构件应扣除空腹体积。

(2) 漏空花格窗、花格芯按外围面积计算。

4. 构筑物工程模板计算规则:

构筑物工程中的现浇构件模板除注明外均按模板与混凝土的接触面积以平方米计算。

(1) 烟囱

① 钢筋混凝土烟囱基础,包括基础底板及筒座,筒座以上为筒身,烟囱基础按接触面积计算。

② 烟囱筒身

A. 烟囱筒身不分方形、圆形均按体积计算,筒身体积应以筒壁平均中心线长度乘以厚度。圆筒壁周长不同时,可分段计算,取之和。

B. 砖烟囱的钢筋混凝土圈梁和过梁,按接触面积计算,套用模板工程中现浇钢筋混凝土构件的相应项目。

C. 烟囱的钢筋混凝土集灰斗(包括分隔墙、水平隔墙、柱、梁等)应按模板工程中现浇钢筋混凝土构件相应项目计算、套用。

D. 烟道中的其他钢筋混凝土构件模板,应按相应钢筋混凝土构件的相应定额计算、套用。

E. 钢筋混凝土烟道,可按地沟定额计算,但架空烟道不能套用。

(2) 水塔

① 基础:各种基础均以接触面积计算(包括基础底板和筒座),筒座以上为塔身,以下为基础。

② 筒身

A. 钢筋混凝土筒式塔身以筒座上表面或基础底板上表面为分界线;柱式塔身以柱脚与基础底板或梁交界处为分界线,与基础底板相连接的梁并入基础内计算。

B. 钢筋混凝土筒式塔身与水箱的分界是以水箱底部的圈梁为界,圈梁底以下为筒式塔身。水箱的槽底(包括圈梁)、塔顶、水箱(槽)壁工程量均应分别按接触面积计算。

C. 钢筋混凝土筒式塔身以接触面积计算。应扣除门窗洞口面积,依附于筒身的过梁、雨篷、挑檐等工程量并入筒身面积内按筒式塔身计算;柱式塔身不分斜柱、直柱和梁,均按接触面积合并计算按柱式塔身定额执行。

D. 钢筋混凝土、砖塔身内设置钢筋混凝土平台、回廊以接触面积计算。

E. 砖砌筒身设置的钢筋混凝土圈梁以接触面积计算,按相应项目执行。

③ 塔顶及槽底

A. 钢筋混凝土塔顶及槽底的工程量合并计算。塔顶包括顶板和圈梁;槽底包括底板、挑出斜壁和圈梁。回廊及平台另行计算。

B. 槽底不分平底、拱底、塔顶不分锥形、球形均按定额执行。

④ 水槽内、外壁

A. 与塔顶、槽底(或斜壁)相连系的圈梁之间的直壁为水槽内、外壁;设保温水槽的外保护壁为外壁;直接承受水侧压力的水槽壁为内壁。非保温水箱的水槽壁按内壁计算。

B. 水槽内、外壁以接触面积计算;依附于外壁的柱、梁等并入外壁面积中计算。

⑤ 倒锥壳水塔

A. 基础按相应水塔基础的规定计算,其筒身、水箱制作按混凝土的体积以"m³"计算。

B. 环梁以混凝土接触面积计算。

C. 水箱提升按不同容积和不同的提升高度,分别套用定额,以"座"计算。

(3) 贮水(油)池

① 池底为平底执行平底子目,其平底体积应包括池壁下部的扩大部分;池底有斜坡者,执行锥形底子目。均按图示尺寸的接触面积计算。

② 池壁有壁基梁时,锥形底应算至壁基梁底面,池壁应从壁基梁上口开始,壁基梁应从锥形底上表面算至池壁下口;无壁基梁时锥形底算至坡上表面,池壁应从锥形底的上表面开始。

③ 无梁池盖柱的柱高,应由池底上表面算至池盖的下表面,包括柱帽、柱座的模板面积。

④ 池壁应按圆形壁、矩形壁分别计算,其高度不包括池壁上下处的扩大部分,无扩大部分时,则自池底上表面(或壁基梁上表面)至池盖下表面。

⑤ 无梁盖应包括与池壁相连的扩大部分的面积;肋形盖应包括主、次梁及盖板部分的面积;球形盖应自池壁顶面以上,包括边侧梁的面积在内。

⑥ 沉淀池水槽系指池壁上的环形溢水槽及纵横、U形水槽,但不包括与水槽相连接的矩形梁;矩形梁可按现浇构件矩形梁定额计算。

(4) 贮仓

① 矩形仓

矩形仓立壁和漏斗,各按不同厚度计算接触面积,立壁和漏斗按相互交点的水平线为分界线;壁上圈梁并入漏斗工程量内。基础、支撑漏斗的柱和柱间的连系梁分别按现浇构件的相应子目计算。

② 圆筒仓

A. 本定额适用于高度在 30 m 以下、仓壁厚度不变、上下断面一致、采用钢滑模施工工艺的圆形贮仓,如盐仓、粮仓、水泥库等。

B. 圆形仓工程量应分仓底板、顶板、仓壁三部分。底板、顶板按接触面积计算,仓壁按实体积以立方米计算。

C. 圆形仓底板以下的钢筋混凝土柱,梁、基础按现浇构件的相应定额计算。

D. 仓顶板的梁与仓顶板合并计算,按仓顶板定额执行。

E. 仓壁高度应自仓壁底面算至顶板底面计算,扣除 0.05 m² 以上的孔洞。

(5) 地沟及支架

① 本定额适用于室外的方形(封闭式)、槽形(开口式)、阶梯形(变截面式)的地沟。底、壁、顶应分别按接触面积计算。

② 沟壁与底的分界,以底板上表面为界。沟壁与顶的分界以顶板下表面为界。八字角部分的数量并入沟壁工程量内。

③ 地沟预制顶板,按相应定额计算。

④ 支架均以接触面积计算(包括支架各组成部分),框架型或 A 字形支架应将柱、梁的体积合并计算;支架带操作平台者,其支架与操作台的体积亦合并计算。

⑤ 支架基础应按相应定额计算。

(6) 栈桥

① 柱、连系梁(包括斜梁)接触面积合并、肋梁与板的面积合并均按图示尺寸以接触面积计算。

② 栈桥斜桥部分不论板顶高度如何均按板高在 12 m 内子目执行。

③ 栈桥柱、梁、板的混凝土浇捣脚手架按相应子目执行(工程量按相应规定)。

④ 板顶高度超过 20 m,每增加 2 m 仅指柱、连系梁(不包括有梁板)。

(7) 使用滑升模板施工的均以混凝土体积以立方米计算,其构件划分依照规则执行。

7.15.3 例题讲解

【例题 7.29】 用计价表按接触面积计算图 7.40 中所示工程的模板工程量及综合单价和合价。

解:(1) 列项目:21-26、21-56。

(2) 计算工程量。

① 现浇柱。

$6×4×0.4×(8.5+1.85-0.4-0.35-2×0.1)-0.3×0.3×14×2=87.72 \text{ m}^2$

② 现浇有梁板。

KL-1：$3×0.3×(6-0.4)×3×2-0.25×0.2×4×2=29.84 \text{ m}^2$

KL-2：$0.3×3×(4.5-2×0.2)×4×2=29.52 \text{ m}^2$

KL-3：$(0.2×2+0.25)×(4.5+0.2-0.3-0.15)×2×2=11.05 \text{ m}^2$

B：$[6.4×9.4-0.4×0.4×6-0.3×5.6×3-0.3×4.1×4-0.25×4.25×2 +(6.4×2+9.4×2)×0.1]×2=100.55 \text{ m}^2$

小计：$29.84+29.52+11.05+100.55=170.96 \text{ m}^2$

（3）套定额,计算结果见表 7.48 所示。

表 7.48　计算结果

序号	定额编号	项目名称	计量单位	工程量	综合单价(元)	合价(元)
1	21-26 换	矩形柱组合钢模板	10 m²	8.772	706.18	6 194.61
2	21-56 换	C30 有梁板组合钢模板	10 m²	17.096	547.89	9 366.73
合计						15 561.34

注：① 21-26 换：581.58+0.07×(17.32+14.96)+0.30×297.66×1.37=706.18 元/10 m²

　　② 21-56 换：461.37+0.07×(17.67+24.26)+0.30×203.36×1.37=547.89 元/10 m²

答：现浇柱模板面积 87.72 m²,现浇有梁板模板面积 170.96 m²,模板部分的复价共计15 561.34 元。

7.16　施工排水、降水

7.16.1　有关规定

1. 人工土方施工排水是在人工开挖湿土、淤泥、流沙等施工过程中的地下水排放发生的机械排水台班费用。

2. 基坑排水：是指地下常水位以下、基坑底面积超过 150 m²(两个条件同时具备)的土方开挖以后,在基础或地下室施工期间所发生的排水包干费用(不包括±0.00 以上有设计要求待框架、墙体完成以后再回填基坑土方期间的排水)。

3. 井点降水项目适用于降水深度在 6 m 以内。井点降水使用时间按施工组织设计确定。井点降水材料使用摊销量中已包括井点拆除时材料损耗量。井点间距根据地质和降水要求由施工组织设计确定,一般轻型井点管间距为 1.2 m。

4. 强夯法加固地基坑内排水是指击点坑内的积水排抽台班费用。

5. 机械土方工作面中的排水费已包含在土方中,但地下水位以下的施工排水费用不包括,如发生,依据施工组织设计规定,排水人工、机械费用另行计算。

7.16.2　工程量计算规则

1. 人工土方施工排水不分土壤类别、挖土深度,按挖湿土工程量以立方米计算。

2. 人工挖淤泥、流沙施工排水按挖淤泥、流沙工程量以立方米计算。

3. 基坑、地下室排水按土方基坑的底面积以平方米计算。

4. 强夯法加固地基坑内排水，按强夯法加固地基工程量以平方米计算。

5. 井点降水 50 根为一套，累计根数不足一套者按一套计算，井点使用定额单位为套天，一天按 24 小时计算。井管的安装、拆除以"根"计算。

6. 深井管井降水安装、拆除按座计算，使用按座天计算，一天按 24 小时计算。

7.17 建筑工程垂直运输

7.17.1 有关规定

1. 建筑物垂直运输

(1)"檐高"是指设计室外地坪至檐口的高度，突出主体建筑物顶的女儿墙、电梯间、楼梯间、水箱等不计入檐口高度以内；"层数"指地面以上建筑物的层数，地下室、地面以上部分净高小于 2.1 m 的半地下室不计入层数。

(2) 本定额工作内容包括在江苏省调整后的国家工期定额内完成单位工程全部工程项目所需的垂直运输机械台班，不包括机械的场外运输、一次安装、拆卸、路基铺垫和轨道铺拆等费用。施工塔吊与电梯基础、施工塔吊和电梯与建筑物连接的费用单独计算。

(3) 本定额项目划分是以建筑物"檐高""层数"两个指标界定的，只要其中一个指标达到定额规定，即可套用该定额子目。

(4) 一个工程，出现两个或两个以上檐口高度(层数)，使用同一台垂直运输机械时，定额不做调整；使用不同垂直运输机械时，应依照国家工期定额分别计算。

(5) 当建筑物垂直运输机械数量与定额不同时，可按比例调整定额含量。本定额按卷扬机施工配两台卷扬机，塔式起重机施工配一台塔吊一台卷扬机(施工电梯)考虑。

(6) 檐高 3.60 m 内的单层建筑物和围墙，不计算垂直运输机械台班。

(7) 垂直运输高度小于 3.6 m 的一层地下室不计算垂直运输机械台班。

(8) 预制混凝土平板、空心板、小型构件的吊装机械费用已包括在定额中。

(9) 本定额中现浇框架系指柱、梁、板全部为现浇的钢筋混凝土框架结构。如部分现浇，部分预制，按现浇框架乘系数 0.96。

(10) 柱、梁、墙、板构件全部现浇的钢筋混凝土框筒结构、框剪结构按现浇框架执行；筒体结构按剪力墙(滑模施工)执行。

(11) 预制或现浇钢筋混凝土柱，预制屋架的单层厂房，按预制排架定额计算。

(12) 单独地下室工程项目定额工期按不含打桩工期自基础挖土开始考虑。

(13) 当建筑物以合同工期日历天计算时，在同口径条件下定额乘以下系数：

1＋(国家工期定额日历天 － 合同工期日历天) / 国家工期定额日历天

未承包施工的工程内容，如打桩、挖土等的工期，不能作为提前工期考虑。

(14) 混凝土构件，使用泵送混凝土浇筑者，卷扬机施工定额台班乘系数 0.96；塔式起重机施工定额中的塔式起重机台班用量乘系数 0.92。

(15) 建筑物高度超过定额取定时，另行计算。

（16）采用履带式、轮胎式、汽车式起重机（除塔式起重机外）吊（安）装预制大型构件的工程，除按规定计算垂直运输费外，另按有关规定计算构件吊（安）装费。

2. 烟囱、水塔、筒仓垂直运输

烟囱、水塔、筒仓的"高度"指设计室外地坪至构筑物的顶面高度，突出构筑物主体顶的机房等高度，不计入构筑物高度内。

7.17.2 工程量计算规则

1. 建筑物垂直运输机械台班用量，区分不同结构类型、檐口高度（层数）按国家工期定额以日历天计算。

2. 单独装饰工程垂直运输机械台班，区分不同施工机械、垂直运输高度、层数、按定额工日分别计算。

3. 烟囱、水塔、筒仓垂直运输机械台班，以"座"计算。超过定额规定高度时，按每增高1m定额项目计算。高度不足1m，按1m计算。

4. 施工塔吊、电梯基础，塔吊及电梯与建筑物连接件，按施工塔吊及电梯的不同型号以"台"计算。

7.18 场内二次搬运

7.18.1 有关规定

1. 现场堆放材料有困难，材料不能直接运到单位工程周边需再次中转，建设单位不能按正常合理的施工组织设计提供材料、构件堆放场地和临时设施用地的工程而发生的二次搬运费用，执行本定额。

2. 执行本定额时，应以工程所发生的第一次搬运为准。

3. 水平运距的计算，分别以取料中心点为起点，以材料堆放中心为终点。超运距增加运距不足整数者，进位取整计算。

4. 运输道路15%以内的坡度已考虑，超过时另行处理。

5. 松散材料运输不包括做方，但要求堆放整齐。如需做方者，应另行处理。

6. 机动翻斗车最大运距为600m，单（双）轮车最大运距为120m，超过时，应另行处理。

7.18.2 工程量计算规则

1. 砂子、石子、毛石、块石、炉渣、矿渣、石灰膏按堆积原方计算。

2. 混凝土构件及水泥制品按实体积计算。

3. 玻璃按标准箱计算。

4. 其他材料按表中计量单位计算。

8 建筑工程清单项目工程量计算

8.1 土石方工程清单计价

8.1.1 土方工程

1. 平整场地(010101001):按设计图示尺寸以建筑物首层面积(m²)计算;工程内容包括土方挖填;场地找平;运输。

(1) 可能出现±30 cm以内的全部是挖方或全部是填方,需外运土方或借土回填时,在工程量清单项目中应描述弃土运距(或弃土地点)或取土运距(或取土地点),这部分的运输应包括在"平整场地"项目报价内。

(2) 工程量"按建筑物首层面积计算",如施工组织设计规定超面积平整场地时,超出部分应包括在报价内。

2. 挖一般土方(010101002):按设计图示尺寸以体积(m³)计算;工程内容包括排地表水;土方开挖;围护(挡土板)及拆除;基底钎探;运输。

3. 挖沟槽土方(010101003)、挖基坑土方(010101004):按设计图示尺寸以基础垫层底面积乘以挖土深度计算;工程内容包括排地表水;土方开挖;围护(挡土板)及拆除;基底钎探;运输。

(1) 根据施工方案规定的放坡、操作工作面和机械挖土进出施工工作面的坡道等增加的施工量应包括在挖基础土方报价内。

(2) 工程量清单"挖一般土方、挖沟槽土方、挖基坑土方"项目中应描述弃土运距,施工增量的弃土运输包括在报价内。

4. 冻土开挖(010101005):按设计图示尺寸开挖面积乘以厚度以体积(m³)计算;工程内容包括爆破、开挖、清理、运输。

5. 挖淤泥、流砂(010101006):按设计图示位置、界限以体积(m³)计算;工程内容包括开挖、运输。

6. 管沟土方(010101007):按设计图示以管道中心线长度(m)计算或按设计图示管底垫层面积乘以挖土深度计算;无管底垫层按管外径的水平投影面积乘以挖土深度计算,不扣除各类井的长度,井的土方并入。工程内容包括排地表水;土方开挖;围护(挡土板)支撑;运输;回填。

"管沟土方"项目适用于管沟土方开挖、回填。

8.1.2 石方工程

1. 预裂爆破(010102001):按设计图示以钻孔总长度(m)计算;工程内容包括打眼、装药、放炮;处理渗水、积水;安全防护、警卫。

2. 石方开挖(010102002):按设计图示尺寸以体积(m³)计算;工程内容包括打眼、装药、放炮;处理渗水、积水、解小;岩石开凿;摊座;清理、运输;安全防护、警卫。

"石方开挖"项目适用于人工凿石、人工打眼爆破、机械打眼爆破等,并包括指定范围内的石方清除运输。

应注意:

(1) 设计规定需光面爆破的坡面、需摊座的基底,工程量清单中应进行描述。

(2) 石方爆破的超挖量,应包括在报价内。

3. 管沟石方(010102003):按设计图示,以管道中心线长度(m)计算。工程内容包括石方开凿、爆破;处理渗水、积水;解小;摊座;清理、运输、回填;安全防护、警卫。

4. 土(石)方回填(010103001):按设计图示尺寸以体积(m³)计算。工程内容包括挖土方;装卸、运输;回填;分层碾压、夯实。

"土(石)方回填"项目适用于场地回填、室内回填和基础回填并包括指定范围内的运输以及借土回填的土方开挖。

应注意:基础土方放坡等施工的增加量,应包括在报价内。

应注意如下共性问题:

(1) "指定范围内的运输"是指由招标人指定的弃土地点或取土地点的运距;若招标文件规定由投标人确定弃土地点或取土地点时,则此条件不必在工程量清单中进行描述。

(2) 土石方清单项目报价应包括指定范围内的土石一次或多次运输、装卸以及基底夯实、修理边坡、清理现场等全部施工工序。

(3) 桩间挖土方工程量不扣除桩所占体积。

(4) 因地质情况变化或设计变更,引起的土(石)方工程量的变更,由业主与承包人双方现场认证,依据合同条件进行调整。

8.1.3 例题讲解

【例题 8.1】 根据【例题 7.2】的题意,计算土(石)方工程的工程量清单。

解:(1) 列项目 010101003001、010103001001。

(2) 计算工程量。

010101003001 挖基础土方:154.87 m³

010103001001 基础土方回填:132.55 m³

(3) 工程量清单,见表 8.1 所示。

表 8.1 工程量清单

序号	项目编码	项目名称	项目特征	计量单位	工程数量
1	010101003001	挖基础土方	(1) 土壤类别:三类干土 (2) 挖土深度:2.3 m (3) 弃土距离:50 m	m³	154.87
2	010103001001	基础土方回填	(1) 土壤类别:一类干土 (2) 回填土运距:50 m (3) 回填要求:人工夯填	m³	132.55

【例题 8.2】 根据【例题 7.2】的题意，按计价表计算土(石)方工程的清单综合单价。

解：（1）列项目 010101003001（1-28、1-92）、010103001001（1-1、1-92、1-95、1-104）。

（2）计算工程量。

1-28 人工挖沟槽：154.87 m³

1-92(1-95)人力车运出土：154.87 m³

1-1 挖回填土：132.55 m³

1-92(1-95)人力车运回土：132.55 m³

1-104 基槽回填土：132.55 m³

（3）清单计价，见表 8.2 所示。

表 8.2 清单计价

序号	项目编码	项目名称	计量单位	工程数量	金额(元)	
					综合单价	合价
1	010101003001	挖基础土方	m³	154.87	73.85	11 437.15
	1-28	人工挖沟槽	m³	154.87	53.80	8 332.01
	1-92	人工运出土运距 50 m	m³	154.87	20.05	3 106.14
2	010103001001	基础土方回填	m³	132.55	61.77	8 187.61
	1-1	人工挖一类回填土	m³	132.55	10.55	1 398.40
	1-92	人工运回土运距 50 m	m³	132.55	20.05	2 657.63
	1-104	基槽回填土	m³	132.55	31.07	4 131.58

答：挖基础土方的清单综合单价为 73.85 元/m³，基础土方回填的清单综合单价为 61.77 元/m³。

8.2 地基与桩基础工程清单计价

8.2.1 混凝土桩

1. 预制钢筋混凝土桩(010201001)：按设计图示尺寸以桩长(包括桩尖)或根数(m/根)计算，工程内容包括桩制作、运输；打桩、试验桩、斜桩；送桩；管桩填充材料、刷防护材料；清理、运输。

"预制钢筋混凝土桩"项目适用于预制混凝土方桩、管桩和板桩等。应注意：

（1）试桩应按"预制钢筋混凝土桩"项目编码单独列项。

（2）试桩与打桩之间间歇时间，机械在现场的停滞，应包括在打试桩报价内。

（3）打钢筋混凝土预制板桩是指留滞原位(即不拔出)的板桩。板桩应在工程量清单中描述其单桩垂直投影面积。

（4）预制桩刷防护材料应包括在报价内。

2. 接桩(010201002)：按设计图示规定以接头数量(板桩按接头长度)计算，以"个/m"计；接桩的工程量按图示规定：方桩、管桩以接头数量，板桩按接头长度计算。工程内容包括桩制作、运输；接桩、材料运输。

"接桩"项目适用于预制钢筋混凝土方桩、管桩和板桩的接桩。

应注意：

(1) 方桩、管桩接桩按接头个数计算；板桩按接头长度计算。

(2) 接桩应在工程量清单中描述接头材料。

3. 混凝土灌注桩(010201003)：按设计图示尺寸以桩长（包括桩尖）或根数计算，以"m/根"计。工程内容包括成孔、固壁；混凝土制作、运输、灌注、振捣、养护；泥浆池及沟槽砌筑、拆除；泥浆制作、运输；清理、运输。

"混凝土灌注桩"项目适用于人工挖孔灌注桩、钻孔灌注桩、爆扩灌注桩、打管灌注桩、振动管灌注桩等。

应注意：

(1) 人工挖孔时采用的护壁（如：砖砌护壁、预制钢筋混凝土护壁、现浇钢筋混凝土护壁、钢模周转护壁、竹笼护壁等），应包括在报价内。

(2) 钻孔固壁泥浆的搅拌运输，泥浆池、泥浆沟槽的砌筑、拆除，应包括在报价内。

8.2.2 其他桩

1. 砂石灌注桩(010202001)：按设计图示尺寸以桩长（包括桩尖）计算，以"m"计；工程内容包括成孔；砂石运输；填充；振实。

2. 灰土挤密桩(010202002)：按设计图示尺寸以桩长（包括桩尖）计算，以"m"计；工程内容包括成孔；灰土拌和、运输；填充；夯实。

3. 旋喷桩(010202003)：按设计图示尺寸以桩长（包括桩尖）计算，以"m"计；工程内容包括成孔；水泥浆制作、运输；水泥浆旋喷。

4. 喷粉桩(010202004)：按设计图示尺寸以桩长（包括桩尖）计算，以"m"计。工程内容包括成孔；粉体运输；喷粉固化。

8.2.3 地基及边坡处理

1. 地下连续墙(010203001)：按设计图示墙中心线长乘以厚度乘以槽深以体积(m^3)计算；工程内容包括挖土成槽、余土运输；导墙制作、安装；锁口管吊拔；浇注混凝土连续墙；材料运输。

2. 振冲灌注碎石(010203002)：按设计图示孔深乘以孔截面积以体积(m^3)计算；工程内容包括成孔；碎石运输；灌注、振实。

3. 地基强夯(010203003)：按设计图示尺寸以面积(m^2)计算；工程内容包括铺夯填材料；强夯；夯填材料运输。

4. 锚杆支护(010203004)：按设计图示尺寸以支护面积(m^2)计算；工程内容包括钻孔；浆液制作、运输、压浆；张拉锚固；混凝土制作、运输、喷射、养护；砂浆制作、运输、喷射、养护。

5. 土钉支护(010203005)：按设计图示尺寸以支护面积(m^2)计算。工程内容包括钉土钉；挂网；混凝土制作、运输、喷射、养护；砂浆制作、运输、喷射、养护。

应注意如下共性问题：

(1) 各种桩（除预制钢筋混凝土桩）的充盈量，应包括在报价内。

（2）振动沉管、锤击沉管若使用预制钢筋混凝土桩尖时，应包括在报价内。

（3）爆扩桩扩大头的混凝土量，应包括在报价内。

（4）桩的钢筋（如：灌注桩的钢筋笼、地下连续墙的钢筋网、锚杆支护、土钉支护的钢筋网及预制桩头钢筋等）应按混凝土及钢筋混凝土有关项目编码列项。

8.2.4　例题讲解

【例题 8.3】　根据【例题 7.7】的题意，计算桩基础工程的工程量清单。

解：（1）列项目 010302002001。

（2）计算工程量。

震动沉管灌注桩：40 根。

（3）工程量清单，见表 8.3 所示。

表 8.3　工程量清单

序号	项目编码	项目名称	项目特征	计量单位	工程数量
1	010302002001	震动沉管灌注桩	（1）土壤类别：三类土 （2）空桩长度、桩长：1.8m、18 m （3）桩直径：$\phi450$ （4）沉管方法：一次复打沉管、预制桩尖、桩顶标高在室外地坪以下 1.80 m （5）桩尖类型：预制桩尖 （6）混凝土强度等级：C30	根	40

【例题 8.4】　根据【例题 7.7】的题意，按计价表计算桩基础工程的清单综合单价。

解：（1）列项目 010302002001（3-55、3-55、3-55、补）。

（2）清单计价，见表 8.4 所示。

表 8.4　清单计价

序号	项目编码	项目名称	计量单位	工程数量	金额（元）	
					综合单价	合价
1	010302002001	震动沉管灌注桩	根	40	3 076.90	123 076.09
	3-55 换	单打沉管灌注桩	m³	112.83	577.92	65 200.93
	2-55 换	复打沉管灌注桩	m³	104.00	506.79	52 706.16
	3-55 换	空沉管	m³	8.84	132.24	1 169.00
	补	预制桩尖	个	80	50	4 000

答：该桩基础工程的清单综合单价为 3 076.90 元/根。

8.3　砌筑工程清单计价

8.3.1　砖基础

砖基础（010301001）：按设计图示尺寸以体积（m³）计算，包括附墙垛基础宽出部分体积。

（1）扣除及不扣除的体积。

扣除地梁（圈梁）、构造柱所占体积。不扣除基础大放脚 T 形接头处的重叠部分及嵌入基础内的钢筋、铁件、管道、基础砂浆防潮层和单个面积 0.3 m² 以内的孔洞所占体积，靠墙暖气沟的挑檐不增加。

（2）砖基础长度：外墙按中心线，内墙按净长线计算。

工程内容包括砂浆制作、运输；铺设垫层；砌砖；防潮层铺设；材料运输。

8.3.2　砖砌体

1. 实心砖墙（010302001）：按设计图示尺寸以体积（m³）计算。

（1）扣除及不扣除的体积。

扣除门窗洞口、过人洞、空圈、嵌入墙内的钢筋混凝土柱、梁、圈梁、挑梁、过梁及凹进墙内的壁龛、管槽、暖气槽、消火栓箱所占体积。

不扣除梁头、板头、檩头、垫木、木楞头、沿椽木、木砖、门窗走头、砖墙内加固钢筋、木筋、铁件、钢管及单个面积 0.3 m² 以内的孔洞所占体积。

凸出墙面的腰线、挑檐、压顶、窗台线、虎头砖、门窗套的体积也不增加。凸出墙面的砖垛并入墙体体积内计算。

（2）墙长度：外墙按中心线，内墙按净长线计算。

（3）墙高度：

① 外墙：斜（坡）屋面无檐口天棚者算至屋面板底；有屋架且室内外均有天棚者算至屋架下弦底另加 200 mm；无天棚者算至屋架下弦底另加 300 mm，出檐宽度超过 600 mm 时按实砌高度计算；平屋面算至钢筋混凝土板底。

② 内墙：位于屋架下弦者，算至屋架下弦底；无屋架者算至天棚底另加 100 mm；有钢筋混凝土楼板隔层者算至楼板顶；有框架梁时算至梁底。

③ 女儿墙：从屋面板上表面算至女儿墙顶面（如有混凝土压顶时算至压顶下表面）。

④ 内、外山墙：按其平均高度计算。

（4）围墙：高度算至压顶上表面（如有混凝土压顶时算至压顶下表面），围墙柱并入围墙体积内。

应注意：

① 不论三皮砖以下或三皮砖以上的腰线、挑檐突出墙面部分均不计算体积（与基础定额不同）。

② 内墙算至楼板隔层板顶（与基础定额不同）。

③ 女儿墙的砖压顶、围墙的砖压顶突出墙面部分不计算体积，压顶顶面凹进墙面的部分也不扣除（包括一般围墙的抽屉檐、棱角檐、仿瓦砖檐等）。

④ 墙内砖平磉、砖拱磉、砖过梁的体积不扣除，应包括在报价内。

2. 空斗墙（010302002）：按设计图示尺寸以空斗墙外形体积（m³）计算。墙角、内外墙交接处、门窗洞口立边、窗台砖、屋檐处的实砌部分体积并入空斗墙体积内。工程内容包括砂浆制作、运输；砌砖；装填充料；勾缝；材料运输。

3. 空花墙（010302003）：按设计图示尺寸以空花部分外形体积（m³）计算，不扣除空洞部分体积。工程内容包括砂浆制作、运输；砌砖；装填充料；勾缝；材料运输。

"空花墙"项目适用于各种类型空花墙。应注意：

(1)"空花部分的外形体积计算"应包括空花的外框。

(2)使用混凝土花格砌筑的空花墙,分实砌墙体与混凝土花格分别计算工程量,混凝土花格按混凝土及钢筋混凝土预制零星构件编码列项。

4. 填充墙(010302004)：按设计图示尺寸以填充墙外形体积(m^3)计算。工程内容包括砂浆制作、运输；砌砖；装填充料；勾缝；材料运输。

5. 实心砖柱(010302005)：按设计图示尺寸以体积(m^3)计算,扣除混凝土及钢筋混凝土梁垫、梁头、板头所占体积。工程内容包括砂浆制作、运输；砌砖；勾缝；材料运输。

6. 零星砌砖(010302006)：按设计图示尺寸以体积(m^3)或面积(m^2)、长度(m)、个计算,扣除混凝土及钢筋混凝土梁垫、梁头、板头所占体积。工程内容包括砂浆制作、运输；砌砖；勾缝；材料运输。

应注意：

(1) 台阶工程量可按水平投影面积计算(不包括梯带或台阶挡墙)。

(2) 小型池槽、锅台、炉灶可按个计算,以长×宽×高顺序标明外形尺寸。

(3) 砖砌小便槽等可按长度计算。

8.3.3 砖构筑物

1. 砖烟囱、水塔(010303001)：按设计图示筒壁平均中心线周长乘以厚度乘以高度以体积(m^3)计算。扣除各种孔洞、钢筋混凝土圈梁、过梁等的体积。

2. 砖烟道(010303002)：按设计尺寸以体积(m^3)计算。

3. 砖窨井、检查井(010303003)：按设计图示数量以"座"计算。

4. 砖水池、化粪池(010303004)：按设计图示数量以"座"计算。

8.3.4 砌块砌体

1. 空心砖墙、砌块墙(010304001)：按设计图示尺寸以体积(m^3)计算。(计算规则同实心砖墙)

2. 空心砖柱、砌块柱(010304002)：按设计图示尺寸以体积(m^3)计算。扣除混凝土及钢筋混凝土梁垫、梁头、板头所占体积。工程内容包括砂浆制作、运输；砌砖、砌块；勾缝；材料运输。

"空心砖柱、砌块柱"项目适用于各种类型柱(矩形柱、方柱、异型柱、圆柱、包柱等)。

应注意：

(1) 工程量"扣除混凝土及钢筋混凝土梁头、梁垫、板头所占体积"(与基础定额不同)。

(2) 梁头、板头下镶嵌的实心砖体积不扣除。

8.3.5 石砌体

1. 石基础(010305001)：按设计图示尺寸以体积(m^3)计算。

(1) 扣除及不扣除的体积：

包括附墙垛基础宽出部分体积。不扣除基础砂浆防潮层和单个面积 0.3 m^2 以内的孔洞所占体积,靠墙暖气沟的挑檐不增加体积。

(2) 砖基础长度:外墙按中心线,内墙按净长线计算。

工程内容包括砂浆制作、运输;铺设垫层;砌石;防潮层铺设;材料运输。

"石基础"项目适用于各种规格(条石、块石等)、各种材质(砂石、青石等)和各种类型(柱基、墙基、直形、弧形等)基础。

2. 石勒脚(010305002):按设计图示尺寸以体积(m³)计算。扣除单个面积 0.3 m² 以外的孔洞所占的体积。工程内容包括砂浆制作、运输;砌石;石表面加工;勾缝;材料运输。

3. 石墙(010305003):按设计图示尺寸以体积(m³)计算。(计算规则同实心砖墙)

4. 石挡土墙(010305004):按设计图示尺寸以体积(m³)计算。工程内容包括砂浆制作、运输;砌石;压顶抹灰;勾缝;材料运输。

5. 石柱(010305005):按设计图示尺寸以体积(m³)计算。工程内容包括砂浆制作、运输;砌石;石表面加工;勾缝;材料运输。

6. 石栏杆(010305006):按设计图示长度以(m)计算。"石栏杆"项目适用于无雕饰的一般石栏杆。

7. 石护坡(010305007):按设计图示尺寸以体积(m³)计算。"石护坡"项目适用于各种石质和各种石料(如:条石、片石、毛石、块石、卵石等)的护坡。

8. 石台阶(010305008):按设计图示尺寸以体积(m³)计算。

9. 石坡道(010305009):按设计图示尺寸以水平投影面积(m²)计算。

10. 石地沟、石明沟(010305010):按设计图示以中心线长度(m)计算。

8.3.6　砖散水、地坪、地沟

1. 砖散水、地坪(010306001):按设计图示尺寸以面积(m²)计算。工程内容包括地基找平、夯实;铺设垫层;砌砖散水、地坪;抹砂浆面层。

2. 砖地沟、明沟(010306002):按设计图示以中心线长度(m)计算。工程内容包括土石方挖运;铺设垫层;底板混凝土制作、运输、浇筑、振捣、养护;砌砖;勾缝、抹灰;材料运输。

8.3.7　例题讲解

【例题 8.5】　计算图 7.5 砖基础工程的工程量清单。

解:(1) 列项目 010401001001。

(2) 计算工程量。

外墙基础:$(8+6)\times2\times0.24\times(2.5-0.1+0.066)=16.572$ m³

扣除外墙构造柱体积:$(0.24\times0.24\times6+0.24\times0.03\times12)\times2.4=1.037$ m³

内墙基础:$(6-0.24)\times0.24\times2.466=3.409$ m³

扣除内墙构造柱体积:$0.24\times0.03\times2\times2.4=0.035$ m³

合计:$16.572-1.037+3.409-0.035=18.91$ m³

(3) 工程量清单,见表 8.5 所示。

表 8.5　工程量清单

序号	项目编码	项目名称	项目特征	计量单位	工程数量
1	010401001001	砖基础	(1) 砖品种、规格、强度等级:普通黏土砖 (2) 砂浆强度等级:M5 水泥砂浆 (3) 基础类型:条形基础、一层大放脚 (4) 防潮层材料种类:采用 2 cm 厚防水砂浆 1:2 防潮层	m³	18.91

【例题 8.6】　按计价表计算图 7.5 砖基础工程的清单综合单价。

解: (1) 列项目 010401001001(6-1、4-1、4-52)。

　　(2) 计算工程量。

6-1 混凝土垫层:$0.7 \times 0.1 \times [2 \times (6+8)+(6-2 \times 0.35)]=2.33 \ \text{m}^3$

4-1 砖基础:18.91 m³

4-52 防水砂浆防潮层:$0.24 \times [(8+6) \times 2+5.76-0.24 \times 6]=7.76 \ \text{m}^2$

　　(3) 清单计价,见表 8.6 所示。

表 8.6　清单计价

序号	项目编码	项目名称	计量单位	工程数量	金额(元)	
					综合单价	合价
1	010401001001	砖基础	m³	18.91	460.91	8 715.83
	6-1	C10 混凝土垫层	m³	2.33	385.69	898.66
	4-1	M5 水泥砂浆砖基础	m³	18.91	406.25	7 682.19
	4-52	2 cm 防水砂浆防潮层	10 m²	0.776	173.94	134.98

　　答:该砖基础工程的清单综合单价为 460.91 元/m³。

8.4　混凝土及钢筋混凝土工程清单计价

8.4.1　现浇混凝土构件

1. 现浇混凝土基础(010401):按设计图示尺寸以体积计算。不扣除构件内钢筋、预埋铁件和伸入承台基础的桩头所占体积。

现浇混凝土基础包括带形基础(010401001)、独立基础(010401002)、满堂基础(010401003)、设备基础(010401004)、桩承台基础(010401005)、垫层(010401006)。工程内容包括铺设垫层;混凝土制作、运输、浇筑、振捣、养护;地脚螺栓二次灌浆。

(1)"带形基础"项目适用于各种带形基础,墙下的板式基础包括浇筑在一字排桩上面的带形基础。

应注意:工程量不扣除浇入带形基础体积内的桩头所占体积。

(2)"独立基础"项目适用于块体柱基、杯基、柱下的板式基础、无筋倒圆台基础、壳体基础、电梯井基础等。

(3)"满堂基础"项目适用于地下室的箱式、筏式基础等。

（4）"设备基础"项目适用于设备的块体基础、框架基础等。应注意：螺栓孔灌浆包括在报价内。

（5）"桩承台基础"项目适用于浇筑在组桩上的承台，应注意：工程量不扣除浇入承台体积内的桩头所占体积。

2. 现浇混凝土柱（010402）：按设计图示尺寸以体积计算，不扣除构件内钢筋、预埋铁件所占体积。现浇混凝土柱包括矩形柱（010402001）、异形柱项目（010402002），工程内容包括混凝土制作、运输、浇筑、振捣、养护。

柱高：

（1）有梁板的柱高，应自柱基上表面（或楼板上表面）至上一层楼板上表面之间的高度计算；

（2）无梁板的柱高，应自柱基上表面（或楼板上表面）至柱帽下表面之间的高度计算；

（3）框架柱的柱高，应自柱基上表面至柱顶高度计算；

（4）构造柱按全高计算，嵌接墙体部分并入柱身体积；

（5）依附柱上的牛腿和升板的柱帽，并入柱身体积计算。

3. 现浇混凝土梁（010403）：按设计图示尺寸以体积（m³）计算。不扣除构件内钢筋、预埋铁件所占体积，伸入墙内的梁头、梁垫并入梁体积内。现浇混凝土梁包括基础梁（010403001）、矩形梁（010403002）、异形梁（010403003）、圈梁（010403004）、过梁（010403005）、弧形、拱形梁（010403006）。工程内容包括混凝土制作、运输、浇筑、振捣、养护。

梁长：

（1）梁与柱连接时，梁长算至柱侧面；

（2）主梁与次梁连接时，次梁长算至主梁侧面。

各种梁项目的工程量主梁与次梁连接时，次梁长算至主梁侧面，简而言之：截面小的梁长度计算至截面大的梁侧面。

4. 现浇混凝土墙（010404）：按设计图示尺寸以体积（m³）计算。

不扣除构件内钢筋、预埋铁件所占体积，扣除门窗洞口及单个面积 0.3m² 以外的孔洞所占体积，墙垛及凸出墙面部分并入墙体体积内计算。

现浇混凝土墙包括直形墙（010404001）、弧形墙（010404002），工程内容包括混凝土制作、运输、浇筑、振捣、养护。

"直形墙"、"弧形墙"项目也适用于电梯井。

应注意：与墙相连接的薄壁柱按墙项目编码列项。

5. 现浇混凝土板（010405）

（1）有梁板（010405001）、无梁板（010405002）、平板（010405003）、拱板（010405004）、薄壳板（010405005）、栏板（010405006），按设计图示尺寸以体积（m³）计算。

不扣除构件内钢筋、预埋铁件及单个面积 0.3 m² 以内的空洞所占体积。

有梁板（包括主、次梁与板）按梁、板体积之和计算，无梁板按板与柱帽体积之和计算，各类板伸入墙内的板头并入板体积内计算，薄壳板的肋、基梁并入薄壳板体积内计算。

工程内容包括混凝土制作、运输、浇筑、振捣、养护。

（2）天沟、挑檐板（010405007）按设计图示尺寸以体积计算。工程内容包括混凝土制作、运输、浇筑、振捣、养护。

（3）雨篷、阳台板（010405008）按设计图示尺寸以墙外部分体积计算。包括伸出墙外的牛腿和雨棚翻挑檐的体积。工程内容包括混凝土制作、运输、浇筑、振捣、养护。

（4）其他板（010405009）按设计图示尺寸以体积计算。工程内容包括混凝土制作、运输、浇筑、振捣、养护。

应注意：

混凝板采用浇入复合高强薄型空心管时，其工程量应扣除管所占体积，复合高强薄型空心管应包括在报价内。采用轻质材料浇筑在有梁板内，轻质材料应包括在报价内。

6. 现浇混凝土楼梯（010406）：按设计图示尺寸以水平投影面积计算。不扣除宽度小于500 mm 的楼梯井，伸入墙内部分不计算。

现浇混凝土楼梯包括直形楼梯（010406001）、弧形楼梯（010406002）。

工程内容包括混凝土制作、运输、浇筑、振捣、养护。

单跑楼梯的工程量计算与直形楼梯、弧形楼梯的工程量计算相同，单跑楼梯如无中间休息平台时，应在工程量清单中进行描述。

7. 现浇混凝土其他构件（010407）

（1）其他构件（010407001）按设计图示尺寸以体积计算。不扣除构件内钢筋、预埋铁件所占体积。工程内容包括混凝土制作、运输、浇筑、振捣、养护。

（2）散水、坡道（010407002）按设计图示尺寸以面积计算。不扣除单个面积 $0.3 \mathrm{~m}^2$ 以内的孔洞所占面积。工程内容包括地基夯实；铺设垫层；混凝土制作、运输、浇筑、振捣、养护；变形缝填塞。

（3）电缆沟、地沟（010407003）按设计图示尺寸以中心线长度计算。工程内容包括挖运土石；铺设垫层；混凝土制作、运输、浇筑、振捣、养护；刷防护材料。

"其他构件"项目中的压顶、扶手工程量可按长度计算；台阶工程量可按水平投影面积计算。"电缆沟、地沟""散水、坡道"需抹灰时，应包括在报价内。

8. 后浇带（010408001）：按设计图示尺寸以体积（m^3）计算。工程内容包括混凝土制作、运输、浇筑、振捣、养护。"后浇带"项目适用于梁、墙、板的后浇带。

8.4.2 预制混凝土构件

1. 预制混凝柱（010409）：按设计图示尺寸以体积（m^3）计算，不扣除构件内钢筋、预埋铁件所占体积；有相同截面、长度的预制混凝土柱的工程量可按根数计算。

预制混凝土柱包括矩形柱（010409001）、异形柱（010409002）。

工程内容包括混凝土制作、运输、浇筑、振捣、养护；构件制作、运输；构件安装；砂浆制作、运输；接头灌缝、养护。

2. 预制混凝土梁（010410）：按设计图示尺寸以体积（m^3）计算。不扣除构件内钢筋、预埋铁件所占体积；有相同截面、长度的预制混凝土梁的工程量可按根数计算。

预制混凝土梁项目有矩形梁（010410001）、异形梁（010410002）、过梁（010410003）、拱形梁（010410004）、鱼腹式吊车梁（010410005）、风道梁（010410006）。

3. 预制混凝土屋架（010411）：按设计图示尺寸以体积计算。不扣除构件内钢筋、预埋铁件所占体积；同类型、相同跨度的预制混凝土屋架的工程量可按榀数计算。

预制混凝土屋架项目有折线型屋架(010411001)、组合屋架(010411002)、薄腹屋架(010411003)、门式刚架屋架(010411004)、天窗架屋架(010411005)

4. 预制混凝土板(010412)

(1) 平板(010412001)、空心板(010412002)、槽形板(010412003)、网架板(010412004)、折线板(010412005)、带肋板(010412006)、大型板(010412007)的工程量按设计图示尺寸以体积计算。不扣除构件内钢筋、预埋铁件及单个尺寸300 mm×300 mm以内的孔洞所占体积,扣除空心板空洞体积;同类型相同构件尺寸的预制混凝土板工程可按块数计算。

(2) 沟盖板、井盖板、井圈(010412008)按设计图示尺寸以体积计算。不扣除构件内钢筋、预埋铁件所占体积;同类型相同构件尺寸的预制混凝土沟盖板的工程量可按块数计算;混凝土井圈、井盖板工程量可按套数计算。

5. 预制混凝土楼梯(010413001):按设计图示尺寸以体积(m³)计算。不扣除构件内钢筋、预埋铁件所占体积,扣除空心踏步板空洞体积。

6. 其他预制构件(010414)

(1) 烟囱、通风道、垃圾道(010414001)按设计图示尺寸以体积计算。不扣除构件内钢筋、预埋铁件及单个尺寸300 mm×300 mm以内的孔洞所占体积,扣除烟道、通风道、垃圾道的孔洞体积。

(2) 其他构件(010414002)、水磨石构件(010414003)按设计图示尺寸以体积计算。不扣除构件内钢筋、预埋铁件及单个尺寸300 mm×300 mm以内的孔洞所占体积,扣除烟道、通风道、垃圾道的孔洞体积。

7. 混凝土构筑物(010415)

(1) 贮水(油)池(010415001)按设计图示尺寸以体积计算。不扣除单个面积0.3 m²以内的孔洞所占体积。

(2) 贮仓(010415002)按设计图示尺寸以体积计算。不扣除单个面积0.3 m²以内的孔洞所占体积。

(3) 水塔(010415003)按设计图示尺寸以体积计算。不扣除单个面积0.3 m²以内的孔洞所占体积。

(4) 烟囱(010415004)按设计图示尺寸以体积计算。不扣除单个面积0.3 m²以内的孔洞所占体积。

8.4.3 钢筋工程

1. 现浇混凝土钢筋(010416001)、预制构件(010416002)、钢筋网片(010416003)、钢筋笼(010416004),按设计图示钢筋(网)长度(面积)乘以单位理论质量以吨(t)计算。

2. 先张法预应力钢筋(010416005)按设计图示钢筋长度乘以单位理论质量以吨(t)计算。

3. 后张法预应力钢筋(010416006)、预应力钢丝(010416007)、预应力钢绞线(010416008)。

(1) 按设计图示钢筋(钢丝束、钢绞线)长度乘以单位理论质量以吨(t)计算。

(2) 低合金钢筋两端均采用螺杆锚具时,钢筋长度按孔道长度减0.35 m计算,螺杆另行计算。

（3）低合金钢筋一端采用镦头插片、另一端采用螺杆锚具时，钢筋长度按孔道长度计算，螺杆另行计算。

（4）低合金钢筋一端采用镦头插片、另一端采用帮条锚具时，钢筋长度按孔道长度增加0.15 m计算；两端采用帮条锚具时，钢筋长度按孔道长度增加0.3 m计算。

（5）低合金钢筋采用后张混凝土自锚时，钢筋长度按孔道长度增加0.35 m计算。

（6）低合金钢筋（钢绞线）采用 JM、XM、QM 型锚具时，孔道长度在 20 m 以内时，钢筋长度按孔道长度增加1 m计算；孔道长度在 20 m 以外时，钢筋（钢绞线）长度按孔道长度增加1.8 m计算。

（7）碳素钢丝采用锥型锚具时，孔道长度在 20 m 以内时，钢丝束长度按孔道长度增加1 m计算；孔道长度在 20 m 以上时，钢丝束长度按孔道长度增加1.8 m计算。

（8）碳素钢丝束采用镦头锚具时，钢丝束长度按孔道长度增加0.35 m计算。

4．螺栓、铁件（010417）：按设计图示尺寸以质量（t）计算。

螺栓、铁件项目有螺栓（010417001）、预埋铁件（010417002），工程内容包括螺栓（铁件）制作、运输；螺栓（铁件）安装。

8.4.4 例题讲解

【例题 8.7】 计算图 7.39 现浇框架柱、梁、板混凝土及钢筋混凝土工程的工程量清单。

解：（1）列项目 010502001001、010505001001、010515001001、010515001002。

（2）计算工程量（钢筋用含钢筋量计算）。

010502001001 矩形柱：$6 \times 0.4 \times 0.4 \times (8.5 + 1.85 - 0.75) = 9.22$ m³

010505001001 现浇有梁板：18.86 m³

010515001001 现浇混凝土钢筋 ϕ12 以内：$0.038 \times 9.22 + 0.03 \times 18.86 = 0.916$ t

010515001002 现浇混凝土钢筋 ϕ12～Φ25：$0.088 \times 9.22 + 0.07 \times 18.86 = 2.132$ t

（3）工程量清单，见表 8.7 所示。

表 8.7 工程量清单

序号	项目编码	项目名称	项目特征	计量单位	工程数量
1	010502001001	现浇矩形柱	（1）柱高度：−1.100～8.500 m （2）混凝土强度等级：C30 （3）柱截面：400 mm×400 mm	m³	9.22
2	010505001001	现浇有梁板	（1）混凝土强度等级：C30 （2）板厚度：100 mm （3）板底标高：4.400 m、8.400 m	m³	18.86
3	010515001001	现浇混凝土钢筋	ϕ12 以内	t	0.916
4	010515001002	现浇混凝土钢筋	ϕ12～Φ25	t	2.132

【例题 8.8】 按计价表计算图 7.39 现浇框架柱、梁、板混凝土及钢筋混凝土工程的清单综合单价。

解：（1）列项目 010502001001（6-14）、010505001001（6-32）、010515001001（5-1）、010515001002（5-2）

（2）计算工程量（见【例题 8.7】）。

（3）清单计价，见表 8.8 所示。

表 8.8 清单计价

序号	项目编码	项目名称	计量单位	工程数量	金额（元）	
					综合单价	合价
1	010502001001	现浇矩形柱	m³	9.22	506.05	4 665.78
	6-14	C30 矩形柱	m³	9.22	506.05	4 665.78
2	010505001001	现浇有梁板	m³	18.86	430.43	8 117.91
	6-32	C30 有梁板	m³	18.86	430.43	8 117.91
3	010515001001	现浇混凝土钢筋	t	0.916	5 470.72	5 011.18
	5-1	φ12 以内钢筋	t	0.916	5 470.72	5 011.18
4	010515001002	现浇混凝土钢筋	t	2.132	4 998.87	10 657.59
	5-2	φ12～Φ25	t	2.132	4 998.87	10 657.59

答：该工程的清单综合单价为，柱 506.05 元/m³，梁 430.43 元/m³，现浇混凝土 φ12 以内钢筋 5 470.72 元/m³ 现浇混凝土 φ12～Φ25 钢筋 4 998.87 元/m³。

8.5 厂库房大门、特种门、木结构工程清单计价

8.5.1 厂库房大门、特种门

木板大门（010501001）、钢木大门（010501002）、全钢板大门（010501003）、特种门（010501004）、围墙铁丝门（010501005）按设计图示数量（樘）计算。

1. "木板大门"项目适用于厂库房的平开、推拉、带观察窗、不带观察窗等各类型木板大门。应注意：工程量按樘数计算（与基础定额不同）；需描述每樘门所含门扇数和有框或无框。

2. "钢木大门"项目适用于厂库房的平开、推拉、单面铺木板、双单铺木板、防风型、保暖型等各类型钢木大门。应注意：钢骨架制作安装包括在报价内，防风型钢木门应描述防风材料或保暖材料。

3. "全钢板大门"项目适用于厂库房的平开、推拉、折叠、单面铺钢板、双面铺钢板等各类型全钢板门。

4. "特种门"项目适用于各种防射线门、密闭门、保温门、隔音门、冷藏库门、冷冻间门等特殊使用功能门。

5. "围墙铁丝门"项目适用于钢管骨架铁丝门、角钢骨架铁丝门、木骨架铁丝门等。

8.5.2 木屋架

木屋架（010502001）、钢木屋架（010502002），按设计图示数量以"榀"计算。工程内容包

括制作、运输;安装;刷防护材料、油漆。

1."木屋架"项目适用于各种方木、圆木屋架。应注意:与屋架相连接的挑檐木应包括在木屋架报价内;钢夹板构件、连接螺栓应包括在报价内。

2."钢木屋架"项目适用于各种方木、圆木的钢木组合屋架。应注意:钢拉杆(下弦拉杆)、受拉腹杆、钢夹板、连接螺栓应包括在报价内。

8.5.3 木构件

木柱(010503001)、木梁(010503002),按设计图示尺寸以体积计算。工程内容包括制作;运输;安装;刷防护材料、油漆。"木柱""木梁"项目适用于建筑物各部位的柱、梁。应注意:接地、嵌入墙内部分的防腐应包括在报价内。

8.5.4 木楼梯

按设计图示尺寸以水平投影面积(m^2)计算。不扣除宽度小于300 mm的楼梯井,伸入墙内部分不计算。工程内容包括制作;运输;安装;刷防护材料、油漆。

"木楼梯"项目适用于楼梯和爬梯。

应注意:楼梯的防滑条应包括在报价内。

8.5.5 其他木构件

按设计图示尺寸以体积(m^3)或长度(m)计算。工程内容包括制作;运输;安装;刷防护材料、油漆。

"其他木构件"项目适用于斜撑,传统民居的垂花、花芽子、封檐板、博风板等构件。

应注意:封檐板、博风板工程量按延长米计算。博风板带大刀头时,每个大刀头增加长度50 cm。

8.5.6 例题讲解

【例题8.9】 计算图7.46木结构工程的工程量清单及清单综合单价。

解:(1)列项目:010703001001屋面木基层(9-42、9-52、9-55、9-59)。

(2)计算工程量。

木基层工程量:$(16.24+2\times0.3)\times(9.0+0.24+2\times0.3)\times\sqrt{1+4}\div2=185.26$ m^2

(3)工程量清单,见表8.9所示。

表8.9 工程量清单

序号	项目编码	项目名称	项目特征描述	计量单位	工程量
1	010703001001	屋面木基层	(1)椽子断面尺寸及椽距:40 mm×60 mm@400 mm (2)望板材料种类、厚度:挂瓦条断面为30 mm×30 mm@330 mm,端头钉三角木,断面为60 mm×75 mm对开 (3)防护材料种类:封檐板和博风板断面为200 mm×20 mm	m^2	185.26

（4）清单计价，见表 8.10 所示。

表 8.10　清单计价

序号	项目编码	项目名称	计量单位	工程数量	金额（元）	
					综合单价	合价
1	010703001001	屋面木基层	m²	185.26	76.36	14 147.28
	9-42	方木檩条 120 mm×180 mm @1 000 mm	m³	4.39	2 149.96	9 438.32
	9-52 换	椽子及挂瓦条	10 m²	18.526	212.49	3 936.59
	9-55 换	檩木上钉三角木 60×75 对开	10 m	3.368	45.54	153.38
	9-59	封檐板、博风板不带落水线	10 m	5.677	126.65	718.99

答：该屋面木基层的清单综合单价为 76.36 元/m²。

【例题 8.10】　按计价表计算图 7.46 木结构工程的清单综合单价。

解：（1）列项目 010503004001(8-59、16-55、16-211)。

（2）计算工程量。

8-59 封檐板、博风板：56.77 m

16-55 清漆、16-211 防火漆：56.77×1.74＝98.78 m

（3）清单计价，见表 8.11 所示。

表 8.11　清单计价

序号	项目编码	项目名称	计量单位	工程数量	金额（元）	
					综合单价	合价
1	010503004001	封檐板、博风板	m	56.77	17.88	997.10
	8-59	封檐板、博风板 200 mm×20 mm	10 m	5.677	92.78	526.71
	16-55	清漆二遍	10 m	9.878	23.01	227.29
	16-211	防火漆二遍	10 m	9.878	24.61	243.10

答：该工程的封檐板、博风板清单综合单价为 17.88 元/m。

8.6　金属结构工程清单计价

8.6.1　工程量计算规则

金属结构工程的工程量清单共分 7 个分项工程清单项目，即钢屋架、钢网架，钢托架、钢桁架，钢柱，钢梁，压型钢板楼板、墙板，钢构件，金属网。适用于建筑物、构筑物的钢结构工程。

1. 钢屋架及钢网架

（1）钢屋架(010601001)项目适用于一般钢屋架和轻钢屋架、冷弯薄壁型钢屋架等。工程量按设计图示尺寸以质量计算,不扣除孔眼、切边、切肢的质量,焊条、铆钉、螺栓等不另增加质量,不规则或多边形钢板以其外接矩形面积乘以厚度,再乘以单位理论质量计算;也可以设计图纸数量(榀)计算。

(2) 钢网架(010601002)项目适用于一般钢网架和不锈钢网架。不论节点形式(球形节点、板式节点等)和节点连接方式(焊接、丝结)等均使用该项目。工程量按设计图示尺寸以质量计算,不扣除孔眼、切边、切肢的质量,焊条、铆钉、螺栓等不另增加质量,不规则或多边形钢板以其外接矩形面积乘以厚度,再乘以单位理论质量计算;也可以设计图纸数量(榀)计算。

2. 钢托架、钢桁架

钢托架(010602001)、钢桁架(010602002)的工程量按设计图示尺寸以质量计算,不扣除孔眼、切边、切肢的质量,焊条、铆钉、螺栓等不另增加质量,不规则或多边形钢板以其外接矩形面积乘以厚度,再乘以单位理论质量计算。

3. 钢柱

(1) 实腹柱(010603001)、空腹柱(010603002)项目分别适用于实腹钢柱、实腹式型钢混凝土柱和空腹钢柱、空腹式型钢混凝土柱。工程量按设计图示尺寸以质量计算,不扣除孔眼、切边、切肢的质量,焊条、铆钉、螺栓等不另增加质量,不规则或多边形钢板,以其外接矩形面积乘以厚度,再乘以单位理论质量计算,依附在钢柱上的牛腿及悬臂梁等并入钢柱工程量内。

(2) 钢管柱(010603003)项目适用于钢管柱和钢管混凝土柱。工程量按设计图示尺寸以质量计算,不扣除孔眼、切边、切肢的质量,焊条、铆钉、螺栓等不另增加质量,不规则或多边形钢板以其外接矩形面积乘以厚度,再乘以单位理论质量计算,钢管柱上的节点板、加强环、内衬管、牛腿等并入钢管柱工程量内。

4. 钢梁

(1) 钢梁(010604001)项目适用于钢梁和实腹式型钢混凝土梁、空腹式型钢混凝土梁。工程量按设计图示尺寸以质量计算,不扣除孔眼、切边、切肢的质量,焊条、铆钉、螺栓等不另增加质量,不规则或多边形钢板以其外接矩形面积乘以厚度,再乘以单位理论质量计算,制动梁、制动板、制动桁架、车挡并入钢吊车梁工程量内。

(2) 钢吊车梁(010604002)工程量按设计图示尺寸以质量计算,不扣除孔眼、切边、切肢的质量,焊条、铆钉、螺栓等不另增加质量,不规则或多边形钢板以其外接矩形面积乘以厚度,再乘以单位理论质量计算。

5. 压型钢板楼板、墙板

(1) 压型钢板楼板(010605001)项目适用于现浇混凝土楼板,使用压型钢板作永久性模板,并与混凝土叠合后组成共同受力的构件。工程量按设计图示尺寸以铺设水平投影面积计算,不扣除柱、垛及单个 0.3 m^2 以内的孔洞所占面积。

(2) 压型钢板墙板(010605002)工程量按设计图示尺寸以铺挂面积计算,不扣除单个 0.3 m^2 以内的孔洞所占面积,包角、包边、窗台泛水等不另增加面积。

6. 钢构件

(1) 钢支撑(010606001)、钢檩条(010606002)、钢天窗架(010606003)、钢挡风架(010606004)、钢墙架(010606005)、钢平台(010606006)、钢走道(010606007)、钢梯

（010606008）、钢栏杆（010606009）、钢支架（010606011）、零星钢构件（010606012）工程量按设计图示尺寸以质量计算，不扣除孔眼、切边、切肢的质量，焊条、铆钉、螺栓等不另增加质量，不规则或多边形钢板以其外接矩形面积乘以厚度，再乘以单位理论质量计算。

（2）钢漏斗（010606010）工程量按设计图示尺寸以质量计算，不扣除孔眼、切边、切肢的质量，焊条、铆钉、螺栓等不另增加质量，不规则或多边形钢板以其外接矩形面积乘以厚度，再乘以单位理论质量计算，依附漏斗的型钢并入漏斗工程量内。

7. 金属网

金属网（010607001）项目的工程量按设计图示尺寸以面积计算。

8.6.2 例题讲解

【例题 8.11】 计算图 7.44 金属结构工程的工程量清单。

解：（1）列项目 010606009001。

（2）计算工程量。

栏杆重量：0.104 t（见【例题 7.18】）。

（3）工程量清单，见表 8.12 所示。

表 8.12 工程量清单

序号	项目编码	项目名称	项目特征	计量单位	工程数量
1	010606009001	钢栏杆	（1）钢材品种、规格：Q345B，Q345GJC （2）防火要求：红丹防锈漆一遍；防火涂料两遍	t	0.104

【例题 8.12】 按计价表计算图 7.44 金属结构工程的清单综合单价。

解：（1）列项目 010606009001（7-43、8-149、17-135）。

（2）计算工程量。

7-43、8-149 钢栏杆制作、安装：0.104 t

17-135 钢栏杆油漆：$0.05 \times 4 \times 6 + 0.03 \times 4 \times 3 \times 19 - 0.03 \times 0.03 \times 19 = 8.02 \ m^2$

（3）清单计价，见表 8.13 所示。

表 8.13 清单计价

序号	项目编码	项目名称	计量单位	工程数量	金额（元）	
					综合单价	合价
1	010606009001	钢栏杆	t	0.104	8 931.73	928.90
	7-43	方钢管栏杆	t	0.104	6 986.93	726.64
	8-149	钢栏杆安装	t	0.104	1 503.43	156.36
	17-135	金属面红丹防锈漆一遍	t	0.802	57.23	45.90

答：该钢栏杆工程的清单综合单价为 8 931.73 元/t。

8.7 屋面及防水工程清单计价

8.7.1 瓦、型材屋面

瓦、型材屋面(010701):按设计图示尺寸以斜面积计算,不扣除房上烟囱、风帽底座、风道、小气窗、斜沟等所占面积,小气窗的出檐部分不增加面积。

(1) 瓦屋面(010701001),工程内容包括檩条、椽子安装;基层铺设;铺防水层;安顺水条和挂瓦条;安瓦;刷防护材料。"瓦屋面"项目适用于小青瓦、平瓦、筒瓦、石棉水泥瓦、玻璃钢波形瓦等。应注意:屋面基层包括檩条、椽子、木屋面板、顺水条、挂瓦条等。

(2) 型材屋面(010701002),工程内容包括骨架制作、运输、安装;屋面型材安装;接缝、嵌缝。"型材屋面"项目适用于压型钢板、金属压型夹心板、阳光板、玻璃钢等。应注意:型材屋面的钢檩条或木檩条以及骨架、螺栓、挂钩等应包括在报价内。

(3) 膜结构屋面(010701003):按设计图示尺寸以需要覆盖的水平面积(m^2)计算。工程内容包括膜布热压胶接;支柱(网架)制作、运输、安装;膜布安装;穿钢丝绳、锚头锚固;刷油漆,如图 8.1 所示。

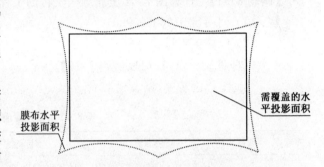

图 8.1　膜结构屋面工程量计算示意图

8.7.2 屋面防水

1. 屋面卷材防水(010702001)、屋面涂膜防水(010702002):按设计图示尺寸以面积(m^2)计算。斜屋顶(不包括平屋顶找坡)按斜面积计算,平屋顶按水平投影面积计算。不扣除房上烟囱、风帽底座、风道、小气窗、斜沟等所占面积。屋面的女儿墙、伸缩缝和天窗等处的弯起部分,并入屋面工程量内。

"屋面卷材防水"工程内容包括基层处理;抹找平层;刷底油;铺油毡卷材、接缝、嵌缝;铺保护层。项目适用于利用胶结材料粘贴卷材进行防水的屋面。

应注意:

(1) 抹屋面找平层、基层处理(清理修补、刷基层处理剂)等应包括在报价内。

(2) 檐沟、天沟、水落口、泛水收头、变形缝等处的卷材附加层应包括在报价内。

(3) 浅色、反射涂料保护层、绿豆砂保护层、细砂、云母及蛭石保护层应包括在报价内。

(4) 水泥砂浆保护层、细石混凝土保护层可包括在报价内,也可按相关项目编码列项。

"屋面涂膜防水"工程内容包括基层处理;抹找平层;涂防水膜;铺保护层。项目适用于厚质涂料、薄质涂料和有加增强材料或无加增强材料的涂膜防水屋面。

应注意:

(1) 抹屋面找平层,基层处理(清理修补、刷基层处理剂等)应包括在报价内。

（2）需加强材料的应包括在报价内。

（3）檐沟、天沟、水落口、泛水收头、变形缝等处的附加层材料应包括在报价内。

（4）浅色、反射涂料保护层、绿豆砂保护层、细砂、云母、蛭石保护层应包括在报价内。

（5）水泥砂浆、细石混凝土保护层可包括在报价内，也可按相关项目编码列项。

2. 屋面刚性防水（010702003）：按设计图示尺寸以面积（m²）计算。不扣除房上烟囱、风帽底座、风道等所占面积。工程内容包括基层处理；混凝土制作、运输、铺筑、养护。

"屋面刚性防水"项目适用于细石混凝土、补偿收缩混凝土、块体混凝土、预应力混凝土和钢纤维混凝土刚性防水屋面。

应注意：

刚性防水屋面的分格缝、泛水、变形缝部位的防水卷材、密封材料、背衬材料、沥青麻丝等应包括在报价内。

3. 屋面排水管（010702004）：按设计图示尺寸以长度（m）计算。如设计未标示尺寸，以檐口至设计室外散水上表面垂直距离计算。工程内容包括排水管及配件安装、固定；雨水斗、雨水算子安装；接缝、嵌缝。

"屋面排水管"项目适用于各种排水管材（PVC管、玻璃钢管、铸铁管等）。

应注意：

（1）排水管、雨水口、算子板、水斗等应包括在报价内。

（2）埋设管卡箍、裁管、接嵌缝应包括在报价内。

4. 屋面天沟、沿沟（010702005）：按设计图示尺寸以面积（m²）计算。铁皮和卷材天沟按展开面积计算。工程内容包括砂浆制作、运输；砂浆找坡、养护；天沟材料铺设；天沟配件安装；接缝、嵌缝；刷防护材料。

"屋面天沟、沿沟"项目适用于水泥砂浆天沟、细石混凝土天沟、预制混凝土天沟板、卷材天沟、玻璃钢天沟、镀锌铁皮天沟等；塑料沿沟、镀锌铁皮沿沟、玻璃钢天沟等。

应注意：

（1）天沟、沿沟固定卡件、支撑件应包括在报价内。

（2）天沟、沿沟的接缝、嵌缝材料应包括在报价内。

5. 卷材防水（010703001）、涂膜防水（010703002）、砂浆防水（潮）（010703003）：按设计图示尺寸以面积（m²）计算。

（1）地面防水：按主墙间净空面积计算。扣除凸出地面的构筑物、设备基础等所占面积，不扣除间壁墙及单个面积 0.3 m² 以内的柱、垛、烟囱和孔洞所占面积。

（2）墙基防水：外墙按中心线、内墙按净长乘以宽度计算。

卷材防水工程内容包括基层处理；抹找平层；刷粘结剂；铺防水卷材；铺保护层；接缝、嵌缝。

涂膜防水工程内容包括基层处理；抹找平层；刷基层处理剂；铺涂膜防水层；铺保护层。

砂浆防水（潮）工程内容包括基层处理；挂钢丝网片；设置分格缝；砂浆制作、运输、摊铺、养护。

"卷材防水、涂膜防水"项目适用于基础、楼地面、墙面等部位的防水。

应注意：

（1）抹找平层、刷基础处理剂、刷胶粘剂、胶粘防水卷材应包括在报价内。

（2）特殊处理部位（如：管道的通道部位）的嵌缝材料、附加卷材衬垫等应包括在报价内。

（3）永久保护层（如：砖墙、混凝土地坪等）应按相关项目编码列项。

"砂浆防水（潮）"项目适用于地下、基础、楼地面、墙面等部位的防水防潮。

应注意：防水、防潮层的外加剂应包括在报价内。

6. 变形缝（010703004）：按设计图示以长度（m）计算。工程内容包括清缝；填塞防水材料；止水带安装；盖板制作；刷防护材料。

"变形缝"项目适用于基础、墙体、屋面等部位的抗震缝、温度缝（伸缩缝）、沉降缝。应注意：止水带安装、盖板制作、安装应包括在报价内。

8.7.3　例题讲解

【例题 8.13】　计算图 7.46 瓦屋面工程的工程量清单。

解：（1）列项目 010701001001。

（2）计算工程量。

010701001001 瓦屋面：$(16.24+2\times0.37)\times(9.24+2\times0.37)\times1.118=189.46\ \mathrm{m^2}$。

（3）工程量清单，见表 8.14 所示。

表 8.14　工程量清单

序号	项目编码	项目名称	项目特征	计量单位	工程数量
1	010701001001	瓦屋面	（1）瓦：黏土瓦 420 mm×332 mm，长向搭接 75 mm，宽向搭接 32 mm，脊瓦 432 mm×228 mm，长向搭接 75 mm （2）基层：方木檩条 120 mm×180 mm@1 000 mm；椽子 40 mm×60 mm@400 mm；挂瓦条 30 mm×30 mm@330 mm，三角木 60 mm×75 mm 对开 （3）木材材质：杉木	m²	189.46

【例题 8.14】　按计价表计算图 7.46 瓦屋面工程的清单综合单价。

解：（1）列项目 010701001001（8-42、8-52、8-55、9-1、9-2）。

（2）计算工程量（见【例题 7.22】和【例题 7.23】）。

（3）清单计价，见表 8.15 所示。

表 8.15　清单计价

序号	项目编码	项目名称	计量单位	工程数量	金额（元）	
					综合单价	合价
1	010701001001	瓦屋面	m²	189.46	71.37	13 521.22
	8-42	檩条 120 mm×180 mm@1 000 mm	m³	4.39	1 837.67	8 067.37
	8-52 换	椽子及挂瓦条	10 m²	18.526	180.48	3 343.57
	8-55 换	三角木 60 mm×75 mm 对开	10 m	3.368	39.30	132.36
	9-1 换	铺黏土平瓦	10 m²	18.946	96.90	1 835.87
	9-2 换	铺脊瓦	10 m	1.698	83.66	142.05

答：该瓦屋面工程的清单综合单价为 71.37 元/m²。

8.8 隔热、保温、防腐工程清单计价

8.8.1 计算规则

1. 防腐混凝土面层（010801001）、防腐砂浆面层（010801002）、防腐胶泥面层（010801003）、玻璃钢防腐面层（010801004）：按设计图示尺寸以面积（m²）计算。

（1）平面防腐：扣除凸出地面的构筑物、设备基础等所占面积；

（2）立面防腐：砖垛等凸出部分按展开面积并入墙面积内。

2. 聚氯乙烯板面层（010801005）、块料防腐面层（010801006）：按设计图示尺寸以面积（m²）计算。

（1）平面防腐：扣除凸出地面的构筑物、设备基础等所占面积；

（2）立面防腐：砖垛等凸出部分按展开面积并入墙面积内；

（3）踢脚板防腐：扣除门洞所占面积并相应增加门洞侧壁面积。

3. 隔离层（010802001）：按设计图示尺寸以面积（m²）计算。工程内容包括基层清理、刷油；煮沥青；胶泥调制；隔离层铺设。

（1）平面防腐：扣除凸出地面的构筑物、设备基础等所占面积；

（2）立面防腐：砖垛等凸出部分按展开面积并入墙面积内。

4. 砌筑沥青浸渍砖（010802002）：按设计图示尺寸以体积（m³）计算。工程内容包括基层清理；胶泥调制；浸渍砖铺砌。

5. 防腐涂料（010802003）：按设计图示尺寸以面积（m²）计算。工程内容包括基层清理；刷涂料。

（1）平面防腐：扣除凸出地面的构筑物、设备基础等所占面积；

（2）立面防腐：砖垛等凸出部分按展开面积并入墙面积内。

6. 保温隔热屋面（010803001）、保温隔热天棚（010803002）：按设计图示尺寸以面积（m²）计算。不扣除柱、垛所占面积。工程内容包括基层清理；铺粘保温层；刷防护材料。

7. 保温隔热墙（010803003）：按设计图示尺寸以面积（m²）计算。扣除门窗洞口所占面积；门窗洞口侧壁需做保温时，并入保温墙体工程量内。工程内容包括基层清理；底层抹灰；粘贴龙骨；填贴保温材料；粘贴面层；嵌缝；刷防护材料。

8. 保温柱（010803004）：按设计图示以保温层中心线展开长度乘以保温层高度以面积（m²）计算。工程内容包括基层清理；底层抹灰；粘贴龙骨；填贴保温材料；粘贴面层；嵌缝；刷防护材料。

9. 隔热楼地面（010803005）：按设计图示尺寸以面积（m²）计算。不扣除柱、垛所占面积。工程内容包括基层清理；铺设粘贴材料；铺贴保温层；刷防护材料。

8.8.2 例题讲解

【例题 8.15】 计算图 7.48 耐酸池工程的工程量清单。

解：（1）列项目 011002006001、011002006002。

（2）计算工程量。

011002006001 平面防腐块料：135.00 m²。

011002006002 立面防腐块料：121.61 m²

（3）工程量清单，见表8.16所示。

表8.16　工程量清单

序号	项目编码	项目名称	项目特征	计量单位	工程数量
1	011002006001	平面耐酸瓷砖	（1）防腐部位：池底 （2）块料：230 mm×113 mm×65 mm 耐酸瓷砖 （3）找平层：25 mm 耐酸沥青砂浆 （4）结合层：6 mm 耐酸沥青胶泥 （5）勾缝：树脂胶泥勾缝，宽度3 mm	m²	135.00
2	011002006002	立面耐酸瓷砖	（1）防腐部位：池底 （2）块料：230 mm×113 mm×65 mm 耐酸瓷砖 （3）找平层：25 mm 耐酸沥青砂浆 （4）结合层：6 mm 耐酸沥青胶泥 （5）勾缝：树脂胶泥勾缝，宽度3 mm	m²	121.61

【例题8.16】　按计价表计算图7.48耐酸池工程的清单综合单价。

解：（1）列项目 011002006001（11-159）、011002006002（11-159）。

（2）计算工程量。

011002006001 平面防腐块料：135.00 m²

011002006002 立面防腐块料：121.61 m²

（3）清单计价，见表8.17所示。

表8.17　清单计价

序号	项目编码	项目名称	计量单位	工程数量	金额（元）	
					综合单价	合价
1	011002006001	池底贴耐酸瓷砖	m²	135.00	360.73	48 698.55
	11-159	耐酸沥青胶泥结合层，树脂胶泥勾缝，耐酸瓷砖 230 mm×113 mm×65 mm	10 m²	13.50	3 607.25	48 698.55
2	011002006002	池壁贴耐酸瓷砖	m²	121.60	360.73	43 864.16
	11-159	耐酸沥青胶泥结合层，树脂胶泥勾缝，耐酸瓷砖 230 mm×113 mm×65 mm	10 m²	12.160	3 607.25	43 864.16

答：该工程的清单综合单价分别为，池底贴耐酸瓷砖 360.73 元/m²，池壁贴耐酸瓷砖 360.73 元/m²。

9 建筑工程造价的审查与管理

建筑工程造价,按照实施阶段可以划分为建筑项目投资估算造价、初步设计概算造价、施工图预算造价和工程竣工结(决)算造价;按照内容范围不同可以划分为建设项目总概(预)算造价、单项工程概预算造价和单位工程概预算造价;按照不同计价方式可以划分为工程量清单招标价、清单项目投标价和工程发包与承包施工图预算造价等。为了缩短篇幅,本书仅以单位工程概、预、结算为主题,对建筑工程造价的审查与管理予以介绍。

9.1 单位建筑工程概算的审查

9.1.1 概述

1. 概算的概念

拟建项目在初步设计(或扩大初步设计)阶段,设计单位根据初步设计(或扩大初步设计)图纸、设备材料清单、设计说明文件,以及综合预算定额(或概算指标)、设备材料价格和各项费用定额与有关规定,编制出反映拟建项目所需建设费用的技术经济文件,称为设计概算(或初步设计概算)。

经批准的设计概算,是控制和确定建设项目造价,编制固定资产投资计划,签订建设项目总包合同和贷款总包合同,实行建设项目投资包干的依据;也是控制基本建设拨款和施工图预算,以及考核设计经济合理性的依据。

我国基本建设管理制度规定,凡采用两阶段设计的建设项目,初步设计阶段必须编制总概算,施工图设计阶段必须编制预算。凡采用三阶段设计的,技术设计阶段还必须编制修正总概算,总概算是设计文件的重要组成部分。主管单位在报批设计时,必须同时报批概算。

2. 初步设计概算的分类

初步设计概算的分类可用图式(图 9.1)。

3. 初步设计概算的组成

一个完整的工业建设项目初步设计总概算文件的组成,如图 9.2 表示。

9.1.2 单位建筑工程概算编制方法

实际工作中,单位建筑工程概算的编制方法,十分灵活机动。也就是说根据工程项目的实际情况和设计深度,其编制方法多种多样。但归结起来,主要有定额法、指标法和类似工程预算法等。为了缩短篇幅及与本节主题挂钩,这里对上述单位工程概算编制的几种方法不做详细叙述,而仅用计算式作简单表示。

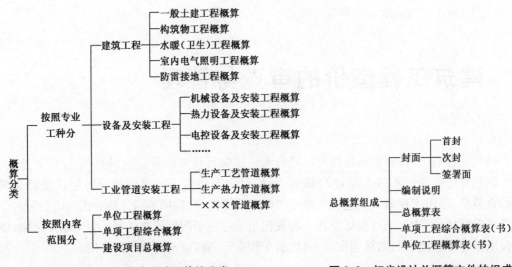

图 9.1　初步设计概算的分类　　　　图 9.2　初步设计总概算文件的组成

1. 用定额法编制单位建筑工程概算

定额法编制单位工程概算,就是采用建筑工程概算定额或综合预算定额编制概算的方法。采用这一方法的前提条件,主要是当初步设计达到规定深度、建筑结构比较明确时,就可以采用这种方法。采用这种方法的各项费用计算以计算式表达如下:

(1) 各分项直接工程费 $= \sum$ (分项工程量×相应分项工程定额基价)

(2) 定额项目措施费 $= \sum$ (分项直接工程费之和×相应措施费费率)

(3) 定额项目直接费=直接工程费+措施费

(4) 间接费=定额项目直接费×间接费费率(%)

(5) 利润=(直接费+间接费-规费)×利润率(%)

(6) 税金=(直接费+间接费+利润+材料差价+…)×税金率(%)

(7) 含税单位工程造价=(3)+(4)+(5)+(6)

(8) 单位造价=单位工程概算值/建筑面积(m²)

单位建筑工程初步设计概算编制采用的表格,见表 9.1 所示。

表 9.1　单位概算表

工程编号		预(概)算价值			
工程名称		技术经济指标	数量:	m²	m³
项目名称			单价:	元/m²	元/m³

编制依据	图号		及 20		年价格和定额

序号	单位估价号	工程或费用名称	计量单位	数量	预(概)算价值(元)	
					单价	总价

编制人:　　　　　　　校核人:　　　　　　　　　　　　　年　　月　　日编制

2. 用指标法编制单位建筑工程概算

用指标法编制单位建筑工程概算,是指用一定计量单位的造价指标(元/m²、元/m³等)计算单位工程造价的方法。这种方法主要适用于初步设计深度不够,不能满足计算分项工程量时,才可采用它来编制单位工程概算。其编制方法可用计算式表达为:

$$单位工程概算造价＝单位工程建筑面积×概算指标(元/m²)＋A＋B＋C＋\cdots$$

式中,A,B,C…为应计入的间接费、利润、税金及有关费用等。

采用这种方法从计算过程来说并不复杂,但当初步设计对象的结构特征与概算指标有局部内容不相同时,应将概算指标不相同部分的价值进行调整后才能使用。其调整方法如下:

调整后的概算指标－概算指标单位造价＋换入结构构件单位－换出结构构件单价

其中:换入(出)结构构件单价＝(换入(出)结构构件数量×概算定额相应单价)

3. 用类似工程预算法编制单位建筑工程概算

所谓"类似预算",是指拟建项目与已建或在建工程相类似,而采用其预算来编制似建项目的概算,则称为用"类似预算"编制概算的方法。

采用"类似预算"编制初步设计概算精确程度高,但调整差异系数计算比较烦琐。调整类似预算造价的系数,通常有下列几种:

(1)综合系数法:由于拟建项目与已建或在建项目的建设地点不同,而引起人工工资、材料价格、施工机械台班价格,以及间接费率标准和其他有关应取费用项目的增加或减少等因素的不同,可采用上述各项因素占类似预算造价比重的综合系数进行调整后方才使用。综合系数的计算方法为:

$$K = A\% \times K_1 + B\% \times K_2 + C\% \times K_3 + D\% \times K_4 + E\% \times K_5 + F\% \times K_6$$

式中:K——类似工程预算的综合调整系数;

$A\%$——人工费占类似预算造价的比重;

$B\%$——材料费占类似预算造价的比重;

$C\%$——机械费占类似预算造价的比重;

$D\%$——间接费占类似预算造价的比重;

$E\%$——利润占类似预算造价的比重;

$F\%$——税金占类似预算造价的比重。

它们的计算方法可用计算式表示为:

$$A\%(B\%\cdots) = \frac{人工费(材料费 \cdots)}{类似预算造价} \times 100\%$$

K_1——人工工资标准因地区不同而产生在造价上的差别系数;

K_2——材料预算价格因地区不同而产生在造价上的差别系数,

K_3——施工机械台班单价因地区不同而产生在造价上的差别系数;

K_4——间接费率标准因地区不同而产生在造价上的差别系数;

K_5——利润率因地区不同而产生在造价上的差别系数;

K_6——税金率因地区不同而产生在造价上的差别系数。

它们的计算方法可用计算式表示为：

$$K_1(K_2\cdots)=\frac{\text{工程所在地区的一级工的工资标准（材料预算价格}\cdots)}{\text{类似预算地区一级工的工资标准（材料预算价格}\cdots)}$$

则：拟建项目概算造价＝类似工程预算造价×K

（2）价格变动系数法：由于类似预算的编制时间与现在相隔了一定的时间距离（如2～3年或更长一些），其中人工工资、材料价格……因政策性或其他因素的变化，必然发生了变动。现在用来编制概算，则应将类似工程预算的上述价格和费用标准与现行的价格和费用标准进行分析比较，测定出价格和费用变动幅度系数，予以适当调整。价格变动系数计算的方法为：

$$P=A\%\times P_1+B\%\times P_2+C\%\times P_3+\cdots$$

式中：P——类似预算的价格变动系数；

$A\%,B\%,C\%\cdots$——见前式；

$P_1,P_2,P_3\cdots$——工资标准、材料价格、机械台班单价因时间不同而产生的差异系数，可按下式计算：

$$P_1(P_2\cdots)=\frac{\text{现期一级工工资标准（材料价格}\cdots)}{\text{类似预算编制期一级工工资标准（材料价格}\cdots)}$$

则：

拟建项目概算造价＝类似工程预算造价×P

（3）地区价差系数法：由于拟建项目与已建项目所在地的不同，必然出现两者直接工程费用的差异。此时，则应采用地区价差系数法对类似预算进行调整。地区价差系数计算式如下：

$$\text{地区价差系数}=\frac{\text{拟建项目所在地直接工程费}}{\text{类似预算所在地直接工程费}}$$

式中拟建项目所在地直接工程费和类似工程预算所在地区直接工程费的计算，是根据100 m² 建筑面积工、料、机消耗指标乘以拟建项目的建筑面积计算出工、料、机消耗总量，然后再分别乘以不同地区相应的工、料、机单价求得。其计算方法可用计算式表示为：

$$Q_1(Q_2)=g\cdot s\cdot P_1(P_2)$$

式中：$P_1(P_2)$——拟建项目与类似项目所在地工、料、机单价；

s——拟建项目建筑面积；

g——100 m² 建筑面积工、料、机消耗指标；

$Q_1(Q_2)$——拟建项目与类似项目的直接工程费用。

据此，拟建项目概算价值可按下式求得：

$$W=Q_2\cdot i+a+b+c+\cdots$$

式中：W——拟建项目概算价值；

Q_2——类似预算直接工程费；

i——地区价差系数($\dfrac{Q_1}{Q_2}$);

a——拟建项目所在地间接费;

b——拟建项目所在地利润;

c——拟建项目所在地税金。

(4) 结构构件差异换算法:建筑产品单件性的特点,决定了每个建设项目都有其各自的特异性。在其结构特征、材质和施工方法等方面,往往是不完全一致的。因此,采用类似工程预算来编制概算,应根据其中差异部分,进行分析、比较和换算,调整其差异部分的价值,合理地确定拟建项目概算造价。采用结构构件差异换算法调整类似工程预算,可按下式进行。

$$拟建项目概算造价=类似工程预算价值-换出构件价值+换入构件价值$$

式中:换出(入)构件价值=换出(入)构件工程量×换出(入)构件相应定额单价。

综上所述,初步设计单位工程概算编制的方法多种多样,其"火候"比较难以掌握。上述几种编制方法,具体采用哪一种,应视具体情况而定。实际工作中有时几种方法穿插进行,这里介绍的几种方法仅供学习。

9.1.3 单位建筑工程概算的审查

1. 审查的意义

单位工程概算是确定某个单位工程建设费用的文件,是确定建设项目全部建设费用不可缺少的组成部分。审查单位工程概算书是正确确定建设项目投资的一个重要环节,也是进一步加强工程建设管理,按基本建设程序办事,检验概算编制质量,提高编制水平的方法之一。因此,搞好概算的审查,精确地计算出建设项目的投资,合理地使用建设资金,更好地发挥投资效果,具有重要的意义。

(1) 可以促进概算编制人员严格执行国家概算编制制度,杜绝高估乱算,缩小概、预算之间的差距,提高编制质量。

(2) 可以正确地确定工程造价,合理分配和落实建设投资,加强计划管理。

(3) 可以促进设计水平的提高与经济合理性。

(4) 可以促进建设、施工单位加强经济核算。

2. 审查的内容

(1) 审查单位工程概算编制依据的时效性和合法性。

(2) 审查单位工程概算编制深度是否符合国家或部门的规定。

(3) 审查单位工程概算编制的内容是否完整,有无漏算、多算、重算,各项费用取定标准、计算基础、计算程序、计算结果等是否符合规定和正确等。

(4) 审查单位工程概算各项应取费用计取有无高抬"贵手"、带"水分",打"埋伏"或"短斤少两"的现象等。

3. 审查的方法

设计概算审查可以分为编制单位内部审查和上级主管部门初步设计审查会审查两个方面,这里说的审查是指概算编制单位内部的审查方法。概算编制单位内部的审查方法主要有下述几种。

（1）编制人自我复核。

（2）审核人审查，包括定额、指标的选用、指标差异的调整换算、分项工程量计算、分项工程合价、分部工程直接工程费小计，以及各项应取费用计算是否正确等。在编制单位内部由审核人审查。

这一环节是一个至关重要的审查环节，审核人应根据被审核人的业务素质，选择全面审查法、重点审查法和抽项（分项工程）审查法等进行审查。

（3）审定人审查，是指由造价工程师、主任工程师或专业组长等对本单位所编概算的全面审查，包括概算的完整性、正确性、政策性等方面的审查和核准。

9.1.4 审查单位工程概算的注意事项

（1）编制概算采用的定额、指标、价格、费用标准是否符合现行规定。

（2）如果概算是采用概算指标编制的，应审查所采用的指标是否恰当，结构特征是否与设计符合，应换算的分项工程和构件是否已经换算，换算方法是否正确。

（3）如果概算是采用概算定额（或综合预算定额）编制的，应着重审查工程量和单价。

（4）如果是依据类似工程预算编制的，应重点审查类似预算的换算系数计算是否正确，并注意所采用的预算与编制概算的设计内容有无不符之处。

（5）注意审查材料差价。近年来，建筑材料（特别是木材、钢材、水泥、玻璃、沥青、油毡等）价格基本稳定，没有什么大的波动，而有的地区的材料预算价格未做调整，或随市场因素的影响，各地区的材料预算价格差异调整步距也很不统一，所以审查概算时务必注意这个问题。

（6）注意概算所反映的建设规模、建筑结构、建筑面积、建筑标准等是否符合设计规定。

（7）注意概算造价的计算程序是否符合规定。

（8）注意审查各项技术经济指标是否先进合理。可用综合指标或单项指标与同类型工程的技术经济指标对比，分析造价高低的原因。

（9）注意审查概算编制中是否实事求是，有无弄虚作假，高估多算，硬留"活口"的现象。

9.2 单位建筑工程预算的审查

编制单位建筑工程预算是一项技术性和政策性很强的工作，计算中往往会出现一些错漏。为了保证预算质量，核实造价，必须认真做好工程预算的审查工作。本节着重阐述预算编制单位应当怎样审查预算。

9.2.1 审查的要求

预算编制单位对所编制的每项单位工程预算，应当有自校（校对）、校核和审核三道手续（即三级校审），以确保其正确性。

1. 自校

所谓自校，就是预算编制人自我校对。当每一单位工程预算编制完毕后，要自觉检查自己所编预算有无漏项或重算。自校的重点，应当检查工程量、计量单位、单价、合价、取费标准、计费基础、计算程序等是否正确,发现疑点及问题,应进行复核和改正,做到所编制预算基本无重大错误。

2. 校核

即由有关造价人员(如组长、项目负责人、造价师)对他人所编制预算或主要内容的计算情况进行检查核对。这样,既可以减少预算中的错误,又可以互相学习,取长补短,不断提高预算人员的业务水平。其具体方法可以针对编制人的业务熟练程度及个人特点,根据编制依据与规定,先对各项经济指标的合理性和同类型工程进行对比分析,大致了解其正确程度,然后再查阅有关图纸和工程量计算草稿,进一步全面或重点校核各项数字,做到工程数量、定额单价、取费及调价(如调整差价)等正确无误,无漏项无重复,造价正确,技术经济指标合理。

3. 审核

即对本单位所编制预算的审定和核准,一般应由高级工程师、主任工程师专门负责审核工作。其方法一般说来,主要是重点审核各项编制依据是否符合规定,应该增加的费用是否按规定增加了,预算造价及各项经济指标是否合理,各项费用计算是否符合规定程序,预算书是否齐全完整。要保证做到预算内容完整,造价正确,经济指标及主要材料用量等合理。

9.2.2　审查的内容

1. 审查工程量

主要是审查各分部分项工程量计算尺寸与图示尺寸是否相同,计算方法是否符合"工程量计算规则"要求,计算内容是否有漏算、重算和错算。审查工程量要抓住那些占预算价值比重大的分项工程。例如,对砖石砌筑工程、钢筋混凝土工程、金属结构工程、木作工程、楼地面等工程中的墙体、梁、柱、板、门窗、屋架、钢檩条、钢梁、钢柱、楼、地、屋面等分项工程,应作详细审查,其他各分部分项工程可做一般性审查。同时要注意各分项工程的材料标准、构件数量以及施工方法是否符合设计规定。为审查好工程量,审查人员必须熟悉定额说明、工程内容、工作内容、工程量计算规则和熟练的识图能力。

2. 审查预算单价

预算单价是一定计量单位的分项工程或结构构件所消耗工料的货币形式表现的标准,是决定工程费用的主要因素。审查预算单价,主要是审查单价的套用及换算是否正确,有没有套错或换算错预算单价。计量单位是否与定额规定相同,小数点有没有点错位置等。审查时应注意:

(1)是否有错列已包括在定额内的项目。如砖基础的挖、填、运土工程;普通木门窗的场外运输费和一般油漆费;楼地面工程中与整体面层构造材料相同的踢脚线等均不得另列项计算。

(2)定额不允许换算的是否进行了换算。如混凝土工程中的混凝土强度等级、石子粒径、水泥强度等级、模板种类、钢材品种和规格等,均不得进行调整和换算。

(3)定额允许换算的项目其换算方法是否正确。如门窗玻璃厚度的换算方法应该是:从定额单价中扣去定额考虑的厚度价值,增加实际采用的厚度价值。可以用公式表示为:

$$换算单价＝定额预算单价－定额材料价值＋实际采用材料价值$$

式中：定额材料价值＝定额材料消耗数量×定额材料预算单价

实际采用材料价值＝定额材料消耗数量×实际采用的材料预算单价

3. 审查直接工程费用

即根据已经审查过的分项工程量和预算单价两者相乘之积以及各个积数相加之和 [$\sum$ （工程数量×预算单价）] 是否正确。直接工程费用是措施项目费、间接费以及各项应取费用的计算基础，审查人员务必细心、认真地逐项计算。

4. 审查各种应取费用

在一般土建工程中，各种应取费用约占工程直接费的 30% 左右，是工程预算造价的重要组成，因此审查各种应取费用时，应注意：

(1) 采用的费用标准是否与工程类别相符合，选用的标准与工程性质是否相符合。

(2) 计费基数是否正确。例如：陕西省现行"间接费定额"的计费基数除人工土石方工程和设备安装工程是以人工费为计算基数外，其余各项工程均以直接工程费为计算基数。

(3) 有无多计费用项目。例如，远地施工增加费，它是指施工企业派出施工队伍远离企业驻地 25 km 以上承担施工任务时需要增加的费用，但根据现行文件规定，该项费用项目不再作为费用定额的组成内容，实际发生时，是否计取由甲、乙双方自行商定后在合同中加以解决。

5. 审查利润

根据原建设部、财政部建标〔2003〕206 号文件规定，利润的计取可分为"工料单价法"和"综合单价法"计取程序两种，其具体计算方法分述如下：

(1) "工料单价法"以直接费为基础的利润计算

$$利润＝（直接工程费＋措施费＋间接费）×规定利润率（\%）$$

(2) "综合单价法"的单价中已经包括了利润，不必重新计算。

审查利润，就是看一看它的计算基础和利率套错了没有，计算结果是否正确等。

6. 审查建筑营业税

国家规定，从 1987 年 1 月 1 日起，对国有施工企业承包工程的收入征收营业税，同时以计征的营业税额为依据征收城市维护建设税和教育费附加。建筑安装企业应纳的税款准许列入工程预（概）算。鉴于城市维护建设税和教育费附加均以计征的营业税额为计征依据，并同时缴纳，其计算方法是按建筑安装工程造价计算程序计算出完整工程造价后（即直接费＋间接费＋利润＋材料差价四项之和）作为基数乘以综合折算税率。由于营业税纳税地点的不同，计算程序复杂，审查时应注意下列几点：

(1) 计算基数是否完整。通常情况下是以"不含税造价"为计算基础，即直接费＋间接费＋利润＋……。

(2) 纳税人所在地的确定是否正确，如某建筑公司驻地在西安市，承包工程在渭南地区某县，则纳税人所在地应为渭南地区某县，而不应确定为西安市。

(3) 计税率的选用是否正确（纳税人所在地在市区的综合折算税率为 3.412%；在县城、镇的为 3.348%；不在市区、县城或镇的为 3.220 5%）。

7. 审查预算造价

$$单位工程预算造价＝直接费＋间接费＋各项应取费用＋利润＋营业税$$

其中：　　　　　　直接费＝直接工程费＋措施费

8. 审查建筑面积

建筑面积是指房屋建筑的水平面面积。建筑面积在建筑工程造价管理方面起着很重要的作用。因此，在校审工程预算时，应以 2005 年 4 月 15 日中华人民共和国建设部公告第326 号发布的国家标准《建筑工程建筑面积计算规范》(GB/T 50353—2013)为依据，对所计算的建筑面积进行认真的全面审核。其审核的内容应包括以下几个方面：

(1) 单层建筑及多层建筑物首层的建筑面积是否按其外墙勒脚以上结构外围水平面积计算。

(2) 单层建筑物高度及多层建筑物层高在 2.20 m 及以上者是否计算全面积；单层建筑物高度及多层建筑物层高不足 2.20 m 者是否按规范计算建筑面积。

(3) 不应计算建筑面积的建筑通道(骑楼、过街楼的底层)、建筑物内的设备管道夹层、无永久性顶盖的架空走廊、室外楼梯和用于检修、消防等的室外钢楼梯、爬梯、屋顶水箱、花架、凉棚、露台、露天游泳池等，是否也计算了建筑面积。

建筑面积计算比较复杂，审核时应严格按照上述规范执行。

9. 审查单位造价

单位造价等于单位工程预算造价除以建筑面积(单位造价＝预算价值÷建筑面积)。

9.2.3　审查的方法

审查工程预算应根据工程项目规模大小、繁简程度以及编制人员的业务熟练程度决定。审查方法有全面审查、重点审查、指标审查和经验审查等方法。

1. 全面审查法

全面审查法是指根据施工图纸的内容，结合预算定额各分部分项中的工程子目，一项不漏地逐一地全面审查的方法。其具体方法和审查过程就是从工程量计算、单价套用，到计算各项费用，求出预算造价。

全面审查法的优点是全面、细致，能及时发现错误，保证质量。缺点是工作量大，在任务重、时间紧、预算人员力量薄弱的情况下一般不宜采用。

全面审查法，对一些工程量较小、结构比较简单的工程，特别是由乡镇建筑队承包的工程，由于预算技术力量差，技术资料少，所编预算差错率较大，应尽量采用这种方法。

2. 重点审查法

重点审查法是相对全面审查法而言，即只审查预算书中的重点项目，其他不审。所谓重点项目，就是指那些工程量大、单价高、对预算造价有较大影响的项目。在工程预算中是什么结构，什么就是重点。如砖木结构的工程，砖砌体和木作工程就是重点；砖混结构，砖砌体和混凝土工程就是重点；框架结构，钢筋混凝土工程就是重点。重点与非重点，是相对而言，不能绝对化。审查预算时，要根据具体情况灵活掌握，重点范围可大可小，重点项目可多可少。

对各种应取费用和取费标准及其计算方法(以什么作为计算基础)等，也应重点审查。由于施工企业经营机制改革，有的费用项目被取消，费用划分内容变更，新费用项目出现，计算基础改变等，因此各种应取费用的计算比较复杂，往往容易出现差错。

重点审查法的优点是对工程造价有影响的项目得到了审查，预算中的主要问题得到了纠正。缺点是未经审查的那一部分项目中的错误得不到纠正。

3. 指标审查法

指标审查法就是把被审查预算书的造价及有关技术经济指标和以前审定的标准施工图或复用施工图的预算造价及有关技术经济指标相比较。如果出入不大，就可以认为本工程预算编制质量合格，不必再作审查；如果出入较大，即高于或低于已审定的标准设计施工图预算的 10%，就需通过按分部分项工程进行分解，边分解边对比，哪里出入大，就进一步审查哪一部分。对比时，必须注意各分部工程项目内容及总造价的可比性。如有不可比之处，应予剔除，经这样对比分析后，再将不可比因素加进去，这就找到了出入较大的可比因素与不可比因素。

指标审查法的优点是简单易行、速度快，效果好，适用于规模小、结构简单的一般民用住宅工程等，特别适用于一个地区或民用建筑群采用标准施工图或复用施工图的工程。缺点是虽然工程结构、规模、用途、建筑等级、建筑标准相同，但由于建设地点不同，运输条件不同，能源、材料供应等条件不同，施工企业性质及级别的不同，其有关费用计算标准等都会有所不同，这些差别最终必然会反映到工程预算造价中来。因此，用指标法审查工程预算，有时虽与指标相符合，但不能说明预算编制无问题；有出入，也不一定不合理。所以，指标审查法，对某种情况下的工程预算审查质量是有保证的；在另一种情况下，只能作为一种先行方法，即先用它匡算一下，根据匡算的结果，再决定采用哪种方法继续审查。

4. 经验审查法

经验审查法是指根据以往的实践经验，审查那些容易产生差错的分项工程的方法。

易产生差错的分项工程有：

(1) 室内回填土方漏计。

(2) 砖基础大放脚的工程量漏计。

(3) 砖外墙工程量漏扣嵌入墙身的柱、梁、过梁、圈梁和壁龛的体积。

(4) 砖内墙未按净长线计算工程量。

(5) 框架间砌墙未按净空面积计算（往往以两框架柱的中心线长度计算）。

(6) 框架结构的现浇楼板的长度与宽度未按净长、净宽计算。

(7) 基础圈梁错套为基础梁定额单价。

(8) 框架式设备基础未按规定分解为基础、柱、梁、板、墙等分别套用相应定额单价。

(9) 外墙面装修工程量。

(10) 各项应取费用的计算基础及费率。

综上所述，审查工程预算同编制工程预算一样，也是一项既复杂又细致的工作。对某一具体工程项目，到底采用哪种方法，应根据预算编制单位内部的具体情况综合考虑确定。一般原则是：重点、复杂，采用新材料、新技术、新工艺较多的工程要细审；对从事预算编制工作时间短、业务比较生疏的预算人员所编预算要细审；反之，则可粗略些。

工程预算审查方法除上述几种外，尚有分组计算审查法、筛选审查法、分解对比法等，这里不再一一叙述。

9.2.4 审查的步骤

建筑工程造价审查的步骤，可概括为"做好准备工作""确定校审方法"和"进行审查操作"三个方面的内容。

（1）做好审查前的准备工作。实际工作中这项工作一般包括熟悉资料（定额、图纸）和了解预算造价包括的工程范围等。

（2）确定审查方法。审查方法的确定应结合工程结构特征、规模大小、设计标准，编制单位的实际情况以及时间安排的紧迫程度等因素进行确定。一般来说，可以采用单一的某种审查方法，也可以采用几种方法穿插进行。

（3）进行审查操作。审查操作，就是按照前述不同的审查方法进行审查。

9.3　单位建筑工程结（决）算的审查

9.3.1　工程结算与决算的概念

工程竣工结算简称"工程结算"。它是指建筑安装工程竣工后，施工单位根据原施工图预算，加上补充修改预算向建设单位（业主）办理工程价款的结算文件。单位工程竣工结算是调整工程计划，确定工程进度，考核工程建设投资效果和进行成本分析的依据。

工程竣工决算简称"工程决算"。它是指建设单位（业主）在全部工程或某一期工程完工后由建设单位（业主）编制，反映竣工建设项目的建设成果和财务情况的总结性文件。建设项目竣工决算是办理竣工工程交付使用验收的依据，是竣工报告的组成部分。竣工决算的内容包括竣工工程概况表、竣工财务决算表、交付使用财产总表、交付使用财产明细表和文字说明等。它综合反映工程建设计划和执行情况，工程建设成本、新增生产能力及定额和技术经济指标的完成情况等。

9.3.2　工程结（决）算的主要方式

由于招标投标承建制和发承包承建制的同时存在，所以我国现行工程价款的结（决）算方式主要有以下几种：

（1）按月结算与支付。即实行按旬末或月中预支，月终结算，竣工后清算的方法。合同工期在两个年度以上的工程，在年终进行工程盘点，办理年度结算。我国现行工程价款的结算，有相当一部分是实行这种结算方式。

（2）分段结算与支付。即当年开工、当年不能竣工的工程按照工程形象进度，划分不同阶段进行结算（如基础工程阶段、砌筑浇注工程阶段、封顶工程阶段、装饰装修工程阶段等）。具体划分标准，由各部门、各地区规定或甲、乙双方在合同中加以明确。

（3）竣工后一次结算。建设项目或单项工程全部建筑安装工程建设期在一年以内，或者工程承包合同价值在 100 万元以下的，可以实行工程价款每月月中预支，竣工后一次结算。

（4）其他结算方式。指双方约定并经开户银行同意的结算方式。根据规定，不论采用哪种结算方式，必须坚持实施预付款制度，甲方应按施工合同的约定时间和数额，及时向乙方支付工程预付款，开工后按合同条款约定的扣款办法陆续扣回。

2004 年 10 月 20 日财政部、原建设部印发的《建设工程价款结算暂行办法》指出："包工包料工程的预付款按合同约定拨付，原则上预付比例不低于合同金额的 10%，不高于合同金额的 30%，对重大工程项目，按年度工程计划逐年预付。计价执行《建设工程工程量清单计价规范》（GB 50500—2013）的工程，实体性消耗和非实体性消耗部分应在合同中分别约定预付款比例"。

9.3.3　工程结(决)算审查的内容

单位工程结(决)算审查的内容,与第二节单位工程预算审查的内容基本相同,这里不再作重述。

9.3.4　工程结(决)算审查的方法

单位建筑工程结(决)算审查的方法,与第二节单位工程施工图预算的审查方法一样,也是采用全面审查法、重点审查法、指标审查法等方式,对结(决)算编制单位内部而言,具体采用哪一种方法,应结合本单位管理制度和编制人员的实际情况灵活掌握,但对于施工单位报送给建设单位(业主)的结(决)算,建设单位(业主)必须指定业务骨干人员进行全面审核,这是由于有些施工单位所编制的结(决)算中存在诸多"怪现象"所决定的,诸如只增不减,只高不低,偷梁换柱,玩弄手法等现象,在实际工作中屡见不鲜。由于工程结(决)算不仅是给建筑产品进行最终定价,而且涉及甲乙双方切身经济利益的问题,除必须采取全面审核外,还必须严格把好以下几项关。

1. 注意把好工程量计算审核关

工程量是编制工程项目竣工结算的基础,是实施竣工结算审核的"重头戏",建筑工程工程量计算比较复杂,是竣工结算审核中工作量最大的一项工作。因此,审核人员不仅要具有较多的业务知识,而且要有认真负责和细致的工作态度,在审核中必须以竣工图及施工现场签证等为依据,严格按照清单项目计算规则或定额工程量计算规则逐项进行核对检查。看看有无多算、重算、冒算和错算现象。近些年来,施工企业在工程竣工结算上以虚增工程量来提高工程造价的现象普遍存在,已引起建设单位的极大关注,很重要的一个原因就是建设单位审核人员疏忽导致了造价的失真,使施工企业有机可乘。他们在竣工结算中只增项不减项或只增项少减项,特别是私营建筑安装企业和城镇街道建筑安装企业在这方面尤为突出。他们抱着侥幸心理——一旦建设单位查到了就核减,没查到就获利,由于想多获利,在竣工结算中能算尽量多算,不能算也要算,鱼目混珠,人为的给工程量审核工作带来了很多的困难。所以,审核人员必须注意到把竣工图等依据上的"死数据"与施工现场调查了解的"活资料"进行对比分析,找出差距,挤出工程量中的"水分",确保竣工结算造价的真实性和可靠性。

2. 注意把好现场签证审核关

所谓现场签证是指施工图中未能预料到而在实际施工过程中出现的有关问题的处理,而需要建设、施工、设计三方进行共同签字认可的一种记事凭证。它是编制竣工结算的重要基础依据之一。现场签证常常是引起工程造价增加的主要原因。有些现场施工管理人员怕麻烦或责任心不强,随意办理现场签证,而签证手续并不符合管理规定;使工程内容虚增或工程量扩大提高了工程造价。所以,在审核竣工结算时要认真审核各种签证的合理性、完备性、准确性和规范性——看现场三方代表(设计、施工、监理)是否签字,内容是否完备和符合实际,业主是否盖章,承包方的公章是否齐全,日期是否注明,有无涂改等。具体方法是:先审核落实情况,判定是否应增加;先判定是否该增加费用,然后再审定增加多少。

办理现场签证应根据各建设单位或业主的管理规定进行,一般来说,办理现场签证必须具备下列四个条件。

(1) 与合同比较是否已造成了实际的额外费用增加；

(2) 造成额外费用增加的原因不是由于承包方的过失；

(3) 按合同约定不应由承包方承担的风险；

(4) 承包方在事件发生后的规定时限内提出了书面的索赔意向通知单。

符合上述条件的，均可办理签证结算，否则不予办理。

3. 注意把好定额套用审核关

建筑工程预算定额是计算定额项目直接工程费的依据。由于《全国统一建筑工程基础定额》仅有工、料、机消耗指标，而无基价，所以在审核竣工结算书工程子目套用地区单位估价表基价时，由于地区估价表中的"基价"具有地区性特点，所以应注意估价表的适用范围及使用界限的划分，分清哪些费用在定额中已作考虑，哪些费用在定额中未做考虑，需要另行计算等。以防止低费用套高基价定额子目或已综合考虑在定额中的内容，却以"整"化"零"的办法又划分成几个子目重复计算等。因此，审查定额基价套用，掌握设计要求，了解现场情况等，对提高竣工结算的审核质量，具有重要指导意义。

4. 注意严格把好取费标准审核关

取费标准，又称应取费用标准。何谓应取费用？应取费用的含义是：建筑安装企业为了生产建筑安装工程产品，除了在该项产品上直接耗费一定数量的人力、物力外，为组织管理工程施工也需要耗用一定数量的人力和物力，这些耗费的货币表现就称为应取费用。按照应取费用的性质和用途的不同，它划分为措施费、间接费、利润和税金等。这些费用是建筑工程产品价格构成的重要组成部分，因此在审核建筑工程（产品）最终造价时，必须对这些构成费用计算进行严格审核把关。建筑工程造价中的应取费用计算不仅有取费标准的不同，而且还有一定的计算程序，如果计算基础或计算先后程序错了，其结果也就必然错了。同时，应计取费用的标准是与该结算所使用的预算定额相配套的，采用谁家的定额编制结（决）算，就必须采用谁家的取费标准，不能互相串用，反之，应予纠正。

综上所述，工程竣工结算的审核工作具有政策性、技术性、经济性强、可变性、弹塑性大，涉及面广等特点，同时，又是涉及业主和承包商切身利益的一项工作。所以，承担工程结算审核的人员，应具有思想和业务素质高，敬业奉献精神强；具有经济头脑和信息技术头脑；具有较强的法律观念和较高的政策水平，能够秉公办事；掌握工程量计算规则，熟悉定额子目的组成内容和套用规定；掌握工程造价的费用构成、计算程序及国家政策性、动态性调价和取费标准等，才能胜任工程竣工结算的审核工作。这并非苛刻要求或者说竣工结算多么神秘等，而是由于工程项目施工时涉及面广、影响因素多、环境复杂、施工周期长、政策性变化大，材料供应市场波动大等因素给工程竣工结算带来一定困难。所以，建设单位或各有关专业审核机构，都应选派（指定）和配备职业道德过硬、业务水平高、有奉献精神和责任心强的专业技术人员担负工程竣工结算的审核工作，让人为的失误造成的损失减少到零，准确地确定出建筑工程产品的最终实际价格。

9.3.5 结算审核单位和审核人员的执业准则与职业道德

1. 工程造价咨询单位执业行为准则

为了规范工程造价咨询单位执业行为，保障国家与公众利益，维护公平竞争秩序和各方合法权益，具有工程造价咨询资质的企业法人在执业活动中均应遵循以下执业行为准则。

（1）要执行国家的宏观经济政策和产业政策，遵守国家和地方的法律、法规及有关规定，维护国家和人民的利益。

（2）接受工程造价咨询行业自律组织业务指导，自觉遵守本行业的规定和各项制度，积极参加本行业组织的业务活动。

（3）按照工程造价咨询单位资质证书规定的资质等级和业务范围开展业务，只承担能够胜任的工作。

（4）要具有独立执业的能力和工作条件，竭诚为客户服务，以高质量的咨询成果和优良服务，获得客户的信任和好评。

（5）要按照公平、公正和诚信的原则开展业务，认真履行合同，依法独立自主开展经营活动，努力提高经济效益。

（6）靠质量、靠信誉参加市场竞争，杜绝无序和恶性竞争；不得利用与行政机关、社会团体以及其他经济组织的特殊关系搞垄断。

（7）要"以人为本"，鼓励员工更新知识，掌握先进的技术手段和业务知识，采取有效措施，组织、督促员工接受继续教育。

（8）不得在解决经济纠纷的鉴证咨询业务中分别接受双方当事人的委托。

（9）不得阻挠委托人委托其他工程造价咨询单位参与咨询服务；共同提供服务的工程造价咨询单位之间应分工明确，密切协作，不得损害其他单位的利益和信誉。

（10）有义务保守客户的技术和商务秘密，客户事先允许和国家另有规定的除外。

2. 造价工程师职业道德行为准则

（1）遵守国家法律、法规和政策，执行行业自律规定，珍惜职业声誉，自觉维护国家和社会公共利益。

（2）遵守"诚信、公正、敬业、进取"的原则，以高质量的服务和优秀的业绩，赢得社会和客户对造价工程师职业的尊重。

（3）勤奋工作，独立、客观、公正、正确地出具工程造价成果文件，使客户满意。

（4）诚实守信，尽职尽责，不得有欺诈、伪造、作假等行为。

（5）尊重同行，公平竞争，搞好同行之间的关系，不得采取不正当的手段损害、侵犯同行的权益。

（6）廉洁自律，不得索取、收受委托合同约定以外的礼金和其他财物，不得利用职务之便谋取其他不正当的利益。

（7）造价工程师与委托方有利害关系的应当回避，委托方有权要求其回避。

9.4 建筑工程竣工结算与工程竣工决算的区别

这里，首先对建筑工程预算、结算、决算的含义再进一步说明后，再说明结算与决算的区别。

建筑工程预算，是指根据施工图所确定的工程量，选套相应的预算定额单价及有关的取费标准，预先计算工程项目价格的文件。在一般情况下，它由承担项目设计的设计单位负责编制，作为建设单位控制投资、制定年度建设计划和招标工程制定标底价的依据。

建筑工程结算,是指按工程进度、施工合同、施工监理情况办理的工程价款结算,以及根据工程实施过程中发生的超出施工合同范围的工程变更情况,调整合同约定施工图预算价格,确定工程项目最终结算价格的技术经济文件。它由承担项目施工的施工单位负责编制,发送建设单位核定签认后作为工程价款结算和付款的依据。

建筑工程决算,是指建设项目或工程项目(又称"单项工程")竣工后由建设单位编制的综合反映建设项目或工程项目实际造价、建设成果的文件。它包括从工程立项到竣工验收交付使用所支出的全部费用。它是主管部门考核工程建设成果和新增固定资产核算的依据。建筑工程决算是建设项目决算内容组成部分之一。

根据有关文件规定,建设项目的竣工决算是以它所有的工程项目的竣工结算及其他有关费用支出为基础进行编制的,建设项目或工程项目竣工决算和工程项目或单位工程的竣工结算的区别主要表现在以下五个方面。

(1) 编制单位不同。工程竣工结算由施工单位编制,而工程竣工决算由建设单位(业主)编制。

(2) 编制范围不同。工程竣工结算一般主要是以单位工程或单项工程为单位进行编制,而竣工决算是以一个建设项目(如一个工厂、一个装置系统、一所学校、一个机场、一条铁路、一座水库等)为单位进行编制的,只有在整个项目所包括的单项工程全部竣工后才能进行编制。如果是一个公用系统相联系的联合企业,只有当各分厂所有工程项目竣工后,才能进行编制。

(3) 费用构成不同。工程竣工结算仅包括发生在该单位工程或单项工程范围以内的各项费用,而竣工决算包括该建设项目从立项筹建到全部竣工验收过程中所发生的一切费用(即有形资产费用和无形资产费用两大部分)。

(4) 文件用途不同。工程竣工结算是建设单位(业主)与施工企业结算工程价款的依据,也是了结甲、乙双方经济关系和终结合同关系的依据。同时,又是施工企业核定生产成果,考虑工程成本,确定经营活动最终效益的依据。而建设项目竣工决算是建设单位(业主)考核工程建设投资效果、正确确定有形资产价值和正确计算投资回收期的依据,同时,也是建设项目竣工验收委员会或验收小组对建设项目进行全面验收、办理固定资产交付使用的依据。

(5) 文件组成不同。单位建筑或单项工程竣工结算,一般来说,仅由封面、文字说明和结算表三部分组成。而建设项目竣工决算,按照财政部"财建〔2002〕394 号"文"关于印发《基本建设财务管理规定》的通知"、国家计委"计建设〔1990〕1215 号"文颁发的《建设项目(工程)竣工验收办法》和原国家建委"建施字〔1982〕50 号"文颁发的《编制基本建设工程竣工图的几项暂行规定》,竣工决算的内容包括财务决算说明书、竣工财务决算报表、工程竣工图和工程造价对比分析四个部分。关于大、中型或小型建设项目竣工决算的有关表格,见表9.2~表 9.5。

为了方便学习,现将财政部"财建〔2002〕394 号"文"关于印发《基本建设财务管理规定》"部分内容编录于下。

第三十四条 建设单位应当严格执行工程价款结算的制度规定,坚持按照规范的工程价款结算程序支付资金。建设单位与施工单位签订的施工合同中确定的工程价款结算方式要符合财政支出预算管理的有关规定。工程建设期间,建设单位与施工单位进行工程价款结算,建设单位必须按工程价款结算总额的5%预留工程质量保证金,待工程竣工验收一年后再清算。

第三十五条 基本建设项目竣工时,应编制基本建设项目竣工财务决算。建设周期长、建设内容多的项目,单项工程竣工,具备交付使用条件的,可编制单项工程竣工财务决算。建设项目全部竣工后应编制竣工财务总决算。

第三十六条 基本建设项目竣工财务决算是正确核定新增固定资产价值,反映竣工项目建设成果的文件,是办理固定资产交付使用手续的依据。各编制单位要认真执行有关的财务核算办法,严肃财经纪律,实事求是地编制基本建设项目竣工财务决算,做到编报及时,数字准确,内容完整。

第三十七条 建设单位及其主管部门应加强对基本建设项目竣工财务决算的组织领导,组织专门人员,及时编制竣工财务决算。设计、施工、监理等单位应积极配合建设单位做好竣工财务决算编制工作。建设单位应在项目竣工后3个月内完成竣工财务决算的编制工作。在竣工财务决算未经批复之前,原机构不得撤销,项目负责人及财务主管人员不得调离。

第三十八条 基本建设项目竣工财务决算的依据,主要包括:可行性研究报告、初步设计、概算调整及其批准文件;招投标文件(书);历年投资计划;经财政部门审核批准的项目预算;承包合同、工程结算等有关资料;有关的财务核算制度、办法;其他有关资料。

第三十九条 在编制基本建设项目竣工财务决算前,建设单位要认真做好各项清理工作。清理工作主要包括基本建设项目档案资料的归集整理、财务处理、财产物资的盘点核实及债权债务的清偿,做到账账、账证、账实、账表相符。各种材料、设备、工具、器具等,要逐项盘点核实,填列清单,妥善保管,或按照国家规定进行处理,不准任意侵占、挪用。

第四十条 基本建设项目竣工财务决算的内容,主要包括以下两个部分:

1. 基本建设项目竣工财务决算报表

主要有以下报表(表式见表9.2~表9.5)。

(1)封面。

(2)基本建设项目概况表。

(3)基本建设项目竣工财务决算表。

(4)基本建设项目交付使用资产总表。

(5)基本建设项目交付使用资产明细表。

2. 竣工财务决算说明书

主要包括以下内容:

(1)基本建设项目概况。

(2)会计财务的处理、财产物资清理及债权债务的清偿情况。

(3)基建结余资金等分配情况。

(4)主要技术经济指标的分析、计算情况。

(5)基本建设项目管理及决算中存在的问题、建议。

(6)决算与概算的差异和原因分析。

(7)需说明的其他事项。

表9.2 大、中型建设项目竣工工程概况表

建设项目(单项工程)名称			建设地址					项目	概算	实际	主要指标
主要设计单位			主要施工企业					建筑安装工程			
占地面积	计划	实际	总投资(万元)	设计		实际		设备 工具 器具			
				固定资产	流动资金	固定资产	流动资金	待摊投资			
新增生产能力	能力(效益)名称		设计	实际				其中:建设单位管理费			
								其他投资			
建设起止时间	设计		从 年 月开工 至 年 月竣工					待核销基建支出			
	实际		从 年 月开工 至 年 月竣工					非经营项目转出投资			
设计概算批准文号								合 计			
完成主要工程量	建筑面积(m²)		设备(台、套、t)				名称	单位	概算	实际	
	设计	实际	设计	实际			钢材	t			
							木材	m³			
							水泥	t			
收尾工程	工程内容		投资额		完成时间						

注:左列竖排"基建支出""主要材料消耗""主要技术经济指标"

表9.3 大、中型建设项目竣工财务决算表

建设项目名称: (单位:元)

资 金 来 源	金 额	资 金 占 用	金 额
一、基建拨款		一、基本建设支出	
1.预算拨款		1.交付使用资产	
2.基建基金拨款		2.在建工程	
3.进口设备转账拨款		3.待核销基建支出	
4.器材转账拨款		4.非经营项目转出投资	
5.煤代油专用基金拨款		二、应收生产单位投资借款	
6.自筹资金拨款		三、拨付所属投资借款	

资　金　来　源	金　额	资　金　占　用	金　额
7. 其他拨款		四、器材	
二、项目资本		其中:待处理器材损失	
1. 国家资本		五、货币资金	
2. 法人资本		六、预付及应收款	
3. 个人资本		七、有价证券	
三、项目资本公积		八、固定资产	
四、基建借款		固定资产原价	
五、上级拨入投资借款		减:累计折旧	
六、企业债券资金		固定资产净值	
七、待冲基建支出		固定资产清理	
八、应付款		待处理固定资产损失	
九、未交款			
1. 未交税金			
2. 未交基建收入			
3. 未交基建包干节余			
4. 其他未交款			
十、上级拨入资金			
十一、留成收入			
合　　计		合　　计	

补充资料:基建投资借款期末余额;

　　　　　应收生产单位投资借款期末数;

　　　　　基建结余资金。

表 9.4　大、中型建设项目交付使用财产总表

建设项目名称:　　　　　　　　　　　　　　　　　　　　　　　　　单位:元

单项工程项目名称	总计	固定资产				流动资产	无形资产	递延资产
		建安工程	设备	其他	合计			

交付单位　　　　　　　　　　　　　　　　接收单位

盖　章　　年　月　日　　　　　　　　　盖　章　　年　月　日

补充资料:由其他单位无偿拨入的房屋价值_____ 设备价值_____。

表 9.5　小型建设项目竣工财务决算总表

建设项目名称			建设地址					资金来源		资金运用	
初步设计概算批准文号								项目	金额（元）	项目	金额（元）
占地面积	计划	实际	总投资（万元）	计划		实际		一、基建拨款		一、交付使用资产	
				固定资产	流动资金	固定资产	流动资金	其中:预算拨款		二、待核销基建支出	
								二、项目资本		三、非经营项目转出投资	
新增生产能力	能力（效益）名称		设计	实际				三、项目资本公积		四、应收生产单位投资借款	
								四、基建借款		五、拨付所属投资借款	
建设起止时间	计划		从 至	年 年	月开工 月竣工			五、上级拨入借款		六、器材	
								六、企业债券资金		七、货币资金	
	实际		从 至	年 年	月开工 月竣工			七、待冲基建支出		八、预付及应收款	
基建支出	项目		概算（元）		实际（元）			八、应付款		九、有价证券	
	建筑安装工程							九、未交款		十、固定资产	
	设备 工具 器具							其中:			
	待摊投资										
	其中:建设单位管理费							未交基建收入			
	其他投资							未交包干节余			
	待核销基建支出							十、上级拨入资金			
	非经营性项目转出投资							十一、留成收入			
	合　计							合　计		合　计	

第四十一条　基本建设项目的竣工财务决算,按下列要求报批:

1. 中央级项目

（1）小型项目

属国家确定的重点项目,其竣工财务决算经主管部门审核后报财政部审批,或由财政部授权主管部门审批;其他项目竣工财务决算报主管部门审批。

（2）大、中型项目

中央级大、中型基本建设项目竣工财务决算，经主管部门审核后报财政部审批。

2．地方级项目

地方级基本建设项目竣工财务决算的报批，由各省、自治区、直辖市、计划单列市财政厅（局）确定。

第四十二条　财政部对中央级大中型项目、国家确定的重点小型项目竣工财务决算的审批实行"先审核、后审批"的办法，即先委托投资评审机构或经财政部认可的有资质的中介机构对项目单位编制的竣工财务决算进行审核，再按规定批复。对审核中审减的概算内投资，经财政部审核确认后，按投资来源比例归还投资方。

第四十三条　基本建设项目竣工财务决算大中小型划分标准。经营性项目投资额在5 000万元（含5 000万元）以上、非经营性项目投资额在3 000万元（含3 000万元）以上的为大中型项目。其他项目为小型项目。

第四十四条　已具备竣工验收条件的项目，3个月内不办理竣工验收和固定资产移交手续的，视同项目已正式投产，其费用不得从基建投资中支付，所实现的收入作为生产经营收入，不再作为基建收入管理。

10 建筑工程工程量清单编制实例

10.1 编制依据

1. 设计文件,详见图 10.1～图 10.20。
2. 地质勘察资料:
   2.1 根据地质勘察资料分析,土壤类别为三类土。
   2.2 地下水位在－3.00 m(相对室内地面标高)。
3.《建设工程工程量清单计价规范》(GB 50500—2013)。
4.《江苏省建设工程工程量清单计价项目指引》。
5. 与清单编制相关的施工招标文件主要内容:
   5.1 招标单位:×××房地产开发有限公司。
   5.2 项目名称:花园小区 1♯住宅楼土建。
   5.3 工程质量等级要求:创市级优质工程。
   5.4 安全生产文明施工要求:创建市级文明工地。
   5.5 工期要求:220 天。
   5.6 合同类型:单价合同。
   5.7 材料供应方式:钢材发包人供应,其余材料均为承包人供应。
   5.8 暂列金额:考虑到设计变更、材料涨价风险等因素,按 50 000 元计算。
   5.9 塑钢门窗的价格为暂定。
   5.10 进户防盗门由专业厂家制作安装,由招标人指定分包。

10.2 工程量清单成果文件

1. 清单工程量计算表,见表 10.5。
2. 工程量清单,见表 10.6。

建筑设计说明

1. 设计依据
   1.1 设计委托合同书;
   1.2 建设、规划、消防、人防等主管部门对项目的审批文件;
   1.3 其他(略)。

2. 项目概况

 2.1 建筑名称:花园小区 1♯住宅楼;

 2.2 建设单位:×××房地产开发有限公司;

 2.3 建筑面积:1 835.95 m²;

 2.4 建筑层数:车库+六层住宅+阁楼;

 2.5 主要结构类型:砖混结构;

 2.6 抗震设防烈度:7 度;

 2.7 设计使用年限:50 年。

3. 标高及定位(略)

4. 墙体工程

 4.1 基础部分:MU10 蒸压粉煤灰砖,M10 水泥砂浆砌筑;

 4.2 室内地面标高～7.75 m 用 MU10KP1 承重多孔砖,M10 混合砂浆砌筑;标高 7.75～13.35 m,用 MU10KP1 承重多孔砖,M7.5 混合砂浆砌筑;标高 13.35 m 以上用 MU10KP1 承重多孔砖,M5 混合砂浆砌筑。

5. 屋面工程

 5.1 屋面工程执行《屋面工程技术规范》(GB 50345—2012)和地方的有关规程和规定;

 5.2 平屋面做法(自上而下):

①3 mm 厚 SBS 卷材防水层;

②1∶3 水泥砂浆找平层 20 mm 厚;

③25 mm 厚挤塑保温板;

④1∶3 水泥砂浆找平层 20 mm 厚;

⑤现浇钢筋混凝土屋面板。

 5.3 坡屋面做法:详见苏 J10—2003—26/9,保温层采用 25 mm 厚挤塑保温板,防水层采用 3 mm 厚 SBS 卷材。

6. 门窗工程

 6.1 外门窗的抗风压、气密性、水密性三项指标应符合 GB/T 7106—2008 的有关规定;

 6.2 门窗的选型见门窗表 10.1。

表 10.1 门窗表

序号	编号	名称	洞口尺寸(宽×高)	数量(樘)	备 注
1	M1	钢门	900×1 900	2	车库安全防护门
2	M2	木门	800×2 100	24	户内门用户自理
3	M3	钢门	1 800×1 900	5	车库安全防护门
4	M4	钢门	1 500×1 900	4	车库安全防护门
5	M5	钢门	1 000×1 900	2	车库安全防护门
6	M6	卷帘门	3 460×1 900	2	铝合金卷帘门
7	M7	防盗门	1 000×2 200	12	购成品
8	M8	木门	900×2 400	42	户内门用户自理
9	M9	木门	900×1 900	6	户内门用户自理

序号	编号	名称	洞口尺寸(宽×高)	数量(樘)	备　注
10	M10	塑钢门	3 460×2 400	12	南阳台门
11	C1	中空玻璃塑钢窗	1 800×1 500	30	参见苏 J30—2008 玻璃 5+12A+5
12	C2	中空玻璃塑钢窗	1 500×1 500	24	参见苏 J30—2008 玻璃 5+12A+5
13	C2'	中空玻璃塑钢窗	1 500×1 400	5	参见苏 J30—2008 玻璃 5+12A+5
14	C3	中空玻璃塑钢窗	1 200×1 500	12	参见苏 J30—2008 玻璃 5+12A+5
15	C4	中空玻璃塑钢窗	600×1 500	12	参见苏 J30—2008 玻璃 5+12A+5
16	C5	中空玻璃塑钢窗	1 800×600	1	参见苏 J30—2008 玻璃 5+12A+5
17	C6	中空玻璃塑钢窗	1 200×600	4	参见苏 J30—2008 玻璃 5+12A+5
18	C7	中空玻璃塑钢窗	1 500×600	1	参见苏 J30—2008 玻璃 5+12A+5

　7. 外装饰工程

　　7.1　详见用料做法表10.2；

　　7.2　其他(略)。

　8. 内装饰工程

　　8.1　详见用料做法表10.2；

　　8.2　其他(略)。

　9. 油漆涂料工程

　　9.1　详见用料做法表10.2；

　　9.2　其他(略)。

　10. 室外工程

　　10.1　散水做法:苏 J01—2005—3/12

　　10.2　坡道做法:苏 J01—2005—8/11

　11. 其他(略)

表 10.2　用料做法表

类别	编号	名　称	图集号	编　号	使用部位及说明
墙基防潮		防水砂浆防潮层	苏 J01—2005	1/1	砖基础
地面	地1	水泥砂浆地面	苏 J01—2005	2/2	车库
楼面	楼1	带防水层地砖楼面	苏 J01—2005	9a/3,地砖及结合层由用户自理	卫生间、餐厅,防水层采用聚氨酯防水涂料厚1.2 mm
	楼2	水泥楼面	苏 J01—2005	现浇板:1/3a 预制板:1/3b	除卫生间外其他楼面
踢脚	踢脚1	水泥砂浆踢脚线	苏 J01—2005	1/4	踢脚线高度 150 mm
内墙面	内1	混合砂浆墙面	苏 J01—2005	5/5	除卫生间、厨房外所有房间,面层 801 胶、白水泥腻子两遍
内墙面	内2	瓷砖墙面	苏 J01—2005	19/5,瓷砖及结合层由用户自理	卫生间、厨房
外墙面	外1	保温外墙	苏 J01—2005	22/6	所有外墙,挤塑板厚 20 mm
顶棚	棚1	抹水泥砂浆顶棚	苏 J01—2005	5/8	所有房间,面层 801 胶、白水泥腻子两遍

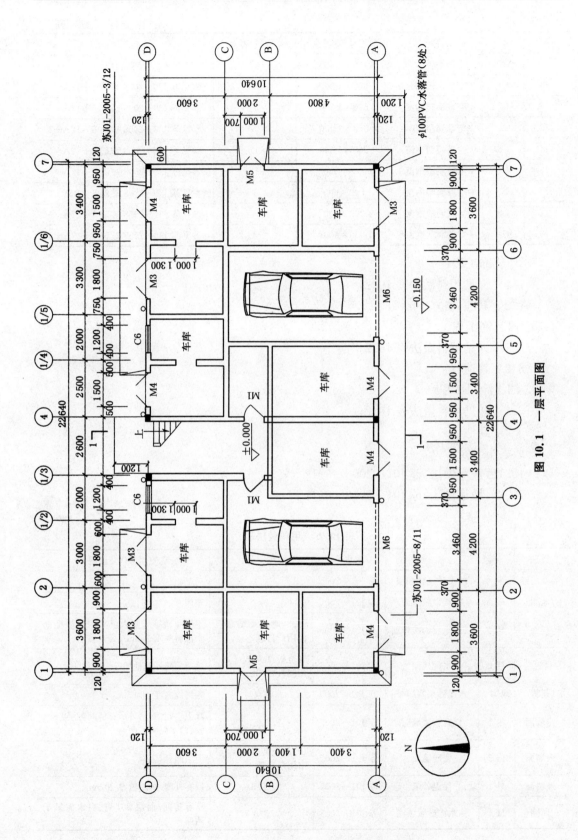

图 10.1　一层平面图

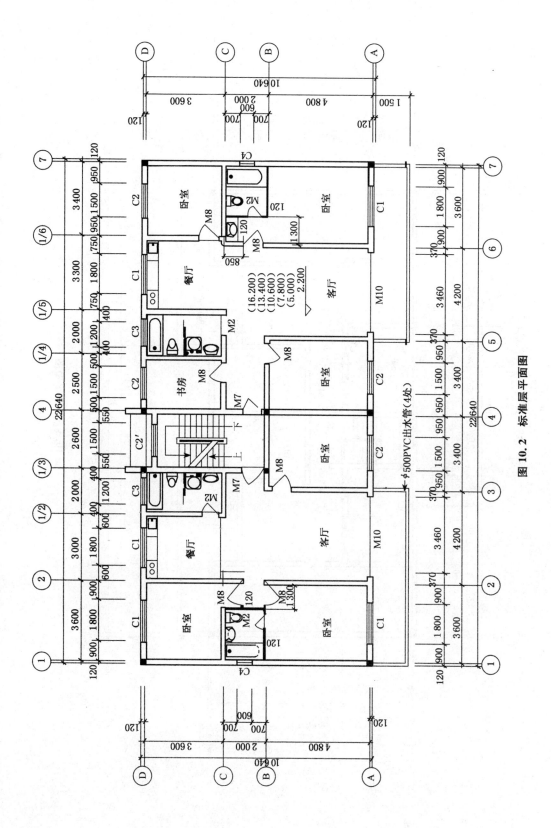

图 10.2 标准层平面图

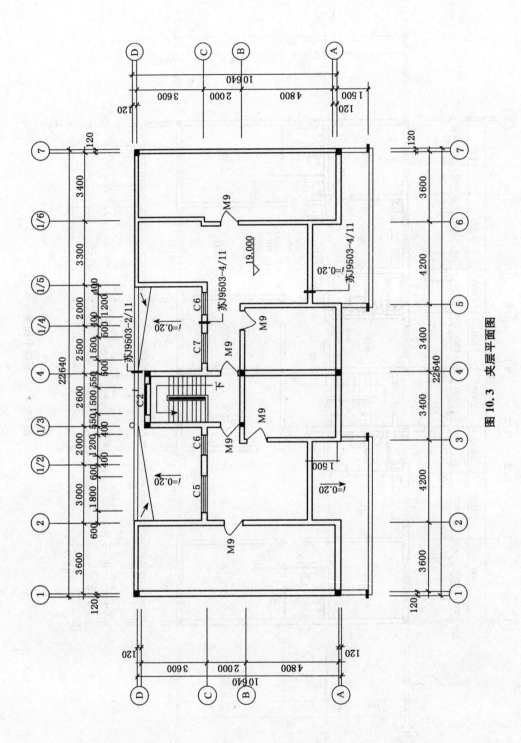

图 10.3 夹层平面图

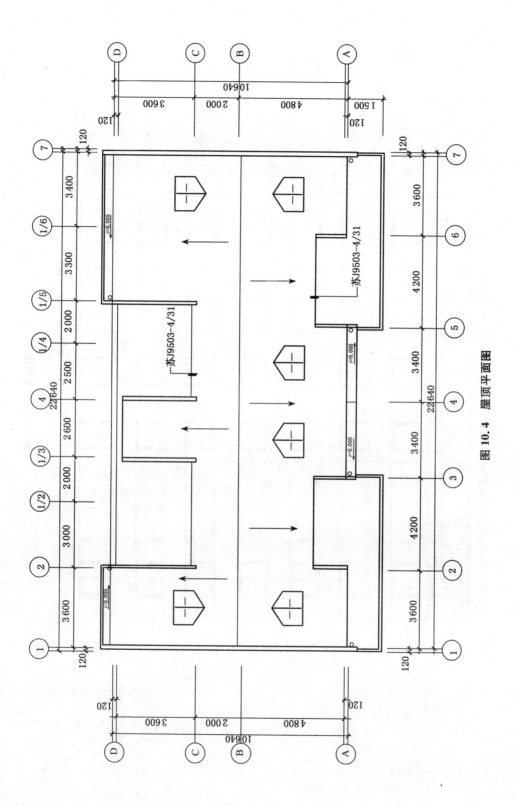

图 10.4 屋顶平面图

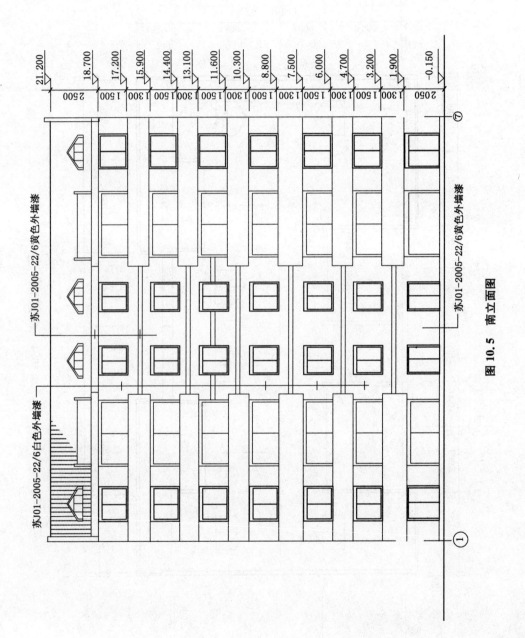

图 10.5 南立面图

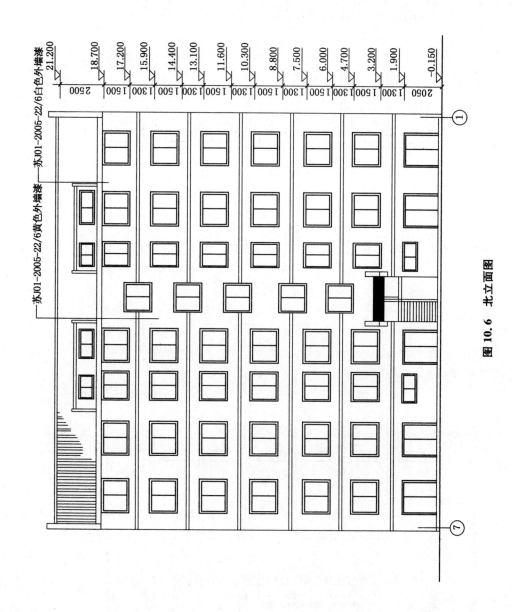

图 10.6　北立面图

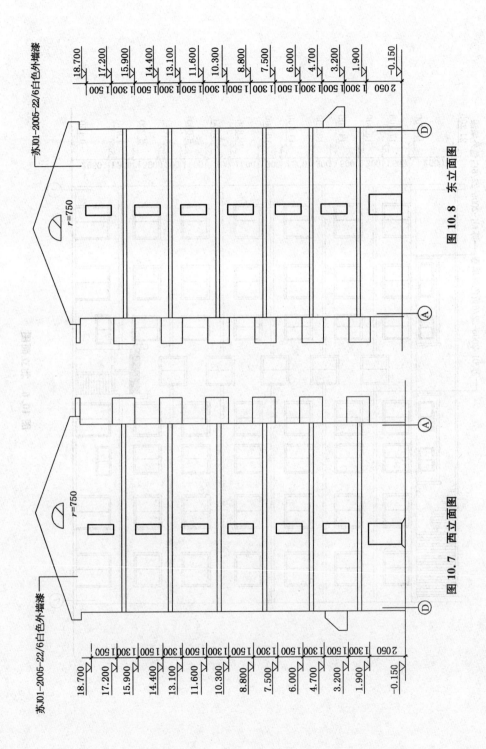

图 10.8 东立面图

图 10.7 西立面图

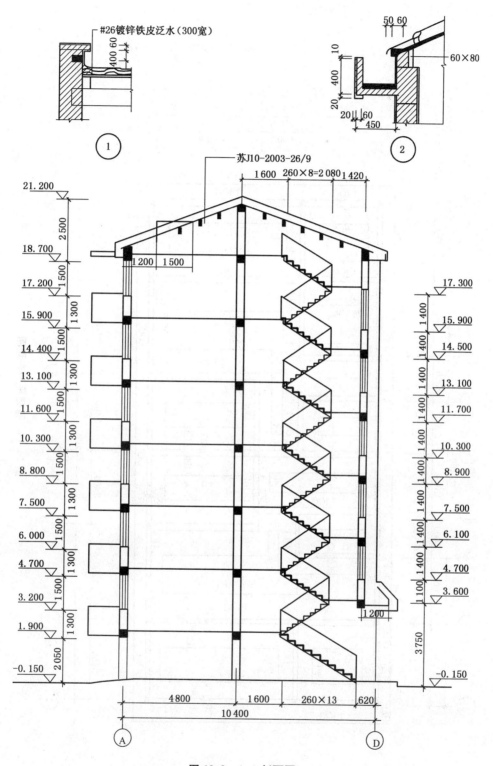

图10.9　1-1剖面图

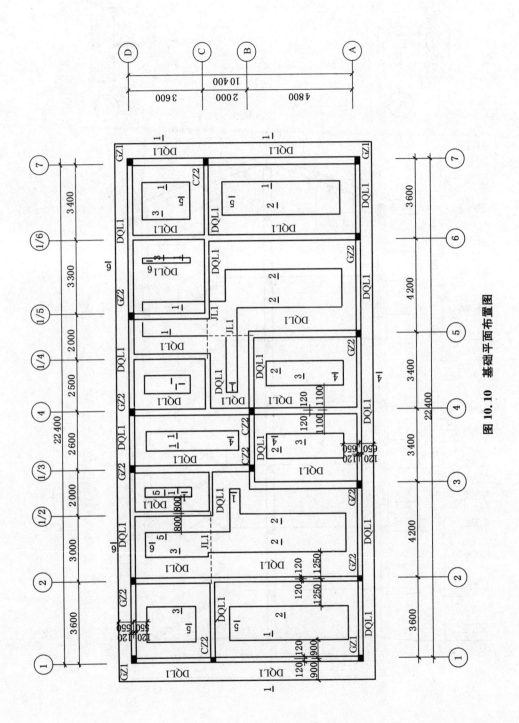

图 10.10 基础平面布置图

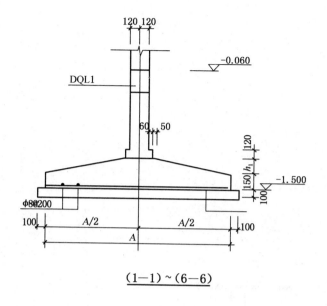

(1—1) ~ (6—6)

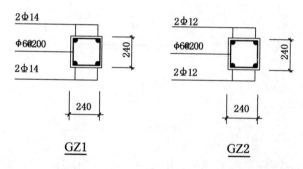

GZ1   GZ2

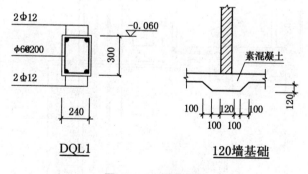

DQL1   120墙基础

图 10.11 基础详图

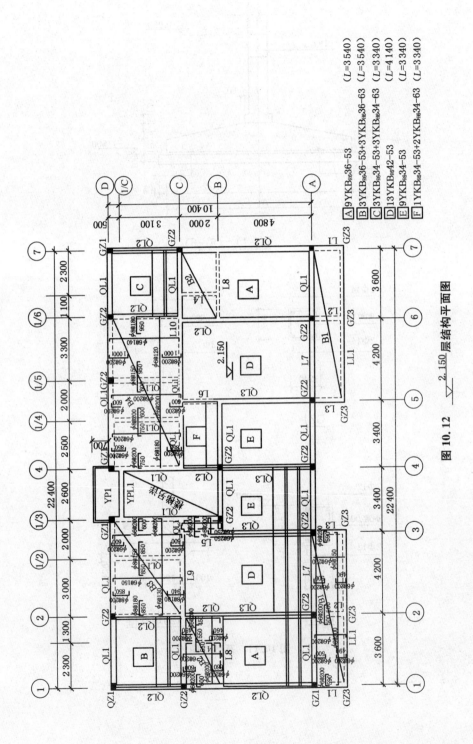

图 10.12 ▽ 2.150 层结构平面图

A 9YKB₆36-53 (L=3 540)

B 3YKB₆36-53+3YKB₆36-63 (L=3 540)

C 3YKB₆34-53+3YKB₆34-63 (L=3 340)

D 13YKB₆42-53 (L=4 140)

E 9YKB₆34-53 (L=3 340)

F 1YKB₆34-53+2YKB₆34-63 (L=3 340)

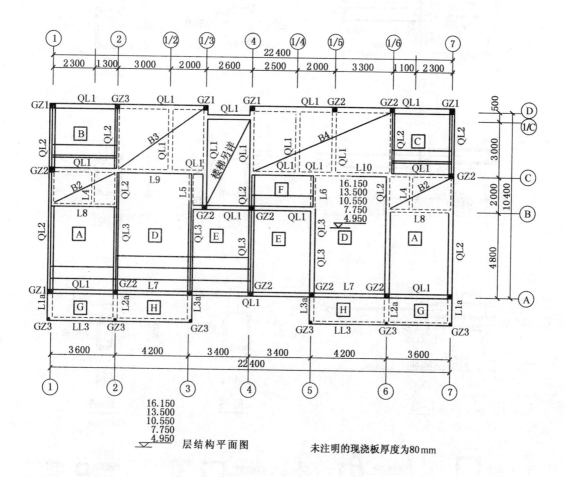

层结构平面图　　　　未注明的现浇板厚度为80mm

A 9YKB₍R6₎36-53　　　　　(L=3 540)
B 3YKB₍R6₎36-53+3YKB₍R6₎36-63　(L=3 540)
C 3YKB₍R6₎34-53+3YKB₍R6₎34-63　(L=3 340)
D 13YKB₍R6₎42-53　　　　(L=4 140)
E 9YKB₍R6₎34-53　　　　(L=3 340)
F 1YKB₍R6₎34-53+2YKB₍R6₎34-63　(L=3 340)
G 2YKB₍R6₎36-63　　　　(L=3 540)
H 2YKB₍R6₎42-63　　　　(L=4 140)

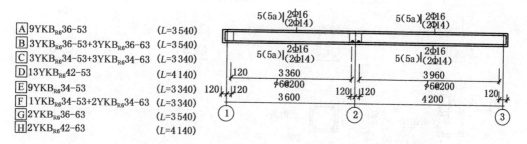

图 10.13　LL-1(LL-3)剖面图

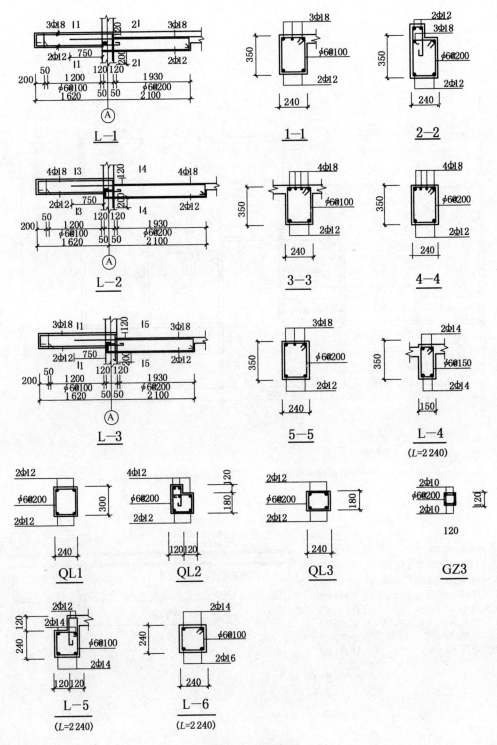

图 10.14　配筋图

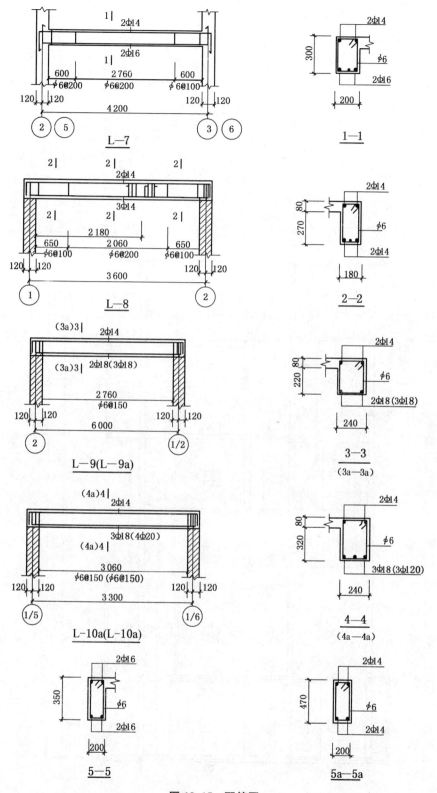

图 10.15 配筋图

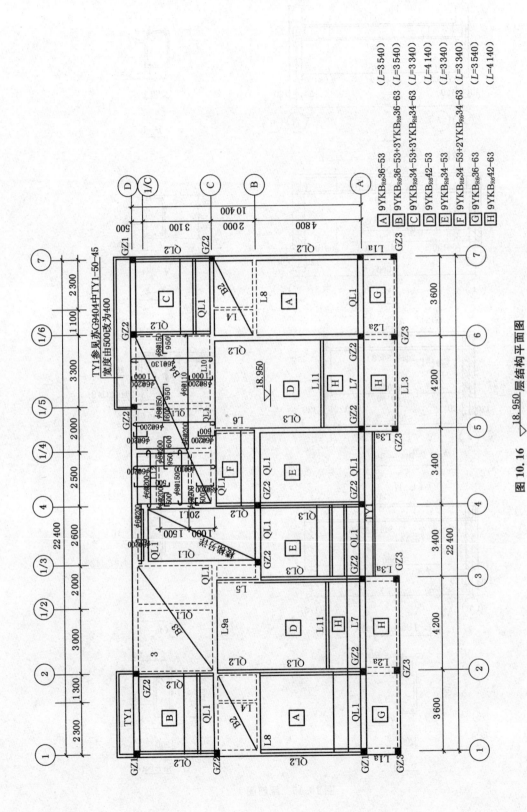

图 10.16 18.950 层结构平面图

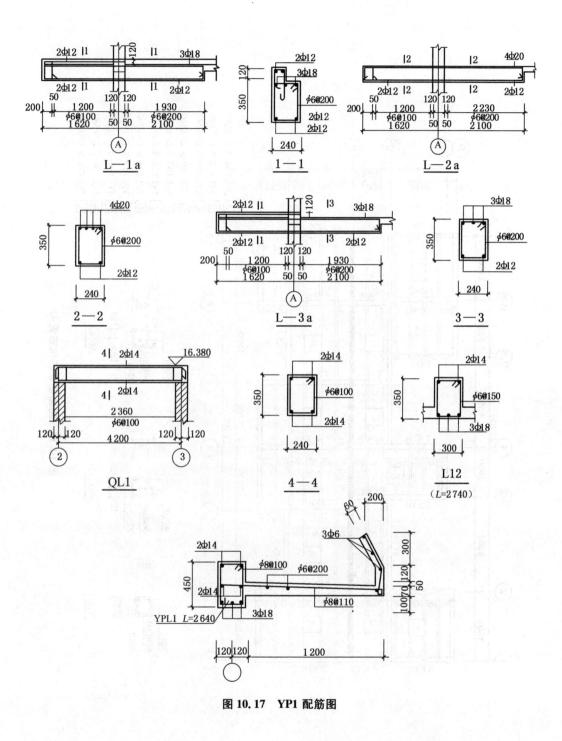

图 10.17　YP1 配筋图

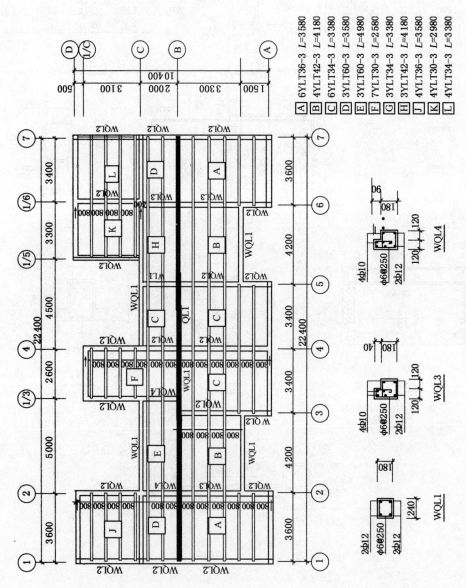

图 10.18 屋面檩条结构布置图

A	6YLT36-3 L=3 580
B	4YLT42-3 L=4 180
C	6YLT34-3 L=3 380
D	3YLT60-3 L=3 580
E	3YLT60-3 L=4 980
F	7YLT30-3 L=2 580
G	3YLT34-3 L=3 380
H	3YLT42-3 L=4 180
J	4YLT36-3 L=3 580
K	4YLT30-3 L=2 980
L	4YLT34-3 L=3 380

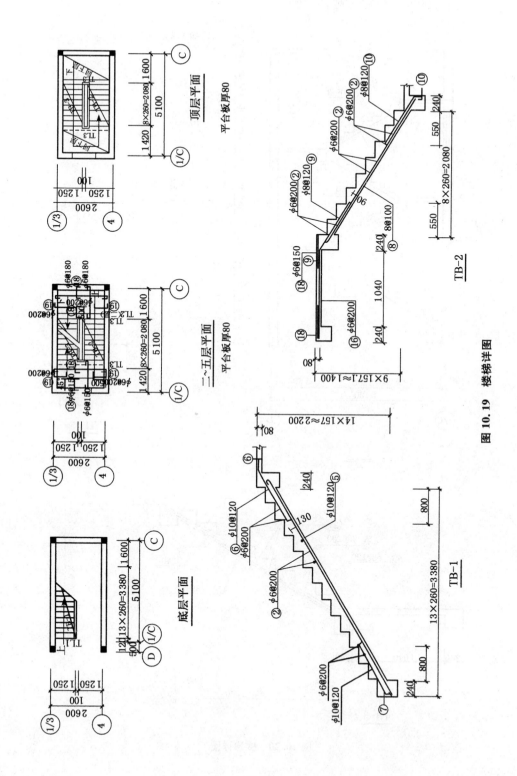

图 10.19 楼梯详图

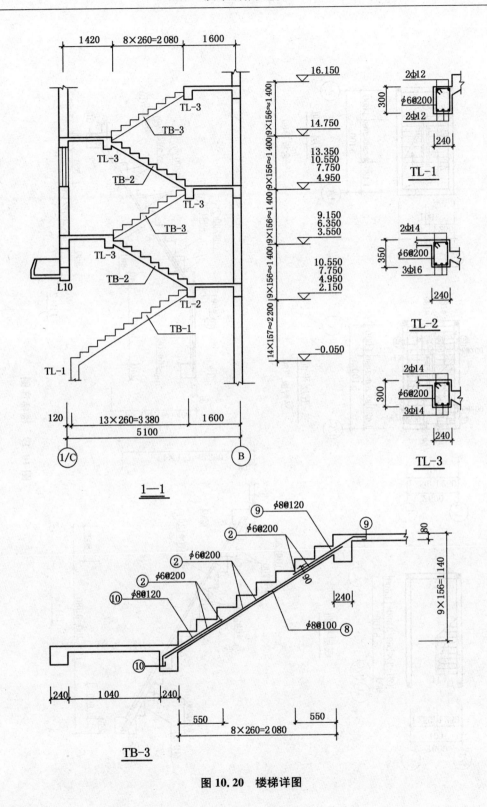

图 10.20 楼梯详图

结构设计说明

1. 设计依据

  1.1 国家、地方现行的有关结构设计的规范、规程、规定；

  1.2 其他(略)。

2. 设计原则及主要荷载

  2.1 主要结构类型：砖混结构，抗震设防烈度：7度，设计使用年限：50年；

  2.2 其他(略)。

3. 基础工程

  3.1 本工程采用C20钢筋混凝土条形基础，C10混凝土垫层100 mm厚；

  3.2 条基断面及配筋见表10.3；

表 10.3　条基断面及配筋表

截面类型	底宽(A)	梯形面高(h_1)	底板高(h_2)	受力筋
1—1	1 800	150	150	$\phi 10@150$
2—2	2 500	250	150	$\phi 12@150$
3—3	2 200	250	150	$\phi 12@200$
4—4	1 300	150	150	$\phi 10@200$
5—5	1 600	150	150	$\phi 10@180$
6—6	1 100	150	150	$\phi 8@150$

  3.3 其他(略)。

4. 主体工程

  4.1 本工程采用砖混结构；

  4.2 厨房、卫生间楼盖采用现浇板结构，其他房间采用预应力空心板楼盖；

  4.3 坡屋盖采用预应力钢筋混凝土檩条结构，平屋盖采用现浇板结构；

  4.4 其他(略)。

5. 施工材料

  5.1 本工程所注钢筋HPB235，$f_y = 210$ N/mm²；HPB335，$f_y = 300$ N/mm²。

  5.2 砖砌体

    5.2.1 室内地面以下采用240厚MU15蒸压粉煤灰砖，MU10水泥砂浆砌筑；

    5.2.2 室内地面～7.75 m用MU10KP1承重多孔砖，M10混合砂浆砌筑；标高7.75～13.35 m，用MU10KP1承重多孔砖，M7.5混合砂浆砌筑；标高13.35 m以上用MU10KP1承重多孔砖，M5混合砂浆砌筑。

6. 施工要求及其他说明

  6.1 本工程砌体施工质量控制等级为B级，施工时必须掌握好垂直度；

  6.2 抗震构造按照《建筑物抗震构造详图》(苏G02—2004)实施；

  6.3 其他(略)。

7. 所用规范和结构设计通用图集

7.1 所用规范

建筑结构荷载规范 GB 50009—2012

建筑抗震设计规范 GB 50011—2010

其他(略)

7.2 结构设计通用图集见表 10.4

表 10.4 结构设计通用图集表

序号	通用图集名称	通用图集编号	备 注
1	《建筑物抗震构造详图》	苏 G02—2004	
2	《预应力混凝土檩条图集》	苏 G9702	
3	《钢筋混凝土雨篷、挑檐图集》	苏 G9404	
4	《120 预应力混凝土空心板图集》	苏 G9401	

表 10.5 清单工程量计算表

序号	分项工程名称 (清单编号)	单位	数量	工程量计算式
	建筑面积按《建筑工程建筑面积计算规范》(GB/T 50353—2005)计算	m²	1 835.95	一层车库:(22.64 + 0.04)×(10.64 + 0.04)=242.22(m²) 二～七层标准层:[(22.64 + 0.04)×(10.64+0.04)+(4.20+3.60+0.24)×1.50×2/2)]×6=1 525.69(m²) 夹层 净高在1.2～2.1 m部分: [1.72×(22.64 + 0.04)+2.02×(3.84+2.84+6.94+0.04×3)+ 1.34×(5.0+4.5−0.04×2)]×0.5=39.69(m²) 净高在2.1 m以上部分: 0.58×(22.64 + 0.04)+ 0.67×(22.64 + 0.04)=28.35(m²) 夹层面积:39.69+28.35 = 68.04(m²) 总建筑面积:242.22+1 525.69+68.04 = 1 835.95(m²)
	A.1 土(石)方工程			
1	平整场地 (010101001001)	m²	242.22	建筑物首层建筑面积:(22.64 + 0.04)×(10.64+0.04)=242.22(m²)
2	挖基础土方 (010101003001)	m³	341.85	1—1断面 1轴、7轴:10.40×2=20.80(m) 1/3轴、4轴:(5.60−0.75−0.65)×2=8.40(m) 1/4轴、1/5轴:(3.60−0.65)×2=5.90(m) C轴:2.00−1.00 + 2.50−1.00 = 2.50(m) 面积:(20.80+8.40+5.90+2.50)×(1.80+0.20)=75.20(m²) 2—2断面 2轴:6.80−0.75=6.05(m) 3轴、5轴:(4.80−0.75)×2=8.10(m) 6轴:6.80−0.90−0.75=5.15(m) 面积:(6.05+8.10+5.15)×(2.5+0.2)=52.11(m²) 3—3断面 2轴:3.6−0.65=2.95(m)

序号	分项工程名称 (清单编号)	单位	数量	工程量计算式
2	挖基础土分 (010101003001)	m³	345.25	4 轴：4.80−1.50＝3.30(m) 1/6 轴：3.6−0.65−0.9＝2.05(m) 面积：(2.95＋3.3＋2.05)×(2.2＋0.2)＝19.92(m²) 4—4 断面 A 轴：22.40(m) B 轴：3.40×2＝6.80(m) 面积：(22.40＋6.80)×(1.30＋0.20)＝43.80(m²) 5—5 断面 C 轴：3.60−1.00−1.28＋6.70−1.00＝7.02(m) 1/2 轴：3.60−0.65＝2.95(m) 面积：(7.02＋2.95)×(1.60＋0.20)＝17.95(m²) 6—6 断面 D 轴：22.40(m) 面积：22.40×(1.10＋0.20)＝29.12(m²) 基础垫层总面积： 75.20＋52.11＋19.92＋43.80＋17.95＋29.12＝238.10(m²) 基础土方工程量：238.10×(1.50＋0.10−0.15)＝ 345.25(m³)
3	土方回填 (010103001001)	m³	256.83	挖方：345.25 m³ 扣除室外地面下基础体积：23.75＋58.62＋1.18＋4.87 ＝88.42(m³) 345.25−88.42＝256.83(m³)
			A.3　砌筑工程	
4	砖基础 (M10 水泥砂浆) (010301001001)	m³	30.92	(1) 基础外墙中心线长 22.40×2 ＋ 10.40×2＝65.60(m) (2) 内墙净长线长 B 轴：3.40×2＝6.80(m) C 轴：3.60−0.24＋2.0−0.12＋2.5−0.12＋6.7−0.12 ＝14.20(m) 2 轴：10.40−0.24＝10.16(m) 1/2 轴、1/4 轴、1/5 轴：(3.6−0.12)×3＝10.44(m) 3 轴、5 轴：(4.80−0.12)×2＝9.36(m) 1/3 轴：5.60−0.25＝5.35(m) 4 轴：(10.4−0.24×2)＝9.92(m) 6 轴：6.80−0.24＝6.56(m) 1/6 轴：3.6−0.24＝3.36(m) 内墙净长总长：6.80＋14.20＋10.16＋10.44＋9.36＋ 5.35＋9.92＋6.56＋3.36＝76.15(m) (3) 基础总长：65.60 ＋ 76.15＝141.75(m) (4) 基础体积：0.24×(1.50−0.15−0.15−0.30＋ 0.066)×141.75＝32.86(m³) 扣除构造柱：(0.24×0.24×16＋0.03×0.24×45)× (1.50−0.60)＝1.121(m³) 扣 2—2、3—3 处(板厚 400)：0.24×0.10×34.00＝0.816 (m³) 砖基工程量：32.86−1.121−0.816＝30.92(m³)
5	空心砖墙、 砌块墙 (M10 一砖外墙) (010304001001)	m³	67.38	(1)底层面积 外墙中心线长：(22.40＋10.40)×2＝65.60(m) 墙体高度：2.20−0.30＝1.90(m) 墙体毛面积：65.60×1.90＝124.64(m²)

序号	分项工程名称 （清单编号）	单位	数量	工程量计算式
5	空心砖墙、 砌块墙 （M10—砖外墙） （010304001001）	m³	67.38	扣：M3：1.80×1.90×5＝17.10(m²) 　　M4：1.50×1.90×4＝11.40(m²) 　　M5：1.00×1.90×2＝3.80(m²) 　　梯洞：2.36×2.2＝5.19(m²) 　　C6：1.20×0.6×2＝1.44(m²) 　　M6：3.46×1.90×2＝13.15(m²) 门窗洞合计：52.08 m² 底层墙体净面积：124.64－52.08＝72.56(m²) (2) 二、三层面积 [22.64＋10.64)×2＋0.5×2]×(2.8－0.30)×2 ＝337.80(m²) 扣：C1：1.80×1.50×10＝27.00(m²) 　　C2：1.50×1.50×8＝18.00(m²) 　　C2′：1.50×1.40×2＝4.20(m²) 　　C3：1.20×1.50×4＝7.20(m²) 　　C4：0.60×1.50×4＝3.60(m²) 　　M10：3.46×2.50×4＝34.60(m²) 门窗洞合计：94.60 m² 二、三层墙体净面积：337.80－94.60＝243.20(m²) (3) 体积 (72.56＋243.20)×0.24＝75.78(m³) 扣构造柱体积：(0.24×0.24×1.90×16＋0.03×0.24× 41×1.90)＋(0.24×0.24×2.50×16＋0.03×0.24×41 ×2.50)×2＝8.40(m³) M10—砖外墙工程量：75.78－8.40＝67.38(m³)
6	空心砖墙、 砌块墙 （M7.5—砖外墙） （010304001002）	m³	55.33	四、五层净面积同二、三层：243.20 m³ 体积：243.20×0.24＝58.37(m³) 扣构造柱体积：3.04 m³ M7.5—砖外墙工程量：58.37－3.04＝55.33(m³)
7	空心砖墙、 砌块墙 （M5—砖外墙） （010304001003）	m³	68.44	六、七层标高19.00 m以下同四、五层：55.33 m³ 标高19.00 m以上阁楼部分面积 C轴：(5.00＋4.50)×(1.61－0.18)－1.8×0.6－1.2× 0.6×2－1.5×0.6＝10.17(m²) 1/A轴：4.20×2×(0.78－0.18)＝5.04(m²) 1、7轴：10.4×(2.20－0.22)/2×2－0.75×0.75× 3.14/2×2＝18.83(m²) 2、3、5、6轴：1.50×(0.78－0.22)/2×4＝1.68(m²) 2、1/5轴：3.60×(1.61－0.22)/2×2＝5.00(m²) 1/3、4轴：3.10×(1.60＋0.22－0.22)/2×2＝4.96(m²) 1/C轴：2.60×(0.25－0.18)＝0.18(m²) 阁楼部分体积：(10.17＋5.04＋18.83＋1.68＋5.00＋ 4.96＋0.18)×0.24＝11.01(m³) 扣1、7轴构造柱：(0.24×0.24＋0.06×0.24)×1.18×2 ＝0.17(m³) 11.01－0.17＝10.84(m³) 女儿墙：11.82×0.40×2×0.24＝2.27(m³) M5—砖外墙工程量：55.33＋10.84＋2.27＝68.44(m³)
8	空心砖墙、砌块墙 （M10半砖内墙） （010304001004）	m³	3.84	二层： (2.0＋2.3－0.24＋3.60＋2.0－0.24－0.18＋0.9－ 0.18)×(2.80－0.35)＝24.40(m²) 扣：M8：0.90×2.40×2＝4.32(m²) 　　M2：0.80×2.10×2＝3.36(m²)

序号	分项工程名称 （清单编号）	单位	数量	工程量计算式
8	空心砖墙、砌块墙 （M10 半砖内墙） （010304001004）	m³	3.84	二层体积:(24.40−4.32−3.36)×0.115=1.92(m³) 三层同二层:1.92m³ M10 半砖内墙工程量:1.92+1.92=3.84(m³)
9	空心砖墙、 砌块墙 （M7.5 半砖内墙） （010304001005）	m³	3.84	四、五层同二、三层:3.84 m³
10	空心砖墙、砌块墙 （M5 半砖内墙） （010304001006）	m³	3.84	六、七层同二、三层:3.84 m³
11	空心砖墙、砌块墙 （M10 一砖内墙） （010304001007）	m³	112.63	(1)底层面积 2、4 轴:(10.64−0.24×2)×2=20.32(m) 1/2、1/4、1/5、1/6 轴:(3.6−0.24)×4=13.44(m) 1/3 轴:5.60−0.24=5.36(m) 3 轴:4.8−0.12=4.68(m) 5、6 轴:(6.80−0.24)×2=13.12(m) C 轴:22.4−0.24×3−2.6=19.08(m) B 轴:6.80−0.24×2=6.32(m) 1/A 轴:(3.60−0.24)×2=6.72(m) 内墙净长合计:89.04(m) 89.04×(2.2−0.30)=169.18(m²) 扣门洞:1.00×2.08×3+0.90×1.90×2=9.66(m²) 底层面积小计:169.18−9.66=159.52(m²) (2)二层面积 2、6、1/6 轴:(10.64−0.24×2)×2=20.32(m) 3、1/3、4 轴:(10.64−0.24×2−0.5)×2=19.32(m) 1/2、3/5 轴:3.45×2=6.90(m) 1/4 轴:3.36(m) 5 轴:4.80−0.12=4.68(m) C 轴:2.70−0.12+2.0−0.12+4.50−0.12+3.60− 0.12=12.32(m) B 轴:6.80−0.24=6.56(m) 内墙净长合计:73.46(m) 内墙面积:73.46×(2.80−0.30)=183.65(m²) 扣门洞:1.00×2.50+1.00×2.68+2.20×1.00×2+ 0.90×2.40×7+0.80×2.10=26.38(m²) 二层面积小计:183.65−26.38=157.27(m²) 三层面积同二层:157.27(m²) 面积总计:159.52+157.27+157.27=474.06(m²) 体积:474.06×0.24=113.77(m³) 扣构造柱:(0.24×0.24×2+0.03×0.24×7)×(2.20+ 2.8×2−0.3×3)=1.14(m³) M10 一砖内墙工程量:113.77−1.14=112.63(m³)
12	空心砖墙、砌块墙 （M7.5 一砖内墙） （010304001008）	m³	74.66	四、五层同二、三层:157.27×2×0.24=75.49(m³) 扣构造柱:(0.24×24×2+0.03×0.24×7)×(2.8×2− 0.30×2)=0.83(m³) M7.5 一砖内墙工程量:75.49−0.83=74.66(m³)
13	空心砖墙、砌块墙 （M5 一砖内墙） （010304001009）	m³	86.83	六、七、阁楼层: 略

续 表

序号	分项工程名称 (清单编号)	单位	数量	工程量计算式
14	零星砌砖 (M5半砖砌阳台栏板) (010302006001)	m³	13.70	长度:[(1.50−0.12)×2+7.80]×2×6=126.72(m) 工程量:0.115×126.72×(1.00−0.06)=13.70(m³)
	A.4 混凝土及钢筋混凝土工程			
15	带形基础 (010401001001)	m³	58.62	1—1断面 矩形截面长: 1轴、7轴:10.40×2=20.80(m) 1/3轴、4轴:(5.60−0.65−0.55)×2=8.80(m) 1/4轴、1/5轴:(3.60−0.55)×2=6.10(m) C轴:2.00−0.90+2.50−90+2.0−1.08=3.62(m) 1—1矩形截面总长:39.32 m 1—1矩形截面体积:1.80×0.15×39.32=10.62(m³) 1—1梯形截面总长:39.32+0.21×2+0.16×4+0.34×3=41.40(m) 1—1梯形截面体积:(1.80+0.46)×0.15/2×41.40=7.02(m³) 1—1断面总体积:10.62+7.02=17.64(m³) 2—2断面 矩形截面长: 2轴:6.80−0.65=6.15(m) 3、5轴:(4.80−0.65)×2=8.30(m) 6轴:6.80−0.80−0.65=5.35(m) 2—2矩形截面总长:19.80(m) 2—2矩形截面体积:2.50×0.15×19.80=7.43(m³) 2—2梯形截面总长:19.80+1.075=20.88(m) 2—2梯形截面体积:(2.50+0.46)/2×0.25×20.88=7.73(m³) 2—2断面总体积:7.43+7.73=15.16(m³) 3—3断面 矩形截面长: 2轴:3.60−0.55=3.05(m) 4轴:4.80−1.30=3.50(m) 1/6轴:3.60−0.55−0.80=2.25(m) 3—3矩形截面长:8.80 m 3—3矩形截面体积:2.2×0.15×8.80=2.90(m³) 3—3梯形截面长:8.80+1.025=9.83(m) 3—3梯形截面体积:(2.20+0.46)/2×0.25×9.83=3.27(m³) 3—3截面总体积:2.90+3.27=6.17(m³) 同样方法,算出: 4—4断面总体积:9.55(m³) 5—5断面总体积:3.78(m³) 6—6断面总体积:6.32(m³) 带形基础工程量:58.62(m³)

序号	分项工程名称 (清单编号)	单位	数量	工程量计算式
16	垫层 (010401006001)	m³	23.58	235.76×0.1=23.58
17	矩形柱 (C20 构造柱) (010402001001)	m³	28.52	(1) 基础部分: (0.24×0.24×16+0.03×0.24×45)×(1.50−0.03)= 1.49(m³) (2) 一层部分: (0.24×0.24×18+0.03×0.24×49)×2.20=3.06(m³) (3) 二~七层: (0.24×0.24×18+0.03×0.24×49)×2.8×6 =23.35(m³) (4) 阁楼层: B轴:(0.24×0.24×2+0.03×0.24×7)×2.20 =0.36(m³) C轴:(0.24×0.24×2+0.03×0.24×6)×1.62 =0.26(m³) C20 构造柱工程量:28.52 m³
18	矩形柱 (C20 阳台栏板构造柱) (010402001002)	m³	0.52	0.12×0.12×1.00×3×2×6=0.52(m³)
19	矩形梁 (C20 矩形梁) (010403002001)	m³	12.09	略
20	圈梁 (C20 地圈梁) (010403004001)	m³	9.73	地圈梁长度: A轴:22.40(m) B轴:3.40×2=6.80(m) C轴:3.60−0.24+2.0−0.12+2.5−0.12+5.4−0.12 =12.90(m) D轴:22.40 m 1、7轴:10.40×2=20.80(m) 2轴:10.40−0.24=10.16(m) 1/2、1/4、1/5轴:(3.6−0.12)×3=10.44(m) 3、5轴:(4.80−0.12)×2=9.36(m) 4轴:10.40−0.24×2=9.92(m) 6轴:6.80−0.24=6.56(m) 1/6轴:3.60−0.24=3.36(m) 总长:135.10(m) C20 地圈梁工程量:0.24×0.30×135.10=9.73(m³)
21	圈梁 (C20 圈梁) (010403004002)	m³	59.68	略
22	过梁 (C20 过梁) (010403005001)	m³	6.25	略
23	有梁板 (C20 钢筋混凝土有梁板) (010405001001)	m³	15.12	标高 2.15 m: B2:(3.84×2.24×0.08+0.18×0.27×3.36+0.15× 0.27×1.82)×2=0.93×2=1.86(m³) (3−1/3)轴:(B−C)轴之间:1.04×2.24×0.08+(0.24 ×0.24+0.12×0.04)×1.76=0.30(m³) 标高 2.15 m 计:1.86+0.30=2.16(m³)

序号	分项工程名称 （清单编号）	单位	数量	工程量计算式
23	有梁板 （C20 钢筋混凝土有梁板） （010405001001）	m³	15.12	标高：4.95 m、7.75 m、10.55 m、13.50 m、16.15 m、18.95 m 2.16×6＝12.96(m³) 有梁板工程量：2.16＋12.96＝15.12(m³)
24	平板 （C20 钢筋混凝土平板） （010405003001）	m³	30.71	标高 2.15 m： B3：5.24×3.84×0.08＝1.61(m³) B4：8.04×3.84×0.08＝2.47(m³) 标高 2.15 m 计：4.08(m³) 标高：4.95 m、7.75 m、10.55 m、13.50 m、16.15 m、18.95 m 4.08×6＝24.48(m³) 梯过道板：2.60×1.48×0.08×7＝2.15(m³) 平板工程量：4.08＋24.48＋2.15＝30.71(m³)
25	天沟、挑檐板 （010405007001）	m³	0.92	底板：(3.84＋6.94＋6.80－0.24)×0.4×0.07＝0.49(m³) 侧板：(3.84＋6.94＋6.80－0.24＋0.40×4)×0.38×0.06＝0.43(m³) 天沟、挑檐板工程量：0.49＋0.43＝0.92(m³)
26	雨篷、阳台板 （二层平面现浇阳台） （010405008001）	m³	3.31	阳台板： B1：1.50×8.04×0.08×2＝1.93(m³) LL1：0.20×0.27×8.04×2＝0.87(m³) L1、L2、L3：(1.5－0.2)×0.24×0.27×3×2＝0.51(m³) 阳台板计：3.31(m³)
27	雨篷、阳台板 （复式雨篷） （010405008002）	m³	0.46	YP1： 1.20×2.84×0.095＋(2.84＋0.70×2)×0.53×0.06＝0.46(m³)
28	直形楼梯 （010406001001）	m²	55.35	底层：(3.38＋0.24)×(2.6－0.24－0.1)/2＝4.09(m²) 二~七层：(1.30＋2.08＋0.24)×(2.60－0.24)×6＝51.26(m²) 合计：4.09＋51.26＝55.35(m²)
29	其他构件 （阳台栏板 C20 混凝土压顶） （010407001001）	m³	1.12	0.06×0.12×126.72＝0.91(m³) 女儿墙压顶：0.30×0.06×11.82＝0.21(m³) 合计：0.91＋0.21＝1.12(m³)
30	散水、坡道 （010407002001）	m²	47.58	(22.64－0.24－0.9×2)×1.2＝24.72(m²) 1.40×1.2×2＋5.30×1.20＋8.35×1.20＋2.60×1.20＝22.86(m²) 坡道工程量：24.72＋22.86＝47.58(m²)
31	散水、坡道 （010407002002）	m²	17.54	[(0.9＋0.6＋10.64－1.2＋0.6＋0.9)×2＋2.36＋2.0]×0.6＝17.54(m²)
32	空心板 （010412002001）	m³	72.22	略（按设计以体积计算）
33	现浇混凝土钢筋 （直径 6~12 mm） （010416001001）	t	13.932	略

序号	分项工程名称 （清单编号）	单位	数量	工程量计算式
34	现浇混凝土钢筋 （直径 14～25 mm） （010416001002）	t	3.883	略
35	现浇混凝土钢筋（墙体加固筋） （直径 6 mm） （010416001003）	t	1.061	略
36	先张法预应力钢筋 （冷轧带肋 钢筋 4～5 mm） （010416005001）	t	5.281	略
	A.7　屋面及防水工程			
37	瓦屋面 （010701001001）	m²	207.28	[22.64×3.30＋22.64×2.00＋1.50×(3.84＋7.04＋ 3.84)＋3.6×(3.84＋6.64)＋2.84×3.10]×1.099 ＝207.28(m²)
38	屋面卷材防水 （010702001001）	m²	84.18	南侧：[(1.50－0.12)×7.80＋(4.2－0.24)×1.50]×2 ＝33.41(m²) 北侧：(3.6－0.24)×(12.10－0.24)－2.84×3.10＝ 31.05(m²) 侧面卷边： 0.25×[(7.8×2＋2.88×2)×2＋(11.86×2＋3.36×2 ＋2.86×2)]＝19.72(m²) 屋面卷材防水工程量：33.41＋31.05＋19.72 ＝84.81(m²)
39	屋面排水管 （010702004001）	m	151.60	(18.80＋0.15)×8＝151.60(m)
40	屋面天沟、沿沟 （010702005001）	m²	12.05	(3.6＋6.7－0.12＋6.80－0.24)×(0.39＋0.33)＝ 12.05(m²)
	A.8　防腐、隔热、保温工程			
41	保温隔热屋面 （坡屋面） （010803001001）	m²	207.28	坡屋面保温：207.28 m²
42	保温隔热屋面 （平屋面） （010803001002）	m²	64.46	平屋面保温：64.46 m²
	B.1　楼地面工程			
43	水泥砂浆楼地面 （地面） （020101001001）	m²	203.72	外墙中心线面积：10.40×22.40＝232.96(m²) 扣外墙占面积：65.60×0.12＝7.87(m²) 扣内主墙占面积：89.04×0.24＝21.37(m²) 水泥砂浆地面工程量：232.96 － 7.87 － 21.37 ＝203.72(m²)
44	细石混凝土楼地面 （卫生间、餐厅楼面） （020101003001）	m²	188.31	卫生间 二层： B～C轴/1－2轴，1/6－7轴： (2.0－0.18)×(3.6－1.42－0.18)×2＝7.28(m²)

续　表

序号	分项工程名称 （清单编号）	单位	数量	工程量计算式
44	细石混凝土楼地面 （卫生间、餐厅楼面） （020101003001）	m²	231.99	C～D轴/1/2—1/3轴,1/4—1/5轴: (2.0－0.24)×(3.6－0.24)×2＝11.83(m²) 二层合计:7.28＋11.83＝19.11(m²) 二～七层卫生间合计:19.11×6＝114.66(m²) 餐厅 [(3.0－0.24)×(3.6－0.24)＋(3.3－0.24)×(3.6－0.24)]×6＝117.33(m²) 总计:114.66＋117.33＝231.99(m²)
45	水泥砂浆楼地面 （其他现浇板上楼面） （020101001002）	m²	256.59	除卫生间、餐厅外现浇混凝土板上 标高 2.2 m: 房间:(2.50－0.24)×(3.60－0.24)＋(1.3－0.06)×(2.0－0.18)×2＋(2.0－0.24)×0.8＝13.52(m²) 阳台:(1.5－0.12)×7.8×2＝21.53(m²) 楼梯过道:(2.6－0.24)×(1.6－0.12)＝3.49(m²) 小计:13.52＋21.53＋3.49＝38.54(m²) 标高:5.00 m、7.80 m、10.60 m、13.40 m、16.20 m 38.76×5＝193.80(m²) 标高 19.00 m:(2.00－0.24)×(3.60－0.24)×2＋(2.00－0.24)×0.80＋(3.3－0.24)×3.60＝24.25(m²) 合计:38.54＋193.80＋24.25＝256.59(m²)
46	水泥砂浆楼地面 （空心板上楼面） （020101001003）	m²	1 067.99	标高:2.20 m (3.60－0.24)×(3.60－0.24)＋(3.40－0.24)×(3.60－0.24)＋(3.60－0.24)×(4.8－0.24)×2＋(4.20－0.24)×(6.8－0.24)×2＋(3.40－0.24)×(4.80－0.24)×2＋(3.4－0.24)×(2.0－0.24)＝138.89(m²) 标高:4.95 m、7.75 m、10.55 m、13.50 m、16.15 m (138.89＋1.38×7.80×2)×5＝802.09(m²) 阁楼层:(3.60－0.24)×(3.60－0.24)＋(3.40－0.24)×(3.60－0.24)＋(3.6－0.24)×(4.8－0.24)×2＋(4.20－0.24)×(5.30－0.24)×2＋(3.40－0.24)×(4.80－0.24)×2＋(3.4－0.24)×(2.0－0.24)＝127.01(m²) 合计:138.89＋802.09＋127.0＝1 067.99(m²)
47	水泥砂浆踢脚线 （020105001001）	m²	218.70	底层: 65.66＋89.16×2－1.80×5－3.46×2－1.50×4－1.00×2－0.90×2－1.00×3－0.24×19＝210.70(m) 二层: (22.64＋10.64)×2＋0.5×2＋73.58×2＋9.96×2－2.42×4－1.76×4－3.36×4－1.76×4－0.24×16－0.90×9－0.80×4＝182.30(m) 三～七层:182.30×5＝911.50(m) 阁楼层: (10.40－0.24)×4＋5.06×4＋3.60×2＋5.10×2＋4.56×4＋(22.4－0.24)×2＋(3.40－0.24)×4＝153.48(m) 踢脚线工程量: (210.70＋182.30＋911.50＋153.48)×0.15＝218.70(m²)

序号	分项工程名称 （清单编号）	单位	数量	工程量计算式
48	水泥砂浆楼梯面 （020106003001）	m²	55.35	同直形楼梯面积：55.35 m²
49	硬木扶手 带栏杆、栏板 （020107002001）	m	40.16	$(3.38+0.12)×1.27+(2.08+0.24)×12×1.15+0.20$ $×12+1.30=40.16(m)$
	B.2　墙、柱面工程			
50	墙面一般抹灰 （内墙面抹灰） （020201001001）	m²	3 239.32	一层 外墙内侧：$(65.60-0.24×4)×(2.20-0.12)=134.45$ $(m²)$ 内墙面双侧：$(89.04×2-0.24×28)×(2.20-0.12)=$ $356.43(m²)$ 扣门窗洞：$52.08+9.66×2=71.40(m²)$ 一层计：$134.45+356.43-71.40=419.48(m²)$ 同理算出二至阁楼层：2 819.84 m² 内墙面抹灰合计：$419.48+2 819.84=3 239.32(m²)$
51	墙面一般抹灰 （卫生间餐厅内墙面） （020201001002）	m²	455.51	二层 卫生间： $(2.0-0.24+3.60-0.24)×2×(2.8-0.08)+(2.0-$ $0.24+2.18-0.18)×2×(2.8-0.08)-0.80×2.10×4$ $-1.20×1.50×2-0.60×1.50×2=36.19(m²)$ 餐厅： $(3.0-0.24+3.60×2)×(2.80-0.08)+(3.3-0.24+$ $3.60×2)×(2.80-0.08)-0.80×2.10-0.90×2.40-$ $1.80×1.50×2=45.76(m²)$ 小计：$36.19+45.76=81.95 m²$ 三～七层：$81.95×5=409.75(m²)$ 合计：$45.76+409.75=455.51(m²)$
52	墙面一般抹灰 （外墙面抹灰） （020201001003）	m²	1 083.67	一层 墙面：$(22.64+10.64)×2×2.20-52.08=94.35(m²)$ 同理算出二至阁楼层：989.32 m² 合计：$94.35+989.32=1 083.67(m²)$
53	墙面一般抹灰 （阳台栏板抹灰） （020201001004）	m²	253.44	长度：126.72 m 面积：$126.72×1.00×2=253.44(m²)$
54	零星项目一般抹灰 （天沟外侧） （020203001001）	m²	7.26	天沟外侧： $(3.84+6.94+6.80-0.24+0.40×2)×0.40=7.26$ $(m²)$
	B.3　天棚工程			
55	天棚抹灰 （现浇板底） （020301001001）	m²	494.52	一层顶棚 阳台底：$(1.50×8.04+7.32×0.27+1.30×4×0.27)×$ $2=30.88(m²)$ （注：梁侧并入天棚抹灰）B2 底：$3.36×1.82×2=12.23$ $(m²)$ B3 底：$2.76×3.36+1.76×3.36=15.19(m²)$ B4 底：$(7.80-0.24×3)×3.36=23.79(m²)$ （3—1/3），B—C 轴之间：$0.80×1.76=1.41(m²)$

续　表

序号	分项工程名称 (清单编号)	单位	数量	工程量计算式
55	天棚抹灰 (现浇板底) (020301001001)	m²	494.52	梯间过道底:2.36×1.28=3.02(m²) 一层顶棚合计:30.88+12.23+15.19+23.79+1.41+ 3.02=86.52(m²) 同理算出二至阁楼层现浇板底抹灰:333.84 m² 楼梯底:63.31 m² 雨篷底:3.91 m² 天沟底:(3.84+6.94+6.80-0.24)×0.4=6.94(m²) 现浇板底抹灰计:86.52+333.84+63.31+3.91+6.94 =494.52(m²)
56	天棚抹灰 (预制板底) (020301001002)	m²	1 005.93	按主墙间净面积计算(略):1 005.93 m²
		B.4　门窗工程		
57	金属平开门 (900×1 900) (020402001001)	樘	2	见门窗表
58	金属平开门 (1 800×1 900) (020402001002)	樘	5	见门窗表
59	金属平开门 (1 500×1 900) (020402001003)	樘	4	见门窗表
60	金属平开门 (1 000×1 900) (020402001004)	樘	2	见门窗表
61	塑钢门 (3 460×2 400) (020402005001)	樘	12	见门窗表
62	金属卷帘门 (3 460×1 900) (020403001001)	樘	2	见门窗表
63	塑钢窗 (1 800×1 500) (020406007001)	樘	30	见门窗表
64	塑钢窗 (1 500×1 500) (020406007002)	樘	24	见门窗表
65	塑钢窗 (1 500×1 400) (020406007003)	樘	5	见门窗表
66	塑钢窗 (1 200×1 500) (020406007004)	樘	12	见门窗表
67	塑钢窗 (600×1 500) (020406007005)	樘	12	见门窗表

续　表

序号	分项工程名称 （清单编号）	单位	数量	工程量计算式
68	塑钢窗 （1 800×600） （020406007006）	樘	1	见门窗表
69	塑钢窗 （1 200×600） （020406007007）	樘	4	见门窗表
70	塑钢窗 （1 500×600） （020406007008）	樘	1	见门窗表
B.5　油漆、涂料、裱糊工程				
71	刷喷涂料 （内墙面） （020507001001）	m²	3 239.32	同内墙面抹灰：3 239.32 m²
72	刷喷涂料 （天棚面） （020507001002）	m²	1 500.45	同天棚抹灰：494.52+1 005.93＝1 500.45（m²）
73	刷喷涂料 （外墙面乳胶漆） （020507001003）	m²	1 344.37	略

表 10.6

<u>　　花园小区 1♯住宅楼　　</u>　工程

工　程　量　清　单

工 程 造 价

招　标　人：<u>×××房地产开发有限公司</u>　　　咨　询　人：<u>×××造价咨询有限公司</u>
　　　　　　（单位盖章）　　　　　　　　　　　　　　　（单位资质专用章）

法定代表人　　　　　　　　　　　　　　　　法定代表人
或其授权人：<u>×××签字或盖章</u>　　　　　　或其授权人：<u>×××签字或盖章</u>
　　　　　　（单位盖章）　　　　　　　　　　　　　　　（签字或盖章）

编　制　人：<u>×××签字或盖专用章</u>　　　　　复　核　人：<u>×××签字或盖专用章</u>
　　　　　　（造价人员签字盖专用章）　　　　　　　　　（造价工程师签字盖专用章）

编 制 时 间：2016 年 12 月 10 日　　　　　　复 核 时 间：2016 年 12 月 18 日

总 说 明

工程名称：花园小区1#住宅楼土建　　　　　　　　　第 1 页　　共 2 页

一、工程概况：

1. 建设规模：建筑面积 1 835.95 m²；

2. 工程特征：砖混结构，底层为车库，二～七层为住宅，顶层为阁楼；

3. 计划工期：220 日历天；

4. 施工现场实际情况：施工场地较平整；

5. 交通条件：交通便利，有主干道通入施工现场；

6. 环境保护要求：必须符合当地环保部门对噪音、粉尘、污水、垃圾的限制或处理的要求。

二、招标范围：设计图纸范围内的土建工程，详见招标文件。

三、工程量清单编制依据：

1.《建设工程工程量清单计价规范》(GB 50500—2013)；

2. 国家及省级建设主管部门颁发的有关规定；

3. 江苏省建设厅文件苏建价〔2009〕40 号《关于〈建设工程工程量清单计价规范〉(GB 50500—2013)的贯彻意见》；

4. 本工程项目的设计文件；

5. 与本工程项目有关的标准、规范、技术资料；

6. 招标文件及其补充通知、答疑纪要；

7. 施工现场情况、工程特点及常规施工方案；

8. 其他相关资料。

四、工程质量：创市级优质工程，详见招标文件。

五、安全生产文明施工：创市级文明工地，详见招标文件。

六、投标人在投标时应按《建设工程工程量清单计价规范》(GB 50500—2013)和招标文件规定的格式，提供完整齐全的文件。

七、投标文件的份数详见招标文件。

八、工程量清单编制的相关说明：

1. 分部分项工程量清单

　1.1 挖基础土方自设计室外地面标高算起；

　1.2 所有室内木门由住户自理，不列入清单；

　1.3 进户防盗门由专业厂家制作安装，不列入分部分项清单；

　1.4 本工程中的所有混凝土要求使用商品混凝土。

2. 措施项目清单

　2.1 通用措施项目列入以下项目

　　2.1.1 安全文明施工费；

　　　2.1.1.1 基本费

　　　2.1.1.2 考评费

　　　2.1.1.3 奖励费

　　2.1.2 夜间施工费；

　　2.1.3 冬雨季施工增加费；

　　2.1.4 大型机械设备进出场及安拆；

　　2.1.5 施工排水；

2.1.6 已完工程及设备保护；

2.1.7 临时设施；

2.1.8 材料与设备检验试验；

2.1.9 赶工措施；

2.1.10 工程按质论价。

2.2 专业工程措施项目列入以下项目

2.2.1 混凝土、钢筋混凝土模板及支架；

2.2.2 脚手架；

2.2.3 垂直运输机械；

2.2.4 住宅工程分户验收。

2.3 投标人如认为有必要，可自行补充其他措施项目并报价。

3. 其他项目清单

3.1 暂列金额：考虑工程量偏差及设计变更的因素，材料涨价风险因素，详见《暂列金额明细表》。

3.2 暂估价

3.2.1 材料暂估价：钢材、塑钢门窗为暂估价，其中钢材由承包人供应，详见《材料暂估单价表》和《发包人供应材料一览表》；

3.2.2 专业工程暂估价：进户防盗门由专业厂家生产并安装，详见《专业工程暂估价表》。

3.3 计日工清单见《计日工表》。

3.4 总承包服务费见《总承包服务费计价表》。

4. 规费和税金项目清单：按苏建价〔2009〕40 号文件《关于〈建设工程工程量清单计价规范〉（GB 50500—2013）的贯彻意见》的规定列入以下清单，详见《规费、税金清单计价表》。

4.1 规费

4.1.1 工程排污费；

4.1.2 安全生产监督费；

4.1.3 社会保障费；

4.1.4 住房公积金。

4.2 税金

分部分项工程量清单与计价表

序号	项目编码	项目名称	项目特征描述	计量单位	工程量	金额(元)		
						综合单价	合价	其中:暂估价
			A.1　土(石)方工程					
1	010101001001	平整场地	1. 土壤类别:三类土 2. 弃土运距:就近平整,无运输 3. 挖填厚度内	m²	242.22			
2	010101003001	挖基础土方	1. 土壤类别:三类 2. 基础类型:条形基础 3. 垫层底宽:1.3~2.70 m 4. 挖土深度:1.45 m 5. 弃土运距:场内运输,投标人自行考虑	m³	345.25			
3	010103001001	土(石)方回填	1. 土质要求:砂土或黏性土 2. 密实度要求:不小于96% 3. 夯填:夯填密实 4. 运输距离:场内运输,投标人自行考虑	m³	256.83			
			分部小计					
			A.3　砌筑工程					
4	010301001001	砖基础	1. 砖品种、规格、强度等级:MU10蒸压粉煤灰砖 2. 基础类型:条形 3. 基础深度:1.2 m 4. 砂浆强度等级:M10水泥砂浆 5. 防潮层:1:2防水砂浆防潮层	m³	30.92			
5	010304001001	空心砖墙、砌块墙	1. 墙体类型:外墙 2. 墙体厚度:240 mm 3. 空心砖、砌块品种、规格、强度等级:MU10KP1承重多孔砖 240×115×90 4. 砂浆强度等级、配合比:M10混合砂浆	m³	67.38			
6	010304001002	空心砖墙、砌块墙	1. 墙体类型:外墙 2. 墙体厚度:240 mm 3. 空心砖、砌块品种、规格、强度等级:MU10KP1承重多孔砖 240×115×90 4. 砂浆强度等级、配合比:M7.5混合砂浆	m³	55.33			
			本页小计					
			合　计					

分部分项工程量清单与计价表

工程名称：花园小区1#住宅楼建筑　　　　标段：　　　　　　

序号	项目编码	项目名称	项目特征描述	计量单位	工程量	综合单价	合价	其中：暂估价
7	010304001003	空心砖墙、砌块墙	1. 墙体类型：外墙 2. 墙体厚度：240 mm 3. 空心砖、砌块品种、规格、强度等级：MU10KP1 承重多孔砖 240×115×90 4. 砂浆强度等级、配合比：M5 混合砂浆	m³	68.44			
8	010304001004	空心砖墙、砌块墙	1. 墙体类型：内墙 2. 墙体厚度：120 mm 3. 空心砖、砌块品种、规格、强度等级：MU10KP1 承重多孔砖 4. 砂浆强度等级、配合比：M10 混合砂浆	m³	3.84			
9	010304001005	空心砖墙、砌块墙	1. 墙体类型：内墙 2. 墙体厚度：120 mm 3. 空心砖、砌块品种、规格、强度等级：MU10KP1 承重多孔砖 4. 砂浆强度等级、配合比：M7.5 混合砂浆	m³	3.84			
10	010304001006	空心砖墙、砌块墙	1. 墙体类型：内墙 2. 墙体厚度：120 mm 3. 空心砖、砌块品种、规格、强度等级：MU10KP1 承重多孔砖 4. 砂浆强度等级、配合比：M5 混合砂浆	m³	3.84			
11	010304001007	空心砖墙、砌块墙	1. 墙体类型：外墙 2. 墙体厚度：240 mm 3. 空心砖、砌块品种、规格、强度等级：MU10KP1 承重多孔砖 240×115×90 4. 砂浆强度等级、配合比：M10 混合砂浆	m³	112.63			
12	010304001008	空心砖墙、砌块墙	1. 墙体类型：外墙 2. 墙体厚度：240 mm 3. 空心砖、砌块品种、规格、强度等级：MU10KP1 承重多孔砖 240×115×90 4. 砂浆强度等级、配合比：M7.5 混合砂浆	m³	74.66			
			本页小计					
			合　计					

分部分项工程量清单与计价表

工程名称：花园小区 1#住宅楼建筑　　　　　标段：　　　　　　　　第 3 页　共 13 页

序号	项目编码	项目名称	项目特征描述	计量单位	工程量	金额（元）		
						综合单价	合价	其中：暂估价
13	010304001009	空心砖墙、砌块墙	1. 墙体类型：内墙 2. 墙体厚度：240 mm 3. 空心砖、砌块品种、规格、强度等级：MU10KP1 承重多孔砖 240×115×90 4. 砂浆强度等级、配合比：M5 混合砂浆	m³	86.83			
14	010302006001	零星砌砖	1. 零星砌砖名称、部位：阳台 栏板 2. 砂浆强度等级、配合比：M5.0 混合砂浆	m³	13.70			
		分部小计						
			A.4　混凝土及钢筋混凝土工程					
15	010401001001	带形基础	1. 混凝土强度等级：C20 2. 混凝土拌和料要求：商品混凝土	m³	58.62			
16	010401006001	垫层	1. 混凝土强度等级：C20 2. 混凝土拌和料要求：商品混凝土	m³	23.58			
17	010402001001	矩形柱	1. 柱高度：2.2～2.8 m 2. 柱截面尺寸：240 mm×240 mm 3. 混凝土强度等级：C20 4. 混凝土拌和料要求：商品混凝土 5. 柱类型：构造柱	m³	28.52			
18	010402001002	矩形柱	1. 柱高度：1.00 m 2. 柱截面尺寸：120 mm×120 mm 3. 混凝土强度等级：C20 4. 混凝土拌和料要求：商品混凝土 5. 柱类型：构造柱	m³	0.52			
19	010403002001	矩形梁	1. 梁截面：(150×350)mm～(240×350)mm 2. 混凝土强度等级：C20 3. 混凝土拌和料要求：商品混凝土	m³	12.09			
20	010403004001	圈梁	1. 梁截面：240 mm×300 mm 2. 混凝土强度等级：C20 3. 混凝土拌和料要求：商品混凝土 4. 梁部位：地圈梁	m³	9.73			
21	010403004002	圈梁	1. 梁截面：(240×180)mm～(240×300)mm 2. 混凝土强度等级：C20 3. 混凝土拌和料要求：商品混凝土 4. 梁部位：楼、屋面	m³	59.68			
		本页小计						
		合　计						

分部分项工程量清单与计价表

工程名称：花园小区 1＃住宅楼建筑　　　　　　标段：　　　　　　　　　　第 4 页共 13 页

序号	项目编码	项目名称	项目特征描述	计量单位	工程量	金额(元)		
						综合单价	合价	其中：暂估价
22	010403005001	过梁	1. 梁截面:240 mm×300 mm 2. 混凝土强度等级:C20 3. 混凝土拌和料要求:商品混凝土	m³	6.25			
23	010405001001	有梁板	1. 板厚度:80 mm 2. 混凝土强度等级:C20 3. 混凝土拌和料要求:商品混凝土	m³	15.12			
24	010405003001	平板	1. 板厚度:80 mm 2. 混凝土强度等级:C20 3. 混凝土拌和料要求:商品混凝土	m³	30.71			
25	010405007001	天沟、挑檐板	1. 混凝土强度等级:C20 2. 混凝土拌和料要求:商品混凝土	m³	0.92			
26	010405008001	雨篷、阳台板	1. 混凝土强度等级:C20 2. 混凝土拌和料要求:商品混凝土 3. 部位:阳台	m³	3.31			
27	010405008002	雨篷、阳台板	1. 混凝土强度等级:C20 2. 混凝土拌和料要求:商品混凝土 3. 部位:雨篷	m³	0.46			
28	010406001001	直形楼梯	1. 混凝土强度等级:C20 2. 混凝土拌和料要求:商品混凝土	m²	55.35			
			本页小计					
			合　计					

分部分项工程量清单与计价表

工程名称：花园小区 1#住宅楼　　　　　　　标段：　　　　　　　　　　　第 5 页共 13 页

序号	项目编码	项目名称	项目特征描述	计量单位	工程量	金额（元）		
						综合单价	合价	其中：暂估价
29	010407001001	其他构件	1. 构件的类型：混凝土压顶 2. 混凝土强度等级：C20 3. 混凝土拌和料要求：商品混凝土	m³	1.12			
30	010407002001	散水、坡道	1. 垫层材料种类、厚度：200 厚碎石灌浆垫层，100 厚 C15 混凝土垫层 2. 面层厚度：200 厚 1：2 水泥砂浆 3. 混凝土拌和料要求：商品混凝土 4. 填塞材料种类：沥青砂浆 5. 部位类型：混凝土坡道	m²	47.58			
31	010407002002	散水、坡道	1. 垫层材料种类、厚度：120 厚碎石灌浆垫层 2. 面层厚度：1：1 砂浆压实抹光 3. 混凝土强度等级：60 厚 C15 混凝土	m²	17.54			
32	010412002001	空心板	1. 安装高度：层高 3.6 m 内 2. 混凝土强度等级：C30	m³	72.22			
33	010416001001	现浇混凝土钢筋	钢筋种类、规格：Ⅰ、Ⅱ级钢筋直径 6～12 mm	t	13.932			
34	010416001002	现浇混凝土钢筋	钢筋种类、规格：Ⅰ、Ⅱ级钢筋直径 14～25 mm	t	3.883			
35	010416001003	现浇混凝土钢筋	1. 钢筋种类、规格：Ⅰ级钢筋直径 6 mm 2. 部位：墙体加固钢筋	t	1.061			
36	010416005001	先张法预应力钢筋	钢筋种类、规格：冷轧带肋钢筋直径 4～5 mm	t	5.281			
		分部小计						
			本页小计					
			合　计					

分部分项工程量清单与计价表

工程名称：花园小区1#住宅楼建筑　　　　　　标段：　　　　　　　　第6页 共13页

序号	项目编码	项目名称	项目特征描述	计量单位	工程量	综合单价	合价	其中：暂估价
						金额（元）		
37	010701001001	瓦屋面	1. 瓦品种、规格、品牌、颜色：彩色水泥瓦 2. 防水材料种类：3 mm厚SBS卷材防水 3. 基层材料种类：20厚木屋面板 4. 檩条种类、截面：混凝土檩条 5. 挂瓦方式：30×30挂瓦条，40×10顺水条	m²	207.28			
38	010702001001	屋面卷材防水	1. 卷材品种、规格：3 mm厚SBS卷材 2. 防水层做法：满粘 3. 找平层材料：20厚1：3水泥砂浆 4. 防水部位：平屋面	m²	84.18			
39	010702004001	屋面排水管	1. 排水管品种、规格、颜色：D110UPVC白色增强塑料管 2. 雨水口：铸铁落水口（带罩）直径100 mm 3. 雨水斗：白色增强塑料UPVC水斗直径100 mm	m	151.60			
40	010702005001	屋面天沟、沿沟	1. 材料品种：平均40厚C20细石混凝土找坡，1：2防水砂浆粉面 2. 宽度、坡度：宽390 mm	m²	12.05			
		分部小计						
		A.8　防腐、隔热、保温工程						
41	010803001001	保温隔热屋面	1. 保温隔热部位：坡屋面 2. 保温隔热面层材料品种、规格、性能：25厚挤塑保温板	m²	207.28			
		本页小计						
		合　计						

分部分项工程量清单与计价表

工程名称：花园小区 1#住宅楼建筑　　　　标段：　　　　　　　

序号	项目编码	项目名称	项目特征描述	计量单位	工程量	综合单价	合价	其中：暂估价
						金额(元)		
42	010803001002	保温隔热屋面	1. 保温隔热部位:平屋面 2. 保温隔热方式:外保温 3. 保温隔热面层材料品种、规格、性能:25 厚挤塑保温板 4. 找平层材料品种:20 厚 1∶3 水泥砂浆找平层	m²	64.46			
		分部小计						
			B.1　楼地面工程					
43	020101001001	水泥砂浆楼地面	1. 垫层材料种类、厚度:100 厚碎石垫层,60 厚 C15 混凝土垫层 2. 面层厚度、砂浆配合比:20 厚 1∶2 水泥砂浆面层	m²	203.72			
44	020101003001	细石混凝土楼地面	1. 找平层厚度、砂浆配合比:20 厚 1∶3 水泥砂浆找平层 2. 防水层厚度、材料种类:聚氨酯防水涂料 1.2 mm 3. 防水层保护层:30 厚 C20 细石混凝土 4. 部位:卫生间、餐厅	m²	231.99			
45	020101001002	水泥砂浆楼地面	1. 面层厚度、砂浆配合比:素水泥结合层一道,20 厚 1∶2 水泥砂浆面层 2. 部位:除卫生间、餐厅 外观:现浇板楼面	m²	256.59			
46	020101001003	水泥砂浆楼地面	1. 找平层厚度、砂浆配合比:C20 细石混凝土找平层 40 mm 2. 面层厚度、砂浆配合比:20 厚 1∶2 面层 3. 基层类型:预制空心板	m²	1 067.99			
47	020105001001	水泥砂浆踢脚线	1. 踢脚线高度:150 mm 2. 底层厚度、砂浆配合比:12 厚 1∶3 水泥砂浆 3. 面层厚度、砂浆配合比:8 厚 1∶2.5 水泥砂浆	m²	218.70			
		本页小计						
		合　计						

分部分项工程量清单与计价表

工程名称：花园小区1#住宅楼建筑　　　　　标段：　　　　　　　　第8页 共13页

序号	项目编码	项目名称	项目特征描述	计量单位	工程量	综合单价	合价	其中：暂估价
						金额(元)		
48	020106003001	水泥砂浆楼梯面	1. 找平层厚度、砂浆配合比:15厚1：3水泥砂浆 2. 面层厚度、砂浆配合比:10厚1：2水泥砂浆	m²	55.35			
49	020107002001	硬木扶手带栏杆、栏板	1. 扶手材料种类、规格:50×120硬木扶手 2. 栏杆材料种类、规格:铁栏杆 3. 固定配件种类:铁件固定 4. 油漆品种、刷漆遍数:木扶手调和漆一底二度,铁栏杆防锈漆一遍,银粉漆两遍	m	40.16			
		分部小计						
			B.2 墙、柱面工程					
50	020201001001	墙面一般抹灰	1. 墙体类型:内墙 2. 底层厚度、砂浆配合比:15厚1：1：6混合砂浆 3. 面层厚度、砂浆配合比:10厚1：0.3：3混合砂浆 4. 装饰部位:内墙面	m²	3 239.32			
51	020201001002	墙面一般抹灰	1. 墙体类型:内墙 2. 底层厚度、砂浆配合比:12厚1：3水泥砂浆 3. 装饰部位:卫生间、餐厅内墙面	m²	455.51			
52	020201001003	墙面一般抹灰	1. 墙体类型:外墙 2. 底层厚度、砂浆配合比:20厚1：3水泥砂浆找平层 3. 面层厚度、砂浆配合比:8 mm厚聚合物砂浆压入玻纤网格布一层 4. 保温层材料种类:3厚专用黏结剂,界面剂一道,20厚挤塑保温板,界面剂一道 5. 分格缝宽度、材料种类:塑料条分格 6. 装饰部位:外墙面	m²	1 083.67			
		本页小计						
		合　计						

• 分部分项工程量清单与计价表

工程名称：花园小区 1#住宅楼建筑　　　　　标段：　　　　　　　　　第 9 页 共 13 页

序号	项目编码	项目名称	项目特征描述	计量单位	工程量	金额（元）		
						综合单价	合价	其中：暂估价
53	020201001004	墙面一般抹灰	1. 墙体类型：砖砌阳台栏板墙 2. 底层厚度、砂浆配合比：12 厚 1∶3 水泥砂浆 3. 面层厚度、砂浆配合比：8 厚 1∶2 水泥砂浆	m²	253.44			
54	020203001001	零星项目一般抹灰	1. 墙体类型：混凝土面 2. 底层厚度、砂浆配合比：12 厚 1∶3 水泥砂浆 3. 面层厚度、砂浆配合比：8 厚 1∶2 水泥砂浆	m²	7.26			
		分部小计						
			B.3　天棚工程					
55	020301001001	天棚抹灰	1. 基层类型：现浇混凝土板，刷 801 胶素水泥浆一遍 2. 抹灰厚度、材料种类：6 厚 1∶3 底层，6 厚 1∶2.5 面层	m²	494.52			
56	020301001002	天棚抹灰	1. 基层类型：预制混凝土板，清洗油腻，801 胶素水泥浆一遍 2. 抹灰厚度、材料种类：6 厚 1∶3 底层，6 厚 1∶2.5 面层	m²	1 005.93			
		分部小计						
			B.4　门窗工程					
57	020402001001	金属平开门	1. 门类型：车库钢质防护门 2. 框材质、外围尺寸：型钢门框，外围洞口：900 mm×1 900 mm 3. 扇材质、外围尺寸：钢质门扇 4. 油漆品种：喷塑面层 5. 门编号：M1	樘	2			
		本页小计						
		合　计						

分部分项工程量清单与计价表

工程名称：花园小区1#住宅楼建筑　　　　标段：　　　　　　　

序号	项目编码	项目名称	项目特征描述	计量单位	工程量	综合单价	合价	其中：暂估价
58	020402001002	金属平开门	1. 门类型：车库钢质防护门 2. 框材质、外围尺寸：型钢门框，外围洞口：1 800 mm×1 900 mm 3. 扇材质、外围尺寸：钢质门扇 4. 油漆品种：喷塑面层 5. 门编号：M3	樘	5			
59	020402001003	金属平开门	1. 门类型：车库钢质防护门 2. 框材质、外围尺寸：型钢门框，外围洞口：1 500 mm×1 900 mm 3. 扇材质、外围尺寸：钢质门扇 4. 油漆品种：喷塑面层 5. 门编号：M4	樘	4			
60	020402001004	金属平开门	1. 门类型：车库钢质防护门 2. 框材质、外围尺寸：型钢门框，外围洞口：1 000 mm×1 900 mm 3. 扇材质、外围尺寸：钢质门扇 4. 油漆品种：喷塑面层 5. 门编号：M5	樘	2			
61	020402005001	塑钢门	1. 门类型：中窗玻璃塑钢门 2. 框材质、外围尺寸：塑钢型材，外围尺寸：3 460 mm×2 400 mm	樘	12			
62	020403001001	金属卷帘门	门材质、框外围尺寸：铝合金，外围洞口尺寸：3 460 mm×1 900 mm	樘	2			
63	020406007001	塑钢窗	1. 窗类型：中空玻璃塑钢窗 2. 框材质、外围尺寸系列塑钢型材，外围洞口尺寸：1 800 mm×1 500 mm 3. 扇材质、外围尺寸：88系列塑钢型材 4. 玻璃品种、厚度、五金材料、品种、规格：5+12A+5中空玻璃 5. 窗编号：C1	樘	30			
			本页小计					
			合　　计					

分部分项工程量清单与计价表

工程名称：花园小区 1# 住宅楼建筑　　　　　　标段：　　　　　　　　　　第 11 页 共 13 页

序号	项目编码	项目名称	项目特征描述	计量单位	工程量	金额（元）		
						综合单价	合价	其中：暂估价
64	020406007002	塑钢窗	1. 窗类型：中空玻璃塑钢窗 2. 框材质、外围尺寸：88 系列塑钢型材，外围洞口尺寸：1 500 mm×1 500 mm 3. 扇材质、外围尺寸：88 系 列塑钢型材 4. 玻璃品种、厚度、五金材料、品种、规格：5+12A+5 中空玻璃 5. 窗编号：C2	樘	24			
65	020406007003	塑钢窗	1. 窗类型：中空玻璃塑钢窗 2. 框材质、外围尺寸：88 系列塑钢型材，外围洞口尺寸：1 500 mm×1 400 mm 3. 扇材质、外围尺寸：88 系列塑钢型材 4. 玻璃品种、厚度、五金材料、品种、规格：5+12A+5 中空玻璃 5. 窗编号：C2′	樘	5			
66	020406007004	塑钢窗	1. 窗类型：中空玻璃塑钢窗 2. 框材质、外围尺寸：88 系列塑钢型材，外围洞口尺寸：1 200 mm×1 500 mm 3. 扇材质、外围尺寸：88 系列塑钢型材 4. 玻璃品种、厚度、五金材料、品种、规格：5+12A+5 中空玻璃 5. 窗编号：C3	樘	12			
67	020406007005	塑钢窗	1. 窗类型：中空玻璃塑钢窗 2. 框材质、外围尺寸：88 系列塑钢型材，外围洞口尺寸：600 mm×1 500 mm 3. 扇材质、外围尺寸：88 系列塑钢型材 4. 玻璃品种、厚度、五金材料、品种、规格：5+12A+5 中空玻璃 5. 窗编号：C4	樘	12			
			本页小计					
			合　计					

分部分项工程量清单与计价表

工程名称：花园小区 1#住宅楼建筑　　　　　　标段：　　　　　　　　　　　　第 12 页 共 13 页

序号	项目编码	项目名称	项目特征描述	计量单位	工程量	金额（元）		
						综合单价	合价	其中：暂估价
68	020406007006	塑钢窗	1. 窗类型：中空玻璃塑钢窗 2. 框材质、外围尺寸：88 系列塑钢型材，外围洞口尺寸：1 800 mm×600 mm 3. 扇材质、外围尺寸：88 系列塑钢型材 4. 玻璃品种、厚度、五金材料、品种、规格：5＋12A＋5 中空玻璃 5. 窗编号：C5	樘	1			
69	020406007007	塑钢窗	1. 窗类型：中空玻璃塑钢窗 2. 框材质、外围尺寸：88 系列塑钢型材，外围洞口尺寸：1 200 mm×600 mm 3. 扇材质、外围尺寸：88 系列塑钢型材 4. 玻璃品种、厚度、五金材料、品种、规格：5＋12A＋5 中空玻璃 5. 窗编号：C6	樘	4			
70	020406007008	塑钢窗	1. 窗类型：中空玻璃塑钢窗 2. 框材质、外围尺寸：88 系列塑钢型材，外围洞口尺寸：1 500 mm×600 mm 3. 扇材质、外围尺寸：88 系列塑钢型材 4. 玻璃品种、厚度、五金材料、品种、规格：5＋12A＋5 中空玻璃 5. 窗编号：C7	樘	1			
		分部小计						
			B. 5　油漆、涂料、裱糊工程					
71	020507001001	刷喷涂料	1. 基层类型：抹灰面 2. 腻子种类：801 胶白水泥腻子 3. 刮腻子要求遍数：两遍 4. 涂料部位：内墙面	m²	3 239.32			
		本页小计						
		合　计						

分部分项工程量清单与计价表

工程名称：花园小区 1#住宅楼建筑　　　　　标段：　　　　　　　第 13 页 共 13 页

序号	项目编码	项目名称	项目特征描述	计量单位	工程量	金额(元)		
						综合单价	合价	其中：暂估价
72	020507001002	刷喷涂料	1. 基层类型：抹灰面 2. 腻子种类：801 胶白水泥腻子 3. 刮腻子要求遍数：两遍 4. 涂料部位：天棚面	m²	1 500.45			
73	020507001003	刷喷涂料	1. 基层类型：抹灰面 2. 腻子种类：专用腻子 3. 涂料品种、刷喷遍数：弹性外墙乳胶漆两遍	m²	1 344.37			
		分部小计						
		本页小计						
		合　计						

措施项目清单与计价表(一)

工程名称：花园小区 1#住宅楼建筑　　　　　标段：　　　　　　　第 1 页 共 1 页

序号	项目名称	计算基础	费率(%)	金额(元)
	通用措施项目			
1	现场安全文明施工			
1.1	基本费			
1.2	考评费			
1.3	奖励费			
2	夜间施工增加费			
3	冬雨季施工增加费			
4	已完工程及设备保护			
5	临时设施			
6	材料与设备检验试验			
7	赶工措施			
8	工程按质论价			
	专业工程措施项目			
9	住宅工程分户验收			
	合　计			

措施项目清单与计价表(二)

工程名称：花园小区 1#住宅楼建筑　　　　　标段：　　　　　　　第 1 页 共 1 页

序号	项目名称	金额(元)
	通用措施项目	

序号	项目名称	金额(元)
1	大型机械设备进出场及安拆	
2	施工排水	
	专业工程措施项目	
3	脚手架	
4	垂直运输机械	
5	混凝土、钢筋混凝土模板及支架	
	合　计	

其他项目清单与计价汇总表

工程名称：花园小区1#住宅楼建筑　　　　标段：　　　　第1页 共1页

序号	项目名称	计量单位	金额(元)	备注
1	暂列金额	项	50 000.00	
2	暂估价		12 000.00	
2.1	材料暂估价			
2.2	专业工程暂估价	项	12 000.00	
3	计日工			
4	总承包服务费			
	合　计			

暂列金额明细表

工程名称：花园小区1#住宅楼建筑　　　　标段：　　　　第1页 共1页

序号	项目名称	计量单位	暂定金额(元)	备注
1	工程量偏差及设计变更	项	30 000.00	
2	材料涨价风险	项	20 000.00	
	合　计		50 000.00	

材料暂估价格表

工程名称：花园小区1#住宅楼建筑　　　　标段：　　　　第1页 共1页

序号	材料编码	材料名称	规格、型号等 特殊要求	单位	数量	单价(元)	合价(元)	备注
1	502018	钢筋(综合)		t	19.618			
2	502086	冷拔钢丝		t	6.102			
3	508190	中空玻璃塑钢窗		m²	182.760			
4	508192	塑钢门(平开无亮)		m²	99.648			
	合计							

专业工程暂估价格表

工程名称：花园小区1#住宅楼建筑　　　　标段：　　　　第1页 共1页

序号	工程名称	工程内容	金额(元)	备注
1	进户防盗门	制作、安装	12 000.00	
	合　计		12 000.00	

计 日 工 表

工程名称:花园小区1#住宅楼建筑　　　　　标段:　　　　　　　　　第1页共1页

序号	项目名称	单位	暂定数量	综合单价	合价
一	人工				
1	普通工	工日	50.00		
2	技工(综合)	工日	100.00		
	人工小计				
二	材料				
1	钢筋(HPB235、HRB335级综合)	t	2.00		
2	水泥32.5级	t	20.00		
	材料小计				
三	施工机械				
1	载货汽车6 t	台班	5.00		
2	灰浆搅拌机200 L	台班	5.00		
	施工机械小计				
	总　计				

总承包服务费计价表

工程名称:花园小区1#住宅楼建筑　　　　　标段:　　　　　　　　　第1页共1页

序号	项目名称	项目价值(元)	服务内容	费率(%)	金额(元)
1	发包人供应材料	104 655.67	验收、保管		
2	发包人发包专业工程	12 000.00	补缝找平、垂直运输、验收资料汇总整理		
	合　计				

规费、税金项目清单与计价表

工程名称:花园小区1#住宅楼建筑　　　　　标段:　　　　　　　　　第1页共1页

序号	项目名称	计算基础	费率(%)	金额(元)
1	规费			
1.1	工程排污费	分部分项工程费+措施项目费+其他项目费		
1.2	建筑安全监督管理费	分部分项工程费+措施项目费+其他项目费		
1.3	社会保障费	分部分项工程费+措施项目费+其他项目费		
1.4	住房公积金	分部分项工程费+措施项目费+其他项目费		
2	税金	分部分项工程费+措施项目费+其他项目费+规费		
	合　计			

发包人供应材料一览表

工程名称：花园小区1#住宅楼建筑　　　　标段：　　　　　　　　　第1页 共1页

序号	材料编码	材料名称	规格、型号等特殊要求	单位	数量	单价(元)	合价(元)	备注
1	502018	钢筋(综合)		t	19.618			
2	502086	冷拔钢丝		t	6.102			
	合计1							

11　建筑工程投标报价编制实例

11.1　工程内容:同第 10 章中花园小区 1♯住宅楼,只计算建筑部分。

11.2　根据第 10 章的工程量清单,按《建设工程工程量清单计价规范》(GB 50500—2008)规定的格式和要求编制投标报价书。

11.3　本章中只列出部分工程量清单项目中的工作内容(组价工程量)计算公式,其他均从略。

11.4　与投标报价相关的施工组织设计。

1. 工期

根据招标文件的要求,本项目计划工期为 220 天。

(注:据此计算垂直运输机械费)

2. 临时设施

2.1　办公:施工单位办公室 2 间,监理和业主办公室各 1 间。

2.2　生活设施:食堂 2 间,宿舍 10 间。

2.3　工具间和材料仓库各 1 间。

2.4　门卫 1 间。

2.5　工地四周设临时简易围墙。

2.6　场内临时道路。

(注:据此计算临时设施费)

3. 主要分部分项工程施工方法及安排

3.1　基础工程

3.1.1　土方工程:采用人工平整场地,土方就地平整,不考虑运输。

3.1.2　基础采用人工开挖,人力车运至 150 m 处弃土堆放。

3.1.3　回填土从弃土处运回。

3.1.4　因基础开挖深度较小,根据现场测量资料,基底标高在地下水位线以上60 cm,因此无须人工降低地下水位。

(注:据此计算和确定土方工程相关工程量及措施费用)

3.2　钢筋混凝土工程

3.2.1　模板支设:均采用复合木模板。

3.2.2　钢筋工程:钢筋接头采用搭接接头。

3.2.3　混凝土工程:根据招标文件的要求,采用商品混凝土。

(注:据此计算模板、钢筋工程量,以及确定混凝土工程的费用是否考虑商品混凝土等因素)

4. 主要机械设备选型

垂直运输机械采用 30 t·m 的塔式起重机 1 台;根据设备安装要求,采用钢筋混凝土基础。

（注：据此计算垂直运输机械费、大型机械进退场费和设备基础费）

5. 脚手架工程

5.1 外墙采用双排钢管扣件式脚手架。

5.2 砌内墙和室内抹灰、涂料采用定型工具式脚手。

（注：据此计算脚手架相关费用）

6. 材料运输

因交通条件较好，材料、构件可直接运至施工现场，无须进行材料、构件的二次转运。

（注：据此确定是否需考虑材料二次转运费）

7. 安全生产文明施工措施

7.1 根据现行的相关规定，安全生产文明施工措施属于不可竞争费用。

7.2 根据招标文件的要求，按市文明工程标准报价。

（注：据此考虑现场安全文明施工费）

8. 夜间施工

一般情况下不安排夜间施工，但主体结构混凝土工程施工以及楼、地、屋面工程施工过程中，当白天未能完成而又不可间断时，需进行夜间施工。

（注：据此考虑夜间施工增加费）

9. 按质论价费

招标文件要求本项目创建市级优质工程，根据对相关费用的测算，按分部分项工程费的2%报价。

10. 赶工措施费

本项目合同工期为 220 天，定额工期为 253 天，根据测算，按分部分项工程费的 1.5%报价。

11.5 报表及计算公式

1. 建筑工程工程量清单报价表如表 11.1。

2. 工程量清单所含组价项目工程量计算表如表 11.2。

3. 措施项目工程量及费用计算表如表 11.3。

表 11.1

投　标　总　价

招　　标　　人：　　×××房地产开发有限公司

工　程　名　称：　　花园小区 1#住宅楼

投标总价（小写）：　　1 400 336.04 元

　　　　（大写）：　　壹佰肆拾万零叁佰叁拾陆元零肆分

投　　标　　人：　　×××建筑安装有限公司
　　　　　　　　　　　　　（单位盖章）

法　定　代　表　人

或　其　授　权　人：　　（×××签字或盖章）
　　　　　　　　　　　　　（签字或盖章）

编　　制　　人：　　（×××签字或盖资质章）
　　　　　　　　　　（造价人员签字盖专用章）

编　制　时　间：　2016 年 12 月 28 日

总　说　明

工程名称：花园小区 1#住宅楼土建　　　　　　　　　　　　　　第 1 页 共 1 页

一、工程概况：

1. 建设规模：建筑面积：1 835.95 m²；

2. 工程特征：砖混结构，底层为车库，二～七层为住宅，顶层为阁楼；

3. 计划工期：220 日历天。

二、投标范围：设计图纸范围内的建筑工程，详见招标文件。

三、投标报价编制依据：

1.《建设工程工程量清单计价规范》(GB 50500—2008)；

2. 本工程项目的设计文件、地质勘察资料；

3. 本公司的企业定额，部分项目参照《江苏省建筑与装饰工程计价表》(2004 年)；

4. 各类费用计算根据工程特点结合本公司具体情况确定，不可竞争费按照《江苏省建设工程费定额》(2009 年)及本地区的相关规定计取；

5. 与本工程项目有关的标准、规范、技术资料；

6. 招标文件、工程量清单及总说明文件；

7. 施工现场情况、工程特点及本项目的施工方案；

8. 主要材料、设备、成品价格根据本公司的市场调查信息并参考本地区的工程造价管理机构发布的指导价。

四、报价说明：

1. 分部分项工程量清单报价

1.1 根据招标文件中的分部分项工程量清单及总说明和其他相关内容，按上述编制依据确定的综合单价进行报价；

1.2 综合单价中包括招标文件中要求的投标人承担的风险费用；

1.3 招标文件提供了暂估单价的材料，按暂估的单价计入综合单价。

2. 措施项目清单报价

2.1 安全文明施工费：为不可竞争费，按《江苏省建设工程费用定额》(2009 年)中规定的相应费率计取，招标人要求创建市级文明工地，奖励费按市级文明工地标准报价；

2.2 其他措施项目费根据本公司制定的施工方案结合本工程的具体情况进行报价。

3. 其他项目清单报价

3.1 暂列金额应按招标人在工程量清单中《暂列金额明细表》中列出的金额填写报价。

3.2 暂估价

3.2.1 材料暂估价按工程量清单中的《材料暂估价格表》中的材料名称、规格、品种和价格填写报价；

3.2.2 专业工程暂估价按工程量清单中《专业工程暂估价表》中列出的项目和金额填写报价。

3.3 计日工按工程量清单中《计日工表》列出的项目和数量，按本公司确定的价格进行报价。

3.4 总承包服务费根据招标文件中列出的内容和提出的要求，根据本公司测算分析的结果报价。

4. 规费和税金项目清单报价

4.1 规费

4.1.1 工程排污费：按本地区现行的规定报价，按(分部分项工程费＋措施项目费＋其他项目费)×0.1%报价；

4.1.2 建筑安全监督管理费：按本地区现行的规定报价，按(分部分项工程费＋措施项目费＋其他项目费)×0.19%报价；

4.1.3 社会保障费：按《江苏省建设工程费用定额》(2009 年)规定费率计取，按(分部分项工程费＋措施项目费＋其他项目费)×3%报价；

4.1.4 住房公积金：按《江苏省建设工程费用定额》(2009 年)规定费率计取，按(分部分项工程费＋措施项目费＋其他项目费)×0.5%报价。

4.2 税金按现行计税标准报价。

工程项目投标报价汇总表

工程名称：花园小区 1#住宅楼 第 1 页共 1 页

序号	单项工程名称	金额(元)	其 中		
			暂估价(元)	安全文明施工费(元)	规费(元)
1	花园小区 1#住宅楼建筑	1 400 336.04	198 567.23	34 317.44	49 431.81
	合 计	1 400 336.04	198 567.23	34 317.44	49 431.81

单项工程投标报价汇总表

工程名称：花园小区 1#住宅楼 第 1 页共 1 页

序号	单项工程名称	金额(元)	其 中		
			暂估价(元)	安全文明施工费(元)	规费(元)
1	花园小区 1#住宅楼建筑	1 400 336.04	198 567.23	34 317.44	49 431.81
	合 计	1 400 336.04	198 567.23	34 317.44	49 431.81

单位工程投标报价汇总表

工程名称：花园小区 1#住宅楼 第 1 页共 1 页

序号	汇 总 内 容	金额(元)	其中：暂估价(元)
1	分部分项工程量清单计价合计	927 498.50	186 567.23
1.1	A.1 土(石)方工程	30 777.06	
1.2	A.3 砌筑工程	138 529.19	
1.3	A.4 混凝土及钢筋混凝土工程	286 407.45	107 492.99
1.4	A.7 屋面及防水工程	39 274.84	
1.5	A.8 防腐、隔热、保温工程	5 415.46	
1.6	B.1 楼地面工程	58 416.97	
1.7	B.2 墙、柱面工程	175 817.05	
1.8	B.3 天棚工程	20 872.73	
1.9	B.4 门窗工程	107 466.84	79 074.24
1.10	B.5 油漆、涂料、裱糊工程	64 520.91	
2	措施项目清单计价合计	291 379.174	
2.1	通用措施项目费	90 060.11	
2.2	专业工程措施项目费	742.00	
2.3	其他措施项目费	200 577.06	
3	其他项目清单计价合计	85 391.56	
3.1	暂列金额	50 000.00	
3.2	专业工程暂估价	12 000.00	12 000.00
3.3	计日工	22 045.00	
3.4	总承包服务费	1 346.56	
4	规费	49 431.81	
5	税金	46 635.00	
	投标报价合计＝1＋2＋3＋4＋5	1 400 336.04	198 567.23

分部分项工程量清单与计价表

工程名称：花园小区 1#住宅楼　　　　标段：　　　　　　　　　　**第 1 页 共 13 页**

序号	项目编码	项目名称	项目特征描述	计量单位	工程量	金额（元）		
						综合单价	合价	其中：暂估价
			A.1 土(石)方工程					
1	010101001001	平整场地	1. 土壤类别：三类土 2. 弃土运距：就近平整，无运输 3. 挖填厚度：30 cm 内	m²	242.22	5.15	1 247.43	
2	010101003001	挖基础土方	1. 土壤类别：三类 2. 基础类型：条形基础 3. 垫层底宽：1.3～2.70 m 4. 挖土深度：1.45 m 5. 弃土运距：场内运输，投标人自行考虑	m³	345.25	48.50	16 744.63	
3	010103001001	土(石)方回填	1. 土质要求：砂土或黏性土 2. 密实度要求：不小于 96% 3. 夯填：夯填密实 4. 运输距离：场内运输，投标人自行考虑	m³	256.83	49.78	12 785.00	
		分部小计					30 777.06	
			A.3 砌筑工程					
4	010301001001	砖基础	1. 砖品种、规格、强度等级：MU10 蒸压粉煤灰砖 2. 基础类型：条形 3. 基础深度：1.2 m 4. 砂浆强度等级：M10 水泥砂浆 5. 防潮层：1:2 防水砂浆防潮层	m³	30.92	337.95	10 449.41	
5	010304001001	空心砖墙、砌块墙	1. 墙体类型：外墙 2. 墙体厚度：240 mm 3. 空心砖、砌块品种、规格、强度等级：MU10KP1 承重多孔砖 240×115×90 4. 砂浆强度等级、配合比：M10 混合砂浆	m³	67.38	259.45	17 481.74	
6	010304001002	空心砖墙、砌块墙	1. 墙体类型：外墙 2. 墙体厚度：240 mm 3. 空心砖、砌块品种、规格、强度等级：MU10KP1 承重多孔砖 240×115×90 4. 砂浆强度等级、配合比：M7.5 混合砂浆	m³	55.33	259.22	14 342.64	
		本页小计					73 050.85	
		合　计					73 050.85	

分部分项工程量清单与计价表

工程名称：花园小区 1#住宅楼　　　　　　标段：　　　　　　　　第 2 页共 13 页

序号	项目编码	项目名称	项目特征描述	计量单位	工程量	金额(元)		
						综合单价	合价	其中：暂估价
7	010304001003	空心砖墙、砌块墙	1. 墙体类型:外墙 2. 墙体厚度:240 mm 3. 空心砖、砌块品种、规格、强度等级:MU10KP1 承重多孔砖 240×115×90 4. 砂浆强度等级、配合比:M5 混合砂浆	m³	68.44	259.55	17 763.60	
8	010304001004	空心砖墙、砌块墙	1. 墙体类型:内墙 2. 墙体厚度:120 mm 3. 空心砖、砌块品种、规格、强度等级:MU10KP1 承重多孔砖 4. 砂浆强度等级、配合比:M10 混合砂浆	m³	3.84	269.71	1 035.69	
9	010304001005	空心砖墙、砌块墙	1. 墙体类型:内墙 2. 墙体厚度:120 mm 3. 空心砖、砌块品种、规格、强度等级:MU10KP1 承重多孔砖 4. 砂浆强度等级、配合比:M7.5 混合砂浆	m³	3.84	269.53	1 035.00	
10	010304001006	空心砖墙、砌块墙	1. 墙体类型:内墙 2. 墙体厚度:120 mm 3. 空心砖、砌块品种、规格、强度等级:MU10KP1 承重多孔砖 4. 砂浆强度等级、配合比:M5 混合砂浆	m³	3.84	269.79	1 035.99	
11	010304001007	空心砖墙、砌块墙	1. 墙体类型:外墙 2. 墙体厚度:240 mm 3. 空心砖、砌块品种、规格、强度等级:MU10KP1 承重多孔砖 240×115×90 4. 砂浆强度等级、配合比:M10 混合砂浆	m³	112.63	259.45	29 221.85	
12	010304001008	空心砖墙、砌块墙	1. 墙体类型:外墙 2. 墙体厚度:240 mm 3. 空心砖、砌块品种、规格、强度等级:MU10KP1 承重多孔砖 240×115×90 4. 砂浆强度等级、配合比:M7.5 混合砂浆	m³	74.66	259.22	19 353.37	
			本页小计				69 445.50	
			合　计				142 496.35	

分部分项工程量清单与计价表

工程名称：花园小区 1#住宅楼　　　　　标段：　　　　　　　　

序号	项目编码	项目名称	项目特征描述	计量单位	工程量	综合单价	合价	其中：暂估价
						金额(元)		
13	010304001009	空心砖墙、砌块墙	1. 墙体类型:内墙 2. 墙体厚度:240 mm 3. 空心砖、砌块品种、规格、强度等级：MU10KP1 承重多孔砖 240×115×90 4. 砂浆强度等级、配合比：M5 混合砂浆	m³	86.83	259.55	22 536.73	
14	010302006001	零星砌砖	1. 零星砌砖名称、部位:阳台栏板 2. 砂浆强度等级、配合比：M5.0 混合砂浆	m³	13.70	311.91	4 273.17	
		分部小计					138 427.81	
			A.4　混凝土及钢筋混凝土工程					
15	010401001001	带形基础	1. 混凝土强度等级:C20 2. 混凝土拌和料要求:商品混凝土	m³	58.62	348.25	20 414.42	
16	010401006001	垫层	1. 混凝土强度等级:C20 2. 混凝土拌和料要求:商品混凝土	m³	23.58	343.78	8 106.33	
17	010402001001	矩形柱	1. 柱高度:2.2~2.8 m 2. 柱截面尺寸:240 mm×240 mm 3. 混凝土强度等级:C20 4. 混凝土拌和料要求:商品混凝土 5. 柱类型:构造柱	m³	28.52	431.81	12 400.78	
18	010402001002	矩形柱	1. 柱高度:1.00 m 2. 柱截面尺寸:120 mm×120 mm 3. 混凝土强度等级:C20 4. 混凝土拌和料要求:商品混凝土 5. 柱类型:构造柱	m³	0.52	434.81	226.10	
19	010403002001	矩形梁	1. 梁截面:(150×350)mm~(240×350)mm 2. 混凝土强度等级:C20 3. 混凝土拌和料要求:商品混凝土	m³	12.09	372.53	4 503.89	
		本页小计					72 461.42	
		合　计					214 957.77	

分部分项工程量清单与计价表

工程名称：花园小区 1#住宅楼　　　　标段：　　　　　　　　　　　第 4 页 共 13 页

序号	项目编码	项目名称	项目特征描述	计量单位	工程量	综合单价	合价	其中：暂估价
						金额(元)		
20	010403004001	圈梁	1. 梁截面：240 mm×300 mm 2. 混凝土强度等级：C20 3. 混凝土拌和料要求：商品混凝土 4. 梁部位：地圈梁	m³	9.73	386.22	3 757.92	
21	010403004002	圈梁	1. 梁截面：(240×180)mm~(240×300)mm 2. 混凝土强度等级：C20 3. 混凝土拌和料要求：商品混凝土 4. 梁部位：楼、屋面	m³	59.68	386.22	23 049.61	
22	010403005001	过梁	1. 梁截面：240 mm×300 mm 2. 混凝土强度等级：C20 3. 混凝土拌和料要求：商品混凝土	m³	6.25	414.14	2 588.38	
23	010405001001	有梁板	1. 板厚度：80 mm 2. 混凝土强度等级：C20 3. 混凝土拌和料要求：商品混凝土	m³	15.12	370.72	5 605.29	
24	010405003001	平板	1. 板厚度：80 mm 2. 混凝土强度等级：C20 3. 混凝土拌和料要求：商品混凝土	m³	30.71	376.08	11 549.42	
25	010405007001	天沟、挑檐板	1. 混凝土强度等级：C20 2. 混凝土拌和料要求：商品混凝土	m³	0.92	415.49	382.25	
26	010405008001	雨篷、阳台板	1. 混凝土强度等级：C20 2. 混凝土拌和料要求：商品混凝土 3. 部位：阳台	m³	3.31	461.02	1 525.98	
27	010405008002	雨篷、阳台板	1. 混凝土强度等级：C20 2. 混凝土拌和料要求：商品混凝土 3. 部位：雨篷	m³	0.46	306.11	140.81	
28	010406001001	直形楼梯	1. 混凝土强度等级：C20 2. 混凝土拌和料要求：商品混凝土	m²	55.35	80.84	4 474.49	
			本页小计				53 074.15	
			合　计				268 031.92	

分部分项工程量清单与计价表

工程名称：花园小区 1#住宅楼　　　　　标段：　　　　　　　　第 5 页 共 13 页

序号	项目编码	项目名称	项目特征描述	计量单位	工程量	综合单价	合价	其中：暂估价
29	010407001001	其他构件	1. 构件的类型：混凝土压顶 2. 混凝土强度等级：C20 3. 混凝土拌和料要求：商品混凝土	m³	1.12	403.90	452.37	
30	010407002001	散水、坡道	1. 垫层材料种类、厚度：200厚碎石灌浆垫层，100厚C15混凝土垫层 2. 面层厚度：200厚1：2水泥砂浆 3. 混凝土拌和料要求：商品混凝土 4. 填塞材料种类：沥青砂浆 5. 部位类型：混凝土坡道	m²	47.58	96.18	4 576.24	
31	010407002002	散水、坡道	1. 垫层材料种类、厚度：120厚碎石灌浆垫层 2. 面层厚度：1：1砂浆压实抹光 3. 混凝土强度等级：60厚C15混凝土	m²	17.54	66.35	1 163.78	
32	010412002001	空心板	1. 安装高度：层高3.6 m内 2. 混凝土强度等级：C30	m³	72.22	687.04	49 618.03	
33	010416001001	现浇混凝土钢筋	钢筋种类、规格：Ⅰ、Ⅱ级钢筋直径6～12 mm	t	13.932	5 245.77	73 084.07	60 097.18
34	010416001002	现浇混凝土钢筋	钢筋种类、规格：Ⅰ、Ⅱ级钢筋直径14～25 mm	t	3.883	4 919.27	19 101.53	16 750.43
35	010416001003	现浇混凝土钢筋	1. 钢筋种类、规格：Ⅰ级钢筋直径6 mm 2. 部位：墙体加固钢筋	t	1.061	5 551.02	5 889.63	4 486.88
36	010416005001	先张法预应力钢筋	钢筋种类、规格：冷轧带肋钢筋直径4～5 mm	t	5.281	6 399.57	33 796.13	26 158.50
		分部小计					286 407.45	107 492.99
			本页小计				187 681.78	107 492.99
			合　计				455 713.70	107 492.99

分部分项工程量清单与计价表

序号	项目编码	项目名称	项目特征描述	计量单位	工程量	金额（元）		
						综合单价	合价	其中：暂估价
			A.7　屋面及防水工程					
37	010701001001	瓦屋面	1. 瓦品种、规格、品牌、颜色：彩色水泥瓦 2. 防水材料种类：3 mm 厚 SBS卷材防水 3. 基层材料种类：20 厚木屋面板 4. 檩条种类、截面：混凝土檩条 5. 挂瓦方式：30×30 挂瓦条，40×10 顺水条	m²	207.28	122.90	25 474.71	
38	010702001001	屋面卷材防水	1. 卷材品种、规格：3 mm 厚 SBS卷材 2. 防水层做法：满粘 3. 找平层材料：20 厚 1：3 水泥砂浆 4. 防水部位：平屋面	m²	84.18	39.08	3 289.75	
39	010702004001	屋面排水管	1. 排水管品种、规格、颜色：D110UPVC 白色增强塑料管 2. 雨水口：铸铁落水口（带罩）直径 100 mm 3. 雨水斗：白色增强塑料 UP-VC 水斗直径 100 mm	m	151.60	67.74	10 269.38	
40	010702005001	屋面天沟、沿沟	1. 材料品种：平均 40 厚 C20 细石混凝土找坡，1：2 防水砂浆粉面 2. 宽度、坡度：宽 390 mm	m²	12.05	20.00	241.00	
		分部小计					39 274.84	
			A.8　防腐、隔热、保温工程					
41	010803001001	保温隔热屋面	1. 保温隔热部位：坡屋面 2. 保温隔热面层材料品种、规格、性能：25 厚挤塑保温板	m²	207.28	17.82	3 693.73	
		本页小计					42 968.57	
		合　计					498 682.27	107 492.99

分部分项工程量清单与计价表

工程名称：花园小区 1#住宅楼建筑　　　　　　　标段：　　　　　　　　　　第 7 页 共 13 页

1	项目编码	项目名称	项目特征描述	计量单位	工程量	综合单价	合价	其中：暂估价
42	010803001002	保温隔热屋面	1. 保温隔热部位:平屋面 2. 保温隔热方式:外保温 3. 保温隔热面层材料品种、规格、性能:25 厚挤塑保温板 4. 找平层材料品种:20 厚 1:3 水泥砂浆找平层	m²	64.46	26.71	1 721.73	
		分部小计					5 415.46	
			B.1　楼地面工程					
43	020101001001	水泥砂浆楼地面	1. 垫层材料种类、厚度:100 厚碎石垫层,60 厚 C15 混凝土垫层 2. 面层厚度、砂浆配合比:20 厚 1:2 水泥砂浆面层	m²	203.72	43.40	8 841.45	
44	020101003001	细石混凝土楼地面	1. 找平层厚度、砂浆配合比:20 厚 1:3 水泥砂浆找平层 2. 防水层厚度、材料种类:聚氨酯防水涂料 1.2 mm 3. 防水层保护层:30 厚 C20 细石混凝土 4. 部位:卫生间、餐厅	m²	231.99	69.13	16 037.47	
45	020101001002	水泥砂浆楼地面	1. 面层厚度、砂浆配合比:素水泥结合层一道,20 厚 1:2 水泥砂浆面层 2. 部位:除卫生间、餐厅 3. 外观:现浇板楼面	m²	256.59	11.13	2 855.85	
46	020101001003	水泥砂浆楼地面	1. 找平层厚度、砂浆配合比:C20 细石混凝土找平层 40 mm 2. 面层厚度、砂浆配合比:20 厚 1:2 面层 3. 基层类型:预制空心板	m²	1 067.99	15.05	16 073.25	
47	020105001001	水泥砂浆踢脚线	1. 踢脚线高度:150 mm 2. 底层厚度、砂浆配合比:12 厚 1:3 水泥砂浆 3. 面层厚度、砂浆配合比:8 厚 1:2.5 水泥砂浆	m²	218.70	25.59	5 596.53	
		本页小计					51 126.28	
		合　计					549 808.55	107 492.99

分部分项工程量清单与计价表

工程名称：花园小区1#住宅楼建筑　　　　标段：　　　　　　　　第8页 共13页

序号	项目编码	项目名称	项目特征描述	计量单位	工程量	综合单价	合价	其中：暂估价
48	020106003001	水泥砂浆楼梯面	1. 找平层厚度、砂浆配合比：15 厚1：3水泥砂浆 2. 面层厚度、砂浆配合比：10 厚1：2水泥砂浆	m²	55.35	49.95	2 764.73	
49	020107002001	硬木扶手带栏杆、栏板	1. 扶手材料种类、规格：50×120 硬木扶手 2. 栏杆材料种类、规格：铁栏杆 3. 固定配件种类：铁件固定 4. 油漆品种、刷漆遍数：木扶手调和漆一底二度；铁栏杆防锈漆一遍，银粉漆两遍	m	40.16	155.57	6 247.69	
		分部小计					58 416.97	
			B.2　墙、柱面工程					
50	020201001001	墙面一般抹灰	1. 墙体类型：内墙 2. 底层厚度、砂浆配合比：15 厚1：1：6混合砂浆 3. 面层厚度、砂浆配合比：10 厚1：0.3：3混合砂浆 4. 装饰部位：内墙面	m²	3 239.32	15.06	48 784.16	
51	020201001002	墙面一般抹灰	1. 墙体类型：内墙 2. 底层厚度、砂浆配合比：12 厚1：3水泥砂浆 3. 装饰部位：卫生间、餐厅内墙面	m²	455.51	12.54	5 712.10	
52	020201001003	墙面一般抹灰	1. 墙体类型：外墙 2. 底层厚度、砂浆配合比：20 厚1：3水泥砂浆找平层 3. 面层厚度、砂浆配合比：8 mm厚聚合物砂浆压入玻纤网格布一层 4. 保温层材料种类：3厚专用黏结剂，界面剂一道，20厚挤塑保温板，界面剂一道 5. 分格缝宽度、材料种类：塑料条分格 6. 装饰部位：外墙面	m²	1 083.67	107.84	116 862.97	
		本页小计					180 371.65	
		合　计					730 180.20	107 492.99

分部分项工程量清单与计价表

工程名称：花园小区1#住宅楼建筑　　　　标段：　　　　　　　　

序号	项目编码	项目名称	项目特征描述	计量单位	工程量	金额（元）		
						综合单价	合价	其中：暂估价
53	020201001004	墙面一般抹灰	1. 墙体类型:砖砌阳台栏板墙 2. 底层厚度、砂浆配合比:12厚1:3水泥砂浆 3. 面层厚度、砂浆配合比:8厚1:2水泥砂浆	m²	253.44	16.44	4 166.55	
54	020203001001	零星项目一般抹灰	1. 墙体类型:混凝土面 2. 底层厚度、砂浆配合比:12厚1:3水泥砂浆 3. 面层厚度、砂浆配合比:8厚1:2水泥砂浆	m²	7.26	40.12	291.27	
		分部小计					175 817.05	
			B.3　天棚工程					
55	020301001001	天棚抹灰	1. 基层类型:现浇混凝土板,刷801胶素水泥浆一遍 2. 抹灰厚度、材料种类:6厚1:3底层,6厚1:2.5面层	m²	494.52	13.14	6 497.99	
56	020301001002	天棚抹灰	1. 基层类型:预制混凝土板,清洗油腻,801胶素水泥浆一遍 2. 抹灰厚度、材料种类:6厚1:3底层,6厚1:2.5面层	m²	1 005.93	14.29	14 374.74	
		分部小计					20 872.73	
			B.4　门窗工程					
57	020402001001	金属平开门	1. 门类型:车库钢质防护门 2. 框材质、外围尺寸:型钢门框,外围洞口:900 mm×1 900 mm 3. 扇材质、外围尺寸:钢质门扇 4. 油漆品种:喷塑面层 5. 门编号:M1	樘	2	519.49	1 038.98	
		本页小计					26 369.53	
		合　计					756 549.73	107 492.99

分部分项工程量清单与计价表

工程名称：花园小区1#住宅楼建筑　　　　　　标段：　　　　　　　　第10页 共13页

序号	项目编码	项目名称	项目特征描述	计量单位	工程量	金额（元）		
						综合单价	合价	其中：暂估价
58	020402001002	金属平开门	1. 门类型：车库钢质防护门 2. 框材质、外围尺寸：型钢门框，外围洞口：1 800 mm×1 900 mm 3. 扇材质、外围尺寸：钢质门扇 4. 油漆品种：喷塑面层 5. 门编号：M3	樘	5	1 038.97	5 194.85	
59	020402001003	金属平开门	1. 门类型：车库钢质防护门 2. 框材质、外围尺寸：型钢门框，外围洞口：1 500 mm×1 900 mm 3. 扇材质、外围尺寸：钢质门扇 4. 油漆品种：喷塑面层 5. 门编号：M4	樘	4	865.81	3 463.24	
60	020402001004	金属平开门	1. 门类型：车库钢质防护门 2. 框材质、外围尺寸：型钢门框，外围洞口：1 000 mm×1 900 mm 3. 扇材质、外围尺寸：钢质门扇 4. 油漆品种：喷塑面层 5. 门编号：M5	樘	2	577.22	1 154.44	
61	020402005001	塑钢门	1. 门类型：中窗玻璃塑钢门 2. 框材质、外围尺寸：塑钢型材，外围尺寸：3 460 mm×2 400 mm	樘	12	2 749.19	32 990.28	27 901.44
62	020403001001	金属卷帘门	门材质、框外围尺寸：铝合金，外围洞口尺寸：3 460 mm×1 900 mm	樘	2	1 321.05	2 642.10	
63	020406007001	塑钢窗	1. 窗类型：中空玻璃塑钢窗 2. 框材质、外围尺寸系列塑钢型材，外围洞口尺寸：1 800 mm×1 500 mm 3. 扇材质、外围尺寸：88 系列塑钢型材 4. 玻璃品种、厚度、五金材料、品种、规格：5＋12A＋5中空玻璃 5. 窗编号：C1	樘	30	900.93	27 027.90	22 680.00
			本页小计				72 472.81	50 581.44
			合　计				829 022.54	158 074.43

分部分项工程量清单与计价表

工程名称：花园小区 1#住宅楼建筑　　　　标段：　　　　　　　　第 11 页 共 13 页

序号	项目编码	项目名称	项目特征描述	计量单位	工程量	金额（元）		
						综合单价	合价	其中：暂估价
64	020406007002	塑钢窗	1. 窗类型：中空玻璃塑钢窗 2. 框材质、外围尺寸：88 系列塑钢型材，外围洞口尺寸：1 500 mm×1 500 mm 3. 扇材质、外围尺寸：88 系列塑钢型材 4. 玻璃品种、厚度、五金材料、品种、规格：5＋12A＋5 中空玻璃 5. 窗编号：C2	樘	24	750.77	18 018.48	15 120.00
65	020406007003	塑钢窗	1. 窗类型：中空玻璃塑钢窗 2. 框材质、外围尺寸：88 系列塑钢型材，外围洞口尺寸：1 500 mm×1 400 mm 3. 扇材质、外围尺寸：88 系列塑钢型材 4. 玻璃品种、厚度、五金材料、品种、规格：5＋12A＋5 中空玻璃 5. 窗编号：C2′	樘	5	700.72	3 503.60	2 940.00
66	020406007004	塑钢窗	1. 窗类型：中空玻璃塑钢窗 2. 框材质、外围尺寸：88 系列塑钢型材，外围洞口尺寸：1 200 mm×1 500 mm 3. 扇材质、外围尺寸：88 系列塑钢型材 4. 玻璃品种、厚度、五金材料、品种、规格：5＋12A＋5 中空玻璃 5. 窗编号：C3	樘	12	600.62	7 207.44	6 048.00
67	020406007005	塑钢窗	1. 窗类型：中空玻璃塑钢窗 2. 框材质、外围尺寸：88 系列塑钢型材，外围洞口尺寸：600 mm×1 500 mm 3. 扇材质、外围尺寸：88 系列塑钢型材 4. 玻璃品种、厚度、五金材料、品种、规格：5＋12A＋5 中空玻璃 5. 窗编号：C4	樘	12	300.32	3 603.84	3 024.00
			本页小计				32 333.36	27 132.00
			合　计				861 355.90	185 206.43

分部分项工程量清单与计价表

序号	项目编码	项目名称	项目特征描述	计量单位	工程量	金额（元）		
						综合单价	合价	其中：暂估价
68	020406007006	塑钢窗	1. 窗类型：中空玻璃塑钢窗 2. 框材质、外围尺寸：88 系列塑钢型材，外围洞口尺寸：1 800 mm×600 mm 3. 扇材质、外围尺寸：88 系列塑钢型材 4. 玻璃品种、厚度、五金材料、品种、规格：5＋12A＋5 中空玻璃 5. 窗编号：C5	樘	1	360.37	360.37	302.40
69	020406007007	塑钢窗	1. 窗类型：中空玻璃塑钢窗 2. 框材质、外围尺寸：88 系列塑钢型材，外围洞口尺寸：1 200 mm×600 mm 3. 扇材质、外围尺寸：88 系列塑钢型材 4. 玻璃品种、厚度、五金材料、品种、规格：5＋12A＋5 中空玻璃 5. 窗编号：C6	樘	4	240.25	961.00	806.40
70	020406007008	塑钢窗	1. 窗类型：中空玻璃塑钢窗 2. 框材质、外围尺寸：88 系列塑钢型材，外围洞口尺寸：1 500 mm×600 mm 3. 扇材质、外围尺寸：88 系列塑钢型材 4. 玻璃品种、厚度、五金材料、品种、规格：5＋12A＋5 中空玻璃 5. 窗编号：C7	樘	1	300.32	300.32	252.00
		分部小计					107 466.84	79 074.24
			B.5　油漆、涂料、裱糊工程					
71	020507001001	刷喷涂料	1. 基层类型：抹灰面 2. 腻子种类：801 胶白水泥腻子 3. 刮腻子要求遍数：两遍 4. 涂料部位：内墙面	m²	3 239.32	5.31	17 200.79	
			本页小计				18 822.48	1 360.80
			合　计				880 178.38	186 567.23

分部分项工程量清单与计价表

工程名称：花园小区 1♯住宅楼建筑　　　　标段：　　　　　　

序号	项目编码	项目名称	项目特征描述	计量单位	工程量	金额（元）		其中：暂估价
						综合单价	合价	
72	020507001002	刷喷涂料	1. 基层类型：抹灰面 2. 腻子种类：801 胶白水泥腻子 3. 刮腻子要求遍数：两遍 4. 涂料部位：天棚面	m²	1 500.45	12.22	18 335.50	
73	020507001003	刷喷涂料	1. 基层类型：抹灰面 2. 腻子种类：专用腻子 3. 涂料品种、刷喷遍数：弹性外墙乳胶漆两遍	m²	1 344.37	21.56	28 984.62	
		分部小计					64 520.91	
		本页小计					47 320.12	
		合　计					927 498.50	186 567.23

工程量清单综合单价分析表（局部）

工程名称：花园小区 1♯住宅楼建筑　　　　标段：　　　　　　

项目编码	010304001001	项目名称	空心砖墙、砌块墙	计量单位	m³

清单综合单价组成明细

定额编号	定额名称	定额单位	数量	单价					合价				
				人工费	材料费	机械费	管理费	利润	人工费	材料费	机械费	管理费	利润
3-22	MU10KP1 黏土多孔砖 240×115×90 1 砖墙	m³	1.000	49.72	188.73	1.90	12.91	6.19	49.72	188.73	1.90	12.91	6.19
综合人工工日			小计						49.72	188.73	1.90	12.91	6.19
1.13 工日			未计价材料费										
		清单项目综合单价							259.45				

	主要材料名称、规格、型号	单位	数量	单价（元）	合价（元）	暂估单价（元）	暂估合价（元）
材料费明细	中砂	t	0.298	66.00	19.66		
	石灰膏	m³	0.005 6	310.00	1.74		
	蒸压粉煤灰砖 240×115×53	百块	0.150	41.00	6.15		
	多孔砖 KP1 240×115×90	百块	3.360	44.00	147.84		
	水泥 32.5 级	kg	46.852	0.27	12.65		
	水	m³	0.173	4.00	0.69		
	其他材料费			—	—		
	材料费小计			—	188.73	—	

措施项目清单与计价表(一)

工程名称:花园小区1#住宅楼建筑　　　　标段:　　　　　　　　第1页共1页

序号	项目名称	计算基础	费率(%)	金额(元)
	通用措施项目			90 060.11
1	现场安全文明施工			34 317.44
1.1	基本费	工程量清单计价	2.20	20 404.97
1.2	考评费	工程量清单计价	1.10	10 202.48
1.3	奖励费	工程量清单计价	0.40	3 709.99
2	夜间施工增加费	工程量清单计价	0.08	742.00
3	冬雨季施工增加费	工程量清单计价	0.18	1 669.50
4	已完工程及设备保护	工程量清单计价	0.05	463.75
5	临时设施	工程量清单计价	2.00	18 549.97
6	材料与设备检验试验	工程量清单计价	0.20	1 855.00
7	赶工措施	工程量清单计价	1.50	13 912.48
8	工程按质论价	工程量清单计价	2.00	18 549.97
	专业工程措施项目			742.00
9	住宅工程分户验收	工程量清单计价	0.08	742.00
合　计				90 802.11

措施项目清单与计价表(二)

工程名称:花园小区1#住宅楼建筑　　　　标段:　　　　　　　　第1页 共1页

序号	项目名称	金额(元)
	通用措施项目	26 405.75
1	大型机械设备进出场及安拆	24 798.15
2	施工排水	1 607.60
	专业工程措施项目	174 171.31
3	脚手架	19 510.88
4	垂直运输机械	92 171.32
5	混凝土、钢筋混凝土模板及支架	62 489.11
合　计		200 577.06

措施项目清单费用分析表(局部)

序号	1		项目名称				大型机械设备进出场及安拆				计量单位		项

清单综合单价组成明细

定额编号	定额名称	定额单位	数量	单价					合价				
				人工费	材料费	机械费	管理费	利润	人工费	材料费	机械费	管理费	利润
24-1	履带式挖掘机 1 m³ 以内场外运输费	次	1.00	390.00	162.81	2 658.03	762.01	365.76	390.00	162.81	2 658.03	762.01	365.76
24-38	塔式起重机 60 kN·m 以内场外运输费	次	1.00	390.00	47.81	7 707.04	2 024.26	971.64	390.00	47.81	7 707.04	2 024.26	971.64
24-39	塔式起重机 60 kN·m 以内组装拆卸费	次	1.00	1 560.00	44.90	5 209.26	1 692.32	812.31	1 560.00	44.90	5 209.26	1 692.32	812.31
综合人工工日		小计							2 340.00	255.52	15 574.33	4 478.59	2 149.71
84.00 元/工日		未计价材料费											
清单项目综合单价									24 798.15				

	主要材料名称、规格、型号		单位	数量	单价(元)	合价(元)	暂估单价(元)	暂估合价(元)
材料费明细	草袋子		片	30.000	1.00	30.00		
	镀锌铁丝 D4.0		kg	20.000	3.65	73.00		
	螺栓		个	28.000	0.30	8.40		
	枕木		m³	0.080	1 275.00	102.00		
	其他材料费				—	42.12	—	
	材料费小计				—	255.52	—	

其他项目清单与计价汇总表

序号	项目名称	计量单位	金额(元)	备注
1	暂列金额	项	50 000.00	
2	暂估价		12 000.00	
2.1	材料暂估价			
2.2	专业工程暂估价	项	12 000.00	
3	计日工		22 045.00	
4	总承包服务费		1 346.56	
合　计			85 391.56	

暂列金额明细表

工程名称：花园小区 1#住宅楼建筑   标段：   第 1 页 共 1 页

序号	项目名称	计量单位	暂定金额（元）	备注
1	工程量偏差及设计变更	项	30 000.00	
2	材料涨价风险	项	20 000.00	
	合　计		50 000.00	

材料暂估价格表

工程名称：花园小区 1#住宅楼建筑   标段：   第 1 页 共 1 页

序号	材料编码	材料名称	规格、型号等特殊要求	单位	数量	单价（元）	合价（元）	备注
1	502018	钢筋（综合）		t	19.618	4 146.00	81 334.57	
2	502086	冷拔钢丝		t	6.102	4 287.00	26 158.42	
3	508190	中空玻璃塑钢窗		m²	182.760	280.00	51 172.80	
4	508192	塑钢门（平开无亮）		m²	99.648	280.00	27 901.44	
	合计						186 567.23	

专业工程暂估价格表

工程名称：花园小区 1#住宅楼建筑   标段：   第 1 页 共 1 页

序号	工程名称	工程内容	金额（元）	备注
1	进户防盗门	制作、安装	12 000.00	
	合　计		12 000.00	

计 日 工 表

工程名称：花园小区 1#住宅楼建筑   标段：   第 1 页 共 1 页

序号	项目名称	单位	暂定数量	综合单价	合价
一	人工				
1	普通工	工日	50.00	41.00	2 050.00
2	技工（综合）	工日	100.00	47.00	4 700.00
	人工小计				6 750.00
二	材料				
1	钢筋（综合）	t	2.00	4 146.00	8 292.00
2	水泥 32.5 级	t	20.00	260.00	5 200.00
	材料小计				13 492.00
三	施工机械		0.00	0.00	
1	载货汽车 6 t	台班	5.00	309.47	1 547.35
2	灰浆搅拌机 200 L	台班	5.00	51.13	255.65
	施工机械小计				1 803.00
	总　计				22 045.00

总承包服务费计价表

工程名称：花园小区 1#住宅楼建筑　　　　　标段：　　　　　　　　第 1 页 共 1 页

序号	项目名称	项目价值(元)	服务内容	费率(%)	金额(元)
1	发包人供应材料	104 655.67	验收、保管	1.00	1 046.56
2	发包人发包专业工程	12 000.00	补缝找平、垂直运输、验收资料汇总整理	2.50	300.00
	合　计				1 346.56

规费、税金项目清单与计价表

工程名称：花园小区 1#住宅楼建筑　　　　　标段：　　　　　　　　第 1 页 共 1 页

序号	项目名称	计算基础	费率(%)	金额(元)
1	规费			49 431.81
1.1	工程排污费	分部分项工程费＋措施项目费＋其他项目费	0.10	1 304.27
1.2	建筑安全监督管理费	分部分项工程费＋措施项目费＋其他项目费	0.19	2 478.11
1.3	社会保障费	分部分项工程费＋措施项目费＋其他项目费	3.00	39 128.08
1.4	住房公积金	分部分项工程费＋措施项目费＋其他项目费	0.50	6 521.35
2	税金	分部分项工程费＋措施项目费＋其他项目费＋规费	3.445	46 635.00
	合　计			96 066.81

发包人供应材料一览表

工程名称：花园小区 1#住宅楼建筑　　　　　标段：　　　　　　　　第 1 页 共 1 页

序号	材料编码	材料名称	规格、型号等特殊要求	单位	数量	单价(元)	合价(元)	备注
1	502018	钢筋(综合)		t	19.618	4 146.00	81 334.57	
2	502086	冷拔钢丝		t	6.102	4 287.00	26 158.42	
	合计 1						107 492.99	

承包人供应材料一览表(局部)

工程名称：计价示例　　　　　标段：　　　　　　　　第 1 页 共 1 页

序号	材料编码	材料名称	规格、型号等特殊要求	单位	数量	单价(元)	合价(元)	备注
1	101008	绿豆砂		t	0.942	68.00	64.06	
2	101022	中砂		t	569.906	66.00	37 613.80	
3	102011	道碴 40～80 mm		t	1.982	61.00	120.90	
4	102040	碎石 5～16 mm		t	168.867	60.00	10 132.02	
5	102041	碎石 5～20 mm		t	16.389	60.00	983.34	
6	102042	碎石 5～40 mm		t	104.026	61.00	63 45.59	
7	105002	滑石粉		kg	211.275	0.45	95.07	
8	105012	石灰膏		m³	17.558	310.00	5 442.98	

序号	材料编码	材料名称	规格、型号等特殊要求	单位	数量	单价(元)	合价(元)	备注
9	201008	蒸压粉煤灰砖 240×115×53		百块	231.308	41.00	9 483.63	
10	201016	多孔砖 KP1 240×115×90		百块	1 654.854	44.00	72 813.58	
11	203047	三向圆脊 M—D		块	0.532	31.07	16.53	
12	203080	圆脊封(T—D)		块	0.532	16.15	8.59	
13	203081	圆脊斜封 S—D		块	1.064	15.77	16.77	
14	207082	FWB聚苯乙烯挤塑板		m³	7.065	500.00	3 532.50	
15	207086	XPS聚苯乙烯挤塑板		m³	23.847	500.00	11 923.50	
16	209132	双向圆脊 L—D		块	0.532	38.95	20.72	
17	301002	白水泥		kg	2 910.649	0.90	2 619.58	
18	301023	水泥 32.5 级		kg	110 571.187	0.27	29 854.22	
19	301026	水泥 42.5 级		kg	44 975.209	0.28	12 593.06	
20	302105	水泥彩瓦(英红)420×332		百块	20.728	270.00	5 596.56	
21	302120	水泥脊瓦(英红)432×228		百块	0.665	600.00	399	
22	302164	预制混凝土块		m³	1.444	374.30	540.49	
23	303062	商品混凝土 C10(非泵送)		m³	4.829	283.00	1 366.61	
24	303064	商品混凝土 C20(非泵送)		m³	36.267	303.00	10 988.90	
25	303079	商品混凝土 C10(泵送)		m³	23.934	295.00	7 060.53	

表 11.2　工程量清单所含组价项目工程量计算表

序号	分项工程名称(清单编号)	单位	清单数量	组表项目	计价表工程量计算式
	建筑面积	m²	1 835.95	建筑面积	同清单计算部分:1 835.95 m²
				A.1　土石方工程	
1	平整场地(010101001001)	m²	242.22	1—98 人工平整地	(22.64+4)×(10.64+4)=390.01 (m²)
2	挖基础土方(010101003001)	m³	341.85	1—23 人工挖地槽	计算公式(略) 414.62 m³
				[1—92]+[1—95]×2 人力车运 150 m 以内	414.62 m³
3	土方回填(010103001001)	m³	253.43	1—104 土方回填	挖方:414.62 m³ 扣除室外地面下基础体积: 414.62－23.75－58.62－1.18－4.87＝326.20 (m³)
				1—1 人工挖土方	326.20 m³
				[1—92]+[1—95]×2 人力车运 150 m 以内	326.20 m³

序号	分项工程名称 (清单编号)	单位	清单 数量	组表项目	计价表工程量计算式
			A.3	砌筑工程	
4	砖基础 (010301001001)	m³	30.62	3—1 砖基础直形	同清单工程量:30.62 m³
				3—42 墙基防潮层 防水砂浆	140.36×0.24=33.69 m³
5	空心砖墙、砌块墙 (M10 一砖外墙) (010304001001)	m³	67.38	3—22 M10KP1 黏土多孔砖砖墙	同清单工程量:67.38 m³
6	空心砖墙、砌块墙 (M7.5 一砖外墙) (010304001002)	m³	55.33	3—22 M7.5KP1 黏土多孔砖砖墙	同清单工程量:55.33 m³
7	空心砖墙、砌块墙 (M5 一砖外墙) (010304001003)	m³	68.44	3—22 M5KP1 黏土多孔砖砖墙	同清单工程量:68.44 m³
8	空心砖墙、砌块墙 (M10 半砖内墙) (010304001004)	m³	3.84	3—21 M10KP1 黏土多孔砖半砖墙	同清单工程量:3.84 m³
9	空心砖墙、砌块墙 (M7.5 半砖内墙) (010304001005)	m³	3.84	3—21 M7.5KP1 黏土多孔砖半砖墙	同清单工程量:3.84 m³
10	空心砖墙、砌块墙 (M5 半砖内墙) (010304001006)	m³	3.84	3—21 M5KP1 黏土多孔砖半砖墙	同清单工程量:3.84 m³
11	空心砖墙、砌块墙 (M10 一砖内墙) (010304001007)	m³	112.63	3—21 M10KP1 黏土多孔砖一砖墙	同清单工程量:112.63 m³
12	空心砖墙、砌块墙 (M7.5 一砖内墙) (010304001008)	m³	74.66	3—21 M7.5KP1 黏土多孔砖一砖墙	同清单工程量:74.66 m³
13	空心砖墙、砌块墙 (M5 一砖内墙) (010304001009)	m³	86.83	3—21 M5KP1 黏土多孔砖一砖墙	同清单工程量:86.83 m³
14	零星砌砖 (M5 半砖砌阳台栏板) (010302006001)	m³	13.70	3—48 M5 多孔砖小型砌体	同清单工程量:13.70 m³
			A.4	混凝土及钢筋混凝土工程	
15	带形基础 (010401001001)	m³	58.62	5—171 无梁式 混凝土条形基础	同清单工程量:58.62 m³
16	垫层 (010401006001)	m³	23.58	2—121 基础垫层 混凝土无筋	同清单工程量 23.58 m³
	序号 17~32				略
33	现浇混凝土钢筋 (直径 6~12 mm) (010416001001)	t	13.932	4—1 现浇构件 钢筋直径 12 mm 以内	略 (注:根据施工组织设计的规定,钢筋按搭接接头计算 14.211 t)

序号	分项工程名称 （清单编号）	单位	清单 数量	组表项目	计价表工程量计算式
34	现浇混凝土钢筋 （直径 14～25 mm） （010416001002）	t	3.883	4—2 现浇构件 钢筋直径 25 mm 以内	略 （注：根据施工组织设计的规定，钢筋按搭接接头计算 3.961 t）
35	现浇混凝土钢筋 （墙体加固筋） （010416001003）	t	1.061	4—25 砌体加固 钢筋不绑扎	同清单工程量 1.061 t
36	先张法预应力钢筋 （冷轧带肋钢筋直径 4～5 mm） （010416005001）	t	5.281	4—15 预应力钢筋 先张法直径 5 mm 以内	略 （注：按设计长度加预留长度乘以理论重量计算 5.598 t）

A.7 屋面及防水工程（略）

B.1 楼地面工程（略）

B.2 墙、柱面工程

50	墙面一般抹灰 （内墙面抹灰） （020201001001）	m²	3 239.32	13—31 墙面混合 砂浆砖墙内墙	同清单工程量：3 239.32 m²
51	墙面一般抹灰 （卫 生间餐厅内墙面） （020201001002）	m²	455.51	13—18 砖墙内墙面 上两遍水泥砂浆刮糙 （毛坯）	同清单工程量：455.51 m²
52	墙面一般抹灰 （外墙面抹灰） （020201001003）	m²	1 083.67	13—11 砖外墙面、 墙裙抹水泥砂浆	一层：(22.64+10.64)×2×2.20—51.97= 94.46 m² 同理算出二层～阁楼层：989.32 m² 门窗侧及顶展开面积：51.80 m² 合计：94.46+989.32+51.80＝1 135.58 m²
				省补 9—1 外墙外保温、 聚苯乙烯挤塑板厚度 20 mm 砖墙面	同上：1 135.58 m²
				补 13—69—1 外墙抹灰面分格 塑料分格条	同上：1 135.58 m²
53	墙面一般抹灰 （阳台栏板抹灰） （020201001004）	m²	253.44	13—11 砖外墙面、 墙裙抹水泥砂浆	同清单工程量：253.44 m²
54	零星项目一般抹灰 （天沟外侧） （020203001001）	m²	7.26	13—22 水泥砂浆挑沿、 天沟、腰线、栏杆、 扶手	同清单工程量：7.26 m²

B.3 天棚工程

55	天棚抹灰 （现浇板底） （020301001001）	m²	494.52	14—113 现浇混凝土 天棚水泥砂浆面	同清单工程量：494.52 m²
56	天棚抹灰 （预制板底） （020301001002）	m²	1 005.93	14—114 预制混凝土 天棚水泥砂浆面	同清单工程量：1 005.93 m²

序号	分项工程名称 （清单编号）	单位	清单 数量	组表项目	计价表工程量计算式
	B.4　门窗工程（按洞口面积计算，含框、扇的制作和安装及油漆，计算公式略）				
	B.5　油漆、涂料、裱糊工程				
71	刷喷涂料 （内墙面） （020507001001）	m²	3 239.32	16—308—2 在抹灰面 上批、刷两遍 801 胶白 水泥腻子	同清单工程量：3 239.32 m²
72	刷喷涂料 （天棚面） （020507001002）	m²	1 500.45	16—308—3 柱、梁、 天棚面乳胶漆上批、 刷两遍 801 胶白水泥 腻子	同清单工程量：1 500.45 m²
73	刷喷涂料 （外墙面乳胶漆） （020507001003）	m²	1 344.37	16—321 外墙弹 性涂料两遍	同清单工程量：1 344.37 m²

表 11.3　措施项目工程量及费用计算表

序号	工作或费用名称 （计价表编号）	单位	数量	工程量或费用计算式
	1.　脚手架工程			
1	砌墙外架子 20 m 内（19—4）	m²	1 381.47	一层： [（22.64＋10.64）×2＋1.50×2]×（0.15＋2.2）＝163.47（m²） 二～七层： [（22.64＋10.64）×2＋1.50×2＋0.50×2]×（2.8×6＋0.1） ＝1 192.46（m²） 阁楼层：（2.4×10.64）/2×2＝25.54（m²） 合计：1 381.47 m²
2	砌墙里架子 3.6 m 内（19—1）	m²	1 487.18	120 墙 二～七层：9.18×6×2.50＝137.70（m²） 240 内墙 一层：89.04×1.90＝169.18（m²） 二～七层：73.46×2.5×6＝1 101.90（m²） 阁楼层：78.40 m² 合计：1 487.18 m²
3	内墙天棚面 抹灰脚手架 （19—10）	m²	5 689.57	内墙面 一层：（89.04×2＋65.66）×2.10＝511.85（m²） 二～七层：（73.46×2＋67.56）×2.70×6＝3 474.58（m²） 阁楼层：78.40×2＋45.89＝202.69（m²） 内墙面计：511.85＋3 474.58＋202.69＝4 189.12（m²） 天棚面 同天棚抹灰工程量：494.52＋1 005.93＝1 500.45（m²） 总计：4 189.12＋1 500.45＝5 689.57（m²）
	2.　钢筋混凝土模板支架工程（按计价表含模量计算）			
4	混凝土垫层（20—1）	m²	23.58	23.58×1.00＝23.58（m²）
5	无梁式带形基础 复合木模板（20—3）	m²	43.38	58.62×0.74＝43.38（m²）

序号	工作或费用名称（计价表编号）	单位	数量	工程量或费用计算式
6	构造柱复合木模板（20—31）	m²	322.34	29.04×11.10＝322.34（m²）
7	挑梁、单梁、连续梁、框架梁复合木模板（20—35）	m²	104.94	12.09×8.68＝104.94（m²）
8	圈梁、地坑支撑梁复合木模板（20—41）	m²	578.19	（9.73＋59.68）×8.33＝578.19（m²）
9	过梁复合木模板（20—43）	m²	75.00	6.25×12＝75.00（m²）
10	现浇板10 cm内复合木模板（20—57）	m²	552.71	45.83×12.06＝552.71（m²）
11	楼梯复合木模板（20—70）	m²	55.35	55.35 m²
12	水平挑檐，板式雨篷 复合木模板（20—72）	m²	3.16	3.16 m²
13	阳台复合木模板（20—76）	m²	24.12	1.5×8.04×2＝24.12（m²）
14	檐沟，小型构件木模板（20—85）	m²	24.08	0.92×26.17＝24.08（m²）
15	压顶复合木模板（20—90）	m²	12.43	11.1×1.12＝12.43（m²）
16	圆孔板模板（20—180）	m²	72.22	72.22 m²
17	矩形檩条模板（20—182）	m²	3.70	3.70 m²
3. 大型机械设备进出场及安拆				
18	场外运输费用塔式起重机60 kN·m以内（附14038）	次	1	
19	组装拆卸费塔式起重机60 kN·m以内（附14039）	次	1	
20	塔吊基础（22—51）	台	1	

序号	工作或费用名称 （计价表编号）	单位	数量	工程量或费用计算式
			4. 垂直运输机械费	
21	塔吊施工砖混结构檐口 20 m(6层)内 （22—7）	天	220	按《全国统一建筑安装工程工期定额》，查得：基础工程（定额编号为1—1，三类土）；35 天×0.95（省调系数）＝33 天；地上部分含阁楼层共 8 层，定额工期为：195＋（195－170）＝220 天，定额总工期为 220＋33＝253 天，本例合同工期，即招标文件要求工期为 220 天，以合同工期计算，则垂直运输费定额乘以下系数：1＋（253－220)/253＝1.13
			5. 其他措施项目	
22	现场安全文明施工费； 夜间施工增加费； 冬雨季施工增加费； 已完工程及设备保护； 临时设施； 材料与设备检验试验； 赶工措施； 工程按质论价； 住宅工程分户验收	项	1	以分部分项工程清单总价为计算基数，其中现场安全文明施工费为不可竞争费，按省、市规定的费率进行报价，其他结合本工程的具体情况以及本项目的施工组织设计，按本公司的测算数据进行报价

参 考 文 献

［1］住房和城乡建设部标准定额研究所. 建设工程工程量清单计价规范:GB 50500—2013
　　　［S］. 北京:中国计划出版社,2013.

［2］江苏省建设厅. 江苏省建筑与装饰工程计价表［S］. 北京:知识产权出版社,2004.

［3］江苏省建设厅. 江苏省建设工程工程量清单计价项目指引［S］. 北京:知识产权出版
　　　社,2004.

［4］《建设工程工程量清单计价规范》编制组编. 中华人民共和国国家标准《建设工程工程
　　　量清单计价规范》宣传贯彻辅导教材:GB 50500—2008［M］. 北京:中国计划出版
　　　社,2008.

［5］刘钟莹,茅剑,等. 建筑工程工程量清单计价［M］. 2 版. 南京:东南大学出版社,2010.

［6］唐明怡,石志锋. 建筑工程定额与预算［M］. 2 版. 北京:中国水利水电出版社,2011.

［7］王晓青,汪照喜. 建筑工程概预算［M］. 2 版. 北京:电子工业出版社,2012.

［8］尚久明. 建筑识图与房屋构造［M］. 2 版. 北京:电子工业出版社,2012.

［9］江苏省建设厅. 江苏省建设工程费用定额(2014 年)［S］. 南京,2014.

［10］江苏省建设工程造价管理总站. 建筑及装饰工程技术与计价［S］. 南京,2013.

［11］江苏省建设工程造价管理总站. 江苏省建设工程造价员资格考试大纲［Z］. 南京,2013.

［12］丁春静. 建筑工程计量与计价［M］. 3 版. 北京:机械工业出版社,2014.